技能等级认定指导丛书

U0656205

电工（初级、中级）

主　编　王　建　刘艳菊　杜新珂

副主编　柴会轩　王继先　李　萍　尉恒彪　王春晖

参　编　杨明洋　刘继先　郭海潮　王建建　季海峰

　　　　王　亮　姚　路　边可可　费光彦

机械工业出版社

本书参照最新《国家职业技能标准 电工》，以问答的形式详细介绍了初级电工和中级电工应掌握的理论知识和操作技能。全书涵盖了电工基础知识及专业相关知识，重点介绍了电器安装和线路敷设、电子电路安装与检修、继电控制电路装调维修、自动控制电路装调维修等内容，并配有试题选解和模拟试卷。

本书可作为参加初级和中级电工职业技能等级认定的技术人员的必备用书，也可作为技工院校、职业技术学校和各种短训班的培训教材。

图书在版编目（CIP）数据

电工：初级、中级/王建，刘艳菊，杜新珂主编. —北京：机械工业出版社，2021. 10（2025.6 重印）

（技能等级认定指导丛书）

ISBN 978- 7- 111- 69434- 2

Ⅰ.①电… Ⅱ.①王… ②刘… ③杜… Ⅲ.①电工技术−职业技能−鉴定−自学参考资料 Ⅳ.①TM

中国版本图书馆 CIP 数据核字（2021）第 214191 号

机械工业出版社（北京市百万庄大街 22 号 邮政编码 100037）
策划编辑：陈玉芝 王振国 责任编辑：王振国 陈玉芝
责任校对：李 杉 王明欣 封面设计：马若漾
责任印制：单爱军
保定市中画美凯印刷有限公司印刷
2025 年 6 月第 1 版第 4 次印刷
184mm×260mm · 20 印张 · 490 千字
标准书号：ISBN 978- 7- 111- 69434- 2
定价：59. 90 元

电话服务　　　　　　　　　网络服务
客服电话：010- 88361066　　机　工　官　网：www. cmpbook. com
　　　　　010- 88379833　　机　工　官　博：weibo. com/cmp1952
　　　　　010- 68326294　　金　书　网：www. golden- book. com
封底无防伪标均为盗版　机工教育服务网：www. cmpedu. com

前　言

为进一步弘扬工匠精神，加大技能人才培养的力度，党中央、国务院部署将技能人员水平评价由政府相关部门认定转变为实行社会化等级认定，接受市场和社会的认可与检验。职业技能等级认定工作正在全国逐步开展，职业技能等级证书已逐步成为就业的通行证，是通向就业之门的"金钥匙"，参加职业技能等级认定的技术人员日益增多。为了更好地服务于就业，推动职业技能等级认定制度的实施和推广，加快技能人才的培养，我们组织有关专家、学者和高级技师编写了这套"技能等级认定指导丛书"，为广大的技术人员提供有价值的参考与复习资料。

在本套丛书的编写过程中，我们始终坚持以下几个原则：

一、严格遵照国家职业技能标准中关于各专业和各等级的标准，坚持标准化，力求使内容覆盖职业技能等级认定的各项要求。

二、坚持以培养技能人才为方向，从职业（岗位）分析入手，紧紧围绕职业技能等级认定试题库，既系统全面，又注重理论联系实际，力求满足各个级别技术人员的实际需求，突出教材的实用性。

三、内容新颖，突出时代感，力求较多地采用新知识、新技术、新工艺、新方法，力求使丛书的内容有所创新，使教材简明易懂，为广大的读者所乐用。

我们真诚地希望这套丛书能够成为参加职业技能等级认定人员的良师益友，为他们成功参加职业技能等级认定提供有益帮助。

由于本套丛书涉及的内容较多，新知识、新技术、新工艺、新方法等发展较迅速，加之编者水平有限，书中难免存在不足之处，恳请广大读者提出宝贵的意见和建议，以便修订时加以完善。

编　者

目　录

第一部分　基础知识

鉴定范围1　职业道德

鉴定点1　职业道德的基本内涵

问：什么是职业道德？

答：职业道德是指人们在特定的职业活动中应遵循的行为规范的总和，涵盖了从业人员的服务对象、职业与职工、职业与职业之间的关系。不同职业有不同的职业道德，如教师有师德，医生有医德，官员有官德。每一种职业的职业道德都反映本职业的职业心理、职业习惯、职业传统和职业理想。

试题精选：

职业道德就是人们在（A）的职业活动中应遵循的行为规范的总和。

A. 特定　　　　　　B. 所有　　　　　　C. 一般　　　　　　D. 规定

鉴定点2　职业道德的功能

问：市场经济条件下职业道德的功能和作用有哪些？

答：顺应世界历史发展的潮流，适应我国建设有中国特色社会主义的需要，在全党和全国人民的共同努力下，我国已建立了比较完善的社会主义市场经济体制，而市场经济的发展，迫切要求各行各业加强职业道德的建设，以保证社会主义经济健康有序地发展。职业道德在市场经济条件下的功能和作用日益体现出来，表现在：

（1）调节职业交往中从业人员内部以及从业人员与服务对象间的关系　职业道德的基本职能是调节职能。它一方面可以调节从业人员内部的关系，即运用职业道德规范来约束内部人员的行为，促进人们的行为规范化，促进内部人员的团结与合作。如职业道德规范要求各行各业的从业人员都要团结、互助、爱岗、敬业，齐心协力地为发展本行业、本职业服务。另一方面，职业道德又可以调节从业人员和服务对象之间的关系。

（2）有助于维护和提高本行业的信誉　一个行业、一个企业的信誉是指企业及其产品等服务在社会公众中的信任程度，提高企业的信誉主要靠产品的质量和服务质量，而从业人员较高的职业道德水平是产品质量和服务质量的有效保证。

（3）促进本行业的发展　职业道德水平高的从业人员责任心是极强的，只有这样才能促进本行业的发展。

（4）有助于提高全社会的道德水平　职业道德一方面涉及每个从业者如何对待职业，

1

如何对待工作，同时也是一个从业人员的生活态度、价值观念的表现，是一个人的道德意识、道德行为发展的成熟阶段，具有较强的稳定性和连续性。另一方面，职业道德也是一个职业集体，甚至一个行业全体人员的行为表现，如果每个行业，每个职业集体都具备优良的道德，对整个社会道德水平的提高肯定会发挥重要作用。

试题精选：

在市场经济条件下，职业道德具有（C）的社会功能。

A. 鼓励人们自由选择职业

B. 遏制牟利最大化

C. 促进人们的行为规范化

D. 最大限度地克服人们受利益驱动

鉴定点3　企业文化的功能

问：企业文化的功能有哪些？

答：企业文化贯穿于企业生产经营过程的始终，对社会的进步、企业的发展，以及企业职工积极性、主动性和创造性的发挥都具有重要的功能。

（1）自律功能　企业既是一种经济性组织，又是一种社会性组织，企业在追求利润最大化的生产经营过程中，既会给社会、消费者以及企业职工带来一定的利益，同时也有可能给社会、消费者和职工带来一定的危害。企业若有一种高层次的企业文化，就会提高自律意识，就不会偏离为消费者和社会利益服务的方向，就会自觉克制和避免有可能带来的危害行为。

（2）导向功能　企业与社会的各个层面有着广泛而密切的联系，企业文化价值观念会通过企业的生产经营行为、广告宣传行为、职工和社会行为以及企业产品而传递，辐射到社会的各个层面，对社会的价值观念起着导向作用。高层次的企业文化能够对社会价值观起到整体推进作用，形成文化价值观的良性循环，促进整个社会价值观特别是思想道德水平的提高；而低劣的企业价值观念则会形成文化价值观和恶性循环，导致社会道德水平的下降。

（3）整合功能　现代化企业往往规模巨大，内部层次、部门以及人员众多，不仅每一个部门，每一个职工都有与企业整体、利益不同的独立利益，而且不同的职工的价值观念、思维方式和行为习惯也各不相同。因此，企业内部若没有一种强大的力量整合、凝聚职工的人心，企业内部就会不断发生矛盾和冲突。企业文化对企业就具有这种整合功能，它有利于提高企业广大职工的凝聚力。一方面，企业文化有利于抑制个人企业集体的离心倾向，增强人们的整体意识、集体归属感和集体责任感；另一方面，企业文化有利于协调企业内部不同层次之间、不同部门之间职工人员的各种关系，及时消除分歧，化解矛盾，从而增强企业的合力。

（4）激励功能　实践经验证明，远大理想、实现人生价值、渴求受到尊重和爱也是激励人们努力工作和奋斗的重要动力。企业崇高的文化价值理念本身就是要求尊重、关心、爱护职工，它也有利于职工树立远大的理想和正确的人生观、价值观，因而能有效地激发职工的积极性、主动性和创造性。

试题精选：

为了促进企业的规范化发展，需要发挥企业文化的（D）功能。

A. 娱乐　　　　　B. 主导　　　　　C. 决策　　　　　D. 自律

鉴定点 4 职业道德对增强企业凝聚力、竞争力的作用

问：职业道德怎样增强企业的凝聚力？职业道德为什么可以提高企业的竞争力？

答：职业道德通过协调职工之间的关系、职工与领导之间的关系、职工与企业之间的关系，起着增强企业凝聚力的作用。职业道德可以提高企业的竞争力，原因在于：

（1）职业道德有利于企业提高产品和服务质量 产品和服务质量是企业的生命，任何企业若不能保证它新提供的产品和服务的质量，那么这个企业即使暂时获得了很大的利润，最终仍摆脱不了破产和倒闭的命运。因此，企业要提高产品的质量，给顾客提供优质的服务，就必须重视职工职业道德的教育和提高。

（2）职业道德可以降低产品成本，提高劳动生产率和经济效益 企业在生产经营过程中，从基本设备的添置，原材料的购入，产品的生产，一直到产品的销售，需要花费很多的成本。企业如果能有效地降低产品的成本，就可以提高企业的利润率，从而提高产品在市场上的竞争力，保证企业的发展和繁荣。而要降低产品的成本，就要求职工必须具有较高的职业道德。

（3）职业道德可以促进企业技术进步 新技术、新产品的开发关系着企业的生死存亡，谁抢先推出新产品，谁就能占领市场并在竞争中获胜。企业能否开发出新技术、新产品，关键看企业职工是否具有创新意识、创新能力和创新动力，而职工具有良好的职业道德，有利于职工提高创新能力，有利于企业技术进步。

（4）职业道德有利于企业创造企业名牌 一种商品品牌不仅标志着这种商品质量的高低，标志着人们对这种商品信任度的高低，而且蕴含着一种文化品位，代表着一种消费层次。因此，任何一个有长远发展战略眼光的企业，没有不竭尽全力以期创造出其著名品牌的，而无论塑造企业良好形象还是创造企业著名品牌，都离不开职工的职业道德，都需要职工良好的职业道德作支撑。

试题精选：

职业道德通过（A），起着增强企业凝聚力的作用。

A. 协调员工之间的关系   B. 增加职工福利

C. 为员工创造发展空间   D. 调节企业与社会关系

鉴定点 5 职业道德是人生事业成功的保证

问：为什么说职业道德是人生事业成功的保证？

答：职业道德是人生事业成功的保证可以从以下几个方面来说明：

（1）没有职业道德的人干不好任何工作 一个人的成功固然需要知识和智慧，然而对自己所从事的工作如果没有极大的热情，没有持之以恒、艰苦奋斗的敬业精神以及开拓创新的进取精神，即使再聪明的人也会与成功失之交臂。因此，无论什么人，只要他想成就一定的事业，就离不开职业道德。

（2）职业道德是人生事业成功的重要条件 因为随着社会的进步，人们生活水平的提高往往是从人们享受的产品和服务的质量中得到具体体现的，而产品和服务质量取决于生产质量和服务水平，生产质量和服务水平的高低又取决于人的职业技能和职业道德素质，在日

益激烈的市场竞争中，产品的质量和服务的水平是企事业单位得以生存的重要因素。因此，越来越多的企事业单位开始注重提高单位职工的道德品质。

（3）每一个成功的人往往都具有较高的职业道德　职业道德反映一定的经济要求。当职业道德具体体现在一个人的职业生活中的时候，它就具体内化并表现为职业品格。在每一个成功的人身上，这些品质包括职业理想、进取心、责任感、意志力、创新精神，都得到了充分体现。这些品质的发挥程度与事业成功的程度是紧密相连的。

试题精选：

正确阐述职业道德与人的事业的关系的选项是（D）。

A. 没有职业道德的人不会获得成功

B. 要取得事业的成功，前提条件是要有职业道德

C. 事业成功的人往往并不需要较高的职业道德

D. 职业道德是获得事业成功的重要条件

鉴定点 6　文明礼貌的具体要求

问：文明礼貌的具体要求有哪些？

答：文明礼貌的具体要求有：

（1）仪表端庄　仪表端庄是指一定职业从业人员的外表要端正庄重。具体要求是：着装朴素大方；鞋袜搭配合理；化妆要适当；面部、头发和手指要整洁；站姿端正。

（2）语言规范　语言规范的具体要求是：职业用语要做到语感自然、语气亲切、语调柔和、语流适中、语言简练、语意明确；要用尊称敬语；不用忌语；讲究语言艺术。

（3）举止得体　举止得体是指从业人员在职业活动中行为、动作要适当，不要有过多或出格的行为。具体要求是：态度恭敬；表情从容；行为适度；形象庄重。

（4）待人热情　待人热情是指上岗职工在接待服务对象时要有热烈的情感。基本要求是：微笑迎客；亲切友好；主动热情。

试题精选：

文明礼貌的职业道德规范要求员工做到：（B）。

A. 忠于职守　　　B. 待人热情　　　C. 办事公道　　　D. 讲究卫生

鉴定点 7　遵纪守法的规定

问：遵纪守法有哪些规定？

答：职业纪律是在特定的职业活动范围内从事某种职业的人们必须共同遵守的行为准则，它包括劳动纪律、组织纪律、财经纪律、群众纪律、宣传纪律、外事纪律等基本纪律要求以及各行各业的特殊纪律要求。它具有明确的规定性和一定的强制性。

遵纪守法是指每个从业人员都要遵守纪律和法律，尤其是遵守职业纪律与职业活动相关的法律法规。企业员工遵纪守法的要求有：

1）要了解与自己所从事的职业相关的岗位规范、职业纪律和法律法规。

2）要严格要求自己，在实践中养成遵纪守法的良好习惯。

3）要敢于同违法违纪现象和不正之风做斗争。

试题精选：

遵纪守法不要求（A）。

A. 延长劳动时间
B. 遵守操作程序
C. 遵守企业的规章制度
D. 执行国家规定的安全法令和法规

鉴定点 8　爱岗敬业的具体要求

问：爱岗敬业的具体要求有哪些？

答：爱岗敬业的具体要求有：

（1）树立职业理想　所谓职业理想是指人们对未来工作部门和工作种类的向往和对现行职业发展将达到的水平、程度的憧憬。

（2）强化职业责任　职业责任是指人们在一定职业活动中所承担的特定的职责，它包括人们应该做的工作以及应该承担的义务。

（3）提高职业技能　职业技能也称为职业能力，是人们进行职能活动履行职业责任的能力和手段。它包括从业人员的实际操作能力、业务处理能力、技术能力以及与职业有关的理论知识。

试题精选：

对待职业和岗位，（D）并不是爱岗敬业所要求的。

A. 树立职业理想
B. 干一行爱一行专一行
C. 遵守企业的规章制度
D. 一职定终身不改行

鉴定点 9　严格执行安全操作规程

问：简述严格执行安全操作规程的重要性。

答：从业人员，除了遵守国家的法律、法规和政策外，还要遵守与职业活动行为有关的制度和纪律，如劳动纪律、安全操作规程、操作程序、工艺文件等，这样才能很好地履行岗位职责，做好本职工作。

试题精选：

（√）严格执行安全操作规程，才能很好地履行岗位职责，做好本职工作。

鉴定点 10　工作认真负责的具体要求

问：工作认真负责的具体要求有哪些？

答：工作认真负责的具体要求有：

1）上班前做好充分准备。包括思想和物质方面的准备，准备好工作中所需要的工具、仪器仪表以及技术资料等。

2）工作时要集中注意力。工作时要高度集中注意力，做好每一项具体的工作；发现问题后要及时上报，并进行处理。

3）下班前要做好安全检查。下班前要整理工具、仪器仪表以及技术资料等，关闭设备电源，做好安全检查。

4）严格按照有关制度进行交接班。

5）交班前要清理工作场地，保持场地整洁。

试题精选：

（×）在工作中一切要听从领导的指挥，领导说什么就做什么。

鉴定点 11　爱护设备和工具的基本要求

问：爱护设备和工具的基本要求有哪些？

答：爱护设备和工具的基本要求有：

1）正确组织工作位置。物件放置应有固定的位置，使用后放回原处，工作时所用的工具、量具及仪表应尽可能靠近和集中在操作者周围。

2）工具、量具和仪器仪表要分类存放，摆放合理。

3）设备要经常进行维护，维护保养工作包括：润滑、清洁等；发现问题，及时进行维修。电气设备维护保养制度包括：维护保养对象、维护保养的工作内容和电气设备的维护保养周期等。

试题精选：

不爱护设备和工具的做法是（C）。

A. 保持设备清洁　　　　　　　　　B. 正确使用工具

C. 随意修理设备　　　　　　　　　D. 及时保养设备

鉴定点 12　文明生产的具体要求

问：文明生产的具体要求要那些？

答：文明生产的具体要求：

1）工作时，要正确使用劳动防护用品，如工作服、工作帽，袖口要扎紧。

2）使用电钻时要戴橡胶手套，穿胶鞋。

3）劳动防护用品要注意保持整洁。

4）工作场地必须保持清洁、整齐，物品摆放有序。班前和班后要打扫卫生。

试题精选：

不符合文明生产要求的是（D）。

A. 按规定穿戴劳动保护用品　　　　B. 遵守安全技术规程

C. 优化工作环境　　　　　　　　　D. 工作中吸烟

鉴定范围 2　电 工 基 础

鉴定点 1　电路的组成

问：何谓电路？电路主要由哪几部分组成？

答：电流所通过的路径称为电路。电路的作用是实现能量的传输和转换、信号的传递和处理。电路一般由电源、负载和中间环节三个基本部分组成。其中，电源是将非电能转换为电能的装置；负载是将电能转换为非电能的装置；中间环节是把电源与负载连接起来的部分，起到传递和控制电能的作用。

试题精选：

电路一般由电源、负载和（C）三个基本部分组成。

A. 开关   B. 导线

C. 中间环节   D. 控制电器

鉴定点 2　电流

问：何谓电流？电流的大小和方向是如何规定的？

答：电荷的定向移动称为电流。在金属导体中，电流是电子在外电场作用下有规则地运动形成的。在某些液体或气体中，电流则是正离子或负离子在电场力作用下有规则地运动形成的。电流的方向规定以正电荷移动的方向为电流的方向。在实际应用和计算中，可以设定电流的参考方向。

电流的大小取决于在一定时间内通过导体横截面的电荷量的多少，通常规定单位时间内通过导体横截面的电量称为电流，以字母 I 表示。电流的表达式为

$$I = \frac{q}{t}$$

式中，q 为时间 t 内通过导体横截面的电量（C）；t 为电流通过导体的时间（s）；I 为通过导体的电流（A）。

电流的单位是安培，简称安，用符号 A 表示，电流的单位还有 kA、mA 和 μA，其换算关系是：$1kA = 10^3 A$，$1A = 10^3 mA$，$1mA = 10^3 \mu A$。

试题精选：

一直流电通过一段粗细不均匀的导体时，导体各横截面上的电流（C）。

A. 与各截面面积成正比   B. 与各截面面积成反比

C. 与各截面面积无关   D. 随截面面积变化而变化

鉴定点 3　电阻

问：何谓电阻？导体的电阻与哪些物理量有关？

答：导体对电流的阻碍作用称为电阻。电阻是反映导体对电流起阻碍作用大小的一个物理量。电阻用字母 R 表示，单位名称是欧姆，简称欧，用符号 Ω 表示。电阻的单位还有 kΩ 和 MΩ，它们之间的换算关系是：$1k\Omega = 10^3 \Omega$，$1M\Omega = 10^3 k\Omega$。

导体的电阻是客观存在的，它不随导体两端电压的大小而变化。即使没有电压，导体仍然有电阻。导体的电阻与导体的长度成正比，与导体的横截面积成反比，并与导体的材料有关。对于长度为 l、横截面积为 S 的导体，其电阻可表示为

$$R = \rho \frac{l}{S}$$

式中，ρ 为与导体材料有关的物理量，称为电阻率或电阻系数（Ω·m）；l 为导体的长度（m）；S 为导体的横截面积（m^2）。

电阻率通常是指在 20℃时，长度为 1m 而横截面积为 $1m^2$ 的某种材料的电阻值。当 l、

S、R 的单位分别是 m、m²、Ω 时，ρ 的单位名称是欧·米，用 Ω·m 表示。

导体的电阻不仅决定于它的长度、截面和材料，还与其他因素有关，特别是与温度有关，导体的温度变化，它的电阻也随着变化。一般的金属材料，温度升高后，导体的电阻将增大，而电解液的电阻随温度的上升而减小。

试题精选：

若将一段电阻为 R 的导线均匀拉长至原来的两倍，则其电阻值为（C）。

A. 2R　　　　　B. R/2　　　　　C. 4R　　　　　D. R/4

鉴定点 4　电压和电位

问：何谓电位？何谓电压？电位与电压的关系及区别有哪些？

答：带电体的周围存在着电场，电场对处在电场中的电荷有力的作用。当电场力使电荷移动时，电场力就对电荷做了功。在电场中任选一点为参考点，电场力将单位正电荷从某点移到参考点所做的功，称为该点到参考点的电位。电位的符号用 φ 表示。参考点的电位等于零，即 $\varphi_0 = 0$，高于参考点的电位是正电位，低于参考点的电位是负电位。

规定：电场力把 1C 电量的正电荷从 a 点移到参考点，如果所做的功为 1J，那么 a 点对参考点的电位就是 1V。电位常用单位还有 kV、mV、μV，其换算关系是：$1kV = 10^3V$，$1V = 10^3mV$，$1mV = 10^3\mu V$。

参考点可以任意选定，符号用"⊥"表示。参考点改变时，电位将发生变化。

在电场中，任意两点之间的电位差称为两点之间的电压。电位差（电压）也是衡量电场力做功本领大小的物理量。规定：电场力把单位正电荷从电场中 a 点移到 b 点所做的功称为 a、b 两点间的电压 U_{ab}，即

$$U_{ab} = \frac{A_{ab}}{Q}$$

习惯规定电场力移动正电荷做功的方向为电压的实际方向，电压的实际方向也就是电位降的方向，即高电位指向低电位的方向，所以电压又称为电位降。电压的参考方向也可根据需要设定。

电压与电位的关系为：

1）某点的电位等于该点对参考点的电压，即 $\varphi_a = U_{ao}$。

2）两点之间的电压等于两点之间的电位差，即 $U_{ab} = \varphi_a - \varphi_b$。

参考点改变时，电位将发生变化，而两点之间的电压不变，即电压是个绝对量，电位是个相对量。

试题精选：

电压 $\varphi_{ab} = 10V$ 的意义是（B）。

A. 电场力将电荷从 a 点移到 b 点所做的功是 10J

B. 电场力将 1C 的正电荷从 a 点移到 b 点所做的功是 10J

C. 电场力将电荷从 a 点移到参考点所做的功是 10J

D. 电场力将电荷从 b 点移到参考点所做的功是 10J

鉴定点 5　电动势

问：何谓电动势？电动势与电压的区别有哪些？

答：电动势是衡量电源将非电能转换为电能本领大小的物理量。在电源内部外力将单位正电荷从电源负极移到正极所做的功，称为电源的电动势。电动势用符号 E 表示，即

$$E = \frac{A}{Q}$$

电动势的单位也是 V，其方向是由电源负极指向电源的正极。

电动势与电压的区别如下：

（1）物理意义不同　电压是电场力做功，而电动势是非电场力做功。

（2）存在不同　电动势存在于电源的内部，而电压不仅存在于电源的内部也存在于电源的外部。

（3）方向不同　电压方向是从高电位指向低电位，电动势方向是由电源的负极指向电源的正极，即电动势方向是由低电位指向高电位的。

试题精选：

电源电动势的大小表示（B）做功本领的大小。

A. 电场力

B. 非电场力

C. 电场力或外力

D. 电流

鉴定点 6　欧姆定律

问：何谓欧姆定律？

答：欧姆定律有两种形式：一是部分电路的欧姆定律和全电路的欧姆定律。图 1-1 所示为不含电源的部分电路，当在电阻两端加上电压时，电阻中就有电流通过。通过实验可知：流过电阻的电流 I 与电阻两端的电压 U 成正比，与电阻 R 成反比。这一结论称为部分电路的欧姆定律，用公式表示为

$$I = \frac{U}{R}$$

含有电源的闭合电路称为全电路，如图 1-2 所示。在全电路中，电流与电源的电动势成正比，与电路中内电阻和外电阻之和成反比。这个规律称为全电路的欧姆定律，用公式表示为

$$I = \frac{E}{R+r}$$

图 1-2 中电路闭合时，端电压 $U = E - Ir$。

$U = E - Ir$ 表明了电压随负载电流变化的关系，这种关系称为电源的外特性。用曲线表示电源的外特性称为电源的外特性曲线，如图 1-3 所示。由外特性曲线上可看出，电源端电压随着电流的变化而变化，当电路接小电阻时，电流增大，端电压就下降；否则，端电压就上升。

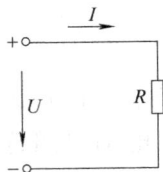

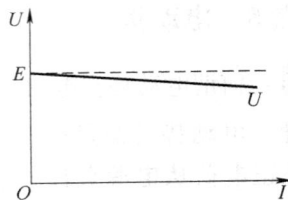

图 1-1　部分电路　　　　　　　图 1-2　全电路　　　　　　图 1-3　电源的外特性曲线

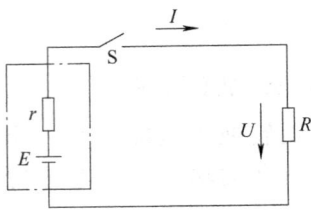

试题精选：

在全电路中，负载电阻增大，端电压将（B）。

A. 降低　　　　　　B. 升高　　　　　　C. 不变　　　　　　D. 不确定

鉴定点 7　电功和电功率

问：何谓电功？何谓电功率？

答：电流所做的功称为电功。电功的表达式为

$$W = UIt = \frac{U^2}{R}t = I^2Rt$$

式中，W 为电流所做的功（J）；U 为电压（V）；I 为电流（A）；t 为时间（s）。

电流单位时间内所做的功称为电功率。对于直流电路来说，电功率的表达式为

$$P = \frac{W}{t}$$

式中，P 为电功率（W）；W 为电流所做的功（J）；t 为通电时间（s）。

功率的表达式还可以写成

$$P = \frac{U^2}{R} = I^2R$$

试题精选：

表示电流做功快慢的物理量叫作（D）。

A. 电压　　　　　　B. 电位　　　　　　C. 电功　　　　　　D. 电功率

鉴定点 8　电阻的联结

问：何谓电阻的串联、并联？它们的特点有哪些？

答：两个或两个以上的电阻，依次连接，中间无分支的电路，称为电阻的串联。三个电阻构成的串联电路如图 1-4 所示。电阻的串联电路具有以下特点：

1）电路中流过每个电阻的电流都相等，即 $I = I_1 = I_2 = \cdots = I_n$。

2）电路两端的总电压等于各电阻两端电压之和，即 $U = U_1 + U_2 + U_3 + \cdots + U_n$。

3）电路的总电阻等于各串联电阻之和，即 $R = R_1 + R_2 + R_3 + \cdots + R_n$。

4）电路的总功率等于各串联电阻消耗的功率之和，即 $P = P_1 + P_2 + P_3 + \cdots + P_n$。

5）电路中各电阻上的电压与各电阻的阻值成正比，即 $U_n = \frac{R_n}{R}U$。

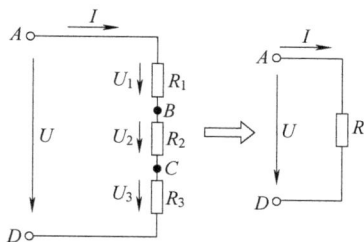

图 1-4 电阻的串联及其等效电路

在计算电路时，若为两个或三个电阻串联，当总电压 U 已知时，它们的分压公式分别为

$$U_1 = \frac{R_1}{R_1 + R_2} U \quad U_2 = \frac{R_2}{R_1 + R_2} U$$

$$U_1 = \frac{R_1}{R_1 + R_2 + R_3} U \quad U_2 = \frac{R_2}{R_1 + R_2 + R_3} U \quad U_3 = \frac{R_3}{R_1 + R_2 + R_3} U$$

把两个或两个以上的电阻并列地连接在两点之间，使每一电阻两端都承受同一电压的连接方式称为电阻的并联，如图 1-5 所示。电阻并联具有如下特点：

1）电路中各电阻两端的电压相等，并且等于电路两端的电压，即 $U = U_1 = U_2 = U_3 = \cdots = U_n$。

2）电路的总电流等于各电阻中的电流之和，即 $I = I_1 + I_2 + \cdots + I_n$。

3）电路的总电阻的倒数，等于各并联电阻的倒数之和，即 $\frac{1}{R} = \frac{1}{R_1} + \frac{1}{R_2} + \frac{1}{R_3} + \cdots + \frac{1}{R_n}$

4）电路消耗的总功率等于各并联电阻消耗的功率之和，即 $P = P_1 + P_2 + \cdots + P_n$。

5）在电阻并联电路中，各支路分配的电流与支路的电阻值成反比，即 $I_n = \frac{R}{R_n} I$。

式中，$R = R_1 // R_2 // R_3 // \cdots // R_n$。该式称为分流公式，$\frac{R}{R_n}$ 称为分流比。

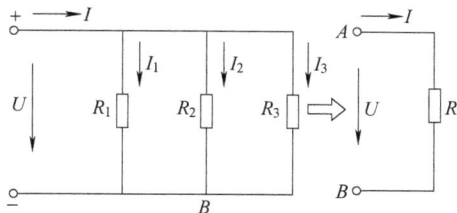

图 1-5 电阻的并联及其等效电路

试题精选：

两个电阻 R_1 和 R_2，若 $R_1 : R_2 = 2 : 3$，将它们并联接入电路，则它们两端的电压及通过的电流之比分别是：（C）。

A. $2 : 3$；$3 : 2$ B. $3 : 2$；$2 : 3$ C. $1 : 1$；$3 : 2$ D. $2 : 3$；$1 : 1$

鉴定点 9　基尔霍夫定律

问：何谓基尔霍夫定律？

答：基尔霍夫定律包括第一定律和第二定律。它们和欧姆定律都是解决复杂电路的基本定律。

1）基尔霍夫第一定律也称为节点电流定律（KCL）。此定律说明了连接在同一节点上的几条支路中电流之间的关系，其内容是：电路中任意一个节点上，流入节点的电流之和等于流出该节点的电流之和，即

$$\sum I_入 = \sum I_出$$

如果我们规定流入节点的电流为正，流出节点的电流为负，那么，基尔霍夫第一定律内容也可叙述为：电路中任意一个节点上，电流的代数和恒等于零，即

$$\sum I = 0$$

基尔霍夫第一定律不仅适用于节点，也可推广应用于任意假定的封闭面。

2）基尔霍夫第二定律也称为回路电压定律（KVL）。此定律说明了回路中各部分电压之间的相互关系。其内容是：对于电路中的任一回路，沿回路绕行方向的各段电压的代数和等于零。其表达式为

$$\sum U = 0$$

基尔霍夫第二定律的内容又可叙述为：在任一闭合回路中，各个电阻上电压的代数和等于各个电动势的代数和，即

$$\sum IR = \sum E$$

应用基尔霍夫第二定律列回路电压方程时，通常采用 $\sum IR = \sum E$ 的形式，其步骤如下：

1）假设各支路电流的参考方向和回路的绕行方向。

2）将回路中全部电阻上的电压 IR 写在等式的一边，若通过电阻的电流方向与绕行方向一致，则该电阻上的电压取正，反之取负。

3）将回路中全部电动势写在等式另一边，若电动势的方向（由负极指向正极）与绕行方向一致，则该电动势取正，反之取负。

试题精选：

基尔霍夫第一定律是通过任意节点（A）的代数和为零。

A. 电流　　　　　　　B. 功率　　　　　　　C. 电压　　　　　　　D. 电位

鉴定点 10　电容器

问：何谓电容器？电容器的基本性能有哪些？

答：两金属导体中间以绝缘介质相隔，并引出两个电极，这样就形成了一个平行板电容器。如图 1-6a 所示。被介质隔开的金属板称为极板，极板通过电极与电路连接。极板间的介质常用空气、云母、纸、塑料薄膜和陶瓷等物质。

电容器可以储存电荷，成为储存电能的容器，所以称为电容器。电容器任一极板上的带电量 Q 与两极板间的电压 U 的比值，是一个常数。这一比值称为电容量，用 C 表示，即 $C = \dfrac{Q}{U}$。

电容量是衡量电容器储存电荷本领大小的物理量。电容量的单位除 F 外，还有 μF 和 pF，它们之间的换算关系是：$1\mu F = 10^{-6} F$，$1pF = 10^{-6} \mu F$。

电容量的大小取决于电容器的介质种类与几何尺寸。若介质的介电常数越大，极板相对面积越大，极板间的距离越小，则电容量就越大。

电容器具有隔直流、通交流的作用。电容器按其结构不同可分为固定电容器、可变电容器和半可变电容器。

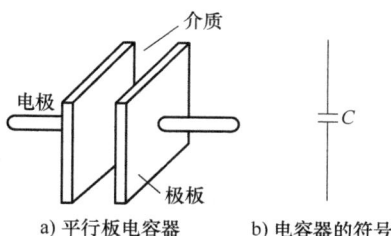

图 1-6　平行板电容器及电容器的符号

（1）电容器的主要参数

1）标称容量和偏差：不同材料制造的电容器，其标称容量系列也不一样，一般电容器的标称容量系列与电阻器采用的系列相同，即 E24、E12、E6 系列。

电容器的标称容量和偏差一般标注在电容体上，其标注方法常采用直标法、数码表示法和色码表示法。与电阻器的色环表示法类似，颜色涂于电容器的一端或从顶端向引线排列。色码一般只有三种颜色，前两环为有效数字，第三环为倍率，单位为 pF。

2）额定直流工作电压：电容器在线路中能够长期可靠地工作而不被击穿时所能承受的最大直流电压叫作额定直流工作电压，又称为耐压。它的大小与介质的种类和厚度有关。

3）漏电阻和漏电流：电容器的介质并不是绝对的绝缘体，或多或少有些漏电。一般小容量的电容器的漏电电阻值为无穷大，而大容量的电容器的漏电电阻值较小，造成漏电电流较大，易使电容器因过热而损坏。

（2）电容器参数的识别方法　固定电容器的主要参数（标称容量、允许偏差和额定直流工作电压）标注在电容器上，同电阻器一样，有直标法、文字符号法、色标法和数码法四种。

试题精选：

固定电容器的误差分为 3 级，它们是（C）。

A. Ⅰ（±15%），Ⅱ（±8%），Ⅲ（±15%）

B. Ⅰ（±5%），Ⅱ（±10%），Ⅲ（±15%）

C. Ⅰ（±5%），Ⅱ（±10%），Ⅲ（±20%）

D. Ⅰ（±10%），Ⅱ（±15%），Ⅲ（±20%）

鉴定点 11　磁场、磁力线与电流的磁场

问：何谓磁场、磁力线？电流的磁场有哪些特点？

答：人们把物体具有吸引铁、镍、钴等物质的性质称为磁性。具有磁性的物体叫作磁体。

磁体周围存在的磁力作用的空间称为磁场。磁场和电场一样是有方向的。在磁场中某一点放一个能自由转动的小磁针，静止时 N 极所指的方向，规定为该点的磁场方向。为了形象地描述磁场而引出了磁力线这一概念，规定在磁力线上每一点的切线方向表示该点的磁场方向。

电流周围存在着磁场。电流产生的磁场，其方向可用安培定则（也称为右手螺旋定则）来判断，一般分为以下两种情况：

（1）通电直导体周围的磁场　用右手握住通电直导体，让拇指指向电流方向，则弯曲四指的指向就是磁场方向。

（2）通电螺线管的磁场　它的方向与电流之间的关系也可以用安培定则来判定，用右手握住螺线管，弯曲四指指向螺线管电流方向，则拇指方向就是磁场方向。

试题精选：

磁体周围存在着一种特殊的物质，这种物质具有力和能的特性，该物质称为（B）。

A. 磁性　　　　　　B. 磁场　　　　　　C. 磁力　　　　　　D. 磁体

鉴定点 12　磁场的基本物理量

问：有关磁场的物理量有哪些？

答：有关磁场的物理量有磁通、磁感应强度、磁导率和磁场强度等。

（1）磁通　磁通是用来定量描述磁场在一定面积上的分布情况。通过与磁场方向垂直的某一面积上磁力线的总数，称为通过该面积的磁通量，简称磁通，用字母 Φ 表示，它的单位是韦伯，简称韦，用符号 Wb 表示。

（2）磁感应强度　磁感应强度 B 是用来描述磁场中各点的强弱和方向。垂直通过单位面积磁力线的多少，称为该点的磁感应强度。在均匀磁场中，磁感应强度可表示为 $B = \Phi / S$。

磁感应强度 B 等于单位面积的磁通量，所以，磁感应强度也称为磁通密度。当磁通量的单位为 Wb，面积的单位为 m^2 时，磁感应强度 B 的单位是 T，称为特斯拉，简称特。

由于磁力线上任一点的切线方向就是该点磁感应强度的方向，所以磁感应强度不但表示某点磁场的强弱，而且还表示出该点磁场的方向，因此，磁感应强度是个矢量。

（3）磁导率　磁导率是一个用来描述物质导磁性能的物理量，用字母 μ 表示，其单位是 H/m。真空的磁导率为一常数。其表达式为 $\mu_0 = 4\pi \times 10^{-7} H/m$。

为了比较媒介质对磁场的影响，把任一物质的磁导率与真空的磁导率的比值称为相对磁导率，用 μ_r 表示，即

$$\mu_r = \mu / \mu_0$$

式中，μ_r 为相对磁导率；μ 为任一物质的磁导率；μ_0 为真空的磁导率。

根据相对磁导率的大小把物质分为三类：一类称为顺磁物质，μ_r 稍大于 1；另一类称为反磁物质，$\mu_r < 1$，顺磁物质和反磁物质统称为非磁性材料；还有一类称为铁磁物质，其相对磁导率 $\mu_r \gg 1$，而且不是一个常数。

（4）磁场强度　由于磁感应强度与媒介质的磁导率有关，计算较为复杂，为了使计算简便，引入了磁场强度这个物理量。

磁场中某点的磁感应强度 B 与媒介质磁导率 μ 的比值，称为该点的磁场强度，用 H 表示，即

$$H = \frac{B}{\mu} = \mu \frac{NI}{\mu l} = \frac{NI}{l}$$

磁场强度的单位为 A/m。磁场强度的数值只与电流的大小及导体的形状有关，而与磁场媒介质的磁导率无关。磁场强度是个矢量，在均匀媒介质中，它的方向和磁感应强度的方

向一致。

试题精选：

关于相对磁导率下面说法正确的是（B）。

A. 有单位　　　　　B. 无单位　　　　　C. 单位是 H/m　　　　　D. 单位是特

鉴定点 13　磁路的概念

问：何谓磁路？

答：磁通（磁力线）集中通过的闭合路径称为磁路。磁路按其结构不同，可分为无分支磁路和分支磁路，分支磁路又可分为对称分支磁路和不对称分支磁路。

由于铁磁材料的磁导率远大于空气的磁导率，所以磁通主要通过铁心而闭合，只有很少一部分磁通经过空气或其他材料。通过铁心的磁通称为主磁通，铁心外的磁通称为漏磁通。一般情况下，漏磁通很小，在定性分析和估算时可忽略不计。

在磁路中，通过磁路的磁通与磁路中的磁通势成正比，与磁阻成反比，称为磁路的欧姆定律，即

$$\Phi = \frac{NI}{\dfrac{l}{\mu S}} = \frac{E_{\mathrm{m}}}{R_{\mathrm{m}}}$$

式中，$E_{\mathrm{m}} = NI$，相当于电路中的电动势，它是产生磁通的磁源，称为磁通势。电流越大，磁通势越强。而 $R_{\mathrm{m}} = l/\mu S$，对应于电路中的电阻 $R = \rho l/S$（ρ 为电阻率）。

因而 R_{m} 称为磁阻，磁阻 R_{m} 与磁路的尺寸及磁性物质的磁导率有关。磁阻的单位是 $1/H$。

在实际应用中，很多电气设备的磁路往往要通过几种不同的物质，此时的总磁阻为通过各种物质的磁阻之和。

试题精选：

在磁路中，通过磁路的磁通与磁阻的关系是：磁阻越大，则磁通（B）。

A. 越大　　　　　B. 越小　　　　　C. 与磁阻成正比　　　　　D. 与磁阻无关

鉴定点 14　磁场对电流的作用

问：磁场对通电导体有哪些作用？

答：载流导体在磁场中所承受的作用力称作电磁力，用 F 表示。实验证明，电磁力 F 的大小与导体电流的大小成正比，与导体在磁场中的有效长度及载流导体所在位置的磁感应强度成正比，即

$$F = BIl\sin\alpha$$

式中，B 为均匀磁场的磁感应强度（T）；I 为导体中的电流（A）；l 为导体在磁场中的有效长度（m）；F 为导体受到的电磁力（N）；α 为直导体与磁感应强度方向的夹角。

当导体垂直于磁感应强度的方向放置时，导体所受到的电磁力为最大值；平行放置时不受力；载流直导体在磁场中的受力方向可以用左手定则来判别。

磁场对通电线圈的磁力矩 M 可表示为

$$M = NBIS\cos\alpha$$

式中，B 为均匀磁场的磁感应强度（T）；I 为线圈中的电流（A）；S 为线圈的面积；α 为线圈平面与磁力线的夹角。

试题精选：

在均匀磁场中，通电线圈的平面与磁力线平行时，线圈受到的转矩（A）。

A. 最大   B. 最小   C. 为零   D. 为负

鉴定点 15 　电磁感应

问：何谓电磁感应？何谓法拉第电磁感应定律和楞次定律？

答：由于磁通变化而在导体或线圈中产生感应电动势的现象，称为电磁感应。由电磁感应产生的电动势称为感应电动势，由感应电动势产生的电流称为感应电流。

实验证明：当导体相对于磁场而切割磁力线或者线圈中的磁通发生变化时，在导体或线圈中都会产生感应电动势。若导体或线圈构成闭合回路，则导体或线圈中将有电流流过。所以电磁感应的产生条件是：通过线圈回路的磁通必须发生变化。

由实验可知：线圈中感应电动势的大小与通过同一线圈的磁通变化率（即变化快慢）成正比。这一规律称为法拉第电磁感应定律。其表达式为

$$e = -N\frac{\Delta\Phi}{\Delta t}$$

式中，e 为在 Δt 时间内产生的感应电动势（V）；N 为线圈的匝数；$\Delta\Phi$ 为线圈中磁通的变化量（Wb）；Δt 为磁通变化 $\Delta\Phi$ 所需的时间（s）。

该式表明，线圈中感应电动势的大小，取决于线圈中磁场的变化速度，而与线圈中磁通本身的大小无关。若 $\frac{\Delta\Phi}{\Delta t} = 0$，则 $e = 0$；若 $\frac{\Delta\Phi}{\Delta t}$ 越大，则 e 越大。当 $\frac{\Delta\Phi}{\Delta t} = 0$ 时，即使线圈中的磁通很大，也不会产生感应电动势。

楞次定律的内容是：当穿过线圈的磁通发生变化时，感应电动势的方向总是企图使它的感应电流产生的磁通阻碍原有磁通的变化。也就是说，当线圈原磁通增加时，感应电流就要产生与它方向相反的磁通来阻碍它的增加，当线圈中的磁通减少时，感应电流就要产生与它的方向相同的磁通去阻碍它的减少。所以法拉第电磁感应定律的表达式中的负号表示感应电动势的方向总是使感应电流产生的磁通阻碍原磁通的变化，即

$$e = -N\frac{\Delta\Phi}{\Delta t}$$

（1）自感　由于流过线圈本身的电流发生变化而产生感应电动势的现象称为自感应现象，简称自感。由自感现象产生的电动势称为自感电动势。自感电动势的表达式为

$$e_L = -L\frac{\Delta i}{\Delta t}$$

式中，L 为线圈的电感量（H）；$\frac{\Delta i}{\Delta t}$ 为电流的变化率（A/s）。

该式表明，自感电动势的大小与线圈的电感量 L 和线圈中电流的变化率 $\frac{\Delta i}{\Delta t}$ 成正比。当线

圈的电感量一定时，线圈的电流变化越快，自感电动势越大；线圈的电流变化越慢，自感电动势越小；线圈的电流不变，就没有自感电动势。反之，在电流变化率一定的情况下，若线圈的电感量 L 越大，自感电动势越大；若线圈的电感量 L 越小，自感电动势越小。所以，电感量 L 也反映了线圈产生自感电动势的能力。电感量 L 等于线圈中通过单位电流所产生的自感磁链，也称为自感系数，即

$$L = \frac{\Psi}{i}$$

式中，L 为线圈的电感量（H）；Ψ 为由自身线圈的电流所产生的自感磁链（Wb）；i 为流过线圈的电流（A）。

自感电动势的方向可用楞次定律来判断，其表达式中的负号表示自感电动势的方向与外电流的变化方向相反，即表明自感电动势企图阻碍电流的变化。

（2）互感 互感现象也是电磁感应的一种形式。由于流经一个线圈的电流发生变化，而在另一个线圈中产生感应电动势的现象称为互感现象，简称互感。

流过一个线圈的单位电流在另一个线圈中产生的互感磁链数称为互感系数，用字母 M 表示，单位与自感相同。其表达式为

$$M_{12} = \frac{\Psi_{12}}{i_1} \qquad M_{21} = \frac{\Psi_{21}}{i_2}$$

实验证明：$M_{12} = M_{21} = M$。

互感系数与两个线圈的匝数、几何形状、尺寸、相对位置以及周围介质等因素有关。其大小反映了一个线圈电流变化时，对另一个线圈产生互感电动势的能力。

由互感现象产生的感应电动势称为互感电动势，用 e_M 表示，即

$$e_{M2} = -M \frac{\Delta i_1}{\Delta t} \qquad e_{M1} = -M \frac{\Delta i_2}{\Delta t}$$

该式说明，线圈中互感电动势的大小与互感系数及另一线圈中电流的变化率成正比。互感电动势的方向也可用楞次定律判定。式中的负号即为楞次定律的反映。

互感电动势的方向不仅取决于互感磁通是增加还是减少，而且还与线圈的绕向有关。凡绕向一致、互感电动势的极性一致的端点称为同名端。同名端的符号用"·"表示，或用"＊"号表示。

试题精选：

当导体与磁力线间有相对切割运动时，这个导体中（B）。

A. 一定有电流流过 　　　　　　　　B. 一定有感应电动势产生

C. 各点电位相等 　　　　　　　　　D. 没有电动势产生

鉴定点 16 正弦交流电的概念

问：何谓交流电？何谓正弦交流电的三要素？

答：凡大小和方向随时间改变的电流（电压、电动势），称为交流电。大小和方向随时间做周期性变化的电流（电压、电动势）称为周期性交流电，简称交流电。其中，随时间按正弦规律变化的交流电称为正弦交流电，随时间不按正弦规律变化的交流电称为非正弦交流电。平时所谓的交流电是指正弦交流电。正弦交流电动势是由三相正弦交流发电机产

生的。

正弦交流电的三要素是最大值、频率和初相位。

（1）瞬时值　正弦交流电在某一时刻的值称为在这一时刻正弦交流电的瞬时值。电动势、电压和电流的瞬时值分别用小写字母 e、u 和 i 表示。

（2）最大值　正弦交流电最大的瞬时值称为最大值，也称为幅值或峰值。电动势、电压和电流的最大值分别用符号 E_m、U_m、I_m 表示。

（3）有效值　交流电的有效值是根据电流的热效应来规定的。相同时间内热效应与交流电等效的直流值称为这一交流电的有效值。交流电动势、电压和电流的有效值分别用大写字母 E、U 和 I 表示。

交流电最大值与有效值的关系为

$$E = \frac{E_m}{\sqrt{2}} = 0.707E_m \qquad U = \frac{U_m}{\sqrt{2}} = 0.707U_m \qquad I = \frac{I_m}{\sqrt{2}} = 0.707I_m$$

正弦交流电的波形是对称于横轴的，在一个周期内的平均值恒等于零，所以一般所说平均值是指半个周期内的平均值。正弦交流电在半个周期内的平均值为

$$E_{av} = 0.637E_m \qquad U_{av} = 0.637U_m \qquad I_{av} = 0.637I_m$$

（4）频率　交流电在单位时间内周期性变化的次数称为交流电的频率，用符号 f 表示，单位为 Hz。频率的单位还有 kHz、MHz。

在我国的电力系统中，国家规定动力和照明用电的频率为 50Hz，习惯上称为工频。

（5）周期　交流电完成一次周期性变化所需的时间称为交流电的周期，用符号 T 表示，单位为 s。周期的单位还有 ms、μs。工频交流电的周期为 0.02s。根据定义可得出：

$$f = 1/T$$

（6）角频率　交流电每秒所变化的电角度，称为交流电的角频率，用符号 ω 表示，单位是 rad/s。周期、频率和角频率的关系为

$$\omega = \frac{2\pi}{T} = 2\pi f$$

（7）初相位　在正弦交流电路中，任意时刻（t）线圈平面与中性面的夹角（$\omega t + \varphi$）称为正弦交流电的相位或相角。$t=0$ 时刻的相位，称为初相位，简称初相。通常 $|\varphi| \leqslant 180°$。

试题精选：

交流电每秒钟变化的电角度称为（C）。

A. 频率　　　　　　B. 周期　　　　　　C. 角频率　　　　　　D. 相位

鉴定点 17　单相正弦交流电路

问：如何分析和计算单相正弦交流电路？

答：分析和计算单相正弦交流电路的方法如下：

（1）纯电路　纯电路是指纯电阻、纯电感和纯电容电路。

1）纯电阻电路。交流电路中如果只有线性电阻，这种电路就称为纯电阻电路。

在纯电阻电路中：

① 电压与电流同相位，即电压与电流的相位差 $\varphi = 0$。

② 电压与电流有效值之间关系为 $I = U/R$。

③ 电压瞬时值 u 和电流瞬时值 i 的乘积称为瞬时功率 p，即 $p = ui$。

④ 瞬时功率在一个周期内的平均值称为平均功率 P，平均功率又称为有功功率。

$$P = UI = I^2 R = \frac{U^2}{R}$$

2）纯电感电路。在交流电路中，如果只用电感线圈作为负载，而且线圈的电阻和分布电容均可忽略不计，这样的电路就叫作纯电感电路。

① 纯电感电路中，电感两端的电压超前电流 $90°$，设 $i = I_m \sin \omega t$，则：

$$u_L = U_{Lm} \sin\left(\omega t + \frac{\pi}{2}\right)$$

② 电流与电压的最大值及有效值之间也符合欧姆定律，即

$$U_{Lm} = \omega L I_m \qquad U_L = \omega L I \qquad I = \frac{U_L}{X_L}$$

X_L 称为感抗，表明电感具有阻碍交流电流流过电感线圈的性质。感抗 X_L 等于电感元件上电压与电流的最大值或有效值之比，不等于它们的瞬时值之比。

感抗的计算公式为 $X_L = \omega L = 2\pi f L$，感抗的单位为 Ω。

③ 瞬时功率 p 等于电流瞬时值 i 与电压瞬时值 u 的乘积，即 $p = ui$。

④ 平均功率等于零，即 $P = 0$，也就是说电感元件在交流电路中不消耗电能。

⑤ 无功功率。电感线圈不消耗电源的能量，但在电感元件与电源之间不断地进行周期性的能量交换。为了反映电感元件与电源之间进行能量交换的规模，把瞬时功率的最大值叫作电感元件上的无功功率，用符号 Q_L 表示，其表达式为

$$Q_L = U_L I = I^2 X_L = \frac{U_L^2}{X_L}$$

无功功率的单位为 var 和 kvar。

注意："无功"的含义是"交换"而不是消耗，是相对"有功"而言的，绝不能理解为"无用"。

3）纯电容电路。在交流电路中，如果只用电容器作为负载，而且电容器的绝缘电阻很大，介质损耗和分布电感均可忽略不计，这样的电路称为纯电容电路。

在纯电容电路中：

① 电流在相位上超前电压 $90°$。

② 电流与电压的最大值及有效值之间也符合欧姆定律。

③ X_C 起到阻碍电流通过电容器的作用，所以把 X_C 称为电容器的电抗，简称容抗。其计算式为：

$$X_C = \frac{1}{\omega C} = \frac{1}{2\pi f C}$$

容抗的单位为 Ω。容抗 X_C 等于电容元件上电压与电流的最大值或有效值之比，不等于它们的瞬时值之比。

④ 瞬时功率：纯电容电路的瞬时功率同样可用 $p = ui$ 求出。

⑤ 平均功率：线电容电路的平均功率为零，即电容器不消耗能量。

⑥ 无功功率：线电容电路的无功功率等于瞬时功率的最大值，用 Q_C 表示，即

$$Q_C = U_C I = I^2 X_C = \frac{U_C^2}{X_C}$$

无功功率的单位为 var 和 kvar。

（2）RLC 串联电路 电阻、电感和电容的串联电路称为 RLC 串联电路。设 $i = \sqrt{2}I\sin\omega t$，$U_R = \sqrt{2}IR\sin\omega t$，$U_L = \sqrt{2}IX_L\sin(\omega t + 90°)$，$U_C = \sqrt{2}IX_C\sin(\omega t - 90°)$，则：

电路的总电压 $u = u_R + u_L + u_C$。

对应的相量关系为：$U = U_R + U_L + U_C$。

在 RLC 串联电路中：

1）电压与电流的相位关系 $\varphi = \arctan\dfrac{X_L - X_C}{R}$。

① $X_L > X_C$ 时，总电压超前电流，电路呈感性。

② $X_L < X_C$ 时，总电压滞后电流，电路呈容性。

③ $X_L = X_C$ 时，总电压与电流同相位，电路发生串联谐振，电路呈阻性，如图 1-7 所示。

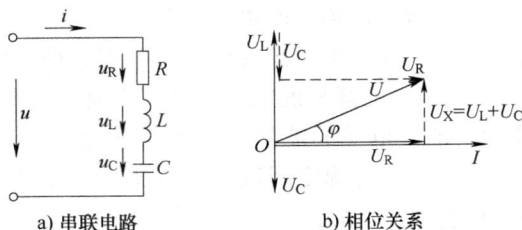

a) 串联电路   b) 相位关系

图 1-7 RLC 串联电路电压与电流的相位关系

2）总电压与总电流及其与各分电压之间的关系：

$U = IZ = I\sqrt{R^2 + (X_L - X_C)^2} = \sqrt{U_R^2 + (U_L - U_C)^2}$ 组成电压三角形，如图 1-8 所示。

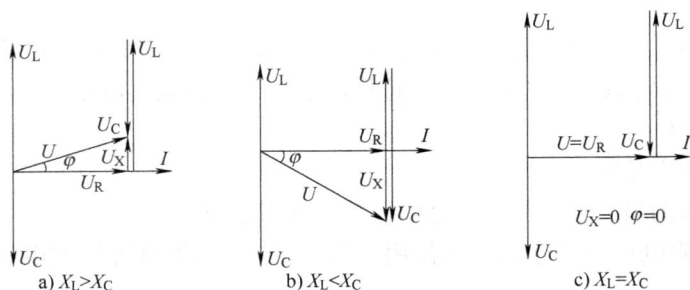

a) $X_L > X_C$ b) $X_L < X_C$ c) $X_L = X_C$

图 1-8 RLC 串联电路总电压与总电流及其与各分电压之间的关系

3）总阻抗 $Z = \sqrt{R^2 + (X_L - X_C)^2}$，其中 $(X_L - X_C)$ 称为电抗。

Z、R、X 组成阻抗三角形。阻抗角为 $\varphi = \arctan\dfrac{X_L - X_C}{R}$。

4）有功功率：电阻消耗的功率为总电路的有功功率，即平均功率，$P = I^2R = UI\cos\varphi$，

有功功率的单位为 W。

5) 无功功率：总的无功功率等于电感和电容上的无功功率之差，$Q = Q_L - Q_C$，无功功率的单位为 var 和 kvar。

当 $X_L > X_C$ 时，Q 为正，表示电路中为感性无功功率；当 $X_L < X_C$ 时，Q 为负，表示电路中为容性无功功率；当 $X_L = X_C$ 时，无功功率 $Q = 0$，电路处于谐振状态，只有电感与电容之间进行能量交换。

6) 视在功率：电路总电压与总电流有效值的乘积称为电路的视在功率，用 S 表示，即

$$S = UI = \sqrt{P^2 + Q^2}$$

视在功率的单位为 V·A 和 kV·A。

有功功率为：$P = S\cos\varphi$。

无功功率为：$Q = S\sin\varphi$。

试题精选：

在 RL 串联正弦电路中，电阻上的电压为 6V，电感上的电压为 8V，则总电压为（C）V。

A. 14   B. 2   C. 10   D. 48

鉴定点 18 功率因数的概念

问：何谓功率因数？

答：有功功率与视在功率的比值称为功率因数。其表达式为

$$\cos\varphi = \frac{P}{S}$$

由于电路中的电阻、电抗和阻抗符合阻抗三角形关系，同理，电阻上的电压、电抗上的电压和总电压也符合阻抗三角形关系，所以功率因数还可由阻抗三角形或电压三角形得到：

$$\cos\varphi = \frac{R}{z} = \frac{U_R}{U}$$

功率因数是用电设备的一个重要技术指标。提高用电设备的功率因数后，可以充分利用电源设备的容量，并进一步减少输电线路上的能量损失。

提高功率因数可采用的方法有：

1) 提高用电设备本身的功率因数，即提高自然功率因数。

2) 在感性负载的两端并联适当的电容器来提高功率因数。

采用并联电容器的方法来提高功率因数时，有两个概念必须注意：

1) 并联电容器后，对原感性负载的工作情况没有任何影响，即流过感性负载的电流和它的功率因数均未改变。

2) 功率因数的提高是指包括电容在内的整个电路功率因数比单独的感性负载的功率因数提高了。线路总电流的减小是电流的无功分量减小的结果，而电流的有功分量并未改变。

试题精选：

一个阻值为 3Ω，感抗为 4Ω 的电感线圈接在交流电路中，其功率因数为（B）。

A. 0.3   B. 0.6   C. 0.5   D. 0.4

鉴定点 19　三相交流电的基本概念

问：何谓三相交流电？何谓线电压和相电压？

答：最大值相等、频率相同、相位互差 120° 的三个正弦电动势称为对称三相电动势。若以三相对称电动势中的 U 相为参考正弦量，则它们的瞬时值表达式为

$$e_u = E_m \sin\omega t \qquad e_v = E_m \sin(\omega t - 120°) \qquad e_w = E_m \sin(\omega t + 120°)$$

对称三相电动势的波形图和相量图如图 1-9 所示。

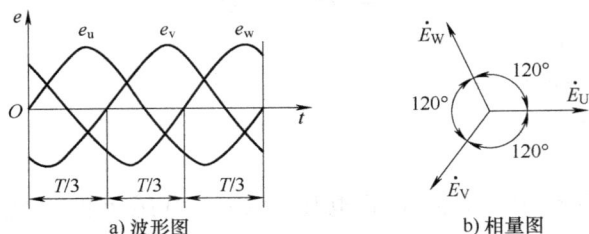

a) 波形图　　　　b) 相量图

图 1-9　对称三相电动势的波形图、相量图

三相电源的联结方式有星形联结和三角形联结两种。

1) 三相电源的星形联结：将三相电源的三相绕组的末端 U2、V2、W2 连在一起，始端作为输出线的引出端，这种接线方式叫作星形联结，如图 1-10 所示。有中性线的三相制叫作三相四线制，无中性线的三相制叫作三相三线制。电力系统中，一般都采用三相四线制方式供电。

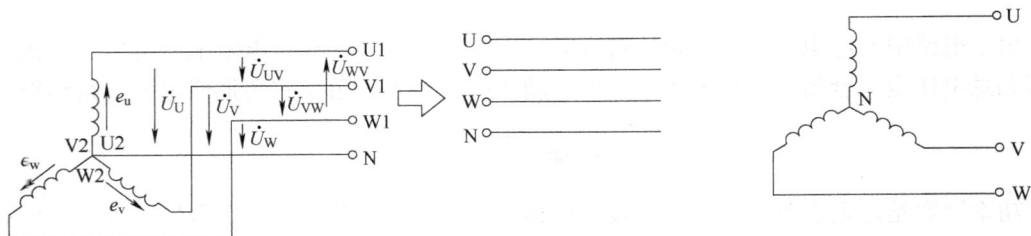

图 1-10　三相电源的星形联结

电源每相绕组两端的电压称为电源的相电压。有中性线时，各相线与中性线之间的电压就是相电压。相线与相线之间的电压称为线电压。线电压与相电压之间的关系如下：

① 数量关系：线电压等于相电压的 $\sqrt{3}$ 倍，即 $U_{线} = \sqrt{3}\,U_{相}$。

② 相位关系：线电压超前相应的相电压 30°，用相量法表示为 $\dot{U}_{线} = \sqrt{3}\,\dot{U}_{相}\,e^{-j30°}$。

2) 三相电源的三角形联结：将三相电源内每相绕组的末端和另一相绕组的始端依次相连的联结方式，称为三角形联结，如图 1-11 所示。

三相电源作三角形联结时，线电压就是相电压，即 $U_{线} = U_{相}$。

若三相电动势为对称三相正弦电动势，则三角形回路的总电动势等于零。此时电源内部不存在环流。但若三相电动势不对称，则三角形回路的总电动势不等于零，使回路内部产生很大的环流，这将使绕组发热，甚至烧毁。因此，三相发电机一般不采用三角形联结而采用

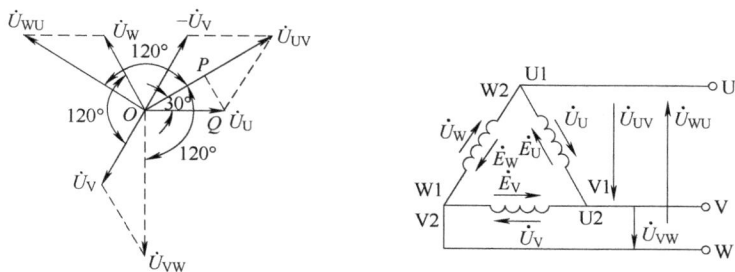

图 1-11 三相电源的三角形联结

星形联结。

试题精选：

三相电源绕组作星形联结时，线电压与相电压的关系是（D）。

A. $U_线 = \sqrt{2}\,U_相$
B. 线电压滞后与之对应相电压 30°

C. $U_线 = U_相$
D. 线电压超前与之对应的相电压 30°

鉴定点 20 三相负载的联结方法

问：三相负载的联结方法有哪些?

答：通常把各相负载相同的三相负载，叫作三相对称负载。

三相负载的联结也有星形（丫）联结与三角形（△）联结两种。

（1）**三相负载的星形联结** 将三相负载分别接到三相电源的相线和中性线之间的接法，称为三相负载的星形（丫）联结，如图 1-12 所示。

1）每相负载两端的电压称为负载的相电压，流过每相负载的电流称为负载的相电流。

2）流过相线的电流称为线电流，相线与相线之间的电压称为线电压。

3）负载为星形联结时，负载相电压的参考方向与相电压的参考方向一致。线电流的参考方向为由电源端指向负载端。中性线电流的参考方向规定为由负载中性点指向电源中性点。

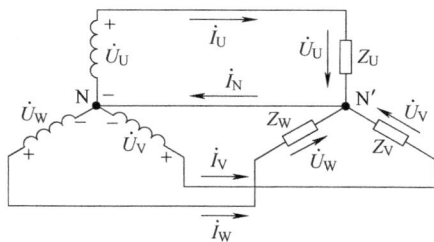

图 1-12 三相负载的星形联结

负载作星形联结时有以下特点：

① 负载端的相电压就等于电源的相电压，负载端的线电压就等于电源的线电压。线电压的相位仍超前对应的相电压 30°，即 $U_{丫线} = \sqrt{3}\,U_{丫相}$。

② 相电流与线电流相等，即 $I_{丫线} = I_{丫相}$。

（2）**三相负载的三角形联结** 把三相负载分别接在三相电源的每两根端线之间，就称为三相负载的三角形（△）联结，如图 1-13 所示。

负载作三角形联结时，有以下特点：

① 负载的相电压就是线电压，即 $U_{△相} = U_{△线}$。

② 线电流为相电流的 $\sqrt{3}$ 倍，并且线电流的相位滞后与其对应的相电流30°。

总之，线电压一定时，负载作三角形联结时的相电压是星形联结时的 $\sqrt{3}$ 倍。因此，三相负载接到三相电源中，是丫联结还是△联结，应根据三相负载的额定电压而定。若各相负载的额定电压等于电源的线电压，则应△联结，若各相负载的额定电压是电源线电压的 $1/\sqrt{3}$，则应星形联结。

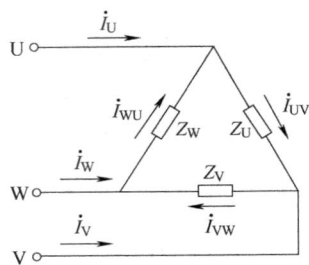

图 1-13 三相负载的三角形联结

（3）三相电路的功率　一个三相电源发出的总有功功率等于电源每相发出的有功功率之和，一个三相负载的总有功功率等于每相负载的有功功率之和，即

$$P = P_U + P_V + P_W = U_U I_U \cos\varphi_U + U_V I_V \cos\varphi_V + U_W I_W \cos\varphi_W$$

在对称电路中，各相电压、相电流的有效值均相等，功率因数也相同，即

$$P = 3U_{相} I_{相} = 3P_{相}$$

负载对称时，不论何种接法，求总功率的公式都是相同的，即

$$P = \sqrt{3} U_{线} I_{线} \cos\varphi$$

其中 φ 是负载相电压与相电流之间的相位差，即负载的阻抗角，而不是线电压与线电流之间的相位差。

同理，可得到对称三相负载无功功率和视在功率的表达式为

$$Q = 3I_{相} U_{相} = \sqrt{3} U_{线} I_{线} \sin\varphi$$

$$S = \sqrt{P^2 + Q^2} = \sqrt{3} U_{线} I_{线} = 3U_{相} I_{相}$$

三相对称负载的功率有如下特点：

1）在线电压不变时，同一负载接成△联结时的相电流是接成丫联结时相电流的 $\sqrt{3}$ 倍，负载接成△联结时的线电流是接成丫联结时的3倍，负载作△联结时的功率为作丫联结时的功率的3倍。

2）只要每相负载承受的相电压相等，那么不管负载接成丫联结还是△联结，负载所消耗的有功功率相等。

（4）中性线的作用　中性线的作用就在于使星形联结的不对称负载的相电压保持对称。所以在三相负载不对称的电压供电系统中，不允许在中性线上安装熔断器和开关，而且中性线常用钢丝制成，以免中性线断开发生事故。

试题精选：

三相对称负载作三角形联结时，线电流是相电流的（C）倍。

A. 1　　　　　　　B. 2　　　　　　　C. $\sqrt{3}$　　　　　　　D. 3

鉴定点 21　电气图的分类

问：一般机械设备的电气图是如何分类的？

答：电气图的种类繁多，常见的有电气原理图、电气安装接线图、平面布置图、展开

接线图和剖面图。维修电工以电气原理图、电气安装接线图和平面布置图最为重要。

（1）电气原理图 电气原理图简称为电路图。电气原理图能充分表达电气设备和电器元件的用途、作用和工作原理（不考虑其实际位置），是电气线路安装、调试和维修的理论依据。

（2）电气安装接线图 电气安装接线图是根据电气设备和电器元件的实际位置和安装情况绘制的，只用来表示电气设备和电器元件的位置、配线方式和接线方式，而不明显表示电气动作原理。它主要用于安装接线、线路的检查维修和故障处理。

（3）平面布置图 平面布置图是根据电器元件在电路板上的实际安装位置，采用简化的外形符号（如正方形、矩形、圆形等）而绘制的一种简图。它不表达各电器的具体结构、作用、接线情况以及工作原理，主要用于电器元件的布置和安装。图中各电器的文字符号必须与电路图和电气安装接线图的标注相一致。

在实际中，电路图、电气安装接线图和平面布置图要结合起来使用。

试题精选：

电气图的种类繁多，维修电工以电气原理图、电气安装接线图和（D）最为重要。

A. 展开接线图　　　B. 剖面图　　　C. 框图　　　D. 平面布置图

鉴定点 22　电气图的识读

问：如何识读电气图？

答：识读电气图的基本步骤如下：

（1）看图样说明 图样说明包括图样目录、技术说明、元件明细表和施工说明书等。识图时，首先看图样说明，搞清设计内容和施工要求，这有助于了解图样的大体情况，抓住识图重点。

（2）看电路图 看电路图时，首先要分清主电路和辅助电路，交流电路和直流电路。其次按照先看主电路，再看辅助电路的顺序读。看主电路时，通常从下往上看，即从电气设备开始，经控制元件，顺次往电源看；看辅助电路时，则自上而下、从左向右看，即先看电源，再顺次看各条回路，分析各条回路元件的工作情况及其对主电路的控制关系。

通过看主电路，要搞清用电设备是怎样取得电源的，电源经过哪些元件到达负载。通过看辅助电路，要搞清它的回路构成，各元件间的联系、控制关系和在什么条件下回路构成通路或断路，并理解动作情况。

（3）看电气安装接线图 看电气安装接线图时，也要先看主电路，再看辅助电路。看主电路时，从电源引入端开始，顺次经控制元件和线路到用电设备；看辅助电路时，要从电源的一端到电源的另一端，按元件的顺序对每个回路进行分析研究。

电气安装接线图是根据电气原理绘制的，对照原理图看安装接线图是有帮助的。回路标号是电器元件间导线连接的标记，标号相同的导线原则上都是可以接到一起的。要搞清接线端子板内外电路的连接方式，内外电路的相同标号导线要接在端子板的同号接点上。另外，搞清安装现场的土建情况和设备分布情况，对安装工作有很大的帮助。

试题精选：

（D）不是识读电气图的基本步骤。

A. 看图样说明
B. 看电路图
C. 看电气安装接线图
D. 看实物

鉴定点 23　变压器的用途

问：变压器具有哪些作用？

答：变压器是利用电磁感应原理制成的静止电气设备。它的作用是改变交流电的电压、电流、相位和阻抗，但不能变换频率和直流量。

试题精选：

（D）的说法是错误的。

A. 变压器是一种静止的电气设备
B. 变压器可用来变换电压
C. 变压器可以变换阻抗
D. 变压器可以变换频率

鉴定点 24　变压器的基本原理

问：变压器主要由哪几部分组成？简述变压器的工作原理。

答：单相变压器的基本结构主要包括铁心和绕组两部分。铁心是变压器的磁路部分，为了提高导磁性能，减少磁滞损耗和涡流损耗，变压器铁心常采用 0.35mm 厚的硅钢片叠装而成，片间彼此绝缘。

铁心结构的基本型式有心式和壳式两种。心式变压器的一次侧、二次侧套装在铁心的两个铁心柱上，其结构特点是绕组包围铁心，适用于容量大而电压高的电力变压器，因而绝大部分国产的电力变压器均采用心式结构。壳式变压器的结构特点是铁心包围绕组。这种结构的机械强度好，铁心容易散热，但外层绕组的用铜量较多，制造工艺较复杂，除小型干式变压器采用这种结构外，几乎很少采用。

变压器的基本原理是电磁感应原理，因此变压器不但可以用来变换交流电压，还能变换交流电流、阻抗和相位。变压器在传输电功率的过程中遵守能量守恒定律。

变压器一、二次电压与匝数成正比，一、二次电流与匝数成反比，即

$$k = \frac{N_1}{N_2} = \frac{U_1}{U_2} = \frac{I_2}{I_1}$$

试题精选：

降压变压器必须符合（A）。

A. $k>1$　　　　B. $k<1$　　　　C. $N_1<N_2$　　　　D. $I_1>I_2$

鉴定点 25　变压器的分类及识别

问：变压器是如何分类的？

答：变压器种类很多，通常可按其用途、绕组结构、铁心结构、相数和冷却方式等进行分类。

1. 按用途分类

（1）电力变压器　用作电能的输送与分配，它是生产数量最多、使用最广泛的变压器。按其功能不同又可分为升压、降压和配电变压器等。电力变压器的容量从几十千伏安到几十

万千伏安，电压等级从几百伏到几百千伏。

（2）特种变压器 在特殊场合使用的变压器，如作为焊接电源的电焊变压器，专供大功率电炉使用的电炉变压器，将交流电整流成直流电时使用的整流变压器等。

（3）仪用互感器 用于电工测量中，如电流互感器、电压互感器等。

（4）控制变压器 容量一般比较小，用于小功率电源系统和自动控制系统，如电源变压器、输入变压器、输出变压器和脉冲变压器等。

（5）其他变压器 如试验用的高压变压器，输出电压可调的调压变压器，产生脉冲信号的脉冲变压器，压力传感器中的差动变压器等。

2. 按绕组构成分类

有双绕组变压器、三绕组变压器、多绕组变压器和自耦变压器等。

3. 按铁心结构分类

根据变压器铁心的结构形式可分为心式变压器和壳式变压器两大类。心式变压器是在两侧的铁心柱上放置绕组，形成绕组包围铁心的形式。壳式变压器则是在中间的铁心柱上放置绕组，形成铁心包围绕组的形状。

心式变压器常用于小型变压器、大电流的特殊变压器，如电炉变压器、电焊变压器，或用于电子仪器及电视机、收音机等的电源变压器。

4. 按相数分类

有单相变压器和三相变压器等。

5. 按冷却方式分类

有油浸式、风冷式、自冷式和干式变压器等。其中，油浸式用于中小型电力变压器，风冷式用于大型电力变压器，自冷式用于小型变压器，干式变压器用于防火安全较高的场合。

变压器的铭牌及含义如下：

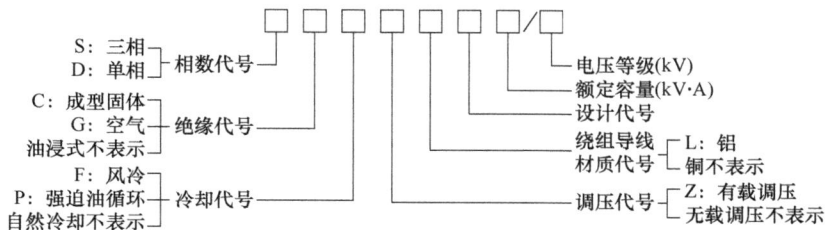

试题精选：

SL9—800/10为三相铝绕组油浸式电力变压器，额定容量为（C）kV·A。

A. 10　　　　B. 100　　　　C. 800　　　　D. 8000

鉴定点26 常用电机的分类

问：何谓电机？常用电机是如何分类的？

答：电机是发电机与电动机的总称。发电机是一种将机械能（或其他形式的能）转换为电能的动力设备。电动机是一种将电能转换为机械能的动力设备，应用十分广泛。按所需电源的不同分为交流电动机和直流电动机。交流电动机按工作原理不同分为同步电动机和异步电动机。异步电动机应用最为广泛，因为它具有结构简单、价格低廉、坚固耐用、使用维护方便等优点，但也有功率因数较低、调速困难等缺点。但随着功率因数自动补偿、变频技术的发展和日益普及，异步电动机正在逐步取代直流电动机。

异步电动机按相数又分为三相异步电动机和单相异步电动机。单相异步电动机功率小，多用于小型机械设备和家用电器；三相异步电动机功率较大，多用于工矿企业中。

三相异步电动机根据防护形式又分为开启式、防护式、封闭式和防爆式。

试题精选：

三相异步电动机具有的特点不包括（C）。

A. 结构简单　　　　B. 价格低廉　　　　C. 调速性能好　　　　D. 使用维护方便

鉴定点 27　常用电机的识别

问：三相异步电动机的型号是如何规定的？

答：三相异步电动机的型号：

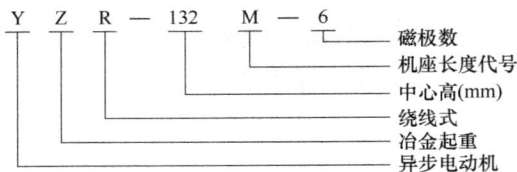

三相异步电动机型号字母含义：Y—异步电动机；IP44—封闭式；IP23—防护式；W—户外；F—化工防腐用；Z—冶金起重；Q—高起动转轮；D—多速；B—防爆；R—绕线式；CT—电磁调速；X—高效率；H—高转差率。

试题精选：

某台电动机的型号是 Y—112M—4，其中 4 表示是（A）。

A. 磁极数　　　　　　　　　　B. 磁极对数

C. 功率　　　　　　　　　　　D. 机座型号

鉴定点 28　常用低压电器的分类

问：何谓低压电器？常用低压电器是如何分类的？

答：工作在交流额定电压 1200V 及以下、直流额定电压 1500V 以下的电器称为低压电器。它们能起到切换、保护、控制检测或调节的作用，广泛应用于国民经济的各个部门中。

1）按低压电器的用途和所控制对象，可分为低压配电电器和低压控制电器两类。低压控制电器包括接触器、继电器、电磁铁等，主要用于电力拖动与自动控制系统及动力设备中。低压配电电器包括刀开关、组合开关、熔断器和断路器，主要用于低压配电系统及动力设备中。

2）按低压电器的动作方式，可分为自动切换电器和非自动切换电器两类。自动切换电器依靠电器本身参数的变化或外来信号的作用，自动完成接通或分断等动作，如接触器、继电器等。非自动切换电器主要依靠外力直接进行切换，如按钮、刀开关等。

3）按低压电器的执行机构，可分为有触点电器和无触点电器两类。有触点电器具有可分离的动触点和静触点，利用触点的接触和分离来实现电路的通断控制。无触点电器没有可分离的触点，主要利用半导体器件的开关效应来实现电路的通断控制。

试题精选：

电器按工作电压分为（A）两大类。

A. 高压电器和低压电器

B. 一般高压电器和特低电压电器

C. 中压电器和高压电器

D. 普通电压电器和安全电压电器

鉴定点 29　常用低压电器的识别

问：低压电器的型号是如何规定的？

答：我国编制的低压电器产品型号适用于刀开关、转换开关、熔断器、断路器、控制器、接触器、启动器、控制继电器、主令电器、电阻器、变阻器、调整器和电磁铁。

低压电器产品型号编制方法如下：

1）产品型号一律采用汉语拼音与阿拉伯数字编制。

2）每一产品型号表示一种类型的产品，但可以表示该产品的若干派生系列，产品全型号是指在产品型号之后附加规格（如电流、电压或容量数值）以及其派生特征。

3）目前我国均用汉语拼音字母及阿拉伯数字表示低压电器产品。

4）通过类组代号与设计序号的组合来表示产品的"系列"。

5）汉语拼音字母适用原则：采用所代表对象的第一个字母；采用所代表对象的非第一个字母；采用通俗的外来语言的第一个音节字母；特殊情况下，方可使用与发音毫不相关的字母。

6）新型编号的基本原则是不重复，由于产品的种类繁多，而汉语同音词汇很多，所以不要求一个字母在任何地方只代表一个概念，但在可能的条件下，应尽可能做到一个字母只代表一个概念。

试题精选：

低压电器产品型号类组代号共分（D）大类产品，类组代号用汉语拼音字母表示。

A. 4　　　　　　　B. 2　　　　　　　C. 10　　　　　　　D. 12

鉴定点 30　常用低压电器的作用

问：常用低压电器具有哪些作用？

答：常用低压电器具有配电、控制、保护和警示作用。例如：刀开关、组合开关、熔断器和断路器，主要用于低压配电系统及动力设备中；接触器、继电器、电磁铁等常起到控制作用；熔断器、断路器、接触器、热继电器、电流继电器、电压继电器和速度继电器等起到保护作用。

试题精选：

下列元件中，能起到控制和保护作用的是（A）。

A. 断路器　　　　B. 热继电器　　　　C. 电磁铁　　　　D. 接触器

鉴定范围3 电子技术基础

鉴定点1 常用电子元器件的图形符号

问：常用电子元器件的图形符号是如何表示的？

答：常用电子元器件包括电阻器、电感、电容器、二极管和晶体管以及三端稳压器等。

（1）电阻器 电阻器按结构形式可分为一般电阻器、片形电阻器、可变电阻器（电位器）。电阻器的图形符号如图 1-14 所示。

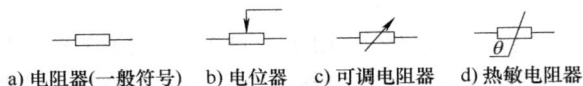

a) 电阻器(一般符号)　b) 电位器　c) 可调电阻器　d) 热敏电阻器

图 1-14　电阻器的图形符号

（2）电感 电感器的图形符号如图 1-15 所示。

a) 磁芯电感器　　b) 可调磁芯电感器　　c) 空心电感器

图 1-15　电感器的图形符号

（3）电容器 电容器根据极性和容量是否可变分为固定电容器、可变电容器和电解电容器等，如图 1-16 所示。

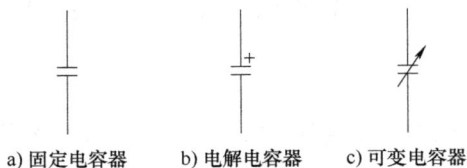

a) 固定电容器　　b) 电解电容器　　c) 可变电容器

图 1-16　电容器的图形符号

（4）二极管 二极管的图形符号如图 1-17 所示。

（5）晶体管 晶体管的图形符号如图 1-18 所示。

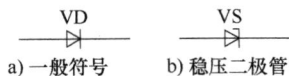

a) 一般符号　　b) 稳压二极管

图 1-17　二极管的图形符号

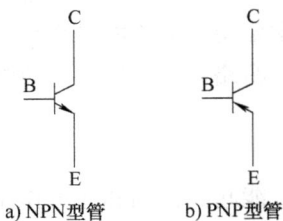

a) NPN型管　　b) PNP型管

图 1-18　晶体管的图形符号

试题精选：

图 1-19 所示晶体管为（C）晶体管。

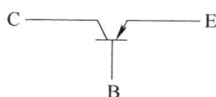

图 1-19　晶体管

A. 锗管　　　　　　B. NPN 型　　　　　　C. PNP 型　　　　　　D. 硅管

鉴定点 2　常用电子元器件的文字符号

问：常用电子元器件的文字符号是如何表示的？

答：常用电子元器件包括电阻、电感、电容、二极管和晶体管以及三端稳压器等。其文字符号见表 1-1。

表 1-1　常用电子元器件的文字符号

名称	电阻	可变电阻	电感	电容	可变电容	二极管	稳压二极管	晶体管
图形符号	R	R	L	C	C	V（VD）	V（VS）	VT

试题精选：

电子元器件的文字符号"VD"表示的是（B）的文字符号。

A. 电阻　　　　　　B. 二极管　　　　　　C. 晶体管　　　　　　D. 晶闸管

鉴定点 3　晶体二极管的结构

问：晶体二极管主要由哪些部分组成？

答：二极管实质上是一个 PN 结，从 P 区和 N 区各引出一条引线，然后再封装在一个管壳内，就制成了一个二极管，如图 1-20a 所示。P 区的引出端称为正极，N 区的引出端称为负极（阴极），其文字符号为 VD，图形符号如图 1-20b 所示。

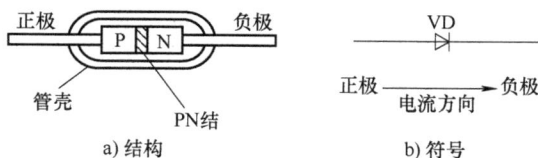

图 1-20　二极管结构和符号

按二极管制造工艺的不同，二极管可分为点接触型、面接触型和平面型三种。点接触型二极管的特点是：PN 结面积小，因而结电容小，通过的电流小，常用于高频、检波等。面接触型二极管的特点是：PN 结面积大，结电容较大，只能在低频下工作，允许通过的电流较大，常用于整流等。平面型二极管的特点是：PN 结面积较小时，结电容小，可用于脉冲数字电路中；PN 结面积较大时，通过电流较大，可用于大功率整流。

二极管按材料可分为硅管和锗管；按用途可分为检波管、整流管、稳压管和开关管等。

试题精选：

点接触型二极管可以通过（B）。

A. 较大的电流　　　B. 较小的电流　　　C. 较高的电压　　　D. 较大的功率

鉴定点 4　晶体二极管的工作原理

问：何谓晶体二极管的伏安特性？晶体二极管的主要参数有哪些？

答：晶体二极管外加正向电压呈低阻性而导通，外加反向电压呈高阻性而截止，即晶体二极管具有单向导电性。

（1）伏安特性　加到二极管两端的电压与流过二极管的电流两者之间存在一定的关系，这种关系称为伏安特性。如果以电流为纵坐标，电压为横坐标，改变电源电压，测出相应的电流，将测得的各点连接起来，便可得到较直观的伏安特性曲线，如图1-21所示。

1）正向特性：当外加电压较小时，外电场还不足以克服PN结内电场对多数载流子的阻力，这一范围称为"死区"，相应的电压称为死区电压，硅二极管的死区电压约为0.5V，锗二极管的死区电压约为0.2V。

当正向电压上升到死区电压时，PN结内电场被削弱，二极管正向导通，正向电压的微小增加都会引起正向电流的急剧增大。导通后二极管的正向电压称为正向压降（或管压降）。一般正常工作时，硅二极管的正常导通压降约为0.7V，锗二极管的正常导通压降约为0.3V。

2）反向特性：当外加反向电压时，使PN结的内电场大大增强，使二极管呈现很大的电阻。正向电流几乎为零，漂移运动使少数载流子形成反向电流，通常硅二极管的反向电流是几微安到几十微安，锗二极管则可达几百微安。

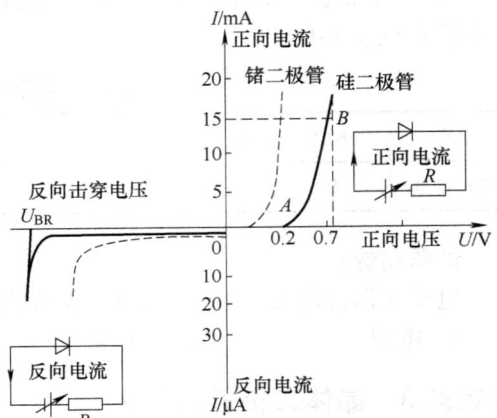

图1-21　二极管的伏安特性曲线

当反向电压增大到超过某一数值时，反向电流会突然增大，这种现象称为反向击穿，如果选择适当的限流电阻R，在二极管反向击穿后，能把电流限制在二极管能承受的范围内，二极管不会损坏。如果没有适当的限流措施，通过二极管的电流过大而导致过热并发生热击穿，则二极管将永久损坏。

（2）二极管的主要参数　二极管的主要参数有：

1）最大整流电流 I_{FM}：二极管长期使用时允许通过的最大正向平均电流称为最大整流电流，常称为额定工作电流，它由PN结面积和散热条件决定。

2）最大反向工作电压 U_{RM}：保证二极管正常工作不被击穿而规定的最高反向电压，常称为额定工作电压。一般情况下，最大反向工作电压约为击穿电压的1/2。

3）最大反向电流 I_{RM}：最大反向电流是最大反向工作电压下的反向电流，此值越小，二极管的单向导电性越好。

硅稳压二极管是晶体管稳压电路中的基本器件，它是一种特殊的面接触型的二极管，它的文字符号用 VS 表示，硅稳压二极管的外形如图 1-22 所示。

硅稳压二极管是利用特殊工艺制造的，它的正向特性与一般二极管相似，而反向击穿特性却有很大的不同，反向击穿区的曲线更为陡峭。稳压二极管是利用其伏安特性中反向击穿特性很陡峭，即反向电流大范围变化而反向电压几乎不变的特性来进行稳压的。要使硅稳压二极管工作在反向击穿区，必须在硅稳压二极管上加上反向电压，并使反向电压大于击穿电压。

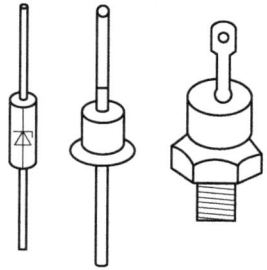

图 1-22 硅稳压二极管的外形

试题精选：

硅稳压二极管与整流二极管不同之处在于（B）。

A. 稳压二极管不具有单向导电性

B. 稳压二极管可工作在击穿区，整流二极管则不允许

C. 整流二极管可工作在击穿区，硅稳压二极管则不能

D. 硅稳压二极管击穿时端电压稳定，整流二极管则不然

鉴定点 5　晶体管的结构

问：简述晶体管的结构。

答：晶体管外部有三个电极，内部有三层半导体，形成两个 PN 结。对应的三层半导体分别为发射区、基区和集电区，从三个区引出的三个电极分别为发射极、基极和集电极，分别用符号 E、B、C 表示。发射区与基区之间的 PN 结称为发射结，集电区与基区之间的 PN 结称为集电结。按照两个 PN 结的组合方式不同，晶体管分为 NPN 型和 PNP 型两大类，其结构如图 1-23 所示。晶体管的文字符号用 VT 表示。图中，箭头方向表示发射结正向偏置时发射极电流的方向，箭头朝外的是 NPN 型管，箭头朝里的是 PNP 型管。

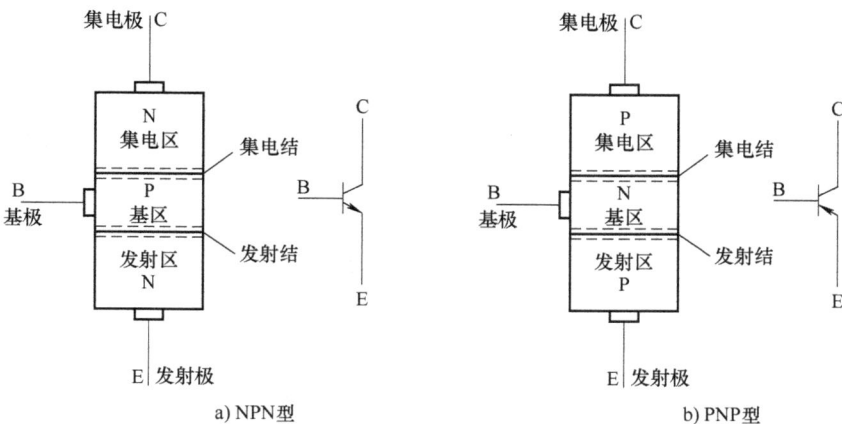

a) NPN型　　　　　　　b) PNP型

图 1-23　晶体管的结构示意图和表示符号

试题精选：

晶体管有（B）个 PN 结。

A. 1　　　　　　B. 2　　　　　　C. 3　　　　　　D. 4

鉴定点 6　晶体管的工作原理

问：晶体管是如何工作的？

答：晶体管的工作状态有放大、截止和饱和三种工作状态。

1）放大。晶体管的主要作用是放大。晶体管要实现电流放大作用，必须满足一定的外部条件，即发射结加正向电压，集电结加反向电压。由于 NPN 型和 PNP 型晶体管极性不同，所以外加电压的极性也不同。

对于 NPN 型晶体管，C、B、E 三个电极的电位必须符合 $U_C > U_B > U_E$；对于 PNP 型晶体管，电源的极性与 NPN 型相反，C、B、E 三个电极的电位应符合 $U_C < U_B < U_E$。

2）截止。截止时，$I_B = 0$，$I_C = I_{CEO} \approx 0$。截止的条件：发射结反偏（或零偏），集电结反偏。工作状态：C 和 E 极间相当于开关断开。

3）饱和。饱和时，U_{CE} 很小，各电极电流都很大，I_C 不受 I_B 控制。饱和的条件：发射结正偏，集电结正偏（或零偏）。工作状态：饱和状态 C 和 E 极间相当于开关接通。

试题精选：

在 NPN 型晶体管放大电路中，如将其基极与发射极短路，晶体管所处的状态是（A）。

A. 截止　　　　　　B. 饱和　　　　　　C. 放大　　　　　　D. 无法判定

鉴定点 7　整流电路及应用

问：何谓整流？

答：将交流电变为直流电的过程称为整流。承担整流任务的电路称为整流电路。进行整流的设备称为整流器。整流电路按波形分为半波整流和全波整流；整流电路按相数分为单相整流和三相整流等。单相整流电路又分为单相半波整流、单相全波整流和单相桥式整流。

1）单相半波整流：如图 1-24 所示，整流变压器将一次电压 u_1 变为整流电路所需的电压 u_2，在交流电一个周期内，二极管半个周期导通，半个周期截止，以后周期性地重复上述过程。用于输出的脉动直流电的波形是输入的交流电波形的 1/2，故称为半波整流电路，输出电压 U_L 中包含了交、直流两种成分，与输入的交流电有本质上的区别，即变成了大小随时间改变但方向不变的脉动直流电。单相半波整流电路中，输出脉动直流电压平均值为

$$U_L = 0.45 U_2$$

流过负载 R_L 的直流电流平均值为

$$I_L = \frac{U_L}{R_L} \approx 0.45 \frac{U_2}{R_L}$$

二极管导通后，流过二极管的平均电流 I_F 与 R_L 上流过的电流平均值相等，即

$$I_F = I_L \approx 0.45 \frac{U_2}{R_L}$$

二极管上承受的最大反向电压 U_{RM} 就是 u_2 的峰值，即 $U_{RM} = \sqrt{2} U_2$。

单相半波整流电路的特点是：电路简单，使用的器件少，但输出电压脉动大，效率较低。

2）单相全波整流：如图 1-25 所示，在交流电一个周期内，两个二极管交替导通，负载

得到的是全波脉动直流电压和电流，弥补了单相半波整流电路的缺点。

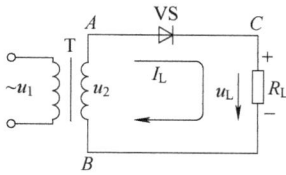

图 1-24　单相半波整流电路　　　　图 1-25　单相全波整流电路

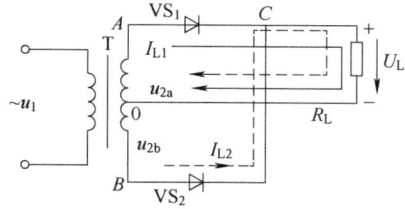

全波整流电路负载上得到的直流平均电压比单相半波整流提高了 1 倍，全波脉动电压平均值为 $U_L \approx 2 \times 0.45 U_2 = 0.9 U_2$；流过负载上的平均电流为 $I_L \approx 0.9 U_2 / R_L$。

流过整流二极管的平均电流只有负载电流的 $1/2$，即

$$I_{F1} = I_{F2} = \frac{1}{2} I_L \approx 0.45 \frac{U_2}{R_L}$$

每只二极管反向电压的最大值为

$$U_{RM} = 2\sqrt{2}\, U_2$$

单相全波整流电路的特点是：输出电压脉动小，整流效率较高，但是变压器二次侧需要中心抽头，二极管承受反向电压高，需选择耐压等级高的二极管。

3）单相桥式整流电路：如图 1-26 所示，电路中四只二极管接成电桥形式，所以称为桥式整流电路。

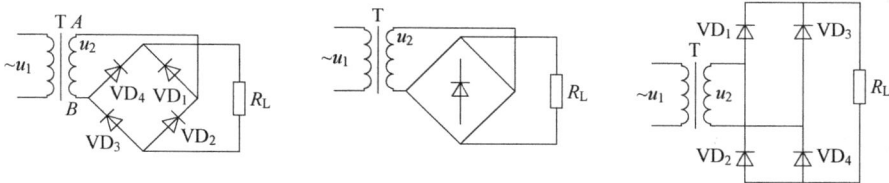

图 1-26　单相桥式整流电路

在交流输入电压的正、负半周，都有同一方向的电流流过 R_L，四个二极管中，两只、两只轮流导通，负载上得到全波脉动的直流电压和电流，所以这种整流电路属于全波整流类型。

交流电在一个周期内的两个半波都有同方向的电流流过负载，则输出电压的平均值为

$$U_L = 0.9 U_2$$

流过负载的平均电流为

$$I_L = \frac{U_L}{R_L} \approx 0.9 \frac{U_2}{R_L}$$

流过每只二极管的平均电流只有负载电流的 $1/2$，即

$$I_{F1} = I_{F2} = \frac{1}{2} I_L \approx 0.45 \frac{U_2}{R_L}$$

在单相桥式整流电路中，每只二极管承受的最大反向电压也是 u_2 的峰值，即 $U_{RM} =$

$\sqrt{2}\,U_2$。

桥式整流电路的特点是：输出电压脉动小，每只整流二极管承受的最大反向电压和半波整流一样。由于每半个周期内变压器二次绕组都有电流流过，变压器利用率高。

试题精选：

在单相桥式整流电路中，每只二极管承受的最大反向电压是变压器二次电压 u_2 的（B）倍。

A. 1   B. $\sqrt{2}$ C. 2   D. 1/3

鉴定点 8　滤波电路及应用

问：何谓滤波？简述滤波电路应用。

答：把脉动的直流电变为平滑直流电的过程称为滤波。承担滤波任务的电路称为滤波电路。它通常由电容器、电感器和电阻器按照一定的方式组合而成，常用的滤波电路有电容滤波、电感滤波和复式滤波等形式，如图 1-27 所示。

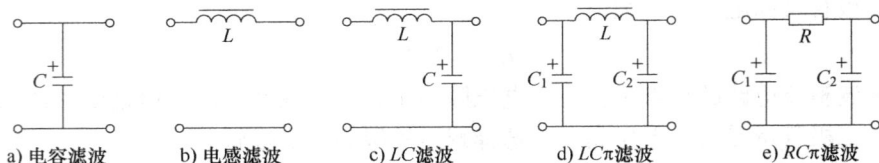

a) 电容滤波   b) 电感滤波   c) LC 滤波   d) $LC\pi$ 滤波   e) $RC\pi$ 滤波

图 1-27　滤波电路的几种形式

试题精选：

把脉动的直流电变为平滑直流电的过程，称为（B）。

A. 整流   B. 滤波   C. 稳压   D. 变流

鉴定点 9　稳压电路及应用

问：何谓稳压？简述稳压电路的应用。

答：将滤波后的脉动直流电变为稳恒直流电的过程称为稳压。单相整流稳压电路由整流、滤波和稳压三大部分组成。常见的直流稳压电路有：硅稳压二极管的稳压电路、简单串联型稳压电路、具有负反馈的串联型稳压电路、并联型稳压电路以及集成稳压电路等。

试题精选：

（D）不是稳压电路的组成部分。

A. 整流   B. 滤波   C. 稳压   D. 反馈

鉴定范围 4　常用电工工具、量具的使用

鉴定点 1　螺钉旋具的使用与维护

问：如何使用螺钉旋具？

答：螺钉旋具的种类有很多，按头部形状可分为一字槽螺钉旋具和十字槽螺钉旋具。

一字槽螺钉旋具常用规格有 50mm、100mm、150mm 和 200mm 等，电工必备的是 50mm 和 150mm 两种。十字槽螺钉旋具专供紧固和拆卸十字槽的螺钉，常用的规格有Ⅰ、Ⅱ、Ⅲ、Ⅳ四种。

（1）螺钉旋具的使用

1）大螺钉旋具的使用：大螺钉旋具一般用来紧固较大的螺钉。使用时，大拇指、食指和中指要夹住握柄，手掌要顶住柄的末端，这样就可以防止螺钉旋具转动时滑脱。

2）小螺钉旋具的使用：小螺钉旋具一般用来紧固电气装置接线桩头上的小螺钉，使用时，可用手指顶住木柄的末端捻转。

（2）使用螺钉旋具的安全知识

1）电工不可使用金属杆直通的螺钉旋具，否则容易造成触电事故。

2）使用螺钉旋具紧固和拆卸带电的螺钉时，手不得触及螺钉旋具的金属杆，以免发生触电事故。

3）为了避免螺钉旋具的金属杆触及临近带电体，应在金属杆上穿绝缘套管。

4）使用较长螺钉旋具时，可用右手压紧并旋转手柄，左手握住螺钉旋具中间部分，以使螺钉旋具不致滑脱。此时左手不得放在螺钉的周围，以免螺钉旋具滑出时将手划伤。

试题精选：

（√）电工不可使用金属杆直通的螺钉旋具，否则容易造成触电事故。

鉴定点 2　钢丝钳的使用与维护

问：如何使用与维护钢丝钳？

答：钢丝钳有铁柄和绝缘柄两种，绝缘柄为电工用钢丝钳，常用的规格有 150mm、175mm 和 200mm 三种。电工钢丝钳由钳头和钳柄两部分组成。钳头由钳口、齿口、刀口和铡口四部分组成。其用途很多，钳口用来弯绞和钳夹导线线头；齿口用来剪切或剖削软导线绝缘层；铡口用来铡切导线线芯、钢丝或铅丝等较硬金属丝。

电工钢丝钳的使用与维护方法如下：

1）使用前，必须检查绝缘柄的绝缘是否良好。

2）剪切带电导线时，不得用刀口同时剪切相线和零线或同时剪切两根导线。

3）钳头不可代替锤子作为敲打工具使用。

试题精选：

电工钢丝钳（D）用来铡切导线线芯、钢丝或铅丝等较硬金属丝。

A. 钳口　　　　　　B. 齿口　　　　　　C. 刀口　　　　　　D. 铡口

鉴定点 3　扳手的使用与维护

问：如何使用与维护扳手？

答：扳手是用来紧固和起松螺母的一种专用工具。电工常用的活扳手有 150mm×19mm（6in）、200mm×24mm（8in）、250mm×30mm（10in）和 300mm×36mm（12in）四种规格。

活扳手的使用方法如下：

1）扳动大螺母时，常用较大的力矩，手应握在近柄尾处。

2）扳动较小螺母时，所用力矩不大，但螺母过小易打滑，故手应握在接近扳头的地方，这样可随时调节蜗轮，收紧活扳唇，防止打滑。

3）活扳手不可反用，以免损坏活扳唇，也不可用钢管接长手柄施加较大的扳拧力矩。

4）活扳手不得当作撬棍和锤子使用。

试题精选：

（×）活扳手可用钢管接长手柄施加较大的扳拧力矩。

鉴定点 4　喷灯的使用与维护

问：如何正确使用与维护喷灯？

答：正确使用与维护喷灯的方法如下：

1）加油。旋下加油阀下面的螺栓，倒入适量油液，油量以不超过筒体容积的 3/4 为宜。保留一部分空间的目的在于存储压缩空气，以维持必要的气压。加完油后应及时旋紧加油螺塞，关闭放油调节阀的阀杆，擦净洒在外部的油液，并认真检查是否有渗漏现象。

2）预热。先在预热燃烧盘内注入适量燃油，用火点燃，将火焰喷头烧热。

3）喷火。当火焰喷头烧热后，且燃烧盘内燃油燃完之前，用打气阀打气 3~5 次，然后再慢慢打开放油调节阀的阀杆，喷出油雾，此时点燃喷灯。随后继续打气，直到火焰正常为止。

4）熄火。先关闭放油调节阀，直至火焰熄灭，再慢慢旋松加油螺塞，放出筒体内的压缩空气。

5）使用完毕，应将剩余的燃油倒出并回收，然后将喷灯污物擦除，以便妥善保管。

喷灯使用时的注意事项：喷灯工作时应注意火焰与带电体之间的安全距离，距离 10kV 以下带电体应大于 1.5m；距离 10kV 以上带电体应大于 3m；煤油喷灯筒体内不得掺加汽油；喷灯使用过程中应注意筒体的油量，一般不得少于筒体容积的 1/4。

喷灯加压时的注意事项：

1）喷灯在加油、放油及检修过程中，均应在熄火后进行。加油时应将油阀上的螺栓先慢慢放松，待气体放尽后方可开盖加油。

2）打气压力不应过高。打完气后，应将打气柄卡牢在泵盖上。

试题精选：

燃油喷灯加油时，加入油液要适量，以不超过筒体的（D）为宜。

A. 1/2　　　　　　B. 1/3　　　　　　C. 2/3　　　　　　D. 3/4

鉴定点 5　游标卡尺的使用与维护

问：如何使用游标卡尺？

答：游标卡尺是一种中等精度的量具。它可以直接测量出工件的内外尺寸和深度尺寸。

用游标卡尺测量尺寸前，应擦净量爪两测量面，将两测量面接触贴合，校准零位并用透光法检测两测量面的密合性，应密不透光，否则，应进行修理。

测量时，应将两量爪张开到略大于被测尺寸，将固定量爪的测量面贴靠在工件上。然后轻轻移动游标，使活动量爪的测量面也靠紧工件，并使卡尺测量面的连线垂直于被测量面。最后把制动螺钉拧紧，并读出所测数值。使用游标卡尺的注意事项如下：

1）测量前要校对"0"位线。

2）测量时量爪要轻轻地靠向被测面。接触后推力不能过大，否则会使游标量爪倾斜而造成测量误差。

3）测量时，被测面与游标卡尺应保持垂直位置，量爪不能歪斜。

4）根据被测面的形状选择量爪的适当部位进行测量。当测量带有凹圆弧的表面时，应使用刀口状的量爪。

5）读数时，眼睛要垂直地看所读的刻线，不能斜看，以免因视差引起读数误差。

试题精选：

用游标卡尺测量尺寸前，应擦净量爪两测量面，将两测量面接触贴合，校准零位并用（A）检测两测量面的密合性。

A. 透光法　　　　　B. 折光法　　　　　C. 反射法　　　　　D. 预测法

鉴定点 6　千分尺的使用与维护

问：如何使用千分尺？

答：千分尺是一种精度较高的量具。

（1）外径千分尺的刻线原理　测微螺杆的螺距为 0.5mm，当微分筒每转一周时，测微螺杆便沿轴线移动 0.5mm。微分筒的外锥面上分为 50 格，所以当微分筒每转过一小格时，测微螺杆便沿轴线移动 0.5mm/50＝0.01mm。在外径千分尺的固定套筒上刻有轴向中线，作为微分筒的读数基准线，基准线两侧分布有 1mm 间隔的刻线，并相互错开 0.5mm。上面一排刻线标出的数字表示毫米整数值，下面一排刻线未标数字，表示对应于上面刻线的半毫米值。

（2）千分尺的使用

1）测量前将千分尺测量面擦净，然后检查零位的准确性。

2）将工件被测表面擦净，以确保测量准确。

3）用单手或双手握持千分尺对工件进行测量，一般先转动微分筒，当千分尺的测量面刚接触到工件表面时改用棘轮，当听到测力装置发出"嗒嗒"声时，停止转动，即可读数。

4）读数时，要先看清内套筒（即固定套筒）上露出的刻线，读出毫米数或半毫米数。然后再看清外套筒（微分筒）的刻线和内套筒的基准线所对齐的数值（每格为 0.01mm），将两个读数相加，其结果就是测量值，如图 1-28 所示。

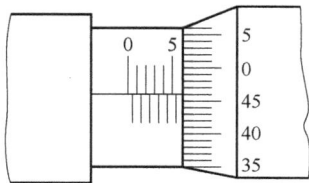

图 1-28　外径千分尺的读数

注意：使用时不能用千分尺测量粗糙的表面；使用后应擦净测量面并加润滑油防锈，放入盒中。

试题精选：

图 1-28 所示千分尺的读数为（B）mm。

A. 5.46　　　　　B. 5.96　　　　　C. 6.46　　　　　D. 6.96

鉴定范围5 常用电工仪器仪表的使用

鉴定点1 电工仪表的分类

问：电工仪表是如何分类的？

答：电工仪表通常按下列方法分类：

1) 按工作原理分类：主要分为磁电系、电磁系、电动系和感应系四大类。其他还有整流系、铁磁电动系等。其中，磁电系仪表只能测量直流电，要想测量交流量，必须配用整流器后才能使用；安装式交流电压表和交流电流表主要采用电磁系结构，电磁系仪表既可以测量直流又可以测量交流，但由于测量直流时有误差，只有当铁片采用优质的坡莫合金时，才可用来测量直流量；电动系仪表交、直流两用，还能够测量功率和相位等；感应系仪表主要用来测量电能。

2) 按使用方法分类：有安装式和便携式两种。

3) 按准确度等级分类：有0.1、0.2、0.5、1.0、1.5、2.5和5.0共七个准确度等级。数值越小，准确度等级越高。

4) 按被测电工量分类：有电流表、电压表、电能表、万用表、功率表和频率表等。

5) 按使用条件分类：有A、B、C组类型的仪表。A组仪表适用环境温度为0~40℃；B组仪表适用环境温度为-20~50℃；C组仪表适用环境温度为-40~60℃。它们的相对湿度条件均为85%范围内。

试题精选：

安装式交流电压表和交流电流表属于（B）结构。

A. 磁电系　　　　B. 电磁系　　　　C. 电动系　　　　D. 感应系

鉴定点2 常用电工仪表的符号

问：常用电工仪表的符号有哪些？各自的意义是什么？

答：常用电工仪表的符号及意义如下：

表示磁电系仪表　　　　表示整流系仪表　　　　表示电磁系仪表

表示电动系仪表　　　　表示感应系仪表　　　　1.5 表示准确度等级为1.5级

★2 表示绝缘强度试验电压为2kV　　　　★0 表示不进行绝缘强度试验

60° 表示标度尺位置与水平面倾斜成60°角　　　　⊥表示标度尺位置为垂直

表示标度尺位置为水平　　　　表示Ⅰ级防外磁场

$\triangle$（A）表示 A 组仪表　　$\triangle$（B）表示 B 组仪表　　$\triangle$（C）表示 C 组仪表

--- 表示直流　　　　　　$\frown$ 表示交流　　　　　　$\underset{\frown}{=}$ 表示交直流两用

试题选解：

符号 $\underset{2}{\bigstar}$ 表示该电工指示仪表的绝缘强度试验电压为（C）V。

A. 2　　　　　　　B. 200　　　　　　　C. 2000　　　　　　　D. 20000

鉴定点 3　电流表的使用与维护

问：如何使用与维护电流表？

答：使用电流表时要做到以下几点：

1）选择电流表时要求其内阻小些好。

2）使用直流电流表测量电流时，除了使电流表与被测电路串联外，还要使电流从"＋"端流入，"－"端流出。

3）测电流时，所选择的量程应使电流表指针指在刻度标尺的后 1/3 段。

4）测量交流大电流时，一般用电流互感器将一次侧的大电流转换成二次侧的 5A 小电流，然后再进行测量。

5）钳形电流表不必切断电路就可以测量电路中的电流。

试题精选：

电流互感器测量电流时电流表应与负载（A）。

A. 串联　　　　　　　　　　　　　B. 并联

C. 并联或串联　　　　　　　　　　D. 混联

鉴定点 4　电压表的使用与维护

问：如何正确使用电压表？如何扩大电压表的量程？

答：使用电压表时应注意以下问题：

1）选择电压表时要求其内阻大些好。

2）使用直流电压表时，除了使电压表与被测电路两端并联外，还应使电压表的"＋"极与被测电路的高电位端相连，"－"极与被测电路的低电位端相连。

3）交流电压表使用时不分"＋""－"极性，其指示值是交流电压的有效值。

4）当无法确定被测电压的大约数值时，应先用电压表的最大量程测试后，再换成合适的量程。转换量程时，要先切断电源，再转换量程。

5）为安全起见，600V 以上的交流电压一般不直接接入电压表，而是通过电压互感器将一次侧的高电压变换成二次侧的 100V 后再进行测量。

根据串联电阻具有分压作用的原理，扩大电压表量程的方法就是给量程小的电压表串联一只适当的分压电阻，此时，通过测量机构的电流仍为原来的小电流 I_c 不变，并且 I_c 与被测电压 U 成正比。所以，可以用仪表指针偏转角的大小来反映被测电压的数值，从而扩大了电压表的量程。

试题精选：

要求电压表的内阻越（B）越好。

A. 小   B. 大   C. 不大不小   D. 为零

鉴定点 5　万用表的使用与维护

问：如何使用与维护万用表？

答：万用表的基本工作原理主要建立在欧姆定律和电阻串并联规律的基础之上。使用万用表时要做到以下几点：

1）万用表使用之前要进行机械调零。

2）万用表测电流、测电压时的方法与电流表、电压表相同。

3）测量电阻前要先进行欧姆调零。

4）严禁在被测电阻带电的情况下用万用表的欧姆档测量电阻。

5）用万用表测量电阻时，所选择的倍率档应使指针处于表盘的中间段。

6）万用表使用后，应将转换开关置于最高交流电压档或空档。

试题精选：

使用万用表时要注意（A）。

A. 使用前要机械调零

B. 测量电阻时，转换档位后不必进行欧姆调零

C. 测量完毕，转换开关置于最大电流档

D. 测电流时，最好使指针处于标尺中间位置

鉴定点 6　绝缘电阻表的使用与维护

问：如何使用与维护绝缘电阻表？

答：绝缘电阻表主要由磁电系比率表、手摇直流发电机、测量线路三大部分组成，其用途是测量电气设备的绝缘电阻。磁电系比率表的特点是，其指针的偏转角与通过两动圈电流的比率有关，而与电流的大小无关。

绝缘电阻表有三个接线端钮，分别标有 L（线路）、E（接地）和 G（屏蔽），使用时应按测量对象的不同来选用。当测量电力设备对地的绝缘电阻时，应将 L 接到被测设备上，E 可靠接地。当测量表面不干净或潮湿的电缆的绝缘电阻时，为了准确测量其绝缘材料内部的绝缘电阻（即体积电阻），就必须使用 G 端钮，接法如图 1-29 所示。这样，绝缘材料的表面漏电流 I_S 沿绝缘体表面，经 G 端钮直接流回电源负极。而反映体积电阻的 I_V 则经绝缘电阻内部、L 接线端、线圈 1 回到电源负极。

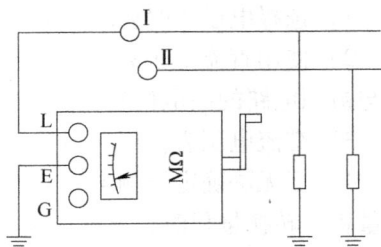

图 1-29　绝缘电阻表的接线

可见，屏蔽 G 的作用是屏蔽表面漏电流。加接屏蔽 G 后的测量结果只反映体积电阻的大小，因而大大提高了测量的准确度。

使用绝缘电阻表前要先检查其是否完好。检查步骤是：在绝缘电阻表未接通被测电阻之

前，摇动手柄使发电机达到120r/min的额定转速，观察指针是否指在标度尺的"∞"位置。再将端钮L和E短接，缓慢摇动手柄，观察指针是否指在标度尺的"0"位置。如果指针不能指在相应的位置，表明绝缘电阻表有故障，必须检修后才能使用。

使用绝缘电阻表时的注意事项如下：

1）测量绝缘电阻时必须在被测设备和线路停电的状态下进行。对含有大电容的设备，测量前应先进行放电，测量后也应及时放电，放电时间不得小于2min，以保证人身安全。

2）绝缘电阻表与被测设备间的连接导线不能用双股绝缘线或绞线，应用单股线分开单独连接，以避免线间电阻引起的误差。

3）摇动手柄时应由慢到快至额定转速120r/min。在此过程中，若发现指针指零，说明被测绝缘物发生短路事故，应立即停止摇动手柄，避免表内线圈因发热而损坏。

4）测量具有大电容设备的绝缘电阻时，读数后不能立即停止摇动绝缘电阻表，以防止已充电的设备放电而损坏绝缘电阻表。应在读数后一边降低手柄转速，一边拆去接地线。在绝缘电阻表停止转动和被测物充分放电之前，不能用手触及被测设备的导电部分。

5）测量设备的绝缘电阻时，应记下测量时的温度、湿度、被测设备的状况等，以便于分析测量结果。

试题精选：

使用绝缘电阻表测量绝缘时，摇动手柄的额定转速为（D）。

A．60r/min　　　B．80r/min　　　C．100r/min　　　D．120r/min

鉴定点7　钳形电流表的使用与维护

问：如何使用与维护钳形电流表?

答：钳形电流表根据其结构及用途分为互感器式和电磁系两种。

（1）互感器式钳形电流表　这种钳形电流表由电流互感器和整流系仪表组成，它只能测量交流电流。

（2）电磁系钳形电流表　这种钳形电流表主要由电磁系测量结构组成，其工作原理为：处在铁心钳口中的导线相当于电磁系测量机构中的线圈，当被测量电流通过导线时，在铁心中产生磁场，使可动铁片磁化，产生电磁推力，带动指针偏转，指示出被测电流的大小。由于电磁系仪表可动部分的偏转方向与电流极性无关，因此，可以交、直流两用。常用的有MG20和MG30型钳形电流表。

钳形电流表的使用与维护注意事项如下：

1）测量前先检查钳形电流表有无损坏。

2）估计被测电流的大小，选择合适的量程。若无法估计被测电流的大小，则应先从最大量程开始，逐步换成合适的量程。

3）测量并读取测量结果。合上电源开关，将被测导线置于钳口内的中心位置，以免增大误差；若量程不对，应在退出钳口后转换量程开关。

4）使用时钳口的结合面要保持良好的接触，如有杂声，应将钳口重新开合一次；若杂声依然存在，应检查钳口处有无污垢存在，如有可用酒精或汽油擦干净后再进行测量。

5）测量 5A 以下的较小电流时，可将被测导线多绕几圈再放入钳口测量，被测的实际电流值就等于仪表读数除以放进钳口中的导线的圈数。

6）测量完毕，应将仪表的量程开关置于最大量程位置上。

试题精选：

（√）钳形电流表使用完毕，应将仪表的量程开关置于最大量程位置上。

鉴定范围 6 常用材料的选用

鉴定点 1 导线的分类

问：导线是如何进行分类的？

答：导线品种很多，按照它们的性能、结构、制造工艺及使用特点，分为裸线、电磁线、绝缘电线电缆和通信电缆四种。

1）裸线。这类产品只有导体部分，没有绝缘和护层结构。按产品形状和结构分为圆单线、软接线、型线和裸绞线四种。修理电机、电器时经常用到的是软接线和型线。

① 软接线：软接线是由多股铜线或镀锡铜线绞合编织而成的。其特点是柔软、耐振动、耐弯曲。常用软接线品种见表 1-2。

表 1-2 常用软接线品种

名　称	型　号	主 要 用 途
裸铜电刷线 软裸铜电刷线	TS TS	供电机、电器线路电刷用
裸铜软绞线	TRJ TRJ-3 TRJ-4	移动式电气设备连接线，如开关等 要求较柔软的电气设备连接线，如接地线、引出线等 供要求特别柔软的电气设备连接线用，如晶闸管的引线等
软裸铜编织线	TRZ	移动式电气设备和小型电炉连接线

② 型线。型线是非圆形截面的裸电线。常用型线品种见表 1-3。

表 1-3 常用型线品种

名　称		型　号	主 要 用 途
扁线	硬扁铜线 软扁铜线 硬扁铝线 软扁铝线	TBV TBR LBV LBR	适用于电机、电器、安装配电设备及其他电工制品
母线	硬铜母线 软铜母线 硬铝母线 软铝母线	TMV TMR LMV LMR	适用于电机、电器、安装配电设备及其他电工制品，也可作输配电的汇流排

（续）

名　　称	型　　号	主　要　用　途
铜带	硬铜带 TDV 软铜带 TDR	适用于电机、电器、安装配电设备及其他电工制品
铜排	梯形铜排 TPT	供制造直流电机换向器用

2）电磁线。电磁线应用于电机、电器及电工仪表中，作为绕组或元件的绝缘导线。目前大多数采用铜线，很少采用铝线，常用的电磁线有漆包线和绕包线两类。

① 漆包线：漆包线的绝缘层是漆膜，广泛用于中小型电动机及微型电动机、干式变压器及其他电工产品。

② 绕包线：绕包线是用玻璃丝、绝缘纸或合成树脂薄膜紧密绕包在导线芯上，形成绝缘层，也有在漆包线上再绕包绝缘层的。除薄膜绝缘层外，其他的绝缘层均须经过胶粘绝缘漆浸渍处理，以提高其绝缘性能、力学性能和防潮性能，所以它们实际上是组合绝缘。绕包线一般用于大中型电工产品。根据绕包线的绝缘结构，可分为纸包线、薄膜绕包线、玻璃丝包线及玻璃丝包漆包线四类。

3）电机、电器用绝缘电线。

鉴定点 2　导线截面的选择

问：如何选择导线截面？

答：选择导线截面的原则及方法如下：

（1）选择原则　导线和电缆截面必须满足表 1-4 中的条件。

表 1-4　导线和电缆截面必须满足的条件

条　　件	要　　求
发热条件	导线和电缆在通过正常最大负荷电流即计算电流时产生的发热温度，不应超过其正常运行时的最高允许温度
电压损耗条件	导线和电缆在通过正常最大负荷电流即计算电流时产生的电压损失，不应超过正常运行时允许的电压损失
经济电流密度条件	10kV 及以下线路通常不按经济电流密度选择；35kV 及以上线路宜按经济电流密度选择，使线路的年运行费用最小
机械强度条件	导线截面不应小于其最小允许截面

对于电缆，不必校验其机械强度，但需校验其短路热稳定度；对于绝缘导线和电缆，还应满足工作电压的要求。

计算电流是计算负荷在额定电压下的正常工作电流。它是选择导体、电器、计算电压偏差、功率损耗等的依据。

（2）选择方法

1）按发热条件选择导线和电缆截面。

○ 三相系统中相线截面的选择。按发热条件选择三相系统中的相线截面，应使其最大允许电流 I_{al} 不小于通过相线的计算电流 I_{30}，即 $I_{al} \geq I_{30}$。

② 中性线（N线）截面的选择。一般三相四线制线路的中性线截面，应不小于相线截面的50%。

③ 保护线（PE线）截面的选择。根据短路热稳定度的要求，保护线（PE线）的截面 S_{PE}：当 $S_\phi \leq 16mm^2$ 时，$S_{PE} \geq A_\phi$；当 $16mm^2 < S_\phi \leq 35mm^2$ 时，$S_{PE} \geq 16mm^2$；当 $S_\phi > 35mm^2$ 时，$S_{PE} \geq 0.5A_\phi$。

④ 保护中性线（PEN线）截面的选择。保护中性线兼有保护线和中性线的双重功能，因此，其截面选择应同时满足上述保护线和中性线的要求，取其中的最大值。

2）按经济电流密度选择导线和电缆截面：经济电流密度是指线路年运行费用最低时所对应的电流密度。按经济电流密度 J_{ec} 计算经济截面 S_{ec}，即 $S_{ec} = I_{30}/J_{ec}$；计算出 S_{ec} 后，应选最接近的标准截面（可取较小的标准截面），然后校验其他条件。

3）按允许电压损失选择导线和电缆截面：高压配电线路的电压损失，一般不超过线路额定电压的5%；从变压器低压侧母线到用电设备受电端的低压线路的电压损失，一般不超过用电设备额定电压的5%；对视觉要求较高的照明线路，则为2%~3%。如线路的电压损失值超过了允许值，则应适当加大导线的截面，使之满足允许的电压损失要求。

对照明线路或较长线路，一般以按允许电压损失选择导线和电缆截面；对电流较大，线路长度较短的照明线路，应按发热条件选择导线和电缆截面；而对于电流较大，线路长度较长的照明线路，按经济电流密度选择导线和电缆截面。

试题精选：

对于照明线路一般应以按（B）选择导线和电缆截面。

A. 发热条件　　　　B. 电压损耗　　　　C. 经济电流密度　　　D. 机械强度

鉴定点3　常用绝缘材料的分类

问：何谓绝缘材料？常用的绝缘材料有哪些？

答：绝缘材料又名电介质，其电阻率常大于 $10^9 \Omega \cdot cm$。绝缘材料的主要作用是隔离不同电位的导体或导体与地之间的电流，使电流仅沿导体流通。在不同的电工产品中，根据需要不同，绝缘材料还起着不同的作用。

常用的绝缘材料一般分为气体绝缘材料、液体绝缘材料和固体绝缘材料三种。

绝缘材料的耐热性是指绝缘材料及其制品承受高温而不致损坏的能力。绝缘材料的耐热性，按其长期正常工作所允许的最高温度，可分为7个级别：Y级——最高允许温度为90℃；A级——最高允许温度为105℃；E级——最高允许温度为120℃；B级——最高允许温度为130℃；F级——最高允许温度为155℃；H级——最高允许温度为180℃；C级——最高允许温度为180℃以上。

气体电介质主要包括空气和六氟化硫（SF_6）气体。空气是氮气、氧气、氢气、二氧化碳等气体与少量尘埃、水蒸气的混合物，是一种天然易得的、最普通、最常见的气体电介质。

正常工作状态下的六氟化硫是一种无色无臭、不燃不爆的气体。它具有良好的绝缘性能和熄灭电弧的性能，其击穿电压为空气的 2~3 倍，灭弧能力为空气的 100 倍，并且有优异的热稳定性和化学稳定性。

绝缘油主要有矿物油和合成油两大类。

绝缘漆、绝缘胶都是以高分子聚合物为基础，能在一定条件下固化成绝缘硬膜或绝缘整体的主要绝缘材料。

绝缘胶与无溶剂漆相似，但黏度较大，一般加有填料。其特点是适形性、整体性好，耐潮、导热、电气性能优异，浇注工艺简单，易实现自动化生产。浇注胶按用途可分为电器浇注胶和电缆浇注胶两类。

试题精选：

绝缘油中用量最大、用途最广的是（C）。

A. 桐油　　　　　B. 硅油　　　　　C. 变压器油　　　　　D. 亚麻油

鉴定点 4　常用绝缘材料的选用

问：如何选用常用的绝缘材料？

答：常用绝缘材料的选用方法如下：

（1）绝缘漆　常用的绝缘漆分为浸渍漆、覆盖漆、硅钢片漆三种。

1）浸渍漆主要用于浸渍电机、电器的线圈和绝缘零部件，以填充其间隙和微孔，并使线圈黏结成一个结实的整体，从而提高绝缘结构的耐潮、导热、击穿强度和机械强度等性能。

浸渍漆分为有溶剂漆和无溶剂漆两类。前者供浸渍在油中工作的线圈和零部件用，后者供浸渍电机线圈用。

2）覆盖漆用于覆盖经浸渍处理的线圈和绝缘零部件，在其表面形成均匀的绝缘护层，以防止机械损伤、大气影响及油污、化学腐蚀作用，同时增加外表美观。

覆盖漆有清漆和瓷漆两种。前者多用于绝缘零部件表面和电器内表面的涂覆；瓷漆多用于线圈和金属表面涂覆。

（2）绝缘油　主要用于变压器、少油断路器、高压电缆、油浸纸电容器，合成油及天然植物油一般常用于电容器作为浸渍剂。

（3）绝缘胶　主要用于浇注电缆接头、套管、20kV 以下电流互感器、10kV 及以下电压互感器等。电器浇注胶用于浇注电器。电缆浇注胶用于浇注电缆接头。

（4）常用绝缘制品　常用的绝缘制品有绝缘纤维制品、浸渍纤维制品和电工层压制品等。

1）绝缘纤维制品：是指绝缘纸、纸板、纸管和各种纤维织物等绝缘材料，常用植物纤维、无碱玻璃纤维和合成纤维制成。

① 绝缘纸。绝缘纸主要有植物纤维纸和合成纤维纸两大类。按用途可分为电缆纸、电话纸、电容器纸和卷缠绝缘纸等。

② 绝缘纸板和纸管。绝缘纸板可制作某些绝缘零件和作保护层用。硬钢纸板组织紧密，有良好的机械加工性，适宜制作小型低压电机槽楔和其他支承绝缘零件。

钢纸管由氧化锌处理过的无胶棉纤维纸经卷绕后漂洗而成，有良好的机械加工性能，适用于熔断器、避雷器的管芯和电机用线路套管。

玻璃钢复合钢纸管也称为高压消弧管，可用作 10～110kV 熔断器和避雷器的消弧管。

③ 绝缘纱、带、绳和管。无碱玻璃纤维电气性能较好，用于玻璃丝包线和安装线的绝缘；中碱玻璃纤维纱用于 X 光电缆和某些电线电缆的编织保护层。

合成纤维带有聚酯纤维带和聚酯纤维与玻璃纤维交织带，用于电机线圈的绑扎。合成纤维绳主要指涤纶护套玻璃丝绳。它耐热性好，强度大，可代替垫片蜡线用于 B 级电机线圈端部的绑扎。

2）浸渍纤维制品：包括漆布、漆管和绑扎带三类，均以绝缘纤维材料为底材，浸以绝缘漆制成。漆布主要用于电机、仪表、线圈和变压器线圈的绝缘。

绝缘漆管由棉、涤纶、玻璃纤维管浸以不同的绝缘漆经烘干而成，作为电机、电器和仪表等设备和引出线的连接线绝缘。

3）电工层压制品：是以有机纤维、无机纤维作为底材，浸涂不同的胶黏剂，经热压或卷制而成的层状结构绝缘材料，可制成具有优良电气、机械性能和耐热、耐油、耐霉、耐电弧、防电晕等特性的制品。电工层压制品分为层压板、层压管和棒、电容器套管芯三类。

4）电工用橡胶、塑料、绝缘薄膜及其制品。

① 电工用橡胶主要用作电线、电缆绝缘。电工用塑料质轻，电气性能优良，有足够的硬度和机械强度，在电气设备中得到广泛应用。

② 绝缘薄膜由若干种高分子材料聚合而成，主要用作电机、电器线圈和电线电缆的绕包绝缘以及电容器介质。

③ 绝缘薄膜复合制品中的聚酯薄膜绝缘纸复合箔厚度为 0.15～0.30mm，由一层聚酯薄膜和一层绝缘（青壳纸）组成，主要用于 E 级电机槽绝缘、端部层间绝缘。聚酯薄膜玻璃漆布复合箔厚度为 0.17～0.24mm，由一层聚酯薄膜和一层玻璃漆布组成，用于 B 级电机槽绝缘、端部层间绝缘、匝间绝缘和补垫绝缘。

④ 电工用粘带有薄膜粘带、织物粘带和无底材粘带三类。薄膜粘带中聚氯乙烯粘带用于一般电线接头包扎绝缘。聚酰亚胺薄膜粘带用作 H 级电机线圈绝缘和槽绝缘。无底材粘带适用于高压电机线圈绝缘。

试题精选：

浇注电缆接头、套管、20kV 以下电流互感器等高压电器应使用（B）。

A. 绝缘漆　　　　　B. 绝缘胶　　　　　C. 变压器油　　　　　D. 覆盖漆

鉴定点5　常用磁性材料的分类和选用

问：常用磁性材料是如何分类的？如何选用磁性材料？

答：各种物质在外界磁场的作用下，都会呈现出不同的磁性，根据磁性材料的特性，分为软磁材料和硬磁材料两大类。

（1）软磁材料　软磁材料的主要特点是磁导率高，剩磁小。这类材料在较弱的外界磁场作用下，就能产生较强的磁感应强度，而且随着外界磁场的增强，很快就达到磁饱和状态；当外界磁场去掉后，它的磁性就基本消失。常用的有电工用纯铁和硅钢片两种。

1）电工用纯铁：电工用纯铁的电阻率很低，一般只用于直流磁场，常用型号有 DT3、

DT4、DT5 和 DT6 几种。

2）硅钢片：硅钢片的主要特性是电阻率高，适用于各种交变磁场。硅钢片分为热轧和冷轧两种。工业上（电机、电器）常用的硅钢片厚度有 0.35mm 和 0.5mm 两种，多用于各种变压器，电器和交、直流电动机。

（2）硬磁材料　硬磁材料的主要特点是剩磁强。这类材料在外界磁场的作用下，不容易产生较强的磁感应强度，但当其达到磁饱和状态以后，即使把外界磁场去掉，它还能在较长时间内保持较强的磁性。对硬磁材料的基本要求是剩磁强，磁性稳定。目前，电机工业上用得最普遍的硬磁材料是铝镍钴合金，主要用来制造永磁电动机和微型电动机的磁极铁心。

试题精选：

工业上（电机、电器）常用的硅钢片厚度有 0.35mm 和（A）mm 两种，多用于各种变压器、电器和交、直流电动机。

A. 0.5　　　　　　B. 1　　　　　　C. 1.5　　　　　　D. 2

鉴定范围 7　电工安全

鉴定点 1　电工安全基本知识

问：电工安全的基本知识有哪些？

答：电工安全的基本知识有：

1）严禁用一线（相线）一地（大地）连接用电器具。

2）在一个电源插座上不允许引接过多或功率过大的用电器具和设备。

3）未掌握有关电气设备和电气线路知识及技术的人员，不可安装和拆卸电气设备及其线路。

4）严禁用金属丝（如铝丝）绑扎电源线。

5）不可用潮湿的手去接触开关、插座及具有金属外壳的电气设备，不可用湿布去揩抹带电的电器。

6）堆放物资、安装其他设施或搬迁物体时，必须与带电设备或带电体保持一定的距离。

7）严禁在电动机和各种电气设备上放置衣物，不可在电动机上坐立，不可将雨具等物悬挂在电动机或电气设备上方。

8）在搬迁电焊机、鼓风机、电风扇、洗衣机、电视机、电炉和电钻等可移动电器时，要先切断电源，更不可拖拉电源线来搬迁电器。

9）在潮湿环境使用可移动电器时，必须采用额定电压 36V 及以下的低压电器。若采用 220V 的电气设备，必须使用隔离变压器。如果在金属容器（如锅炉）及管道内使用移动电器，则应使用 12V 的低压电器；同时安装临时开关，派专人在该容器外监视。对低电压的可移动设备应安装特殊型号的插头，以防止误插入 220V 或 380V 的插座内。

10）在雷雨天气，不可走近高压电杆、铁塔和避雷针的接地导线周围，以防雷电伤人。切勿走近断落在地面的高压电线，万一进入跨步电压危险区，要立即单脚或双脚并拢迅速跳到距离接地点 10m 以外的区域，切不可奔跑，以防跨步电压伤人。

试题精选：

在潮湿环境使用可移动电器时，必须采用额定电压（C）及以下的低压电器。

A. 6V   B. 12V   C. 36V   D. 42V

鉴定点 2 电工安全用具

问：常用的电工安全用具有哪些？

答：电工安全用具包括基本安全用具和辅助安全用具。

（1）基本安全用具 包括高压绝缘棒、绝缘夹钳和高压验电器等。

1）高压绝缘棒：用来闭合或断开高压隔离开关、跌落式熔断器，也可用来安装或拆除临时接地线以及用于测量和试验工作。不用时应垂直放置在支架上，不应使其与墙壁接触。

2）绝缘夹钳：用来安装高压熔断器或进行其他需要有夹持力的电气作业时的一种常用工具。使用时应戴护目镜、绝缘手套，穿绝缘靴或站在绝缘台（垫）上；不允许在绝缘夹钳上装接地线；使用完毕，应保存在专用的箱子或匣子里。

3）高压验电器：用来检查设备是否带电的一种专用安全用具。使用时应注意以下几点：

① 应选用电压等级相符且合格的产品。

② 验电前应先在确知带电的设备上试验，以证实其完好后，方可使用。

③ 使用高压验电器时，不应直接触及带电体，应逐渐靠近带电体，直至氖灯发亮为止。

④ 为防止误判断，高压验电器与带电体的距离：电压为 6kV 时应大于 150mm；电压为 10kV 时应大于 250mm。

（2）辅助安全用具 包括绝缘手套、绝缘靴和绝缘站台等。

1）绝缘手套：用于在高压电气设备上进行操作。不许作其他用。使用前，要认真检查是否破损、漏气，用后应单独存放，妥善保管。

2）绝缘靴（鞋）：进行高压操作时用来与地保持绝缘。严禁作为普通靴穿用，使用前应检查有无明显破损，用后要妥善保管，不要与油类接触。

3）绝缘站台：在任何电压等级的电力装置中带电工作时使用，多用于变电所和配电室。使用时不应使站台脚陷于泥土或台面接触地面，以免过多地降低其绝缘性能。

试题精选：

（D）属于电工辅助安全用具。

A. 高压绝缘棒   B. 绝缘夹钳   C. 高压验电器   D. 绝缘靴

鉴定点 3 触电的概念

问：何谓触电？触电分为几类？

答：因人体接触或接近带电体所引起的局部受伤或死亡的现象为触电。按人体受伤的程度不同，触电可分为电击和电伤两种类型。

（1）电击 电击通常是指人体接触带电体后，人的内部器官受到电流的伤害。这种伤害是造成触电死亡的主要原因，后果极其严重，所以是最严重的触电事故。

电击是由于电流流过人体内部造成的。其对人体伤害的程度由流过人体电流的频率、大小、时间长短、触电部位以及触电者的生理性质等情况而定。实践证明，低频电流对人体的伤害大于高频电流，而电流流过心脏和中枢神经系统则最为危险。

（2）电伤 电伤通常是指人体外部受伤，如电弧灼伤，大电流下因金属熔化而飞溅出的金属所灼伤，以及人体局部与带电体接触造成肢体受伤等情况。

试题精选：

造成人身触电死亡的最危险的伤害是（A）。

A. 电击　　　　　B. 电伤　　　　　C. 二次事故　　　　　D. 跨步电压

鉴定点4 触电的常见形式

问：触电的常见形式有哪些？

答：触电的形式是多种多样的，除了因电弧灼伤及熔融的金属飞溅灼伤外，可大致归纳为以下三种形式。

（1）单相触电 当人体直接接触带电设备及线路的一相时，电流通过人体而发生的触电现象称为单相触电。对三相四线制中性点接地的电网，此时人体受到相电压的作用，电流经人体和大地后构成回路。而对三相三线制中性点不接地的电网，电流经人体、大地和分布电容后构成回路。

（2）两相触电 人体同时触及带电设备及线路的两相导体而发生的触电现象称为两相触电。这时人体受到线电压的作用，通过人体的电流更大，是最危险的触电方式。

（3）接触电压与跨步电压触电 在高压设备的情况下，当有人用手触及外壳带电设备时，两脚站在离地体一定距离的地方，这种在供电为短路接地的电网系统中，人体触及外壳带电设备的一点同站立地面一点之间的电位差称为接触电压。

在距接地体15～20m的范围内，地面上径向相距0.8m（即一般人行走时两脚跨步的距离）时，此两点间的电位差则称为跨步电压。

试题精选：

人体最危险的触电方式是（B）。

A. 单相触电　　　　B. 两相触电　　　　C. 接触电压触电　　　　D. 跨步电压触电

鉴定点5 触电的急救措施

问：触电的急救措施有哪些？

答：

（1）触电急救的要点 抢救迅速和救护得法。即用最快的速度在现场采取积极措施，保护触电者生命，减轻伤情，减少痛苦，并根据伤情需要迅速联系医疗救护等部门救治。

一旦发现有人触电后，周围人员首先应迅速拉闸断电，尽快使其脱离电源。若周围有电工人员，则应率先争分夺秒地抢救。

在施工现场发生触电事故后，应将触电者迅速抬到宽敞、空气流通的地方，使其平卧在硬板床上，采取相应的抢救方法。在送往医院的路途中应该不间断地进行救护。

触电急救要有耐心，要一直抢救到触电者复活为止，或经过医生确定停止抢救方可停止，因为低压触电通常都是假死，进行科学急救是必要的。

（2）触电急救的方法　触电急救的第一步是使触电者迅速脱离电源。人工呼吸和胸外心脏按压是现场急救的基本方法。

1）人工呼吸法。对"有心跳而呼吸停止"的触电者，应采用"口对口人工呼吸法"进行急救。

○ 使触电者仰天平卧，颈部枕垫软物，头部偏向一侧，松开衣服和裤带，清除触电者口中的血块、假牙等异物。抢救者跪在病人的一边，使触电者的鼻孔朝天后仰。

② 用一只手捏紧触电者的鼻子，另一只手托在触电者颈后，将颈部上抬，深深吸一口气，月嘴紧贴触电者的嘴，大口吹气。

③ 然后放松捏着鼻子的手，让气体从触电者肺部排出，如此反复进行，每 5s 吹气一次，坚持连续进行，不可间断，直到触电者苏醒为止。

④ 对嘴巴紧闭的触电者可采用口对鼻人工呼吸法。

2）胸外心脏按压法。对"有呼吸而心跳停止"的触电者，应采用"胸外心脏按压法"进行急救。

① 使触电者仰卧在硬板上或地上，颈部枕垫软物使头部稍后仰，松开衣服和裤带，急救者跪跨在触电者腰部。

② 急救者将右手掌根部按于触电者胸骨下 1/2 处，中指指尖对准其颈部凹陷的下缘，当胸一手掌，左手掌覆压在右手背上。

③ 掌根用力下压 3~4cm，然后突然放松。挤压与放松的动作要有节奏，每秒钟进行一次，必须坚持连续进行，不可中断，直到触电者苏醒为止。

3）对"呼吸和心跳都已停止"的触电者，应同时采用"口对口人工呼吸法"和"胸外心脏按压法"进行急救。

① 一人急救：两种方法应交替进行，即吹气 2~3 次，再按压心脏 10~15 次，且速度都应快些。

② 两人急救：每 5s 吹气一次，每 1s 按压一次，两人交替进行。

注意：不能打肾上腺素等强心针；不能泼冷水。

试题精选：

当触电者无呼吸、有心跳时，应采用（B）进行救护。

A. 胸外心脏按压法　　　　　　　　B. 人工呼吸法
C. 口对口呼吸法　　　　　　　　　D. 口对鼻呼吸法

鉴定点 6　电气防火与防爆基本措施

问：电气防火与防爆基本措施有哪些？

答：防火防爆措施必须是综合性的措施，包括以下几个方面。

（1）选用电气设备　在爆炸危险场所，应根据场所危险等级、设备种类和使用条件，选用电气设备。

（2）保持防火间距　选择合理的安装位置，保持必要的安全间距，也是防火防爆的一项重要措施。

为了防止电火花或危险温度引起火灾，开关、接插器、熔断器、电热器具、照明器具、电焊设备、电动机等均应根据需要，避开易燃或易爆建筑构件。

（3）保持电气设备正常运行　保持电气设备的正常运行对防火防爆也有重要的意义。保持电气设备的正常运行包括：保持电气设备的电压、电流、温升等参数不超过允许值，保持电气设备具有足够的绝缘。

（4）通风　在爆炸危险场所，如果有良好的通风装置，则能降低爆炸性混合物的浓度，场所危险等级可以降低。

（5）接地　爆炸危险场所的接地（或接零）较一般场所要求高。在爆炸危险场所，若采用变压器低压中性点接地的保护接零系统，为了提高其可靠性，缩短短路故障的持续时间，系统的单相短路电流应当大一些，最小单相短路电流不得小于该段线路熔断器额定电流的 5 倍，或断路器瞬时（或短延时）动作过电流脱扣器整定电流的 1.5 倍。

（6）合理应用保护装置　除接地（或接零）装置以外，火灾和爆炸危险场所应有比较完善的短路、过载等保护装置。经常突然停电的爆炸危险场所，应有两路电源供电，并装有自动切换的联锁装置。

（7）采用耐火设施　变、配电室和酸性蓄电池室、电容器室等应为耐火建筑。临近室外变电、配电装置的建筑物外墙也应为耐火建筑。

试题精选：

（√）变配电室和酸性蓄电池室、电容器室等应为耐火建筑。

鉴定点 7　保护接地与保护接零

问：何谓接地？何谓保护接地？何谓保护接零？

答：将电气装置中某一部位经接地线或接地体与大地做良好的电气连接称为接地。根据接地的目的不同，接地可分为工作接地和保护接地。

（1）工作接地　工作接地是指为了运行的需要而将电力系统中的某一点接地，如变压器中性点直接接地或经过击穿保险器接地、避雷器接地都是工作接地。

（2）保护接地　所谓保护接地是指为了人身安全，将电气装置中平时不带电，但可能因绝缘损坏而带上危险对地电压的外露导电部分（设备的金属外壳或金属结构）与大地做电气连接。

保护接零就是将 TN 系统中电气设备平时不带电的外露可导电部分与电源的中性线 N 连接起来。此时的中性线称为保护中性线，代号为 PEN。凡采用这种保护方式的系统在 IEC 标准中称为 TN-C 系统。

在 TN 系统采用保护接零的同时，将中性线再次与大地相接，称为重复接地。重复接地可以降低漏电设备外壳的对地电压；减轻 PE 线或 PEN 线断线时的触电危险；还可以降低电网一相接地故障时非故障相的对地电压；可以降低高压窜入低压时低压网络的对地电压；可以降低三相负荷不平衡时零线的对地电压；当零线断线时，在一定程度上起平衡各相电压的作用等。

试题精选：

保护接零就是将 TN 系统中电气设备平时不带电的外露可导电部分与电源的中性线 N 连接起来。凡采用这种保护方式的系统在 IEC 标准中称为（A）系统。

A. TN-C   B. TN-S   C. TN-C-S   D. TN-S-C

鉴定点 8　防雷的常识

问：防雷的常识有哪些?

答：雷电又称为大气过电压，有直击雷和感应雷两种形式。直击雷是雷雨云直接对地上的物体放电的现象，由于其电压很高，电流很大，通常会对被击物体产生很大的破坏作用。感应雷是电力系统上方有雷雨云时，线路中会感应出大量与雷雨云极性相反的电荷（称为束缚电荷），当雷雨云对其他物体放电压时，线路中的电荷迅速向两端扩散，产生放电的过电压，对变电所及电气设备造成危害。防雷的原则是疏导，将雷电流泄放到大地。防雷的装置有避雷针、避雷带、避雷网和避雷器。

雷雨天气需要巡视室外高压设备时，应穿绝缘靴，并不得靠近避雷器和避雷针。高压设备发生故障接地时，为预防跨步电压，室内不得接近故障点 4m 以内，室外不得接近故障点 8m 以内。进入上述范围的人员必须穿绝缘靴。接触设备的外壳和构架时，应戴绝缘手套。

试题精选：

雷雨天气时，当高压设备发生故障接地时，为预防跨步电压，人员在室外不得接近故障点（C）m 以内。

A. 4   B. 6   C. 8   D. 20

鉴定点 9　安全间距、安全色和安全标志

问：何谓安全间距、安全色和安全标志? 安全间距、安全色和安全标志是如何规定的?

答：（1）安全间距　为了防止发生人身触电事故和设备短路或接地故障，带电体之间、带电体与地面之间、带电体与其他设施之间、工作人员与带电体之间必须保持的最小空气间隙，称为安全距离。

安全距离的大小，主要是根据电压的高低（留有裕度）、设备状况和安装方式来决定，并在规程中做出明确规定。凡从事电气设计、安装、巡视、维修以及带电作业的人员，都必须严格遵守。

（2）安全色和安全标志

1）对标志的要求如下：

① 文字简明扼要，图形清晰，色彩醒目。例如，用白底红边黑字制作的"止步，高压危险"的标示牌，白色背景衬托下的红边和黑字，可以收到清晰醒目的效果，也使标示牌的警告作用更加强烈。

② 标准统一或符合习惯，以便于管理。例如，我国采用的颜色标志的含义基本上与国际　安全色标准相同，见表1-5。

表 1-5 安全色标的意义

色 标	含 义	举 例
红色	禁止、停止、消防	停止按钮、灭火器、仪表运行极限
黄色	注意、警告	"当心触电""注意安全"
绿色	安全、通过、允许、工作	如"在此工作""已接地"
黑色	警告	多用于文字、图形、符号
蓝色	强制执行	"必须戴安全帽"

2）导体色标：裸母线及电缆芯线的相序或极性标志见表 1-6。表中列出新旧两种颜色标志，在工程施工和产品制造中应逐步向新标准（GB/T 2681—1981《电工成套装置中的导线颜色》及 GB/T 3787—2017《手持式电动工具的管理、使用、检查和维修安全技术规程》）过渡。

表 1-6 裸母线及电缆芯线的相序或极性标志

类 别	导体名称	旧 标 准	新 标 准
交流电路	L1	黄	黄
	L2	绿	绿
	L3	红	红
	N	黑	浅蓝
直流电路	正极	红	棕
	负极	蓝	蓝
安全用接地线（PE）		黑	绿/黄双色线

3）安全标志的构成及分类：安全标志是用以表达特定安全信息的标志，根据国家标准，安全标志由图形符号、安全色、几何形状（边框）或文字构成。

① 禁止标志：是禁止人们不安全行为的图形标志。禁止标志的基本形式是带斜杠的圆边框（其图形符号为黑色，背景为白色）。

② 警告标志：是提醒人们对周围环境引起注意，以避免可能发生危险的图形标志。警告标志的形式是三角形的边框（其图形符号为黑色，背景为警告意义的黄色）。

③ 指令性标志：是强制人们必须做出某种动作或采用防范措施的图形标志。指令性标志的形式是圆形边框（其背景为具有指令含义的蓝色，图形符号为白色）。

④ 提示性标志：是向人们提供某种信息（如标明安全设施或场所等）的图形标志。提示性标志的基本形式是正方形边框（背景为绿色，符号及文字为白色）。

试题精选：

（A）标志的基本形式是带斜杠的圆边框（其图形符号为黑色，背景为白色）。

A. 禁止　　　　 B. 警告　　　　 C. 指令性　　　　 D. 提示性

鉴定点 10　安全电压

问：何谓安全电压？安全电压是如何规定的？

答：安全电压是为防止触电事故而采用的由特定电源供电的电压系列。

我国规定：交流安全电压的上限值不超过 50V。安全电压的级别为 42V、36V、24V、12V 和 6V。

安全电压的选用必须考虑用电场所和用电器具对安全的影响。机床照明、移动行灯、手持电动工具以及潮湿场所的用电设备，使用安全电压为 36V。凡工作地点窄狭，工作人员活动困难，周围有大面积接地导体或金属构架，存在高度危险的场所，则应采用 12V 安全电压。

试题精选：

机床照明、移动行灯、手持电动工具以及潮湿场所的用电设备，使用安全电压为（C）。

A. 12V   B. 24V   C. 36V   D. 42V

鉴定点 11 电气设备操作规程

问：电气设备操作规程的主要内容有哪些？

答：

（1）电气维修值班制度 电气设备维修值班人员一般应有 2 人以上，尤其是高压设备。不论高压设备带电与否，维修值班人员不得单独移开或越过遮栏进行工作；若有必要移开遮栏，必须有监护人在场。

（2）电气设备维修巡视制度 电气设备的维修巡视，一般均由 2 人进行。巡视高压设备时，不得进行其他工作，不得移开或越过遮栏。

雷雨天气需要巡视室外高压设备时，应穿绝缘靴，并不得靠近避雷器和避雷针。高压设备发生故障接地时，为预防跨步电压，室内不得接近故障点 4m 以内，室外不得接近故障点 8m 以内。进入上述范围的人员必须穿绝缘靴。接触设备的外壳和构架时，应戴绝缘手套。

（3）工作票制度 在电气设备上工作，应填用工作票或按命令执行，其方式有三种。

1）第一种工作票。填用第一种工作票的工作是：高压设备上工作需要全部停电或部分停电的；高压室内的二次接线和照明等回路上的工作，需要将高压设备停电或采取安全措施的。

2）第二种工作票。填用第二种工作票的工作是：带电作业和在带电设备外壳上的工作；在控制盘和低压配电盘、配电箱、电源干线上的工作；在二次接线回路上的工作；无需将高压设备停电的工作；在转动中的发电机、同期调相机的励磁回路或高压电动机转子电阻回路上的工作；非当值值班人员用绝缘棒和电压互感器定相或用钳形电流表测量高压回路的电流。

3）口头或电话命令。用于第一种和第二种工作票以外的其他工作。口头或电话命令，必须清楚正确，值班员应将发令人、负责人及工作任务详细记入操作记录簿中，并向发令人复诵核对一遍。

工作票一式填写两份，一份必须经常保存在工作地点，由工作负责人收执；另一份由值班员收执，按班移交。在无人值班的设备上工作时，第二份工作票由工作许可人收执。

执行工作票的作业，必须有人监护。在工作间断、转移时执行间断、转移制度。工作终结时，执行终结制度。

（4）工作许可制度　为了进一步确保电气作业的安全进行，完善保证安全的组织措施，对工作票的执行规定了工作许可制度，即未经工作许可人（值班员）允许，不准执行工作票。

1）工作许可手续：工作许可人（值班员）认定工作票中安全措施栏内所填的内容正确无误且完善后，去施工现场具体实施，然后会同工作负责人在现场再次检查必要的接地、短路、遮栏和标示牌是否装设齐备，以手触试已停电并接地和短路的导电部分，证明确无电压，同时向工作负责人指明带电设备的位置及工作中的注意事项。经工作负责人确认后，工作负责人和工作许可人在工作票上分别签名。完成上述许可手续后，工作班人员方可开始工作。

2）执行工作许可制度时应注意的事项：工作许可人、工作负责人任何一方不得擅自变更安全措施。值班人员不得变更有关检修设备的运行接线方式。工作中有特殊情况需变更时，应事先取得对方的同意。

（5）工作监护制度　监护制度是指工作人员在工作过程中必须受到监护人一定的指导和监督，以及时纠正不安全的操作和其他的危险误动作。特别是在靠近有电部位工作及工作转移时，监护工作更为重要。

完成工作许可手续后，工作负责人（监护人）应向工作班人员交代现场的安全措施、带电部位和其他注意事项。工作负责人（监护人）必须始终在工作现场，对工作班人员的安全认真监护，及时纠正违反安全的动作，防止意外情况的发生。

值班人员如发现工作人员违反安全规程或发现有危及工作人员安全的任何情况，均应向工作负责人提出改正意见，必要时暂时停止工作，并立即向上级报告。

试题精选：

（×）安全生产规章制度规定，电气设备维修值班允许单人值班，并进行维修工作。

鉴定范围 8　其他相关知识

鉴定点 1　供用电系统的基本常识

问：供用电系统的基本常识有哪些？

答：电力系统是指发电、输电、变电、配电和用电系统的总称，是指通过电力网连接在一起的发电厂、变电所及用户电气设备的总体。在整个电力系统中，除发电厂的锅炉、汽轮机等动力设备外的所有电气设备都属于电力系统的范畴，主要包括发电机、变压器、架空线路、配电装置和各类用电设备。

两个或两个以上的小型电力系统用电网连接起来并联运行，可组成地区性的电力系统。用输电线路把几个地区性的电力系统连接起来组成的电力系统，则称为联合电力系统。

发电和用电之间属于输送和分配电能的中间环节，称为电力网。电力网的作用是将电能从发电厂输送并分配到用户处。

包含输电线路的电网称为输电网；包含配电线路的电网称为配电网。输电网由 110kV 及以上的输电线路和与其相连的变电所组成，是电力系统的主要网络，简称主网，又称为网架。输电网的作用是将电能输送到各个地区的配电网或直接送给大型工厂、企业用户。配电网由35kV及以下配电线路和配电变电所组成，它的作用是将电能分配到用户。

电力网按电压、用途和特征可分为：直流电力网和交流电力网；低压电力网和高压电力网；城市、厂矿电力网和农村电力网；户外电力网和户内电力网。

通常把电力网分成区域电力网和地方电力网。电压在35kV以上，供电区域较大的电力网叫作区域电力网；电压在35kV以下，供电区域不大的电力网叫作地方电力网；35kV电力网既可归属区域电力网也可归属地方电力网。

根据电力网的运行方式不同，又分为接地电网和不接地电网。电力系统的中性点是指三相系统作星形联结的发电机或变压器的中性点。它的工作方式为中性点不接地、中性点经消弧线圈接地和中性点直接接地三种。

1）中性点不接地：高压电网和1kV以下的三相三线电网中才采用中性点不接地方式。

2）中性点经消弧线圈接地：目前，35~60kV的高压电网中多采用此方式。

3）中性点直接接地：目前我国110kV及以上系统都采用中性点直接接地方式，部分35kV的电网及380/220V的低压系统也采用中性点直接接地方式。

试题精选：

企业动力设备的供电电压是（A）。

A. 380V			B. 220V			C. 50V			D. 36V

鉴定点2　钳工划线基础知识

问：划线工具有几种类型？如何使用划线工具？常用的划线涂料有几种类型？

答：划线工具按用途可分为以下四类：

（1）基准工具　用来安放零件，引导划线并控制划线质量的工具。常用的有划线平台、方箱、直角铁、中心规和万能划线台等。

（2）量具　用来测量所划线的尺寸。常用的有钢卷尺、钢直尺、高度游标卡尺和游标万能角度尺等。

（3）划线工具　用来在工件表面上划出待加工部位轮廓线的工具。常用的有划针、划针盘、划规、单脚规、高度游标卡尺和样冲等。

（4）辅助工具　用来在划线中起支撑、调整、装夹等辅助作用的工具。常用的有千斤顶、V形架、C形夹头、楔铁和定心架等。

划线工具的正确使用方法如下：

（1）划针的使用

1）针尖磨成15°~20°的夹角。被淬硬的划针尖刃磨时应及时浸水冷却，防止退火变软。

2）划线时，针尖要紧靠导向面的边缘，并压紧导向工具。

3）划线时，划针与划线方向倾斜45°~75°的夹角，上部向外侧倾斜15°~20°。

（2）划针盘和高度游标卡尺的使用

1）划针盘的划针伸出部分不宜太长，应接近水平面夹紧划针，保持较好的刚性，防止松动。

2）划针盘和高度游标卡尺拖动底座面与平台接触面都应保持清洁，以减小阻力，拖动底座时应紧贴平台工作面，不能摆动、跳动。

3）高度游标卡尺是精密划线工具，不得用于粗糙毛坯的划线，用后要擦净涂油装盒保管。

（3）样冲的使用

1）样冲尖应刃磨成45°～60°夹角，磨削时要防止过热退火。

2）打样冲眼时冲尖要对准线条正中。

3）样冲眼间距视划线长短曲直而定，线条长而直时间距可大些，短而曲时间距可小些；交叉、转折处必须打上样冲眼。

4）粗糙表面的样冲眼应打得深些，光滑表面或薄壁零件应打得浅些，精加工表面禁止打样冲眼。

常用划线的涂料有：白灰水（用于大中型铸件和锻件毛坯）、蓝油（用于已加工表面）和硫酸铜溶液（用于形状复杂的零件或已加工面）。

试题精选：

划线时用的样冲尖应刃磨成（C）的夹角。

A．15°～20°   B．25°～45°   C．45°～60°   D．60°～90°

鉴定点 3　钻孔基础知识

问：何谓钻孔？常用的钻孔方法有哪些？

答：钻孔是利用钻头在工件上打孔的过程。

1）钻孔设备和钻孔工具：

① 钻床。钻床的种类、形式很多，平时钻孔常用的钻床有台式钻床、立式钻床和摇臂钻床。最常用的是台式钻床，一般用来加工直径小于12mm的孔。

② 手电钻。手电钻有手枪式和提式两种，手电钻通常用的是220V或36V的交流电源。为保证安全，在使用220V的手电钻时，应戴绝缘手套；在潮湿的环境中应采用36V的手电钻。

③ 钻头。常用的钻头是麻花钻，如图1-30所示。麻花钻一般用高速钢（W18Cr4V或W9Cr4V2）制成，淬硬后达62～68HRC。其结构由锥柄、颈部及工作部分组成。

a. 锥柄是用来夹持、定心和传速动力的，直径13mm以下的一般都制成直柄式，直径13mm以上的一般都制成锥柄式。锥柄的扁尾用来增加传递的转矩，避免钻头在主轴孔钻套中打滑，并作为把钻头从主轴孔或钻套中打出之用。

b. 颈部为磨制钻头时供砂轮退刀之用，一般也用来刻印商标和规格。

c. 工作部分由切削部分和导向部分组成。麻花钻的切削部分由五刃（两条主切削刃、两条副切削刃和一条横刃）和六面（两个前刀面、两个后刀面和两个副后刀面）组成，担任主要的切削工作。导向部分有两条螺旋槽，作用是形

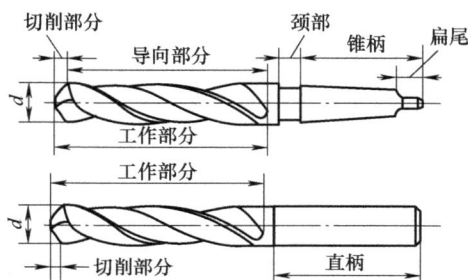

图1-30　麻花钻

成切削刃以及容纳和排除切屑，便于切削液沿着螺旋槽注入。

④ 钻夹头和钻头套。钻夹头和钻头套是夹持钻头的夹具。直柄式钻头用钻夹头夹持，先将钻头的柄部塞入钻夹头的三爪卡中，塞入长度不小于 15mm，然后用钻夹头钥匙旋转外套，以夹紧或放松钻头。

2）钻孔操作方法：

① 划线冲眼。按钻孔位置尺寸，划好孔位的十字中心线，并打出小的中心样冲眼，按孔径大小划孔的圆周线和检查圆，再将中心样冲眼打大打深。

② 工件的夹持。钻孔时应根据孔径和工件形状、大小，采用合适的夹持方法，以保证质量和安全。

③ 钻孔时的切削用量。切削用量是切削速度、进给量和背吃刀量的总称。通常钻小孔时的钻削速度可快些，进给量要小些；钻较大的孔时，钻削速度要慢些，进给量要适当大些；钻硬材料时，钻削速度要慢些，进给量要小些；钻软材料时，钻削速度要快些，进给量也要大些。

④ 钻孔操作方法。钻孔时，先将钻头对准中心样冲眼进行试钻，试钻出来的浅坑应保持在中心位置，如有偏移，要及时校正。当试钻达到孔位要求后，即可压紧工件完成钻孔。钻孔时要经常退钻排屑。孔将钻穿时，进给力必须减小，以防止钻头折断或使工件随钻头转动造成事故。

⑤ 钻孔时的冷却与润滑。钻孔时要加注足够的切削液。钻削铜、铝及铸件等材料时一般可不加切削液，钻钢件时，可用废柴油或废机油代用。

3）钻孔安全知识：

① 操作钻床时不可戴手套，袖口要扎紧，必须戴工作帽。

② 钻孔前，要根据所需的钻削速度，调节好钻床的速度。调节时，必须断开钻床的电源开关。

③ 工件必须夹紧，孔将钻穿时，要减少进给力。

④ 开动钻床时，应检查是否有钻夹头钥匙或斜铁插在转轴上；工作台面上不能放置量具和其他工件等杂物。

⑤ 不能用手和棉纱头或嘴吹来清除切屑，要用毛刷或棒钩清除，尽可能在停机时清除。

⑥ 停机时应让主轴自然停止转动，严禁用手触停钻头。严禁在开机状态下装拆工件或清洁钻床。

试题精选：

钻孔即将钻穿时，进给力必须（A），以防进给力突然过大，增大切削抗力，造成钻头折断或使工件随着钻头转动造成事故。

A. 减小　　　　　B. 增大　　　　　C. 逐渐增大　　　　　D. 先小后大

鉴定点 4　质量管理的概念和主要内容

问：何谓质量管理？质量管理的主要内容有哪些？

答：质量管理是企业为保证和提高产品、技术或服务的质量，达到满足市场和客户的需求所进行的质量调查，确定质量目标、计划、组织、控制、协调和信息反馈等一系列的经营管理活动。质量管理从企业的整体上来说，包括制定企业的质量方针、质量目标、工作程序、操作规程、管理标准，以及确定内部、外部的质量保证和质量控制的组织机构、组织实施等活动。对每个职工来说，质量管理的主要内容有岗位的质量要求、质量目标、质量保证措施和质量责任等。质量管理是企业经营管理的一个重要内容，是关系到企业生存和发展的重要问题，也可以说是企业的生命线。

试题精选：

（×）质量管理是要求企业领导掌握的内容，与一般职工无关。

鉴定点 5　企业的质量方针和岗位质量要求

问：何谓企业的质量方针？岗位质量要求有哪些？

答：企业的质量方针是由企业的最高管理者正式发布的企业全面的质量宗旨和质量方向，是企业总方针的重要组成部分。企业的质量方针不仅要提出和规定企业在提供产品、技术或服务的质量须达到的标准和水平，也是企业的经营理念在质量管理工作方面的体现。

岗位质量要求是企业根据对产品、技术或服务最终的质量要求和本身的条件，对各个岗位质量工作提出的具体要求。这一般都体现在各岗位的作业指导书或工作规程中，包括操作程序、工作内容、工艺规程、参数控制、工序的质量指标、各项质量记录等。岗位质量要求是每个职工都必须做到的最基本的岗位工作职责。

试题精选：

（×）企业的质量方针每个职工只需熟记。

鉴定点 6　环境保护与环境污染

问：何谓环境？何谓环境污染？

答：《中华人民共和国环境保护法》对环境含义的解释是："……环境，是指影响人类生存和发展的各种天然的和经过人工改造的自然因素的总体，包括大气、水、海洋、土地、矿藏、森林、草原、湿地、野生生物、自然遗迹、人文遗迹、自然保护区、风景名胜区、城市和乡村等。"由此可见，环境是人类生存、活动、发展的总体，是以人类为中心的。

环境污染是指由于人类活动把大量有毒有害污染物质排入环境，这些物质在环境中积聚，使环境质量下降，以致危害人类及其他生物正常生存和发展的现象，如大气污染、水污染、噪声污染等。

与环境污染相关且并称的另一概念是公害。它是指由于环境污染和破坏，对多数人的健康、生命、财产及生活舒适性造成的公共性危害，如地面沉降、恶臭、电磁辐射和振动等。有时，不严格区分环境污染与公害。

与环境污染相近的另一概念是生态破坏。它是由于人类不合理地开发利用自然环境和自然资源，致使生态系统的结构和功能遭到损坏，而威胁人类及其他生物正常生存和发展的现象，如森林破坏、草原退化、水土流失、土地沙漠化和水源枯竭等。环境污染与生态破坏相互影响。

试题精选：

地面沉降属于（C）。

A．环境污染　　　　B．生态破坏　　　　C．公害　　　　D．水源枯竭

鉴定点 7　现场文明生产的要求

问：现场文明生产的要求有哪些？

答：在维护周期对设备进行清扫检查。保持设备的清洁，做到无油污、无积灰；油、气、水管道阀门无渗漏；瓷件无裂纹；电缆沟无积水、积油和杂物，盖板齐全；现场照明完好。

每班对值班室、控制室的家具、地面、继电器、电话机等清扫一次，并整理记录本、图纸、书籍，经常保持整齐清洁。

建立卫生责任区，落实到人。每月进行 1~2 次大清扫，清扫场地、道路，保持无积水、油污，无垃圾和散落器材。安全用具和消防设施应齐全合格。

变电站或有条件的配电站，要有计划地搞好绿化工作，站内草坪、花木要定期修剪，设备区的草高不得超过 300mm，不准种植高秆作物。

金属构架和固定遮栏要定期刷漆，保持清洁美观。

试题精选：

建立卫生责任区，落实到人。每月进行（A）次大清扫，清扫场地、道路，保持无积水、油污，无垃圾和散落器材。

A．1~2　　　　B．3~4　　　　C．5~6　　　　D．7~8

鉴定点 8　劳动者的基本权利和义务

问：劳动者的权利和义务有哪些？

答：劳动法是调整劳动关系（包括直接劳动关系和间接劳动关系）的法律规范的总称。它既包括国家最高权力机关颁布的法律，也包括其他调整劳动关系的法律法规。劳动法中明确规定了劳动者的基本权利和义务。

（1）劳动者的基本权利　平等就业和选择职业的权利；获得劳动报酬的权利；休息和休假的权利；在劳动中获得劳动安全和劳动卫生保护的权利；接受职业技能培训的权利；享有社会保险和福利的权利；提请劳动争议处理的权利；法律、法规规定的其他劳动权利。

（2）劳动者的基本义务　完成劳动任务；提高职业技能；执行劳动安全卫生规程；遵守劳动纪律和职业道德。

试题精选：

劳动者的基本义务不包括（D）。

A．完成劳动任务　　　　　　　　B．执行劳动安全卫生规程

C．遵守劳动纪律和职业道德　　　D．帮助工友完成劳动定额

鉴定点 9　劳动合同的解除

问：何谓劳动合同制度？劳动合同的类型有哪些？如何订立、变更和解除劳动合同？

答：劳动合同制就是以合同形式明确用工单位和劳动者个人的权利与义务，实现劳动者与生产资料科学结合的方式，是确立社会主义劳动关系，适应社会主义市场经济发展需要

的一项重要的劳动法律制度。

劳动合同的解除是指劳动合同期限未满以前，由于出现某种情况，导致当事人双方提前终止劳动合同的法律效力，解除双方的权利和义务关系。劳动合同的解除必须遵守《中华人民共和国劳动法》的规定。

（1）劳动者解除劳动合同　劳动者解除劳动合同，应当提前30日以书面形式通知用人单位。《中华人民共和国劳动法》第三十二条规定，有下列情形之一的，劳动者可以随时通知用人单位解除劳动合同：在试用期内；用人单位以暴力、威胁或者非法限制人身自由的手段强迫劳动的；用人单位未按照劳动合同约定支付劳动报酬或者提供劳动条件的。

（2）用人单位解除劳动合同

1）《中华人民共和国劳动法》第25条规定，劳动者有下列情形之一的，用人单位可以解除劳动合同：在试用期间被证明不符合录用条件的；严重违反劳动纪律或用人单位规章制度的；严重失职，营私舞弊，对用人单位利益造成重大损害的；被依法追究刑事责任的。

2）《中华人民共和国劳动法》还规定，有下列情形之一，用人单位可以解除劳动合同，但是应当提前30日以书面形式通知劳动者本人：

① 劳动者患病或非因工负伤，医疗期满后，不能从事原工作也不能从事由用人单位另行安排的工作的。

② 劳动者不能胜任工作，经过培训或者调整工作岗位，仍不能胜任工作的。

③ 劳动合同订立时所依据的客观情况发生重大变化，致使原劳动合同无法履行，经当事人协商不能就变更劳动合同达成协议的。

（3）在下列情形下用人单位不得解除劳动合同　劳动者患职业病或者因工负伤被确认丧失或者部分丧失劳动能力的；劳动者患病或者负伤，在规定的医疗期内的；女职工在孕期、产期、哺乳期内的；法律、行政法规规定的其他情形。

试题精选：

劳动者解除劳动合同，应当提前（D）日以书面形式通知用人单位。

A. 7　　　　　　　　B. 10　　　　　　　　C. 15　　　　　　　　D. 30

鉴定点 10　劳动安全卫生管理制度

问：何谓劳动安全卫生？劳动安全卫生管理制度的主要内容有哪些？

答：劳动安全是指生产劳动过程中，防止危害劳动者人身安全的伤亡和急性中毒事故。劳动卫生是指生产劳动环境要符合国家规定的卫生条件，防止有毒有害物质危害劳动者的健康。劳动安全卫生管理制度的主要内容：安全生产责任制度；劳动安全技术措施计划制度；劳动安全卫生教育制度；劳动安全卫生检查制度；特种作业人员的专门培训和资格审查制度；劳动防护用品管理制度；职业危险作业劳动者的健康检查制度；职工伤亡事故和职业病统计报告处理制度；劳动安全监察制度。

对女职工的特殊劳动保护如下：根据女职工的生理特点安排就业，实行同工同酬；禁止女职工从事特别繁重的体力劳动和有损健康的工作；建立健全对女职工"五期"保护制度。"五期"保护是指女工在经期、孕期、产期、哺乳期、更年期给予特殊保护；定期进行身体检查，加强妇幼保健工作。

对未成年工（年满 16 周岁未满 18 周岁）的特殊劳动保护如下：严禁一切企业招收未满 16 周岁的童工；对未成年工应缩短工作时间，禁止安排他们做夜班或加班加点；禁止安排未成年工从事矿山井下、有毒有害、国家规定的第四级体力劳动强度的劳动和其他禁忌从事的劳动。

试题精选：

对未成年工特殊劳动保护措施之一，严禁一切企业招收未满（A）周岁的童工。

A. 16   B. 17   C. 18   D. 20

鉴定点 11 《中华人民共和国电力法》的相关知识

问：《中华人民共和国电力法》的主要内容有哪些？

答：《中华人民共和国电力法》由中华人民共和国第八届全国人民代表大会常务委员会第十七次会议于 1995 年 12 月 28 日通过，主要内容有十章七十五条，并附有《刑法》有关条款。

第一章为总则；第二章为电力建设；第三章为电力生产与电网管理；第四章为电力供应与使用；第五章为电价与电费；第六章为农村电力建设和农业用电；第七章为电力设施保护；第八章为监督检查；第九章为法律责任；第十章为附则。

第二部分　应知单元

（一）初级应知

鉴定范围 1　低压电器的选用

鉴定点 1　常用低压电器的文字符号

问：常用低压电器的文字符号和图形符号是如何规定的？

答：文字符号用于表明低压电器的名称、功能、状态和特征。文字符号由基本符号和辅助符号组成。基本文字符号由一位拉丁字母表示，也可由两位拉丁字母表示。其组合形式应以单字母在前另一字母在后的次序列出。辅助符号是用来表示电气设备、装置和元器件以及线路的功能、状态和特征的。

使用文字符号时，应考虑下述原则：

1）尽量采用单字母。

2）自行组合的文字符号不超过三个。

3）文字符号采用拉丁字母的大写、正体，不使用字母"I""O"等。

4）编号的阿拉伯数字与拉丁字母并列，不做下标。

5）辅助文字符号可放在单字母符号右边组成双字母符号。

低压电器产品型号编制法规定：用字母 H、R、D、K、C、Q、J、L、Z、B、T、M 和 A 分别表示 12 大类和其他电器产品。

试题精选：

控制变压器的文字符号是（A）。

A. TC　　　　　　　B. TM　　　　　　　C. TA　　　　　　　D. TR

鉴定点 2　常用低压电器的图形符号

问：常用低压电器的图形符号是如何规定的？

答：常用低压电器的图形符号一般有四种：符号要素、一般符号、限定符号和矩形框符号。不论何种形式，其主要用途是用于图样或其他技术文件中来表示一个设备或概念的图形、标记或字符。一般符号和限定符号最为常用。

1）符号要素：一种具有确定意义的简单图形，必须用其他图形组合以构成一个设备或概念的完整符号。

2）一般符号：用以表示同一类产品和此类产品特征的一种简单符号。

3）限定符号：用以提供附加信息（或功能）的一种加在其他图形符号上的符号。限定符号不能单独使用。

4）矩形框符号：用以表示元件、设备等的组合及功能，既不给出元件、设备的细节，也不考虑所有连接的一种简单图形符号。

几种常见低压电器的图形符号如图 2-1 所示。

图 2-1　常见低压电器的图形符号

试题精选：

接触器 KM 的图形符号由电气图形符号中的（B）组成。

A. 一般符号和矩形框符号　　　　　　B. 一般符号和限定符号

C. 符号要素和矩形框符号　　　　　　D. 限定符号和符号要素

鉴定点 3　常用刀开关的结构组成及原理

问：常用刀开关由哪几部分组成？简述其工作原理。

答：最常用的刀开关是由刀开关和熔断器组合而成的负荷开关。负荷开关又分为开启式和封闭式两种。

1）开启式负荷开关：生产中常用的是 HK 系列开启式负荷开关，适用于照明、电热设备及小功率电动机控制电路中，供手动和不频繁接通和分断电路，并起短路保护作用。HK 系列开启式负荷开关由刀开关和熔断器组合而成，其结构由瓷质手柄、动触头、静触头、进线座、出线座、胶盖及胶盖紧固螺钉组成。

2）封闭式负荷开关：封闭式负荷开关是在开启式负荷开关的基础之上改进设计的一种开关，可用于手动不频繁地接通和断开带负荷的电路以及作为线路末端的短路保护，也可用于控制 15kW 以下的交流电动机不频繁地直接起动和停止。

常用的封闭式负荷开关有：HH3、HH4 系列。其中 HH4 系列为全国统一设计产品，它主要由刀开关、熔断器、操作机构和外壳组成。它具有两个特点：一是采用储能分合闸方式，提高开关的通断能力，延长其使用寿命；二是设置了联锁装置，确保了操作安全。

负荷开关的符号如图 2-2 所示。

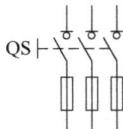

图 2-2　负荷开关的符号

试题精选：

HK 系列开启式负荷开关由刀开关和（A）组合而成。

A. 熔断器　　　　　B. 熔丝　　　　　C. 触头　　　　　D. 底座

鉴定点 4　常用刀开关的使用注意事项

问：使用刀开关的注意事项有哪些？

答：常用刀开关的使用注意事项：

1）负荷开关不准横装或倒装，必须垂直安装。

2）负荷开关安装接线时，电源进出线不能接反。

3）封闭式负荷开关的外壳应接地。

4）更换熔丝必须在断电的情况下进行，且换上与原规格相同的熔丝。

试题精选：

刀开关的安装必须（B）安装。

A. 水平　　　　　　B. 垂直　　　　　　C. 平行　　　　　　D. 悬挂

鉴定点 5　熔断器的结构和符号

问：熔断器主要由哪几部分组成？

答：熔断器是低压配电网络和电力拖动系统中主要用作短路保护的电器。熔断器主要由熔体、安装熔体的熔管和熔座三部分组成。熔断器按结构形式分为半封闭插入式、无填料封闭管式、有填料封闭管式。常用的低压熔断器有：

1）RC1A 系列插入式熔断器：它属于半封闭插入式，由瓷座、瓷盖、动触头、静触头和熔丝五部分组成。

2）RL1 系列螺旋式熔断器：它属于有填料封闭管式，由瓷帽、熔管、瓷套、上接线座、下接线座及瓷座等部分组成。

熔断器的型号含义如下：

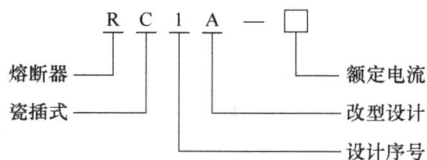

```
        R   C   1   A   —   □
熔断器                        额定电流
瓷插式                    改型设计
                        设计序号
```

熔断器的符号如图 2-3 所示。

FU

图 2-3　熔断器的符号

试题精选：

熔断器主要由熔体、（C）和熔座三部分组成。

A. 瓷座　　　　　　B. 触头　　　　　　C. 熔管　　　　　　D. 接线座

鉴定点 6　熔断器的选用方法

问：如何选用熔断器？

答：熔断器选用时应根据使用环境和负载性质选择适合的类型。例如，管式熔断器一般用于容量较大的变电场所和大型设备；插入式熔断器一般用于无振动场所；螺旋式熔断器一般用于有振动场所，如机床的电气控制。

熔体额定电流的选择应根据负载性质选择；熔断器的额定电压必须大于或等于线路的额定电压，熔断器的额定电流必须大于或等于所装熔体的额定电流；熔断器的分断能力应大于电路中可能出现的最大短路电流。

对于不同的负载，熔体按以下原则选用：

（1）照明和电热线路　应使熔断体的额定电流 I_{RN} 稍大于所有负载的额定电流 I_N 之和，即

$$I_{RN} \geqslant \sum I_N$$

（2）单台电动机线路　应使熔体的额定电流 I_{RN} 不小于 1.5～2.5 倍电动机的额定电流 I_N，即

$$I_{RN} \geqslant (1.5 \sim 2.5) I_N$$

起动系数取 2.5 仍不能满足时，可以放大到不超过 3。

（3）多台电动机线路　应使熔体的额定电流 I_{RN} 满足

$$I_{RN} \geqslant (1.5 \sim 2.5) I_{N max} + \sum I_N$$

式中，I_{Nmax} 为最大一台电动机的额定电流；$\sum I_N$ 为其他所有电动机的额定电流之和。

如果电动机的功率较大，而实际负载又较小，熔体额定电流可适当选小些，小到以起动时熔体不熔断为准。

试题精选：

选用单台电动机线路的熔断器时，应使熔体的额定电流不小于（B）倍电动机的额定电流 I_N。

A. 1.1～2.5　　　　B. 1.5～2.5　　　　C. 2.5～3.5　　　　D. 4.5～5.5

鉴定点7　低压断路器的结构和原理

问：何谓低压断路器？低压断路器的作用、构造和工作原理如何？

答：低压断路器是低压配电网络和电力拖动系统中常用的一种配电电器，它集控制和多种保护功能于一体，在正常情况下可用于不频繁接通和断开电路以及控制电动机的运行。当电路发生短路、过载和失电压等故障时，能自动切断故障电路、保护电路和电气设备。低压断路器具有操作安全、安装使用方便、工作可靠、动作值可调、分断能力较强、兼顾多种保护、动作后不需要更换元件等优点，因此得到了广泛作用。

低压断路器按结构形式可分为塑壳式、框架式、限电流式、直流快速式、灭磁式和漏电保护式等六类。

常用的低压断路器是 DZ 系列塑壳式断路器，如 DZ5 系列和 DZ10 系列。其中，DZ5 为小电流系列，额定电流为 10～50A。DZ10 为大电流系列，额定电流有 100A、250A、600A 三种。

DZ5 系列断路器的结构与符号如图 2-4 所示。它由触头系统、灭弧装置、操作机构、热脱扣器、电磁脱扣器及绝缘外壳等部分组成。

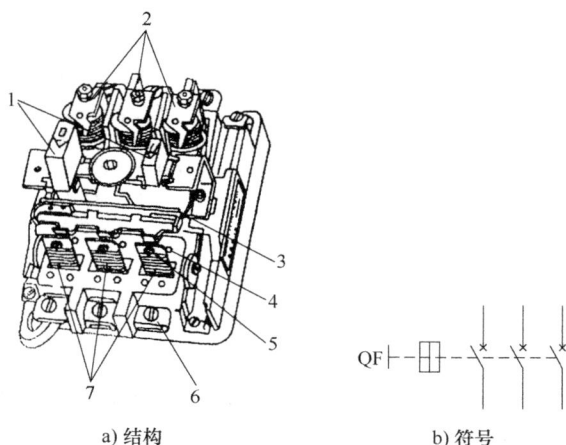

a) 结构   b) 符号

图 2-4　断路器的结构与符号

1—按钮　2—电磁脱扣器　3—自由脱扣器　4—动触头　5—静触头　6—接线柱　7—热脱扣器

　　DZ5 系列断路器有三对主触头、一对常开辅助触头和一对常闭辅助触头。使用时三对主触头串联在被控制的三相电路中，用以接通和分断主电路中的大电流。按下绿色"合"按钮时接通电路；按下红色"分"按钮时切断电路。当电路出现短路、过载等故障时，断路器会自动跳闸切断电路。

　　断路器的热脱扣器用于过载保护，由电流调节装置调节整定电流的大小。

　　电磁脱扣器用于短路保护，由电流调节装置调节瞬时脱扣整定电流的大小。出厂时，电磁脱扣器的瞬时脱扣整定电流一般为 $10I_N$（I_N 为断路器的额定电流）。

　　欠电压脱扣器用于零电压和欠电压保护，在无电压或电压过低时断路器不能接通电路。

　　当线路发生过载时，过载电流流过热元件产生一定的热量，使双金属片受热向上弯曲，通过杠杆推动搭钩与锁扣脱开，在反作用弹簧的作用下，动、静触头分开，从而切断电路，保护电气设备。

　　当线路发生短路故障时，短路电流使电磁脱扣器产生强大的吸力将衔铁吸合，通过杠杆推动搭钩与锁扣分开，从而切断电路，实现短路保护。低压断路器出厂时，电磁脱扣器瞬时整定电流一般为 10 倍的额定电流 I_N。

　　欠电压脱扣器的动作过程与电磁脱扣器的动作过程相反。具有欠电压脱扣器的断路器在欠电压脱扣器两端电压过低时，不能接通电路。

　　试题精选：

　　DZ10—100/330 型脱扣器额定电流 $I_N = 40A$，这是塑壳式空气断路器的铭牌数据，则该断路器瞬时脱扣动作整定电流是（C）。

　　A. 40A　　　　　　B. 200A　　　　　　C. 400A　　　　　　D. 50A

　　解：由于铭牌数据 $I_N = 40A$，根据规定，低压断路器出厂时，电磁脱扣器的瞬时脱扣整定电流一般整定为 $10I_N$，故整定电流为 400A。所以正确答案应选 C。

鉴定点 8　断路器的选用

　　问：断路器的型号含义是如何规定的？如何选用断路器？

答：断路器的型号定义如下：

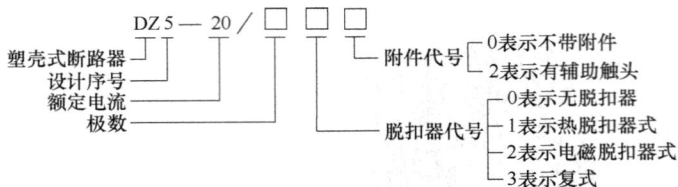

DZ5 — 20 / □□□

塑壳式断路器
设计序号
额定电流
极数

附件代号 ┌─ 0表示不带附件
          └─ 2表示有辅助触头

脱扣器代号 ┌─ 0表示无脱扣器
          ├─ 1表示热脱扣式
          ├─ 2表示电磁脱扣式
          └─ 3表示复式

断路器的选用原则如下：

1）断路器的额定电压和额定电流应不小于线路、设备的正常工作电压和工作电流。

2）热脱扣器的整定电流应等于所控制负载的额定电流。

3）电磁脱扣器的瞬时脱扣整定电流应大于负载电路正常工作时的峰值电流。用于控制电动机的断路器，其瞬时脱扣整定电流可按下式选取：

$$I_z \geqslant KI_{st}$$

式中，K 为安全系数，可取 1.5~1.7；I_{st} 为电动机的起动电流。

4）欠电压脱扣器的额定电压应等于线路的额定电压。

5）断路器的极限通断能力应不小于电路最大短路电流。

试题精选：

（×）断路器热脱扣器的整定电流应大于所控制负载的额定电流。

鉴定点 9　组合开关的结构、原理和选用

问：何谓组合开关？简述组合开关的结构和原理。如何选用组合开关？

答：组合开关又称为转换开关，控制容量比较小，常用于电气设备的不频繁操作、切换电源和负载以及控制小功率交流电动机。HZ10-10/3 型组合开关如图 2-5 所示。

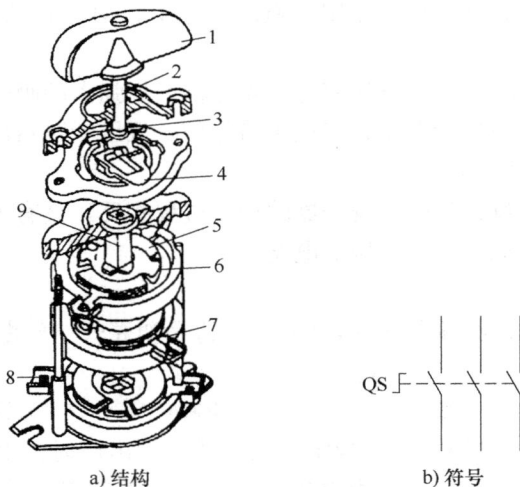

a) 结构　　　　　　　　　b) 符号

图 2-5　HZ10-10/3 型组合开关

1—手柄　2—转轴　3—弹簧　4—凸轮　5—绝缘垫板　6—动触头　7—静触头　8—接线端子　9—绝缘杆

组合开关的型号含义如下：

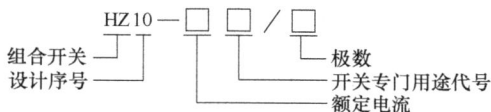

组合开关应根据电源种类、电压等级、所需触头数、接线方式和负载容量进行选用。用于控制小功率异步电动机的运转时，组合开关的额定电流一般取电动机额定电流的 1.5 ~ 2.5 倍。

试题精选：

（√）组合开关的额定电流一般取电动机额定电流的 1.5 ~ 2.5 倍。

鉴定点 10 接触器的结构和原理

问：何谓交流接触器？交流接触器的主要结构、规格及型号如何？

答：接触器是一种自动的电磁式开关，适用于远距离频繁地接通或断开交、直流主电路及大容量控制电路。它不仅能实现远距离自动操作和欠电压释放保护功能，而且还具有控制容量大、工作可靠、操作效率高、使用寿命长等优点，在电力拖动系统中得到了广泛的应用。

常用的交流接触器有 CJ0、CJ10、CJ12 和 CJ20 等系列以及国外的 B 系列、3TB 系列等。

接触器是利用在电磁力作用下吸合和反向弹簧作用下的释放，使触头闭合和分断，导致电路的接通和断开。

交流接触器主要由电磁系统、触头系统、灭弧装置及辅助部件构成。CJ10—20 型交流

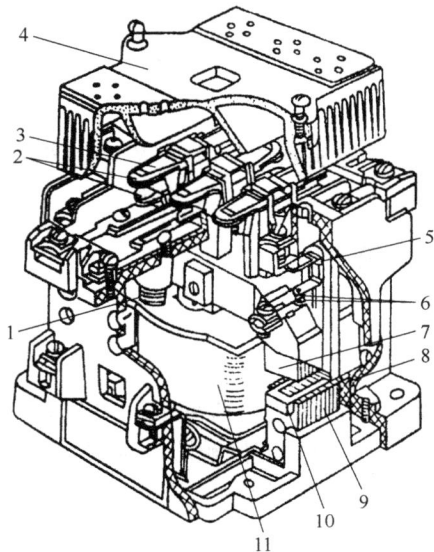

图 2-6 CJ10—20 型交流接触器的结构和工作原理

1—反作用弹簧 2—主触头 3—触头压力弹簧 4—灭弧罩 5—辅助常闭触头 6—辅助常开触头

7—动铁心 8—缓冲弹簧 9—静铁心 10—短路环 11—线圈

接触器的结构如图 2-6 所示。电磁系统由线圈、静铁心、动铁心（又称为衔铁）等组成。线圈通电时产生磁场，动铁心被吸向静铁心，带动触头控制电路的接通与分断。为限制涡流，动、静铁心采用 E 形硅钢片叠压铆成。动铁心被吸合时会产生衔铁振动，为了消除这一弊端，在铁心端面上嵌入一只铜环，一般称之为短路环。

接触器有三对主触头和四对辅助触头，三对主触头用于接通和分断主电路，允许通过较大的电流；辅助触头用于控制电路，只允许小电流通过。触头有常开和常闭之分，当线圈通电时，所有的常闭触头首先分断，然后所有的常开触头闭合，当线圈断电时，在反向弹簧力作用下，所有触头都恢复平常状态。接触器的主触头均为常开触头，辅助触头有常开、常闭之分。

接触器在分断大电流电路时，在动静触头之间会产生较大的电弧，它不仅会烧坏触头，延长电路分断时间，严重时还会造成相间短路，所以在 20A 以上的接触器上均装有陶瓷灭弧罩，以迅速切断触头分断时所产生的电弧。

CJ20 系列交流接触器的额定电压有 380V、660V 及 1140V；额定电流为 6.3～630A。CJ20—6.3～25 型不带灭弧罩。CJ20—40～160 型额电压为 380～660V 时采用纵缝式陶土灭弧罩；额定电压为 1140V 时采用栅片式灭弧罩，额定电流为 250A 及以上而额定电压为 660V 及以上时采用栅片式灭弧罩。

接触器的符号如图 2-7 所示。

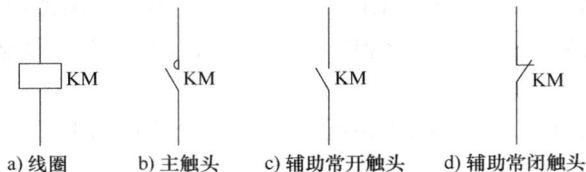

a) 线圈   b) 主触头   c) 辅助常开触头   d) 辅助常闭触头

图 2-7　接触器的符号

试题精选：

交流接触器主要由电磁系统、触头系统、（D）及辅助部件构成。

A. 线圈   B. 铁心   C. 触头   D. 灭弧装置

鉴定点 11　交流接触器的选用

问：如何选用交流接触器？

答：选用交流接触器的原则：

（1）选择接触器类型　交流接触器按负荷种类一般分为一类、二类、三类和四类，分别记为 AC1、AC2、AC3 和 AC4。一类交流接触器对应的控制对象是无感或微感负荷，如白炽灯、电阻炉等；二类交流接触器用于绕线转子异步电动机的起动和停止；三类交流接触器的典型用途是笼型异步电动机的运转和运行中分断；四类交流接触器用于笼型异步电动机的起动、反接制动、反转和点动。

（2）选择接触器主触头的额定电压　接触器主触头的额定电压应大于或等于控制电路的额定电压。

（3）选择接触器主触头的额定电流　接触器控制电阻性负载时，主触头的额定电流应大于或等于负载的额定电流。

接触器若使用在频繁起动、制动及正反转的场合，应将接触器主触头的额定电流降低一个等级使用。

（4）选择接触器吸引线圈的额定电压 当控制电路简单，使用电器较少时，可直接选用 380V 或 220V 的电压。当线路复杂，使用电器的个数超过 5 只时，可选用 36V 或 110V 电压的线圈，以保证安全。

（5）选择接触器的触头数量和种类 接触器的触头数量和种类应满足控制电路的要求。

试题精选：

接触器控制电动机时，主触头的额定电流应（C）电动机的额定电流。

A. 等于　　　　　　B. 小于　　　　　　C. 大于　　　　　　D. 不大于

鉴定点 12　热继电器的结构

问：热继电器主要由哪几部分组成？试述热继电器的基本构造、规格和工作原理。

答：热继电器是利用电流的热效应对电动机或其他用电设备进行过载保护的控制电器，热继电器主要用于电动机的过载保护、断相保护、电流不平衡运行的保护及其他电气设备发热状态的控制。

热继电器主要由热元件、传动机构、触头系统、电流整定装置、复位机构等部分组成。热元件包括双金属片和绕在外面的电阻丝。当电动机过载时，流过电阻丝的电流超过热继电器的整定电流，电阻丝发热增多，温度升高，热膨胀系数不同的双金属片发生弯曲，通过传动机构推动常闭触头断开，分断控制电路，再通过接触器切断主电路，实现对电动机的过载保护。热继电器的外形、结构与符号如图 2-8 所示。

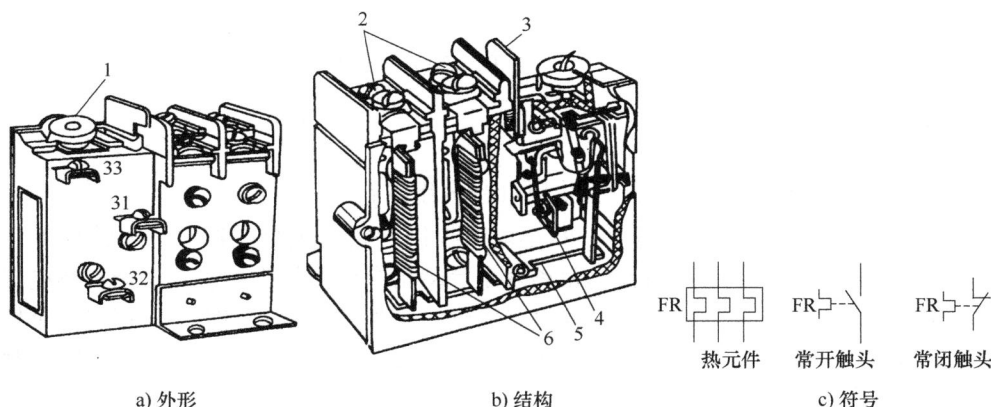

图 2-8　热继电器外形、结构与符号

1—电流整定装置　2—主电路接线柱　3—复位按钮　4—常闭触头　5—传动机构　6—热元件

热继电器在电路中只能作过载保护，不能作短路保护，因为双金属片从升温到发生弯曲直到断开常闭触头需要一个时间过程，不可能在短路瞬间分断电路。

试题精选：

下列元器件中不属于热继电器结构的是（D）。

A. 热元件　　　　　 B. 触头系统　　　　 C. 电流整定装置　　 D. 电磁装置

鉴定点 13　热继电器的选用

问：热继电器的型号含义是如何规定的？如何选用热继电器？

答：（1）热继电器的型号含义

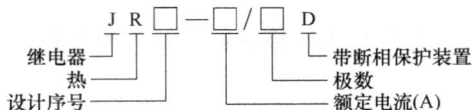

（2）热继电器的选用方法及原则

1）对于不频繁起动、连续运行的电动机，可按电动机的额定电流选择热继电器的规格。一般应使热继电器的额定电流略大于电动机的额定电流。

2）根据需要的整定电流值选择热元件的电流等级。一般情况下，热元件的整定电流应为电动机额定电流的 0.95～1.05 倍。

3）根据电动机定子绕组的连接方式选择热继电器的结构形式，即定子绕组丫联结的电动机选用普通三相结构的热继电器，而定子绕组△联结的电动机应选用三相结构带断相保护装置的热继电器。

4）使用时，将热继电器的三相热元件分别串联在电动机的三相主电路中，常闭触头串接在控制电路的接触器线圈回路中。

试题精选：

热继电器的三相热元件应分别（A）在电动机的三相主电路中，常闭触头（A）在控制电路的接触器线圈回路中。

A. 串联、串联　　　　　　　　　　　B. 并联、串联

C. 并联、并联　　　　　　　　　　　D. 串联、并联

鉴定点 14　按钮的结构

问：按钮的用途有哪些？按钮主要由哪几部分组成？

答：按钮是一种手动操作接通或分断小电流控制电路的主令电器。一般情况下它不直接控制主电路的通断，主要利用按钮远距离发出手动指令或信号去控制接触器、继电器等电磁装置，实现主电路的分合、功能转换或电气联锁。另外，根据不同需要，可将单个按钮元件组成双联按钮、三联按钮或多联按钮，用于电动机的起动、停止及正转、反转、制动的控制。

按钮的结构一般都是由按钮帽、复位弹簧、桥式动触头、静触头、外壳及支柱连杆等组成。按钮按静态时触头分合状况，可分为常开按钮（起动按钮）、常闭按钮（停止按钮）及复合按钮（常开、常闭组合为一体的按钮）。

按钮按结构分为揿钮式、急停式、钥匙式、旋钮式和带灯式等。按钮的结构、符号如图 2-9所示。

试题精选：

按钮的结构一般都是由按钮帽、复位弹簧、（A）、外壳及支柱连杆等组成。

A. 桥式动触头　　　B. 桥式静触头　　　C. 常开触头　　　　D. 常闭触头

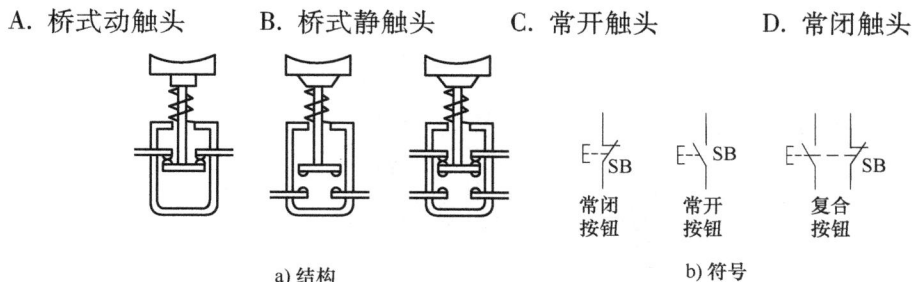

a) 结构　　　　　　　　　　　b) 符号

图 2-9　按钮的结构与符号

鉴定点 15　按钮的选用

问：如何选用按钮？

答：按钮的选用：

1）根据使用场合和具体用途选择按钮的种类。如：嵌装在操作面板上的按钮可选用开启式；需显示工作状态的选用光标式；需要防止无关人员误操作的重要场合宜用钥匙操作式；在有腐蚀性气体处要用防腐式。

2）根据工作状态指示和工作情况要求，选择按钮或指示灯的颜色。例如：起动按钮可选用白、灰或黑色，优先选用白色，也可选用绿色；急停按钮应选用红色；停止按钮可选用黑、灰或白色，优先用黑色，也可选用红色。

3）根据控制回路的需要选择按钮的数量。

试题精选：

起动按钮应选用（C）。

A. 黄色　　　　　B. 红色　　　　　C. 绿色　　　　　D. 蓝色

鉴定点 16　位置开关的作用及选用

问：位置开关起什么作用？

答：位置开关又称为行程开关或限位开关，是一种很重要的小电流主令电器。位置开关是利用生产设备某些运动部件的机械位移而碰撞位置开关，使其触头动作，将机械信号变为电信号，接通、断开或变换某些控制电路的指令，借以实现对机械的电气控制要求。通常，这类开关被用来限制机械运动的位置或行程，使运动机械按一定位置或行程自动停止、反向运动、变速运动或自动往返运动等。

机床中常用的行程开关有 LX19 和 JLXK1 等系列，各系列行程开关的基本结构大体相同，都由触头系统、操作机构和外壳组成，如图 2-10a 所示。

选用行程开关时应注意以下几点：

1）行程开关主要根据动作要求、安装位置及触头数量进行选择。

2）安装行程开关时，其位置要准确，安装要牢固；滚轮的方向不能装反，挡铁与其碰撞的位置应符合控制电路的要求，并确保能可靠地与挡铁碰撞。

3）行程开关在使用中，要定期检查和保养，除去油垢及粉尘，清理触头，经常检查其动作是否灵活、可靠，及时排除故障，防止因行程开关触头接触不良或接线松脱而产生误动

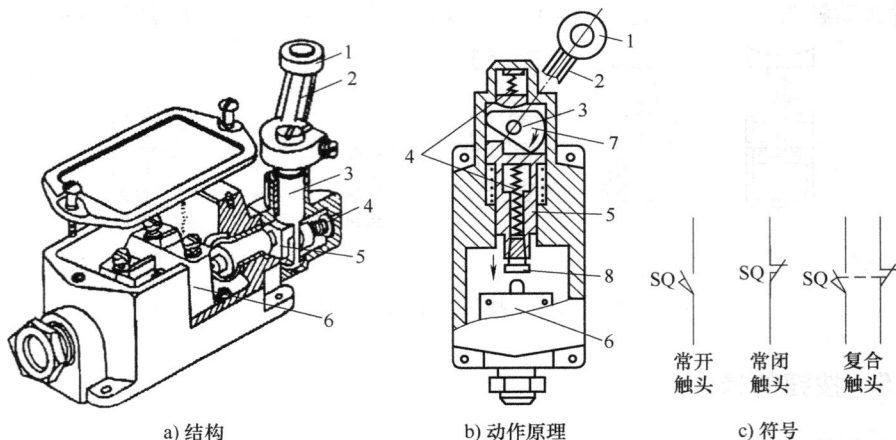

a) 结构　　　　b) 动作原理　　　　c) 符号

图 2-10　JLXK1 型行程开关

1—滚轮　2—杠杆　3—转轴　4—复位弹簧　5—撞块　6—微动开关　7—凸轮　8—调节螺钉

作，导致设备和人身安全事故。

试题精选：

（√）位置开关常被用来限制机械运动的位置或行程，使运动机械按一定位置或行程自动停止、反向运动、变速运动或自动往返运动等。

鉴定点 17　主令控制器的结构组成

问：何谓主令控制器？简述主令控制器的结构组成？

答：主令控制器是用来按顺序操纵多个控制回路的主令电器。它主要用于电力拖动控制系统中，按照一定的操作分合触头，向控制系统发出指令，通过接触器以达到控制电动机的起动、制动、调速及反转的目的，同时也可实现控制电路的联锁作用。它主要用于起重机、轧钢机等的操作控制。

LK1 系列主令控制器主要由基座、转轴、动触头、静触头、凸轮块、操作手柄、面板支架及外护罩组成。主令控制器的外形及结构如图 2-11 所示。

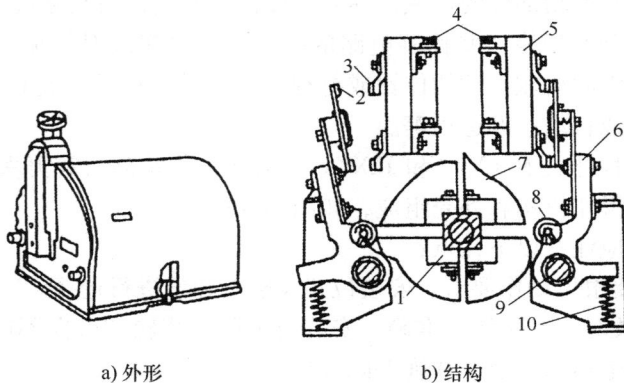

a) 外形　　　　b) 结构

图 2-11　主令控制器的外形及结构

1—方形转轴　2—动触头　3—静触头　4—接线柱　5—绝缘板　6—支架　7—凸轮块
8—小轮　9—转动轴　10—复位弹簧

主令控制器主要根据所控制电动机的功率、额定电流、额定电压、工作制和控制位置数目等来选择。

试题精选：

下列电器属于主令电器的是（D）。

A. 刀开关　　　　B. 接触器　　　　C. 熔断器　　　　D. 按钮

鉴定点 18　剩余电流断路器的用途和选用

问：剩余电流断路器有哪些用途？如何选用剩余电流断路器？

答：剩余电流断路器的用途有：

1）当人体触及带电体时，在 0.01s 内切断电源，从而减轻电流对人体的伤害程度。

2）当电气设备或线路发生漏电或故障时，剩余电流断路器能在人尚未接触之前就把电源切断。

3）剩余电流断路器能防止漏电引发的事故。

剩余电流断路器选用的方法：

（1）形式的选择

1）剩余电流断路器可与接触器、断路器构成漏电保护装置，用于总保护。

2）剩余电流断路器主要用于末级保护。

3）漏电插座主要适用于移动设备和家用电器。

（2）极数的选择

1）单相 220V 电源供电的设备应选用二极二线式或单极二线式剩余电流断路器。

2）三相三线制 380V 电源供电设备，应选用三极式剩余电流断路器。

3）三相四线制 380V 电源供电设备，应选用三极四线式或四极四线式剩余电流断路器。

（3）动作电流的选择　手持式用电设备为 15mA；医用电气设备为 6mA；建筑工地为 15~30mA；成套开关柜、分配电盘等为 100mA；防止火灾为 300mA。

试题精选：

适用于移动设备和家用电器的漏电保护装置的类型是（B）。

A. 漏电开关　　　　　　　　　　B. 漏电插座

C. 电流型剩余电流断路器　　　　D. 电压型剩余电流断路器

鉴定点 19　指示灯的图形符号和技术参数

问：指示灯的图形符号和技术参数是如何规定的？

答：指示灯的电气符号如图 2-12 所示。

图 2-12　指示灯的电气符号

指示灯的主要技术参数有：

1）电压参数：用于说明指示灯的工作电压，如 DC 24V、AC 220V、AC 380V。

2）孔径参数：用于说明指示灯的安装孔径，如 ϕ22.5mm、ϕ25mm。

③）颜色参数：用于说明指示灯亮时的发光颜色，如 R（红）、G（绿）、Y（黄）、W（白）。在实际应用中，设备的不同状态下，所选用的指示灯的颜色是不同的，例如绿色通常用来表示设备正在运行，红色表示设备停止，黄色表示异常报警等。

试题精选：

（√）指示灯黄色表示异常报警。

鉴定点 20　防爆电器的类型

问：防爆电气设备的类型有哪些？

答：在爆炸危险场所必须使用防爆电气设备。按照有关制造规程生产的防爆电气设备有 6 种类型，其类型特征如下：

（1）增安型　此型设备在正常运行情况下，其封闭外壳内不产生火花、电弧和危险温度。

（2）隔爆型　此型设备的金属外壳能承受内部爆炸时的压力而不破裂，还能防止爆炸产生的火焰和高温气流引燃或引爆外部空间的可燃易爆物料。显然，正常运行时能产生火花或电弧的此类设备必须设有联锁装置，保证电源接通时不能打开壳盖，而壳盖打开时则不能接通电源。

（3）防爆充油型　此型设备具有全封闭外壳，凡可能产生火花、电弧的带电部件都浸没在绝缘油中，浸没深度不得小于 10mm，以防止引燃油面上部和壳外的爆炸性混合物。

（4）通风充气型　此型设备的防爆原理是向其外壳内充入正压（即高于外部大气压力）的新鲜空气或惰性气体，以阻止壳外爆炸性气体或蒸汽进入壳体内部引起爆炸。此型设备必须有自动报警装置，在充气压力降低时发出警报信号或切断电源。此外，还应有联锁装置，以保证先充气后送电。运行中，火花和电弧不得从缝隙或出风口吹出。

（5）本质安全型　此型设备在正常或事故情况下所产生的电火花和危险部位的温度不能引爆爆炸性混合物。因此，该型设备应具有全封闭结构，且外壳不宜用易产生静电的合成材料制作；电路负载的容量不宜超过 15V·A，并由隔离变压器实现电气隔离，还应有限电流、限电压保护。

（6）充砂型　此型设备外壳内充填细粒状材料，使外壳内部产生的任何电弧不能点燃周围可燃气体。

凡不属于上述各类型而采取其他防爆措施者，均称防爆特殊型。防爆电气设备的外壳上应有明显的防爆类别标志，表 2-1 列出了防爆电气设备的类型名称与标志。

表 2-1　防爆电气设备的类型名称和标志

类型名称		标志		
		工厂用		煤矿用
新标准	旧标准	新标准	旧标准	
增安型	防爆安全型	e	A	KA
隔爆型	隔爆型	d	B	KB
充油型	防爆充油型	O	C	KC
充砂型		q	—	—

（续）

类 型 名 称		标 志		
		工厂用		煤矿用
新标准	旧标准	新标准	旧标准	
通风充气型	防爆通风充气型	p	F	KF
本质安全型	安全火花型	i	H	KH
无火花型		h	—	—
特殊型	防爆特殊型	S	T	KT

鉴定范围 2　电工材料的选用

鉴定点 1　常用绝缘电线及选用

问：常用绝缘电线的型号、名称和用途是什么？

答：常用绝缘电线的型号、名称和用途见表2-2。

常用的绝缘电线有以下几种：聚氯乙烯绝缘电线、聚氯乙烯绝缘软线、丁腈聚氯乙烯混合物绝缘软线、橡胶绝缘电线、农用地下直埋铝芯塑料绝缘电线、橡胶绝缘棉纱纺织软线、聚氯乙烯绝缘尼龙护套电线、电力和照明用聚氯乙烯绝缘软线等。应根据使用环境选择。

表 2-2　常用绝缘电线的型号、名称和用途

型　　号	名　　称	用　　途
BLXF	铝芯氯丁橡胶线	
BXF	铜芯氯丁橡胶线	
BLX	铝芯橡胶线	适用于交流额定电压在 500V 以下或直流额定电压在 1000V 以下的电气设备及照明装置
BX	铜芯橡胶线	
BXR	铜芯橡胶软线	
BV	铜芯聚氯乙烯绝缘电线	
BLV	铝芯聚氯乙烯绝缘电线	
BVR	铜芯聚氯乙烯绝缘软电线	
BVV	铜芯聚氯乙烯绝缘聚氯乙烯护套圆型电线	适用于各种交流、直流电器装置，电工仪器、仪表，电信设备，动力及照明线路固定敷设
BLW	铝芯聚氯乙烯绝缘聚氯乙烯护套电线	
BVVB	铜芯聚氯乙烯绝缘聚氯乙烯护套平型电线	
BLVVB	铝芯聚氯乙烯绝缘聚氯乙烯护套平型电线	
VB-105	铜芯耐热 105℃聚氯乙烯绝缘电线	
RV	铜芯聚氯乙烯绝缘软电线	
RVB	铜芯聚氯乙烯绝缘平型软电线	
RVS	铜芯聚氯乙烯绝缘绞型软电线	适用于各种交流、直流电器，电工仪器，家用电器，小型电动工具，动力及照明装置的联结
RW	铜芯聚氯乙烯绝缘聚氯乙烯护套圆型联结软电线	
RVVB	铜芯聚氯乙烯绝缘聚氯乙烯护套平型联结软电线	
RV-105	铜芯耐热 105℃聚氯乙烯绝缘联结软电线	

（续）

型　　号	名　　称	用　　途
RFB RFS	复合物绝缘平型软电线 复合物绝缘绞型软电线	适用于交流额定电压在 250V 以下或直流额定电压在 500V 以下的各种移动电器、无线电设备和照明灯座接线
RXS FX	橡皮绝缘棉纱编织软电线	适用于交流额定电压 300V 以下的电器、仪表、家用电器及照明装置

试题精选：

铝芯聚氯乙烯绝缘电线的代号为（B）。

A. BV　　　　　　　B. BLV　　　　　　　C. BVR　　　　　　　D. BVV

鉴定点2　常用电缆的种类及选用

问：常用电缆的种类及用途有哪些？如何选用？

答：电缆广泛用于电力设备的连接和电力线路中，它除具有一般电线的性能外，还具有芯线间绝缘电阻高、不易发生短路和耐腐蚀等优点。其品种繁多，按其传输电流的性质分为交流电缆、直流电缆和通信电缆三类。其中，交流系统中常用的有电力电缆、控制电缆、通用橡套电缆和电焊机用电缆等。

常用电缆的型号、名称和用途见表 2-3。

表 2-3　常用电缆的型号、名称和用途

名　　称	型号	主　要　用　途
轻型通用橡套软电缆	YQ	主要用于连接交流电压为 250V 及以下的轻型移动电气设备
	YQW	主要用于连接交流电压为 250V 及以下的轻型移动电气设备，并具有一定的耐油、耐气候性能
中型通用橡套软电缆	YZ	主要用于连接交流 500V 及以下的各种移动电气设备
	YZW	主要用于连接交流 500V 及以下的各种移动电气设备，并具有一定的耐油、耐气候性能
重型通用橡套软电缆	YC	主要用途同 YZ，并能承受较大的机械外力作用
	YCW	主要用途同 YZ，并具有耐候性和一定的耐油性能
电焊机用橡套铜芯软电缆 电焊机用橡套铝芯软电缆	YH YHL	用于供电焊机二次侧接线及连接电焊钳
铜芯聚氯乙烯绝缘 聚氯乙烯护套控制电缆	KVV KVVP	用来供交流额定电压为 450/750V 及以下控制、监视回路及保护线路等场合。另外，KVVP 型控制电缆还具有屏蔽作用
聚氯乙烯绝缘聚氯 乙烯护套电力电缆	VV VLV	主要用途是固定敷设，用来供交流额定电压为 500V 及以下或直流额定电压在 1000V 以下的电力电路使用

电力电缆的选择应遵照以下原则：

1）电缆的额定电压要大于或等于安装点供电系统的额定电压。

2) 电缆持续容许电流应大于或等于供电负载的最大持续电流。

3) 线芯截面要满足供电系统短路时稳定性的要求。

4) 根据电缆长度验算电压降是否符合要求。

5) 线路末端的最小短路电流应能使保护装置可靠地动作。

试题精选：

主要用于连接交流电压为 250V 及以下的轻型移动电气设备的是（A）。

A. 轻型通用橡套软电缆   B. 中型通用橡套软电缆

C. 重型通用橡套软电缆   D. 聚氯乙烯护套电力电缆

鉴定点 3　导线截面的选择

问：何谓安全载流量？如何根据安全载流量选择导线截面？

答：电线电缆的允许载流量是指在不超过它们最高工作温度的条件下，允许长期通过的最大电流值，又称为安全载流量。选择导线截面的原则及方法如下：

导线和电缆截面必须满足表 2-4 中的条件。

表 2-4　导线和电缆截面必须满足的条件

条　件	要　求
发热条件	导线和电缆在通过正常最大负荷电流即计算电流时产生的发热温度，不应超过其正常运行时的最高允许温度
电压损耗条件	导线和电缆在通过正常最大负荷电流即计算电流时产生的电压损失，不应超过正常运行时允许的电压损失
经济电流密度条件	10kV 及以下线路通常不按经济电流密度选择；35kV 及以上线路宜按此选择，使线路的年运行费用最小
机械强度条件	导线截面不应小于其最小允许截面

对于电缆，不必校验其机械强度，但需校验其短路热稳定度；对于绝缘导线和电缆，还应满足工作电压的要求。

计算电流是计算负荷在额定电压下的正常工作电流。它是选择导体、电器、计算电压偏差、功率损耗等的依据。

（1）按发热条件选择导线和电缆截面　按发热条件选择三相系统中的相线截面，应使其最大允许电流 I_{al} 不小于通过相线的计算电流 I_c，即

$$I_{al} \geq I_c$$

$$I_c = \frac{P_c}{\sqrt{3}\,U_N\cos\varphi} \times 10^3$$

式中，I_c 为计算电流（A）；I_{al} 为安全载流量（A）；P_c 为三相有功功率（W）；$\cos\varphi$ 为功率因数。

（2）按经济电流密度选择导线和电缆截面　经济电流密度是指线路年运行费用最低时所对应的电流密度。我国现行的经济电流密度规定见表 2-5。

表 2-5 我国现行的经济电流密度规定 　　　　　　（单位：A/mm²）

线路类别	导线材质	年最大负荷利用小时		
		<3000h	3000~5000h	>5000h
架空线路	铝	1.65	1.15	0.90
	铜	3.00	2.25	1.75
电缆线路	铝	1.92	1.73	1.54
	铜	2.50	2.25	2.00

按经济电流密度 J_{ec} 计算经济截面 A_{ec} 的公式为

$$A_{ec} = I_{30}/J_{ec}$$

按上式计算出 A_{ec} 后，应选最接近的标准截面（可取较小的标准截面），然后校验其他条件。

（3）按允许电压损失选择导线和电缆截面　所谓电压损失是指线路首、末两端电压的代数差。按照规定，高压配电线路的电压损失，一般不超过线路额定电压的5%；从变压器低压侧母线到用电设备受电端的低压线路的电压损失，一般不超过用电设备额定电压的5%；对视觉要求较高的照明线路，则为2%~3%。如果线路的电压损失值超过了允许值，则应适当加大导线的截面，使之满足允许的电压损失要求。根据经验，低压照明线路对电压要求较高，一般先按允许电压损失选择导线截面，然后按发热条件和机械强度进行校验。

对照明线路或较长线路，一般以按允许电压损失选择导线和电缆截面；对电流较大、线路长度较短的照明线路应按发热条件选择导线和电缆截面，而对于电流较大、线路长度较长的照明线路按经济电流密度选择导线和电缆截面。

试题精选：

对于照明线路一般应以按（B）选择导线和电缆截面。

A. 发热条件　　　B. 电压损耗　　　C. 经济电流密度　　　D. 机械强度

鉴定点4　常用电力线槽的选用

问：如何选用线槽？

答：常用电力线槽有木质线槽、塑料线槽和钢制线槽，应根据施工用途选用。线槽的种类很多，不同的场合应合理选用，如一般室内照明线路选用 PVC 矩形截面的线槽；如果用于地面布线，应采用带弧形截面的线槽；用于电气控制时一般采用带隔栅的线槽。

无电磁兼容的配电线路才能放入一个线槽中，线槽内线缆的总截面（包括外护层）不应超过线槽内截面积的20%，且载流导体不宜超过30根。

控制电缆和信号电缆的总截面不超过线槽内截面的50%。

试题精选：

控制电缆的总截面不超过线槽内截面的（D）。

A. 20%　　　B. 30%　　　C. 40%　　　D. 50%

鉴定点5　常用电缆桥架的选用

问：如何选用电缆桥架？

答：电缆桥架一般按以下几个方面选择：

（1）电缆桥架结构类型的选择

1）电缆托盘。电缆托盘分为有孔托盘、无孔托盘和组装式托盘三种。电缆托盘适用于现场组装。

2）电缆梯架。电缆梯架通风散热性好，机械保护性能差。

3）槽式电缆桥架。槽式电缆桥架散热性能差，但机械保护性能好，能有效防护外部有害液体和粉尘的浸入，电磁屏蔽效果好。

要根据工程环境特征和技术要求，合理选择电缆桥架的结构特征。

（2）电缆桥架材质的选择　按材料不同，电缆桥架有钢制、玻璃钢和铝合金等。玻璃钢桥架的特点是质量轻，耐水性和耐腐蚀性好，寿命长，适用于化工行业；便于切割，组装灵活，安装无须动火。铝合金桥架的特点是质量轻，其外形尺寸、载荷性能均与钢制桥架接近，但费用较同类钢制桥架高。

（3）电缆桥架表面防腐层的选择　电缆桥架表面防腐层有热浸锌、镀锌镍、冷镀锌和粉末静电喷涂等方式。

1）钢制桥架表面无防腐层，容易产生锈蚀。

2）热浸锌电缆桥架寿命长达 40 年，适用于室外有严重腐蚀性的场所，但造价高。

3）镀锌镍电缆桥架寿命长达 30 年，也适用于室外有严重腐蚀性场所，但造价较高。

4）冷镀锌电缆桥架寿命可达 12 年，适用于室外有轻腐蚀性场所，但造价较低。

5）粉末静电喷涂电缆桥架寿命可达 12 年，适用于室内干燥环境，造价一般。

（4）电缆桥架尺寸的选择　按照电缆总截面积与托盘横截面积的比值，电力电缆不应大于 40%，控制电缆不应大于 50% 的原则来选用。

试题精选：

按照电缆总截面积与托盘横截面积的比值，电力电缆不应大于（C）。

A. 20%　　　　　B. 30%　　　　　C. 40%　　　　　D. 50%

鉴定点6　电工常用管材的选用

问：如何选用电工常用管材？

答：电工用管材的选用主要是选择线管类型和管径。黑铁电线管一般用于照明；电线管的管壁较薄，适用于干燥场所明敷及暗敷设；水煤气管的管壁较厚，适用于有机械外力和轻微腐蚀性的场合；水煤气管一般用于有腐蚀性气体的场所；硬塑料管的耐蚀性好，但机械强度差，一般用于暗敷，当用于明敷时，支撑点要多，为了阻燃可考虑选用 PVC 工程管。

管内导线的总面积（包括绝缘）不超过线管内孔截面积的 40%，按此选择管径。

管子内径与导线外径必须保持一定的比例关系，一般按以下原则选用：

1）单根电线穿管时，管子内径为导线外径的 1.6~1.7 倍。

2）多根相同直径的导线穿同一管时，管子内径为诸导线外径的 1.4~1.5 倍。

3）多根不同直径的导线穿同一管时，管子内径为诸导线外径的选择要查阅电工手册。

4）80mm 及以上的钢管，由于焊接困难，一般只用作干线引下线的直管。

5）凡有砂眼、裂缝和变形较大的管子，不得使用；椭圆度超过管子外径的 10% 时，也不宜使用。

试题精选：

硬塑料管的耐蚀性好，但机械强度差，一般用于（B）。

A. 明敷　　　　　　B. 暗敷　　　　　　C. 高温场所　　　　　D. 钢索配线

鉴定点 7　常用电工辅料的类型及选用

问：常用电工辅料有哪些？如何选用？

答：常用电工辅料有医用胶布、绝缘胶布、接线片、尼龙扎带、尼龙缆衬套、普利卡管、黄蜡管、白胶管和金属扎带等。选用电工辅料时应根据用途进行选用。

试题精选：

（√）尼龙扎带属于常用电工辅料。

鉴定点 8　其他金属材料的选用

问：如何选用其他金属材料？

答：电工用除铜、铝以外的金属材料还有电热材料和电阻合金等。

1）电热材料用来制造各种电阻加热设备中的发热元件，作为电阻连接到电路中。常用的电热材料是镍铬合金和铁铬铝合金。

2）电阻合金是制造电阻元件的主要材料之一，广泛应用于电机、电器、仪表及电子等工业。电阻合金按用途可分为：调节元件用、电位器用、精密元件用及传感元件用等四类。

① 调节元件常用的电阻合金有康铜、镍铬、镍铬铁和铁铬铝等。

② 电位器常用的电阻合金有铂基合金、金基合金、银基合金和钯基合金。

③ 精密元件用的电阻合金按使用对象又可分为电工仪表用的锰铜合金、分流器用的锰铜合金、高电阻值小型化元件用的电阻合金等。

④ 传感元件常用的电阻合金有铁基合金、镍基合金及供测温用的铂、镍、铜等纯金属线。

可按照用途来选用电阻合金。

试题精选：

电阻合金是制造电阻元件的主要材料之一，其中调节元件常用的电阻合金为（A）。

A. 镍铬合金　　　　B. 铁镍铬钼合金　　　C. 铂基合金　　　　D. 锰铜合金

鉴定点 9　常用角铁的规格及选用

问：电工常用角铁的规格有哪些？如何选用角铁？

答：电工常用角铁的规格有：∟40×4、∟50×5 和 ∟60×6 三种。∟40×4 的角钢通常用在瓷绝缘子配线和照明配管当中；∟50×5 的角钢用途比较广泛，比如电缆沟支架、动力配管、母线支架安装等，也可以代替电缆桥架托臂。高压横担采用∟60×6 的角钢，低压横担采用∟50×5的角钢；接地装置采用∟40×4 或∟50×5 的角钢。通常用的是黑铁角钢，刷红丹防锈漆和灰色面漆。

试题精选：

瓷绝缘子配线和照明配管当中，常采用（A）作为支架。

A. ∟40×4　　　　B. ∟50×5　　　　C. ∟60×6　　　　D. ∟70×7

鉴定范围3　照明电路的安装与调试

鉴定点1　电光源的种类

问：电光源的种类有哪些？

答：电光源的种类有：

（1）按发光原理分类　用于照明的电光源，分为热辐射光源和气体放电光源两大类。热辐射光源是利用物体受热温度升高时辐射发光的原理制造的光源，如白炽灯、卤钨灯等。气体放电光源是利用气体放电时发光的原理制造的光源，如荧光灯、高压汞灯、高压钠灯、金属卤化物灯和氙灯等。常用的照明灯具主要是节能灯和荧光灯灯具两大类。

（2）按用途分类　电光源按用途分类可分为普通用途灯和特殊用途灯。后者广泛用于工业生产包括施工现场，有以下几种：

1）防振灯：灯内装有波纹管和压簧防振装置。

2）防水、防尘灯：该灯采用透明玻璃光罩和橡胶密封圈把光源与外界隔离开。

3）障碍灯：外壳用铝合金制成，灯罩的内层为红色玻璃，外层为防护透明玻璃，具有防水性能。

4）防爆灯：一种是密封式，采用高强度的透光罩和外壳将光源与外界隔离开，适用于非正常情况下有可能产生爆炸危险的场所。另一种是防爆式，采用高强度材料制成，适用于正常情况下有爆炸危险的场合。

5）透光灯：该灯为鼓形，鼓形体内装有抛物面形反射器，光源位于焦点上，光束呈圆锥形，大多能防水或防溅，并能自由调节投射角度。

试题精选：

（√）气体放电光源是利用气体放电时发光的原理制造的光源。

鉴定点2　照明电光源种类的选择

问：如何选择照明电光源的种类？

答：工厂照明光源应根据被照场所具体情况及对照明的要求合理选择，通常考虑以下几点：

1）高度较低的房间，如办公室、会议室及仪表、电子等生产车间宜采用细管径直管形荧光灯。

2）高度较高的工业厂房，应按照生产使用要求，采用金属卤化物灯或高压钠灯，也可以采用大功率细管径荧光灯。

3）一般照明场所不宜采用荧光高压汞灯，不应采用自镇流荧光高压汞灯。

4）一般情况下，室内外照明不应采用普通照明白炽灯；在特殊情况下需采用时，其额定功率不应超过 100W。

5）下列工作场所可采用白炽灯：要求瞬时启动和连续调光的场所，使用其他光源技术经济不合理时；对防止电磁干扰要求严格的场所；开关灯频繁的场所；光照度要求不高，且照明时间较短的场所；对装饰有特殊要求的场所；应急照明应选用能快速点燃的光源；应根据识别颜色要求和场所特点，选用相应显色指数的光源。

试题精选：

应急照明应选用能快速点燃的光源，即（A）。

A. 白炽灯　　　　B. 荧光灯　　　　C. 高压汞灯　　　　D. 高压钠灯

鉴定点 3　照明灯具的选用

问：照明灯具的选型方法有哪些？

答：照明灯具的选型方法如下：

1）考虑从照度上满足生产条件，尽量选光效高、寿命长、直接配光的灯具，以达到合理利用光通量和减少电能消耗的目的。

2）考虑照明器的种类与使用环境相匹配，见表2-6。

3）考虑照明器的安装高度以及安装是否简便，更换灯泡是否容易。

4）还要考虑经济性，即照明器的投资费用及年运行维护费用。

表 2-6　照明器的种类与使用环境

场　　所	照明器选择
一般的场所	尽量选用开启型的灯具，以得到较高效率
潮湿场所	采用相应防护等级的防水灯具或带防水灯头的开敞式灯具
有腐蚀性气体或蒸汽的场所	采用防腐蚀密闭式灯具
高温场所	采用散热性能好、耐高温的灯具
有尘埃的场所	按防尘防护等级选择
振动、摆动较大的场所	采用防振和防脱落的灯具
有爆炸或火灾危险场所	采用防爆或防护型灯具
有洁净要求的场所	采用不易积尘、易于擦拭的洁净灯具
需防止紫外线照射的场所	采用隔紫灯具或无紫光源

试题精选：

照明灯具选型时，要根据安装方式、灯泡电压、（D）等参数来选择。

A. 灯泡颜色　　　　B. 灯泡形状　　　　C. 灯泡电流　　　　D. 额定功率

鉴定点 4　荧光灯的工作原理

问：简述荧光灯的工作原理。

答：荧光灯是应用较普遍的一种照明灯具。荧光灯照明线路的结构主要由灯管、辉光启动器、镇流器、灯架和灯座（灯脚）等组成。荧光灯的发光效率比白炽灯高得多，使用寿命也比白炽灯长得多。荧光灯的结构如图 2-13 所示。

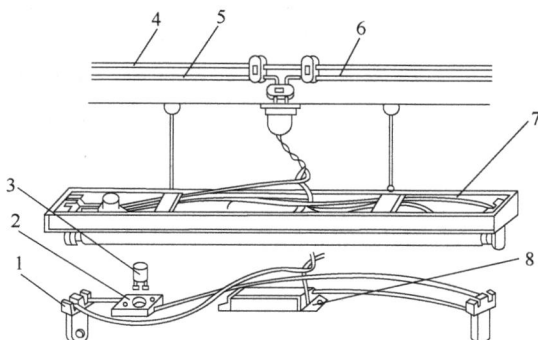

图 2-13 荧光灯的结构

1—灯座 2—辉光启动器座 3—辉光启动器 4—相线 5—中性线 6—与开关连接线 7—灯架 8—镇流器

荧光灯电路如图 2-14 所示。

荧光灯属于气体放电光源。它是利用汞蒸气在外加电压作用下产生弧光放电，发出少许可见光和大量紫外线，紫外线又激励管内壁涂覆的荧光粉，使之再发出大量的可见光。

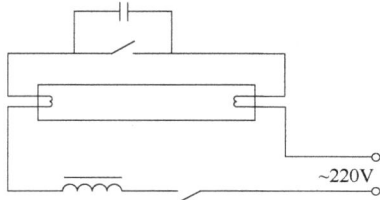

图 2-14 荧光灯电路

当两管脚有电压时，氖管发光，双金属片短时受热而弯曲，闭合触点，使荧光管的钨丝电极加热，触点闭合时氖灯熄灭，双金属片经过短时冷却，触点断开，在这瞬间，镇流器将产生高电压脉冲使荧光灯管点燃。荧光灯点燃后辉光启动器立即停止工作。镇流器与荧光灯串联，在荧光灯点燃后限制流过灯管的电流。

试题精选：

（√）荧光灯属于气体放电光源。

鉴定点 5 照明灯具的安装要求

问：照明灯具的安装要求有哪些？

答：照明灯具按其配线方式、厂房结构、环境条件及对照明的要求不同而有吸顶式、壁式、嵌入式和悬吊式等几种方式，不论采用何种方式，都必须遵守以下各项基本原则：

1）灯具安装的高度，室外一般不低于 3m，室内一般不低于 2.5m，当遇特殊情况不能满足要求时，可采取相应的保护措施或改用安全电压供电。

2）灯具安装应牢固，灯具质量超过 3kg 时，必须固定在预埋的吊钩上。

3）灯具固定时，不应该因灯具自重而使导线受力。

4）灯架及管内不允许有接头。

5）导线的分支及连接处应便于检查。

6）导线在引入灯具处应有绝缘物保护，以免磨损导线的绝缘，也不应使其受到应力。

7）必须接地或接零的灯具外壳应有专门的接地螺栓和标志，并和地线（零线）妥善连接。

8）室内照明开关一般安装在门边便于操作的位置，拉线开关一般应离地2~3m，暗装翘板开关一般离地1.3m，与门框的距离一般为150~200mm。

9）明装插座的安装高度一般应离地1.4m。暗装插座一般应离地300mm，同一场所暗装的插座高度应一致，其高度相差一般应不大于5mm；多个插座成排安装时，其高度差应不大于2mm。

试题精选：

灯具安装的高度，室内一般不低于（B）m。

A. 2   B. 2.5   C. 3   D. 3.5

鉴定点6　穿管配线安全载流量的计算

问：如何计算穿管铜、铝线的安全载流量？

答：电线电缆的允许载流量是指在不超过它们最高工作温度的条件下，允许长期通过的最大电流值，又称为安全载流量。

按发热条件选择三相系统中的相线截面，应使其最大允许电流I_{al}不小于通过相线的计算电流I_c，即

$$I_{al} \geq I_c$$

$$I_c = \frac{P_c}{\sqrt{3}\,U_N \cos\varphi} \times 10^3$$

式中，I_c为计算电流（A）；I_{al}为安全载流量（A）；P_c为三相有功功率（W）；$\cos\varphi$为功率因数。

从计算出的计算电流来查表2-7穿管配线的安全载流量。若导线敷设地点的环境温度与导线允许载流量所采用的环境温度不同，则导线的允许载流量应乘以温度校正系数。

表2-7　铜、铝导线穿管配线的安全载流量

导线截面/mm²	穿金属管明敷时的安全载流量/A						穿塑料管明敷时的安全载流量/A					
	铜芯/根数			铝芯/根数			铜芯/根数			铝芯/根数		
	2	3	4	2	3	4	2	3	4	2	3	4
1.0	15/14	14/13	12/11				13/12	12/11	11/10			
1.5	20/19	18/17	17/16				17/16	16/15	14/13			
2.5	28/26	25/24	23/22	21/20	19/18	16/15	25/24	22/21	20/19	19/18	17/16	15/14
4	37/35	33/31	30/28	28/27	25/24	23/22	33/31	30/28	26/25	25/24	23/22	20/19
6	49/47	43/41	39/37	37/35	34/32	30/28	43/41	38/36	34/32	33/31	29/27	26/25
10	68/65	60/57	53/50	52/49	46/44	40/38	59/56	52/49	46/44	44/42	40/38	35/33
16	86/82	77/73	69/65	66/63	59/56	52/50	76/72	68/65	60/57	58/55	52/49	46/44
25	113/107	100/95	90/85	86/80	76/70	68/65	100/95	90/85	80/75	77/73	68/65	60/57

（续）

导线截面/mm²	穿金属管明敷时的安全载流量/A						穿塑料管明敷时的安全载流量/A					
	铜芯/根数			铝芯/根数			铜芯/根数			铝芯/根数		
	2	3	4	2	3	4	2	3	4	2	3	4
35	138/130	122/115	110/105	106/100	94/90	83/80	125/120	110/105	98/93	95/90	84/80	74/70
50	175/165	154/146	137/130	133/125	118/110	105/100	160/150	140/132	123/117	120/114	108/102	95/90
70	215/205	193/183	173/165	165/155	150/143	133/127	195/185	175/167	155/148	153/145	135/130	120/115
95	260/250	235/225	210/200	200/190	180/170	160/152	240/230	215/205	195/185	184/175	165/158	150/140
120	300/285	270/266	245/230	230/220	210/200	190/180	278/265	250/240	227/215	210/200	190/185	170/160
150	340/320	310/295	280/270	260/250	240/230	220/210	320/305	290/280	265/250	250/240	227/215	205/185
185	385/380	355/340	320/300	295/285	270/255	250/230	360/355	330/315	300/280	282/265	255/235	232/212

注：1. 本表数据是指环境温度为+25℃，导线最高允许温度为+70℃时的安全载流量。

　　2. 分子是橡皮绝缘导线载流量，分母是塑料绝缘导线载流量。

试题精选：

管线配线时，铜芯导线的最小截面积为（A）mm²。

A. 1　　　　　　　B. 2.5　　　　　　　C. 4　　　　　　　D. 6

鉴定点 7　照明电路的调试

问：如何调试照明电路？

答：照明电路的调试目的是检验照明电路能否正常工作，灯具能否正常发光。

1）通电前，检查电路是否正常。具体方法如下：用万用表 $R×1Ω$ 档，将两表笔分别置于两个熔断器的出线端（下桩头）上进行检测。正常情况下，开关处于闭合位置时应有阻值（阻值的大小取决于负载）；开关处于断开位置（即开路）时，电阻应为无穷大。

2）在电路正常的情况下接通电源，扳动开关检查灯泡控制情况。

试题精选：

（√）照明电路的调试目的是检验照明电路能否正常工作，灯具能否正常发光。

鉴定点 8　有功电能表的结构和原理

问：有功电能表的结构由哪些部分组成？简述其工作原理。

答：测量电能的仪表叫作电能表或千瓦小时表。根据结构和原理来分，有电子式和感应式两大类；根据相数来分，电能表有单相电能表和三相电能表两种，其结构和接线方法各不相同。

（1）单相感应系电能表的结构及原理　感应系电能表的结构如图 2-15 所示，其主要组成部分有：

1）驱动元件：用来产生转动力矩。它由电压元件 1 和电流元件 2 两部分组成。电压元件是指在 E 形铁心上绕有匝数多且导线截面较小的线圈，该线圈在使用时与负载并联，故称为电压线圈。电流元件是指在 U 形铁心上绕有匝数少且导线截面较大的线圈，该线圈使用时要与负载串联，称为电流线圈。

2）转动元件：由铝盘 3 和转轴 4 组成，转轴上装有传递铝盘转数的蜗杆 6。仪表工作时，驱动元件产生的转动力矩将驱使铝盘转动。

3）制动元件：由永久磁铁 5 组成，用来在铝盘转动时产生制动力矩，使铝盘的转速与被测功率成正比。

4）计度器：用来计算铝盘的转数，实现累计电能的目的。如图 2-16 所示，它包括安装在转轴上的齿轮 6、滚轮 7 以及计数器等，最终通过计数器直接显示出被测电能的多少。

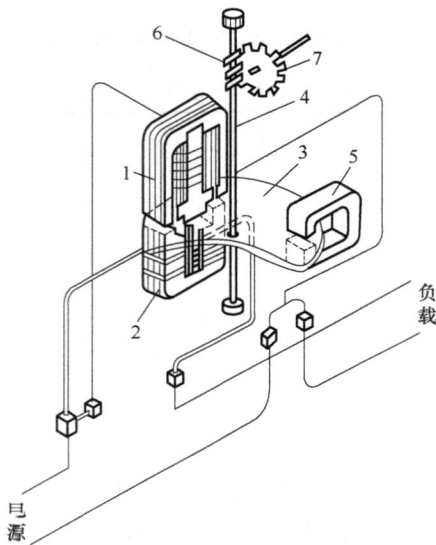

图 2-15　感应系电能表的结构
1—电压元件　2—电流元件　3—铝盘　4—转轴
5—永久磁铁　6—蜗杆　7—蜗轮

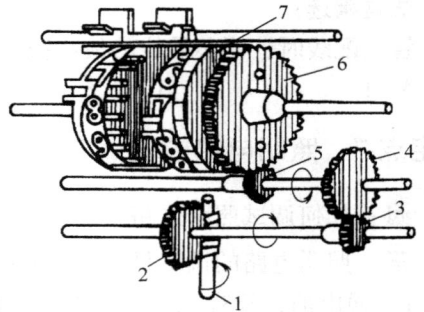

图 2-16　计度器的结构
1—蜗杆　2—蜗轮　3、4、5、6—齿轮　7—滚轮

电能表的工作原理是：当交流电通过电能表的电流元件和电压元件时，在铝盘上会感应出涡流，这些涡流与交流磁通相互作用产生电磁力矩，使铝盘转动，同时磁铁与转动的铝盘也相互作用，产生制动力矩，当转动力矩和制动力矩平衡时，铝盘以稳定的速度转动，铝盘的转数与被测电流的大小成正比，从而测出所耗电能。

（2）三相三线电能表　三相三线电能表是按两表法测量三相功率的原理，由两只单相电能表的测量机构组合而成，如图 2-17 所示。将它接入电路后，作用在转轴上的总转矩等于两组元件产生的转矩之和，并与三相电路的有功功率成正比。因此，铝盘的转数可以反映有功电能的大小，并通过计度器直接显示出三相电能的数值。国产 DS8、DS15、DS18 等型号的三相有功电能表，就采用了这种两元件双盘的结构。

试题精选：

（√）电能表是利用涡流的原理来工作的。

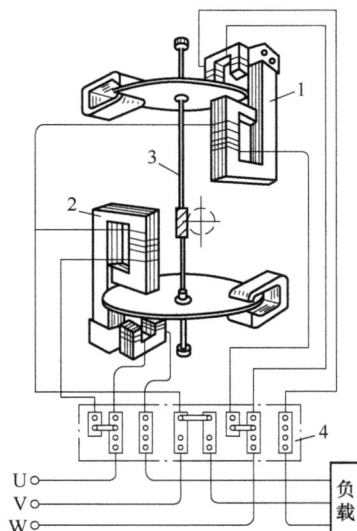

图 2-17 三相三线电能表的结构
1—第一组元件 2—第二组元件 3—转轴 4—接线盒

鉴定点 9 电能表的选择

问：如何选择电能表？

答：电能表的选择方法如下：

1）根据电源相数选择单相还是三相电能表。

2）根据负载容量选择量程。直接式三相电能表的规格有 10A、20A、30A、50A、75A 和 100A 等多种，一般用于电流较小的电路上；间接式三相电能表常用的规格是 5A 的，与电流互感器连接后，用于电流较大的电路上。

3）对于三相对称较小负载，可选用直接式三相三线制电能表的接线；对于三相不对称较小负载，可选用直接式三相四线制电能表的接线。

试题精选：

选择电能表规格时主要是选择额定电压和额定（A）。

A. 电流   B. 功率   C. 频率   D. 相位

鉴定点 10 电能表的使用注意事项

问：电能表的使用注意事项有哪些？

答：电能表的使用注意事项有：

1）首先是正确选择额定电压、额定电流和精度。电能表额定电压应与负载额定电压相符；电能表额定电流应大于或等于负载额定电流。

2）电能表应由供电部门在接线座盖处加铅封。

3）电能表在使用过程中，电路上不允许经常短路或负载超过额定值的 25%。

4）当电能表的电流线路无电流，而加在电压线路的电压为额定电压的 80%～110% 时，电能表的转盘转动应不超过一整转，否则电能表不合格。

试题精选：

电能表在使用过程中，电路上不允许经常短路或负载超过额定值的（A）。

A. 25%　　　　　B. 40%　　　　　C. 50%　　　　　D. 80%

鉴定点 11　电能表的安装与接线

问：如何进行电能表的接线？电能表接线的注意事项有哪些？

答：电能表有单相电能表和三相电能表两种，它们的接线方法各不相同。电能表接线时也一定要按照"发电机端守则"进行接线，即：

电流线圈：保证电流从发电机端（带有"＊"标记）流入，电流线圈与负载串联。

电压线圈：保证电流从发电机端流入，电压线圈支路与负载并联。

（1）单相电能表的接线　单相电能表共有四个接线桩头，从左到右按 1、2、3、4 编号。接线方法一般按号码 1、3 接电源进线，2、4 接出线。

（2）三相电能表的接线　三相电能表有三相三线制和三相四线制电能表两种，按接线方法可划分为直接式和间接式两种。

1）直接式三相四线制电能表的接线。这种电能表共有 11 个接线桩头，从左到右按 1～11 编号，其中 1、4、7 是电源相线的进线桩头，用来连接从总熔丝盒下桩头引出来的三根相线；3、6、9 是相线的出线桩头，分别去接总开关的三个进线桩头；10、11 是电源中性线的进线桩头和出线桩头，2、5、8 三个接线桩头可空着，其连接片不可拆卸。

2）直接式三相三线制电能表的接线。这种电能表共有 8 个接线桩头，其中 1、4、6 是电源相线进线桩头，3、5、8 是相线出线桩头；2、7 两个接线桩可空着。

3）间接式三相四线制电能表的接线。这种三相电能表需配用三只相同规格的电流互感器，接线时把从总熔丝盒下接线桩头引来的三根相线分别与三只电流互感器一次侧的"＋"接线柱头连接，同时用三根绝缘导线从这三个"＋"接线桩引出，穿过钢管后分别与电能表 2、5、8 三个接线桩连接，接着用三根绝缘导线，从三只电流互感器二次侧的"＋"接线桩引出，与电能表 1、4、7 三个进线桩头连接，然后将一根绝缘导线的一端连接三只电流互感器二次侧的"－"接线桩头，另一端连接电能表的 3、6、9 三个出线桩头，并把这根导线接地。最后用三根绝缘导线，把三只电流互感器一次侧的"－"接线桩头分别与总开关三个进线桩头连接起来，并把电源中性线与电能表 10 进线桩连接，接线桩 11 用来连接中性线的出线，接线时，应先将电能表接线盒内的三块连接片都拆下。

电能表安装注意事项如下：

1）电流互感器应安装在电能表的上方。

2）电能表总线必须采用铜芯塑料硬线，其最小截面不得小于 1.5mm^2，中间不准有接头，且总熔丝盒至电能表之间沿线敷设长度不宜超过 10m。

3）电能表总线必须明线敷设，采用线管安装时，线管也必须明装，在进入电能表时，一般以"左进右出"原则接线。

4）电能表必须垂直于地面安装，表的中心离地面高度应为 1.4～1.5m。

试题精选：

电能表的电流线圈（A）在负载电路中。

A. 串联   B. 并联   C. 混联   D. Y 型联结

鉴定范围4 动力及控制电路的安装与调试

鉴定点1 低压电器安装规范

问：低压电器安装规范的主要内容有哪些？

答：GB 50254—2014《电气装置安装工程 低压电器施工及验收规范》关于低压电器安装规范的主要内容有：

（1）低压电器安装前的检查要求

1）设备铭牌、型号、规格应与被控制电路或设计相符。

2）外壳、漆层、手柄应无损伤或变形。

3）内部仪表、灭弧罩、瓷件、胶木电器应无裂纹或伤痕。

4）螺钉应拧紧。

5）具有主触头的低压电器，触头的接触应紧密，采用 0.05mm×10mm 的塞尺检查，接触两侧的压力应均匀。

6）附件应齐全、完好。

（2）低压电器安装高度的要求

1）落地安装的低压电器，其底部宜高出地面 50~100mm。

2）操作手柄转轴中心与地面的垂直距离，宜为 1200~1500mm；侧面操作的手柄与建筑物或设备的距离，不小于 200mm。

（3）低压电器的固定要求

1）低压电器根据不同的结构，可采用支架、金属板、绝缘板固定在墙、柱或其他建筑物构件上。金属板、绝缘板应平整；当采用卡规支撑安装时，卡规应与低压电器匹配，并用固定夹或固定螺栓与壁板紧密固定，严禁使用变形或不合格的卡规。

2）当采用膨胀螺栓固定时，应按产品技术要求选择螺栓规格，其钻孔直径和埋设深度应与螺栓规格相符。

3）紧固件应采用镀锌制品，螺栓规格应选配适当，电器的固定应牢固、平稳。

4）有防振要求的电器应增加减振装置；其紧固螺栓应采用放松措施。

5）固定低压电器时，不得使电器内部受额外应力。

（4）低压电器的外部接线要求

1）接线应按接线端头标志进行。

2）接线应排列整齐、清晰、美观，导线绝缘应良好、无损伤。

3）电源侧进线应接在进线端，即固定触头接线端；负荷侧出线应接在出线端，即可动触头接线端。

4）电器的接线应采用铜制或有电镀金属防锈层的螺栓和螺钉，连接时应拧紧，且具有防松装置。

5）外部接线不得使电器内部受到额外应力。

6）母线和电器连接时，接触面应符合现行国家标准 GB 50149—2010 的有关规定。

试题精选：

落地安装的低压电器，其底部宜高出地面（C）mm。

A. 30~40　　　　B. 40~50　　　　C. 50~100　　　　D. 150

鉴定点 2　管线施工规范

问：电线管路的施工技术要求有哪些？

答：电线管路的施工技术要求有：

1）穿管导线绝缘耐压不得低于 500V，铜芯线最小截面积不得小于 1mm²；铝芯线最小截面积不小于 2.5mm²，每根线管内穿线最多不超过 10 根。

2）穿线时应尽可能将同一回路的导线穿入同一管内，不同回路或不同电压的导线不得穿入同一根线管内。

3）除直流回路导线或接地线外，不得在钢管内穿单根导线。

4）线管弯管时，应采用弯曲线管的方法，不宜采用成品的月亮弯，以免造成管口连接处过多。管壁较薄或直径较大的线管采用管内灌砂加热弯曲。管子的弯曲角度不应小于 90°。明管敷设时，管子的曲率半径 $R \geqslant 4d$；暗管敷设时，$R \geqslant 6d$，$\theta \geqslant 90°$。有缝管弯曲时，应将焊缝放在弯曲侧边，这样焊缝就不易裂开。

5）为便于穿线，线管过长时应加接线盒。

6）在混凝土内敷设的线管，必须使用壁厚为 3mm 的电线管，当电线管的外径超过混凝土厚度的 1/3 时，不准将电线管埋入混凝土内，以免影响混凝土的强度。

7）弯管的方法常采用弯管器、滑轮弯管器两种方法。

试题精选：

明管敷设时，弯管时，管子的曲率半径 $R \geqslant$（A）d。有缝管弯曲时，应将焊缝放在弯曲侧边，这样焊缝就不易裂开。

A. 4　　　　B. 6　　　　C. 8　　　　D. 10

鉴定点 3　室内电气布线规范

问：室内布线的技术要求有哪些？

答：室内配线不仅要求安全可靠，而且要使线路布置合理、整齐、安装牢固。具体技术要求如下：

1）使用导线，其额定电压应大于线路的工作电压；导线的绝缘应符合线路的安装方式和敷设的环境条件。导线的横截面积应能满足供电和机械强度的要求。

2）配线时应尽量避免导线有接头。除非用接头不可的，其接头必须采用压线或焊接，导线连接和分支处不应受机械力的作用。穿在管内的导线，在任何情况下都不能有接头，必要时尽可能将接头放在接线盒探头接线柱上。

3）配线在建筑物内安装时要保持水平或垂直。配线应加套管保护（塑料或铁水管，按室内配管的技术要求选配），天花板走线可用金属软管，但需固定稳妥美观。

4）信号线不能与大功率电力线平行，更不能穿在同一管内，如因环境所限，要平行走线，则要远离50cm以上。

5）报警控制箱的交流电源应单独走线，不能与信号线和低压直流电源线穿在同一管内，交流电源线的安装应符合电气安装标准。

试题精选：

信号线不能与大功率电力线平行，更不能穿在同一管内，如因环境所限，要平行走线，则要远离（A）以上。

A. 0.5m　　　　　B. 1m　　　　　C. 1.5m　　　　　D. 2m

鉴定点4　单芯导线的直线连接

问：如何进行单芯导线的直接连接？

答：单股铜芯线的直线连接：

1）绝缘剖削长度为芯线直径的70倍左右，去掉绝缘层；把两线头的芯线X形相交，互相绞接2~3圈，然后扳直两线头。

2）将每个线头在芯线上紧贴并缠绕6圈，用钢丝钳切去余下的芯线，并钳平芯线末端。

试题精选：

单股铜芯线的直线连接采用（C）的方法。

A. 焊接　　　　　B. 并接　　　　　C. 打结　　　　　D. 互钩

鉴定点5　单芯导线的分支连接

问：如何进行单芯导线的分支连接？

答：单股铜芯线的T形分支连接：

1）将分支芯线的线头与干芯线十字相交，使支路芯线根部留出3~5mm，然后按顺时针方向缠绕支路芯线，缠绕6~8圈后，用钢丝钳切去余下的芯线，并钳平芯线末端。

2）较小截面积芯线可环绕成结状，然后再把支路芯线头抽紧扳直，紧密地缠绕6~8圈后，剪去多余芯线，钳平切口毛刺。

试题精选：

进行单芯导线的分支连接时，将分支芯线的线头与干芯线十字相交，使支路芯线根部留出（C）mm，然后按顺时针方向缠绕支路芯线。

A. 1~2　　　　　B. 2~3　　　　　C. 3~5　　　　　D. 5~6

鉴定点6　多芯导线的直线连接

问：如何进行多芯导线的直线连接？

答：多芯导线的直线连接：

1）绝缘剖削长度应为导线直径的21倍左右。然后把剖去绝缘层的芯线散开并拉直，把靠近根部的1/3线段的芯线绞紧，然后把余下的2/3芯线头分散成伞形，并把每根芯线拉直。

2）把两个伞形芯线头隔根对叉，并拉平两端芯线。

3）把一端7股芯线按2根、2根、3根分成三组，接着把第一组2根芯线扳起，垂直于芯线并按顺时针方向缠绕。

4）缠绕2圈后，余下的芯线向右扳直，再把下边第二组的2根芯线向上扳直，也按顺时针方向紧紧压着前2根扳直的芯线缠绕。

5）缠绕2圈后，也将余下的芯线向右扳直，再把下边第三组的3根芯线向上扳直，也按顺时针方向紧紧压着前4根扳直的芯线缠绕。

6）缠3圈后，切去每组多余的芯线，钳平线端。用同样的方法再缠绕另一端芯线。

试题精选：

多芯导线直线连接时，绝缘剥削长度应为导线直径的（C）倍左右。

A. 10   B. 15   C. 21   D. 25

鉴定点7   多芯导线的分支连接

问：如何进行多股导线的分支连接？

答：7股铜芯导线的分支连接步骤如图2-18所示。

a) 分支芯线插入干线芯线   b) 分支芯线分组缠绕   c) 连接效果

图2-18   7股铜芯导线的分支连接

1）把分支芯线散开钳直，线端剖开长度为 l，接着把近绝缘层 $l/8$ 的芯线绞紧，把分支线头的 $7l/8$ 的芯线分成两组，一组4根；另一组3根，并排齐。然后用螺钉旋具把干线的芯线撬分成两组，再把支线成排插入缝隙间，如图2-18a所示。

2）把插入缝隙间的7根线头分成两组，一组3根，另一组4根，分别按顺时针方向和逆时针方向缠绕3~4圈后，钳平线端，如图2-18b、c所示。

试题精选：

（√）7股铜芯导线分支连接时，首先将线端剖开长度为 l，接着把近绝缘层 $l/8$ 的芯线绞紧。

鉴定点8   接线盒内导线的连接方法

问：导线在接线盒内如何连接？

答：导线在接线盒内的接线方法如下：

（1）单芯线并接头   导线绝缘台并齐合拢，在距绝缘台约12mm处用其中一根线芯在其连接端缠绕5~7圈后剪断，把余头并齐折回压在缠绕线上。

（2）不同直径导线接头   如果是独根（导线截面积小于2.5mm²）或多芯软线，则应先进行刷锡处理，再将细线在粗线上距离绝缘层15mm处交叉，并将线端部向粗导线（独根）端缠绕5~7圈，将粗导线端折回压在细线上。

（3）LC 安全型压线帽

1）铜导线压线帽分为黄、白、红三种颜色，分别适用于 $1.0mm^2$、$1.5mm^2$、$2.5mm^2$ 和 $4mm^2$ 的 2~4 条导线的连接。操作方法是：将导线绝缘层剥去 $10\sim12mm$，清除氧化物，按规格选用适当的压线帽，将线芯插入压线帽的压接管内，若填不实，可将线芯折回头，填满为止。线芯插到底后，导线绝缘应和压接管平齐，并在帽壳内，用专用压接钳压实即可。

2）铝导线压接帽分为绿、蓝两种，适用于 $2.5mm^2$ 和 $4mm^2$ 的 2~4 条导线连接，操作方法同上。

（4）加强型绝缘钢壳螺旋接线钮（简称接线钮） $6mm^2$ 及以下的单芯铜、铝导线在用接线钮连接时，剥去导线的绝缘层后，在连接时，把外露的线芯对齐顺时针方向拧花，在线芯的 12mm 处剪前端，然后选择相应的接线钮顺时针方向拧紧，要把导线的绝缘部分拧入接线钮的上端护套。

（5）导线与接线盒中的接线端子连接时，同一接线柱上连接的导线不宜过多。

试题精选：

（√）导线与接线盒中的接线端子连接时，同一接线柱上连接的导线不宜过多。

鉴定点 9　动力线的连接

问：接线工艺的要求规范有哪些？

答：接线工艺的要求规范有：

1）紧固接线时用力要适中，防止用力过大而使螺栓螺母乱牙。

2）用螺钉旋具紧固或松动螺钉时，用力将螺钉旋具顶紧螺钉，然后进行紧固或松动，防止螺钉旋具与螺钉打滑造成螺钉不易拆装。

3）同一接线端子最多允许接两根相同类型和规格的导线。

4）导线接头或线鼻子相互连接时，中间严禁加非铜制或导电性能不良的垫片。

5）导线接头连接时，要求接触面光滑且无氧化现象，接线鼻子或铜排相接时，可在接触面清理干净后涂一层导电膏然后再紧固。

6）接临时线时，单根导线软线要求接线头对折一次，然后接到断路器下。

7）30kW 及以上电动机接线，要求电动机出线和连接电动机的电缆导线之间不允许跨接导电性能不良的垫片。

8）使用绝缘胶带缠绕电缆或其他被保护绝缘设备时，绝缘层要按照压 1：2 的比例从一端缠绕到另一端，且至少往返一个来回。

试题精选：

同一接线端子最多允许接（B）根相同类型和规格的导线。

A. 1　　　　　　　　B. 2　　　　　　　　C. 3　　　　　　　　D. 4

鉴定点 10　配电箱的安装

问：配电箱的安装要求有哪些？

答：配电箱的安装要求有：

1）地下室照明箱明装底边距地 1.5m，1 层以上在走道安装的照明及配电箱底边距地

1.7m。控制箱的安装高度为中心距地 1.5m，挂墙明装的配电箱中心距地 1.3m 或 1.5m，墙内暗装配电箱时要先用比配电箱稍大的木盒预留孔洞口，安装配电箱时必须拆除木盒，配管时，应将配电箱的电源、负载管由左至右顺序排列整齐，安装配电箱箱体时，应按需要打掉箱体敲落孔的压片，当箱体敲落孔数量不足或孔径与配合孔径不配合时，可使用开孔机开孔，明装配电箱采用金属膨胀螺栓的方法进行安装。配电箱安装应横平竖直，在箱内放置后要用尺板找好箱体垂直度，使其符合规定，箱体垂直度的允许偏差是，当箱体高度为 500mm 以下时，不应大于 1.5mm，当箱体高度为 500mm 以上时，不应大于 3mm，配管入箱应顺直，露出长度小于 5mm。

2）配电箱内接线应整齐美观，安全可靠，管内导线引入盘面时应理顺整齐，并沿箱体的周边成把成束布置。导线与器具连接，接线位置正确，连接牢固紧密，不伤芯线。压接连接时，压紧无松动；螺栓连接时，在同一端子上导线不超过 2 根，防松垫圈等配件齐全，零线经汇流排（零线端子）连接，无乱接现象。配电箱面板四周边沿紧贴墙面，不能缩进抹灰层，也不能突出抹灰层。配电箱安装完毕后，应清理干净内杂物。

试题精选：
配电箱安装箱体垂直度的允许偏差是，当箱体高度为 500mm 以下时，不应大于（A）。
A．1.5mm　　　　B．2.5mm　　　　C．3mm　　　　D．4mm

鉴定点 11　低压保护系统的分类

问：低压保护系统是如何分类的？

答：低压保护系统分为保护接地和保护接零两大系统。接地保护是防止间接触电的安全措施，通常有两种形式：一种是将设备外壳通过各自的接地体与大地紧密相接；另一种是将设备外壳通过公共的 PE 线或 PEN 线接地。前者我国在过去称为"保护接地"，现在属于 IT 系统和 TT 系统；后者我国过去称为"保护接零"，现在属于 TN 系统。

（1）保护接地系统

1）IT 系统：在中性点不接地系统中，将设备不带电的金属外壳通过各自的接地体与大地紧密相接。

2）TT 系统：在中性点接地系统中，将设备不带电的金属外壳通过各自的接地体与大地紧密相接。

（2）保护接零系统　在中性点接地系统中，将设备不带电的金属外壳与保护线（PE线）或保护零线（PEN 线）相接，称为 TN 系统。根据中性线和保护线的布置，TN 系统又分为 TN-C、TN-S 和 TN-C-S 系统。

1）TN-C 系统：是指中性线 N 和保护线 PE 合为一根 PEN 线，所有设备的外露可导电部分均有 PEN 线相连，如图 2-19 所示。这种系统的缺点是当 PEN 线断线时，致使断线点后所有采用保护接零的设备外壳上都将长时间带有相电压。

2）TN-S 系统：是指中性线 N 和保护线 PE 是分开的，所有设备的外露可导电部分只与公共的 PE 线相连，如图 2-20 所示。在 TN-S 系统中，N 线的作用仅仅是用来通过单相负载电流、三相不平衡电流，故称之为工作零线。PE 线则称为保护零线。

3）TN-C-S 系统：是指系统前边为 TN-C 系统，后边是 TN-S 系统，如图 2-21 所示。这种系统兼有 TN-C 和 TN-S 系统的特点，保护性能介于两者之间。

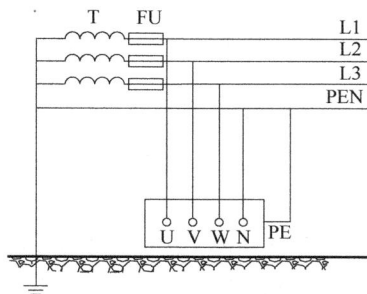

图 2-19　TN-C 系统　　　　　　　　图 2-20　TN-S 系统

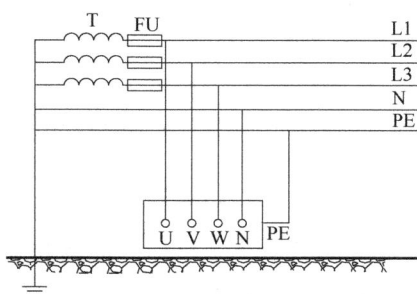

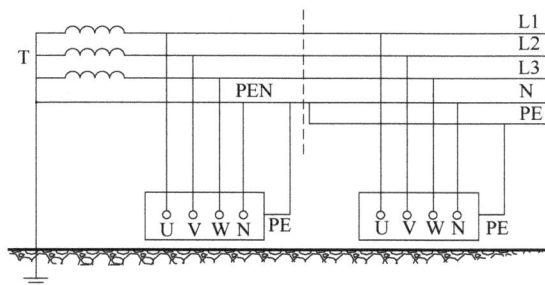

图 2-21　TN-C-S 系统

鉴定点 12　保护接地的安装规范

问：对接地装置的技术要求有哪些？如何安装接地体和接地线？

答：对接地装置的技术要求有：

（1）接地电阻符合要求　接地装置的技术要求主要指接地电阻的要求，原则上接地电阻越小越好，考虑到经济合理，接地电阻以不超过规定的数值为准。

对接地电阻的要求：避雷针和避雷线单独使用时的接地电阻小于 10Ω；配电变压器低压侧中性点接地电阻应为 $0.5 \sim 10\Omega$；保护接地的接地电阻应不大于 4Ω。多个设备采用一副接地装置，接地电阻应以要求最高的为准。

（2）可靠的电气连接　钢质接地线之间及接地线与接地体之间的连接应采用搭接焊；有色金属接地线可用夹头或螺栓与接地干线或电气设备的外壳连接，在有振动的地方应垫上弹簧垫圈。

（3）足够的导电能力和机械强度　通常接地线的载流能力不应小于相线允许载流量的 1/2，但接地线的最小截面积，对绝缘铜线为 1.5mm^2，裸铜线为 4mm^2，而绝缘铜线为 2.5mm^2 和裸铝裸线为 6mm^2，同时还要保证接地体与接地线有足够的机械强度。

（4）良好的防腐性能　为防止腐蚀，钢质接地装置应采用镀锌元件制成，焊接处要涂沥青油防腐，明设的接地线可涂防腐漆。

（5）明显的颜色标志　接地线应涂漆以示明显标志，其颜色一般规定是：黄绿双色为保护接地线，淡蓝色为接地中性线。

接地体的制作与安装：

（1）自然接地体　接地装置的接地体应尽量选用自然接地体，以便节约钢材和减少费用。

（2）人工接地体的制作　人工接地体一般都用钢制成，其规格如下：角钢的厚度应不小于4mm；钢管管壁厚度不小于3.5mm；圆钢直径不小于8mm；扁钢厚度不小于4mm，其截面积不小于48mm²。材料不应有严重锈蚀，弯曲的材料必须矫直后方可使用。

垂直安装接地体通常用角钢或钢管制成。长度一般在2~3m，但不能小于2m，下端要加工成尖形。用角钢制作的，尖点应在角钢的钢脊上，先钻好螺钉孔。

（3）人工接地体安装方法　有垂直安装和水平安装两种方法。其中水平安装接地体，一般只适用于土层浅薄的地方，接地体通常用扁钢或圆钢制成。一端弯成向上直角，便于连接；如果接地线采用螺钉压接，应先钻好螺钉孔。接地体的长度随安装条件和接地装置的结构形式而定。

安装采用挖沟填埋法，接地体应埋入地面0.6m以下的土壤中。如果是多极接地或接地网，接地体之间应相隔2.5m以上的直线距离。

对接地保护线有以下技术要求：

1）接地线所用材料的最小和最大截面见表2-8。

2）当接地线最小截面的安全载流量不适用表2-8规定时，则接地支线必须按相应的电源相线截面的1/3选用，接地干线必须按相应的电源相线截面的1/2选用。

3）装于地下的接地线不准采用铝质导电材料。

4）移动电具的接地支线必须采用铜芯绝缘软线。不准采用单股铜芯线，也不准采用铝芯绝缘电线，更不准采用裸电线。

5）当需要接地处的土壤电阻率很高时，可采用土壤置换法、增加接地体的个数、化学填料法、外引法、深埋法以及水下安装等方法来降低接地电阻。

表2-8　保护接地线的截面规定

接地线类别		最小截面积/mm²	最大截面积/mm²
铜	移动电具引线的接地芯线	生活用0.2	25
		生产用1.0	
	绝缘铜线	1.5	
	裸铜线	4.0	
铝	绝缘铝线	2.5	35
	裸铝线	6.0	
扁钢	户内：厚度不小于3mm	24.0	100
	户外：厚度不小于4mm	48.0	
圆钢	户内：直径不小于5mm	19.0	100
	户内：直径不小于6mm	28.0	

试题精选：

当需要接地处的土壤电阻率很高时，降低接地电阻的方法不包括（D）。

A. 土壤置换法　　　B. 外引法　　　　　C. 深埋法　　　　　D. 重复接地法

鉴定点 13　保护接零的安装规范

问：接零保护线的技术要求有哪些？

答：接零保护线的技术要求有：

1）在由同一台变压器供电的系统中，不宜将一部分设备采用 TT 制而另一部分设备采用 IT 制，即在同一系统中，不宜保护接地和保护接零混用。

2）采用保护接零的系统，其工作接地装置必须可靠，接地电阻必须符合要求，接地电阻值一般不超过 4Ω。

3）禁止在保护线或保护零线上安装开关、熔断器或单独的断流开关。

4）在 TN 系统中，必须有灵敏可靠的保护装置相配合。这是因为保护接零的原理是借助保护零线 PEN，将"碰壳"设备的故障电流扩大为短路电流，从而迫使线路的保护装置迅速动作而切断电源。如果没有灵敏可靠的保护装置，保护接零也就起不到应有的保护作用。

5）保护线 PE 或保护零线 PEN 的截面积不应小于相线截面积的 1/2。为了防止断零线的危险，保护线或保护零线必须具有足够的机械强度。

6）有保护接零要求的单相移动或用电设备，应使用三孔插座供电。

7）在 TN 系统中，还应装设足够的重复接地装置。为确保用电安全，除在中性点进行工作接地外，还必须在 PE 线、PEN 线的一些地方进行多次接地，这就是重复接地，如图 2-22 所示。重复接地的作用如下：

① 重复接地可以降低漏电设备外壳的对地电压，减轻 PE 线或 PEN 线断线时的触电危险。

② 可降低电网一相接地故障时非故障相的对地电压；可以降低高压窜入低压时低压网络的对地电压；可以降低三相负荷不平衡时零线的对地电压；当零线断线时，在一定程度上起平衡各相电压的作用等。

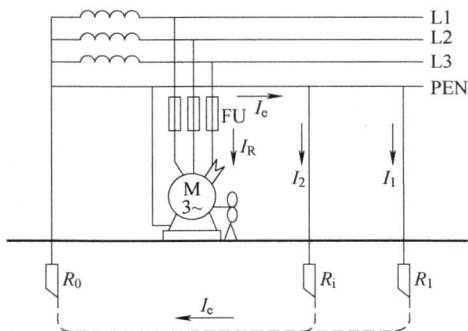

图 2-22　重复接地

③ 重复接地还能增加单相接地短路电流，加速线路保护装置的动作，从而缩短事故持续时间。

④ 架空线路的重复接地对雷电流有分流作用，有助于改善防雷性能。

8）所有电气设备的保护线或保护零线，均应以"并联"方式接到零干线上。

9）设备与保护线或保护零线之间的连接处应牢固可靠，接触良好。

试题精选：

采用保护接零的系统，其工作接地装置必须可靠，接地电阻必须符合要求，接地电阻值一般不超过（B）。

A. 1Ω   B. 4Ω   C. 10Ω   D. 100Ω

鉴定点 14   接线端子排的安装技术要求

问：接线端子排的安装技术要求有哪些？

答：接线端子排的安装技术要求有：

1）接线端子排无损坏，固定牢固，绝缘良好。

2）接线端子应有序号，端子排应便于更换且接线方便。

3）回路电压超过 400V 时，端子板应有足够的绝缘。

4）强弱电端子宜分开布置，应有明显的标志并设置空端子隔开或设加强绝缘的隔板。

5）正负电源之间以及经常带电的正电源与合闸或跳闸回路之间，宜以一个空端子隔开。

6）潮湿环境宜采用绝缘端子。

7）接线端子应与导线截面相配，不应使用小端子配大截面导线。

8）连接件均应采用铜质端子。

9）接线端子应有明显的编号和名称，其标明的字迹应清晰、工整，且不易褪色。

试题精选：

正负电源之间以及经常带电的正电源与合闸或跳闸回路之间，接线端子排上宜以（A）个空端子隔开。

A. 1   B. 2   C. 3   D. 不超过 3

鉴定点 15   剩余电流断路器的安装技术要求

问：安装剩余电流断路器的技术要求有哪些？

答：安装剩余电流断路器的技术要求如下：

1）剩余电流断路器的保护范围应是独立回路，不能与其他线路有电气上的连接。一台剩余电流断路器容量不够时，不能两台并联使用，应选用容量符合要求的剩余电流断路器。

2）安装剩余电流断路器后，不能撤掉或降低对线路、设备的接地或接零保护要求及措施，安装时应注意区分线路的工作零线和保护零线。工作零线应接入剩余电流断路器，并应穿过剩余电流断路器的零序电流互感器。经过剩余电流断路器的工作零线不得作为保护零线，不得重复接地或接设备的外壳。线路的保护零线不得接入剩余电流断路器。

3）在潮湿、高温、金属占有系数大的场所及其他导电良好的场所，必须设置独立的剩余电流断路器，不得用一台剩余电流断路器同时保护两台以上的设备（或工具）。

4）安装不带过电流保护的剩余电流断路器时，应另外安装过电流保护装置。

5）剩余电流断路器经安装检查无误，并操作试验按钮检查动作情况正常，方可投入使用。

试题精选：

经过剩余电流断路器的工作零线（D）。

A. 可作为保护零线   B. 必须重复接地

C. 必须接设备的外壳   D. 不得重复接地

鉴定点 16　金属线槽的施工技术要求

问：金属线槽的施工技术要求有哪些？

答：金属线槽的施工技术要求如下：

1）线槽应紧贴建筑物表面，固定牢靠，横平竖直，布置合理，盖板无翘角，接口严密整齐，拐角、转角、丁字连接、转弯连接正确严实，线槽内外无污染。

2）槽内配线前应消除线槽内的积水和污物。

3）在同一线槽内（包括绝缘在内）的导线截面积总和应不超过内部截面积的 40%。

4）线槽底向下配线时，应将分支导线分别用尼龙绑扎带绑扎成束，并固定在线槽底板下，以防导线下坠。

5）不同电压、不同回路、不同频率的导线应加隔板放在同一线槽内。下列情况时，可直接放在同一线槽内：电压在 65V 及以下；同一设备或同一流水线的动力和控制回路；照明花灯的所有回路；三相四线制的照明回路。

6）导线较多时，除采用导线外皮颜色区分相序外，也可利用在导线端头和转弯处做标记的方法来区分。

7）在穿越建筑物的变形缝时，导线应留有补偿余量。

8）接线盒内的导线预留长度不应超过 15cm；盘、箱内的导线预留长度应为其周长的 1/2。

9）从室外引入室内的导线，穿过墙外的一段应采用橡胶绝缘导线，不允许采用塑料绝缘导线。穿墙保护管的外侧应有防水措施。

试题精选：

金属线槽施工时，在同一线槽内（包括绝缘在内）的导线截面积总和应该不超过内部截面积的（A）。

A. 40%　　　　　B. 50%　　　　　C. 60%　　　　　D. 80%

鉴定点 17　PVC 线槽的施工技术要求

问：PVC 线槽的施工技术要求有哪些？

答：PVC 线槽的施工技术要求如下：

（1）施工步骤

1）确定线槽规格。根据导线直径及各段线槽中导线的数量确定线槽的规格。

2）定位划线。为使线路安装得整齐、美观，塑料槽板应尽量沿房屋的线脚、横梁、墙角等处敷设，并与用电设备的进线口对正、与建筑物的线条平行或垂直。

选好线路敷设路径后，根据每节 PVC 槽板的长度，测定 PVC 槽板底槽固定点的位置（先测定每节塑料槽板两端的固定点，然后按间距 500mm 以下均匀地测定中间固定点）。

3）槽板固定。

4）导线敷设。敷设导线时应以一分路一条 PVC 槽板为原则。PVC 槽板内不允许有导线接头，以减少安全隐患，当必须接头时要加装接线盒。导线敷设到灯具、开关、插座等接头处，要留出 100mm 左右线头，用作接线。在配电箱和集中控制的开关板等处，按实际需要留足长度，并在线段上做好统一标记，以便接线时识别。

5）固定盖板。在敷设导线的同时，边敷设导线边将盖板固定在底板上。

（2）注意事项

1）锯槽底和槽盖时，拐角方向要相同。

2）固定槽底时，要钻孔，以免线槽开裂。

3）使用钢锯时，要小心锯片折断伤人。

4）PVC 槽板在转角处连接时，应把两根槽板端部各锯成 45° 斜角。

试题精选：

FVC 线槽施工时，敷设导线应以一分路（A）条 PVC 槽板为原则。

A. 一　　　　　　B. 二　　　　　　C. 三　　　　　　D. 四

鉴定范围 5　低压电器的安装与维修

鉴定点 1　低压电器的拆装工艺

问：简述低压电器的拆装工艺。

答：拆卸常用低压电器的基本要求是，要满足低压电器的检修质量标准。检修质量标准如下：

1）拆卸常用低压电器时，其型号、规格、容量、线圈电压和技术指标均要符合图样的要求。

2）操作机构和复位机构及各种衔铁的动作应灵活可靠，闭合过程中不能有卡阻或滞缓现象，打开或断电后，可动部分应完全恢复原位。在吸合时，动触头与静触头，可动衔铁与铁心闭合位置要对正，不得歪斜。吸合后不应有杂音和抖动。

3）有灭弧罩的电器，在动作过程中，可动部分不得与灭弧罩相擦、相碰，应有适当间隙，灭弧罩应完整，不得有破损，灭弧线圈的绕向应保证起到灭弧作用。

4）对转换开关、刀开关及按钮的所有接点，要求接触良好、动作灵敏、准确可靠。接触器的触头表面及铁心、衔铁接触面应保证平整、清洁、无油污，相互接触严密。有短路环的电器，其短路环应完整、牢固。

5）各触头的初压力、终压力、开断距离和超额行程均按产品规定调整。触头上不能涂抹润滑油。

6）线圈的固定要牢靠，可动部分不能碰触线圈，绝缘电阻应符合规定。

7）各相（或两极）带电部分之间的距离及带电部分对外壳的距离应符合规定。

8）电器的外观清洁、无油、无尘、无损坏，绝缘物无损伤痕迹。

9）各紧固螺钉、连接螺钉、安装引线应拧紧。

试题精选：

（√）有灭弧罩的电器，在动作过程中，可动部分不得与灭弧罩相擦、相碰。

鉴定点 2　刀开关的安装与维修

问：刀开关的安装技术要求有哪些？

答：刀开关的安装技术要求如下：

（1）开启式负荷开关的安装

1）这种开关安装时应做到垂直安装，使闭合操作时的手柄操作方向从下向上合，断开操作时的手柄操作方向从上向下分。不允许采用平装或倒装，以防止产生误合闸。

2）接线时，电源进线应接在开关上面的进线端，用电设备应接在开关下面熔体上。

3）用作电动机的开关时，应将开关的熔体部分用导线直连，并在出线端另外加装熔断器作短路保护。

4）安装后应检查刀开关和静插座的接触是否成直线或紧密。

5）更换熔体必须按原规格在刀开关断开的情况下进行。

（2）封闭式负荷开关的安装

1）封闭式负荷开关必须垂直安装，安装高度一般离地不低于1.3m，并以操作方便和安全为原则。

2）接线时，应将电源进线接在刀开关静插座的接线端子上，用电设备应接在熔断器的出线端子上。

3）开关外壳的接地螺钉必须可靠接地。

试题精选：

刀开关安装后，闭合操作时的手柄操作方向应（B）。

A. 从下向上合   B. 从上向下合

C. 从左向右合   D. 从右向左合

鉴定点3 低压断路器的安装与维修

问：低压断路器的安装技术要求有哪些？

答：低压断路器的安装要求如下：

1）低压断路器应垂直于配电板安装，电源引线应接到上端，负载引线接到下端。

2）低压断路器用作电源总开关或电动机控制开关时，在电源进线侧必须加装刀开关或熔断器等，以形成一个明显的断开点。

试题精选：

（×）低压断路器应垂直于配电板安装，电源引线应接到下端，负载引线接到上端。

鉴定点4 熔断器的安装与维修

问：熔断器的安装技术要求有哪些？

答：熔断器的安装技术要求如下：

1）熔断器应完整无损，接触紧密可靠，并应有额定电压、电流值的标志。

2）瓷插式熔断器应垂直安装。螺旋式熔断器的电源进线应接在底座中心端的接线端子上，用电设备应接在螺旋壳的接线端子上。

3）熔断器应装配合格的熔体，不能用多根小规格的熔体代替一根大规格的熔体。

4）安装熔断器时，各级熔体应相互配合，并做到下一级熔体应比上一级小。

5）熔断器应安装在各相线上，在三相组成或二相三线控制的中性线上严禁安装熔断器，而在单相二线制的中性线上应安装熔断器。

6）熔断器兼作隔离目的使用时，应安装在控制开关电源的进线端，若仅作短路保护使用时，应安装在控制开关的出线端。

试题精选：

安装螺旋式熔断器时，电源进线应接在瓷底座的（B）接线端子上。

A. 上　　　　　　　B. 下　　　　　　　C. 左　　　　　　　D. 右

鉴定点5　交流接触器的安装与维修

问：交流接触器的安装技术要求有哪些？

答：交流接触器的安装技术要求如下：

1）交流接触器一般应安装在垂直面上，倾斜度不得超过5°；若有散热孔，则应将有孔的放在垂直方向上，以利散热，并按规定留有适当的飞弧空间，以免飞弧烧坏相邻电器。

2）安装和接线时，注意不要将零件失落或掉入接触器内部。安装孔的螺钉应装有弹簧垫圈和平垫圈并拧紧螺钉以防振动松脱。

3）安装完毕，检查接线正确无误后，在主触头不带电的情况下操作几次，然后测量接触器的动作值和释放值，所测数值应符合产品的规定要求。

试题精选：

交流接触器一般应安装在垂直面上，倾斜度不得超过（B）。

A. 4°　　　　　　　B. 5°　　　　　　　C. 6°　　　　　　　D. 8°

鉴定点6　按钮的安装与维修

问：按钮的安装技术要求有哪些？

答：按钮的安装技术要求如下：

1）按钮安装在面板上时，应布置整齐，排列合理，如根据电动机起动的先后顺序，从上到下或从左到右排列。

2）同一设备运动部件有几种不同的工作状态时，应使每一对相反状态的按钮安装在一组。

3）按钮的安装应牢固，安装按钮的金属板或金属按钮盒必须可靠接地。

试题精选：

按钮安装在面板上时，应根据电动机起动的先后顺序，应（D）排列。

A. 从上到下　　　　　　　　　　　B. 从左到右

C. 从下到上　　　　　　　　　　　D. 从上到下或从左到右

鉴定点7　继电器的安装与维修

问：简述常见继电器的安装与维修方法。

答：常见继电器的安装与维修方法如下：

（1）热继电器的安装

1）热继电器的热元件应串接在主电路中，常闭触头应串接在控制电路中。

2）热继电器的整定电流应按电动机的额定电流自行调整。绝对不允许弯折双金属片。

3）在一般情况下，热继电器应置于手动复位的位置上。若需要自动复位时，可将复位调节螺钉沿顺时针方向向里旋足。

4）热继电器因电动机过载动作后，若需再次起动电动机，必须待热元件冷却后，才能使热继电器复位。一般自动复位时间不大于 5min；手动复位时间不大于 2min。

（2）时间继电器的安装

1）安装 JS7 型时间继电器时，依据电路图的要求首先检查时间继电器的状态，如果发现是断电延时时间继电器，应将线圈部分转动 180°，改为通电延时时间继电器。无论是通电延时型还是断电延时型，都必须是时间继电器在断电之后，释放时衔铁的运动垂直向下，其倾斜度不得超过 5°。时间继电器整定时间旋钮的刻度值应正对安装人员，以便安装人员看清，容易调整。

2）安装 JS20 型时间继电器时，应先安装好底座，并按技术要求连接好导线，应在不通电时预先调整整定值，并在调试时校正。

（3）速度继电器的安装

1）安装速度继电器前，要弄清其结构，辨明常开触头的接线端。

2）速度继电器可预先安装好，不属于定额时间。安装时，采用速度继电器的连接头与电动机转轴直接连接的方法，并使两轴中心线重合。速度继电器可用联轴器与电动机的轴相连接如图 2-23 所示。

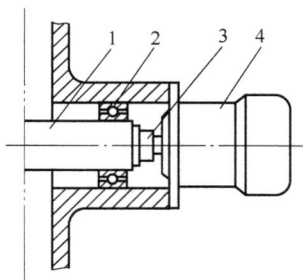

图 2-23　速度继电器与电动机的连接
1—电动机轴　2—电动机轴承　3—联轴器　4—速度继电器

3）速度继电器的金属外壳应可靠接地。

4）通电测试时，若制动不正常，可检查速度继电器是否符合规定要求。若需调节速度继电器的调整螺钉时，必须切断电源，以防止出现相对地短路而引起事故。

5）速度继电器动作值和返回值的调整，应先由教师示范后，再由学生自己调整。

6）制动操作不宜过于频繁。

速度继电器的常见故障及处理方法见表 2-9。

表 2-9　速度继电器的常见故障及处理方法

故障现象	可能的原因	处理方法
反接制动时速度继电器失效，电动机不制动	1）胶木摆杆断裂 2）触头接触不良 3）弹性动触片断裂或失去弹性 4）笼型绕组开路	1）更换胶木摆杆 2）清洗触头表面油污 3）更换弹性动触片 4）更换笼型绕组
电动机不能正常制动	速度继电器弹性动触片调整不当	重新调节调整螺钉： 1）将调节螺钉向下旋，弹性动触片弹性增大，速度较高时继电器才能动作 2）将调节螺钉向上旋，弹性动触片弹性减小，速度较低时继电器即动作

试题精选：

（×）热继电器因电动机过载动作后，若需再次起动电动机，必须待热元件冷却后，才能使热继电器复位。

鉴定范围 6　变压器和交流电动机的接线与维护

鉴定点 1　单相变压器同名端的判别

问：单相变压器同名端的判别方法有哪些？

答：单相变压器同名端的判别方法有：

（1）观察法　观察变压器一次、二次绕组的实际绕向，应用楞次定律、安培定则来进行判别。

（2）直流法　在无法辨清绕组方向时，可以用直流法来判别变压器同名端。用 1.5V 或 3V 的直流电源，按图 2-24 所示连接，直流电源接入高压绕组，直流毫伏表接入低压绕组。当合上开关的一瞬间，如果毫伏表指针向正方向摆动，则接直流电源正极的端子与接直流毫伏表正极的端子是同名端。

（3）交流法　将高压绕组一端用导线与低压绕组一端相连接，同时将高压绕组及低压绕组的另一端接交流电压表，如图 2-25 所示。在高压绕组两端接入低压交流电源，测量 U_1 和 U_2 值，若 $U_1 > U_2$，则 A、a 为同名端；若 $U_1 < U_2$，则 A、a 为异名端。

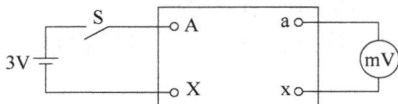

图 2-24　直流法判别变压器同名端

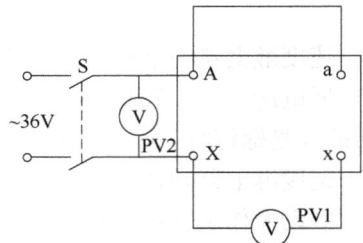

图 2-25　交流法判别变压器同名端

试题精选：

（√）没有被同一个交变磁通所贯穿的线圈，它们之间就不存在同名端的问题。

鉴定点2 三相变压器同名端的判别

问：三相变压器同名端的判别方法有哪些？

答：三相变压器同名端的判别方法与单相变压器同名端的判别方法相似。

（1）分相设定标记　首先用万用表电阻档测量12个出线端间通断情况及电阻大小，找出三相高压线圈。假定标记为1U1、1V1、1W1、1U2、1V2、1W2。

（2）确定出V相首尾并通过电路判别U相首尾　将一个1.5V的干电池（用于小容量变压器）或2~6V的蓄电池（用于电力变压器）和刀开关SA接入三相变压器高压侧任一相中（1V1接干电池的"+"并定为首端，开关的一端接"-"极，1V2接开关的另一端并定为尾端）；W相悬空，然后用万用表打至直流500mA档来测量U相电流的方向，并通过接通开关SA瞬间U相电流方向来判断其相间极性。

（3）判别W相首尾　方法与上述相同，只是将上述的U相与W相调换操作。即将U相悬空，然后用万用表打至直流500mA档来测量W相电流的方向，并通过接通开关SA瞬间W相电流方向来判断其相间极性。

（4）确认同名端

1）如果在合上刀开关SA的瞬间，两表同时向正方向（右方）摆动，则接在直流电流表"+"端子上的线端是相尾1U2和1W2，接在表"-"端子上的线端是相首1U1和1W1，在合上刀开关SA的瞬间各相绕组感应电动势的方向如图2-26所示。

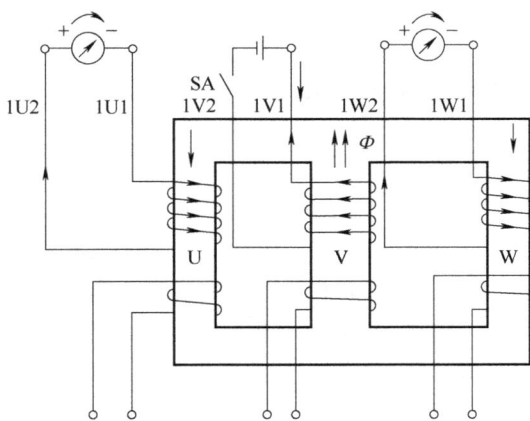

图2-26　直流法测定三相变压器首尾（正摆）

2）如果在合闸的瞬间，两表同时向反方向（左向）摆动时，则接在直流表的"+"端子上的线端是相首1U1和1W1，接在表"-"端子上的线端是相尾1U2和1W2，如图2-27所示。

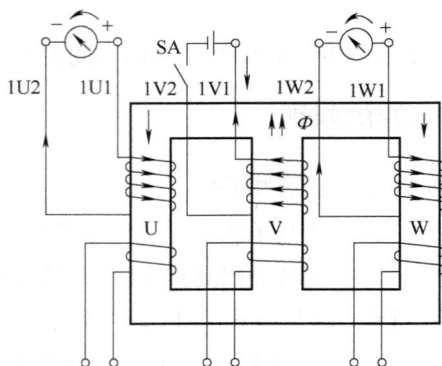

图 2-27 直流法测定三相变压器首尾（反摆）

鉴定点 3　三相交流异步电动机的工作原理

问：简述三相交流异步电动机的工作原理。

答：对称三相定子绕组中通入三相正弦交流电，产生了旋转磁场，旋转磁场切割转子，便在转子中产生了感应电动势和感应电流。感应电流一旦产生，便受到旋转磁场的作用，形成电磁转矩，转子便沿着旋转磁场的转动方向转动起来，并且转子的转速小于旋转磁场的转速。电动机的转向是由接入三相绕组的电流相序决定的，只要调换电动机任意两相绕组所接的电源接线（相序），旋转磁场即反向旋转，电动机也随之反转。

试题精选：

三相异步电动机的额定转速（C）。

A. 大于同步转速　　　　　　　　B. 等于同步转速

C. 小于同步转速　　　　　　　　D. 小于转差率

鉴定点 4　三相交流异步电动机的分类

问：三相交流异步电动机是如何分类的？

答：三相交流异步电动机的分类方法如下：

1）根据防护型式分类，可分为开启式、防护式、封闭式和防爆式。

2）根据转子型式分类，可分为笼型电动机和绕线转子电动机。

3）根据用途分类，可分为冶金起重电动机、多速电动机、防腐电动机、防爆电动机、电磁调速异步电动机、高起动转矩电动机、高效率电动机和高转差率电动机等。

试题精选：

（√）三相异步电动机根据转子型式分为笼型电动机和绕线转子电动机。

鉴定点 5　三相交流异步电动机的接线

问：三相交流异步电动机如何接线？

答：三相交流异步电动机的接线方法如下：

三相交流异步电动机要根据电动机的铭牌进行接线。

1）丫联结：丫联结的电动机接线盒上的出线如图 2-28 所示，将接线盒中三相绕组尾端 U2、V2、W2 短接，再将首端 U1、V1、W1 分别接三相电源的 L1、L2、L3 即构成丫联结。

2）△联结：定子绕组的△联结如图 2-29 所示。将接线盒中三相绕组的 U1 与 W2、V1 与 U2、W1 与 V2 接线端短接，再将 U1、V1、W1 首端分别接三相电源的 L1、L2、L3 即构成△联结。这时每相绕组的电压等于线电压。为了安全，一定要将电动机的接地线接好、接牢。将电源线的接地线接电动机外壳接线柱上。

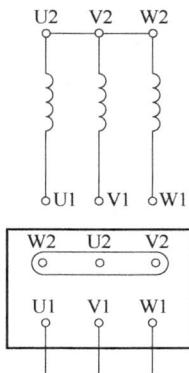

图 2-28　定子绕组的丫联结

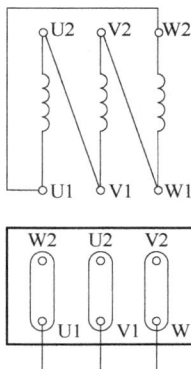

图 2-29　定子绕组的△联结

试题精选：

（√）将三相异步电动机接线盒中三相绕组尾端 U2、V2、W2 短接，再将首端 U1、V1、W1 分别接三相电源的 L1、L2、L3，即构成丫联结。

鉴定点 6　三相交流异步电动机首尾端的判别

问：如何判别三相交流异步电动机的首尾端？

答：判别三相交流异步电动机首尾端的方法与三相变压器基本相同。

（1）低压交流电源法　首先用万用表查明每相绕组的两个出线端，然后把其中任意两相绕组串联后与电压表（或万用表的交流电压档）连接，第三相绕组与 36V 交流电源接通，如图 2-30 所示。若电压表有读数，则是首尾相连；若电压表没有读数，则是尾尾相连。

（2）万用表法　如图 2-31 所示，用万用表的毫安档进行测试。用手转动电动机的转子，如果万用表的指针不动，说明首尾端接线正确；如果万用表的指针动，说明首尾端接线错误。

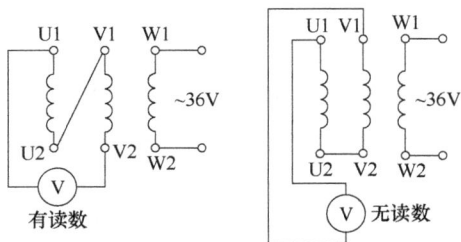

图 2-30　低压交流电源法检查绕组首尾端

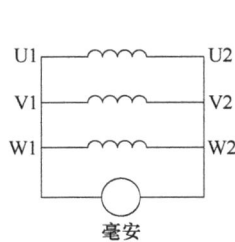

图 2-31　万用表法检查绕组首尾端

试题精选：

（√）判别三相交流异步电动机首尾端的方法与三相变压器基本相同。

鉴定点7　三相交流异步电动机的绝缘检测

问：如何检测三相交流异步电动机的绝缘电阻？

答：检测三相交流异步电动机绝缘电阻的步骤如下：

（1）测量前的准备　测量前要切断被测电动机的电源，打开接线盒端盖，将电动机的导电部分与地接通，进行充分放电。去掉电动机接线盒内的连接片和电源进线。

（2）检查绝缘电阻表好坏　在绝缘电阻表未接线之前，手摇发电机达到额定转速120r/min，观察指针是否指在无穷大位置。再将接线柱的"L"和"E"短接，这时要缓慢摇动发电机手柄，观察指针是否指在零位。

（3）先测量各相绕组对地的绝缘电阻　将绝缘电阻表的E端接电动机的外壳，L端接在电动机U相绕组接线端上。摇动手柄应由慢渐快增加到120r/min，手摇发电机时要保持匀速。若发现指针指零，应立即停止摇动手柄。应注意，读数应在匀速摇动手柄1min以后读取。

测量电动机V相绕组对地的绝缘电阻：将绝缘电阻表的L端改接在V相绕组接线端，摇动手柄1min以后读取读数。用相同的方法测量电动机W相绕组对地的绝缘电阻。

（4）测量电动机U、V两相绕组之间的绝缘电阻　将绝缘电阻表的L端和E端分别接在U、V两相绕组接线端，摇动手柄1min以后读取读数。将绝缘电阻表的L端和E端分别接在V、W两相绕组接线端，测量电动机V、W两相绕组之间的绝缘电阻；将绝缘电阻表的L端和E端分别接在W、U两相绕组接线端，测量电动机W、U两相绕组之间的绝缘电阻。

（5）记录测量结果　将各测量结果用笔记录，根据测量结果，电动机各相绕组对地的绝缘电阻和各相绕组之间的绝缘电阻均大于0.5MΩ，完全符合技术要求。

（6）维护保养　安装连接片，将接线盒端盖盖上，并将螺钉拧紧，操作结束。

试题精选：

检测三相交流异步电动机的绝缘电阻应使用（C）。

A. 万用表　　　　　　B. 钳形电流表　　　　C. 绝缘电阻表　　　　D. 电压表

鉴定点8　三相交流异步电动机的保养

问：如何保养三相交流异步电动机？

答：三相交流异步电动机的保养要求及内容如下：

（1）电动机的保养及日常检查

1）保持电动机清洁，不允许水滴、污垢及杂物落到电动机上，更不能进入电动机内部。要防止灰尘、污垢、潮湿空气及其他有害气体进入电动机，以免破坏绕组绝缘。要定期将电动机拆开，彻底清扫检修。

2）注意电动机转动是否正常，有无异常的声响和振动，起动时间、电流是否正常。

3）监视电动机绕组、铁心、轴承、集电环或换向器等部分的温度。检查电动机的通风情况，保持散热筋凹道，风扇罩通风孔不能堵塞，进出风口要通畅。

4）检查电动机的三相电压、电流是否正常。监视电动机负载情况，使负载在额定的允许范围内。

5）对于绕线转子电动机，要经常检查电刷的磨损情况，电刷与集电环处的火花是否过大。若火花过大，则应及时进一步检查，进行清洁或维修。

6）定期检查电动机的绝缘情况。对于低压电动机，如果测得绝缘电阻小于 0.5MΩ，应及时进行干燥处理。

7）检查电动机的保护接地线是否完好、有无松动。

8）注意电动机的配合状态，轴颈、轴承等的磨损情况，传动带张力是否合适。

9）定期检查电动机的保护电路，如热继电器、电流继电器、低压断路器等，检查保护动作设定值是否正确，保护动作是否准确可靠。

（2）电动机的保修周期及内容

1）日常保养：主要检查电动机的润滑系统、外观、温度、噪声、振动等，是否有异常情况。检查通风冷却系统、滑动摩擦状况和紧固情况，认真做好记录。

2）月保养及定期巡回检查：检查开关、配线、接地装置等有无松动、破损现象；检查引线和配件有无损伤和老化；检查电刷、集电环的磨损情况，电刷在刷握内是否灵活等。如果有问题，则应及时修理或更换。如果有粉尘堆积的情况，则应及时清扫。

3）年保养及检查：除了上述项目外，还要检查和更换润滑剂。必要时要把电动机进行抽心检查、清扫或清洗污垢；检查绝缘电阻，进行干燥处理；检查零部件生锈和腐蚀情况；检查轴承磨损情况，是否需要更换。

试题精选：

（√）对于低压电动机，如果测得绝缘电阻小于 0.5MΩ，应及时进行干燥处理。

鉴定点 9　单相异步电动机的接线

问：如何进行单相异步电动机的接线？

答：单相异步电动机的接线应注意以下几点：

1）单相异步电动机接线时，需正确区分工作绕组与起动绕组，并注意它们的首、尾端。如果标志脱落，则电阻大者为辅助绕组。

2）更换电容器时，电容器的容量与工作电压必须与原规格相同。起动用的电容器应选用专用的电解电容器，其通电时间一般不得超过 3s。

3）单相起动式电动机，只有在电动机静止或转速降低到使离心开关闭合时，才能采用对其改变方向的接线。

4）额定频率为 60Hz 的电动机，不得用于 50Hz 电源；否则，将引起电流增加，造成电动机过热甚至烧毁。

试题精选：

（√）单相异步电动机接线时，需正确区分工作绕组与起动绕组，并注意它们的首、尾端。如果标志脱落，则电阻大者为辅助绕组。

鉴定点 10　单相异步电动机的维护

问：如何维护单相交流异步电动机？

答：单相交流异步电动机的维护保养要求及内容与三相异步电动机基本相同，大致有以下几个方面：

1）检查电动机的绝缘电阻　用绝缘电阻表检测单相异步电动机的起动绕组与工作绕组间及各绕组对外壳间的绝缘电阻，应大于 0.5MΩ 才可使用。若绝缘电阻较低，则应先将电动机进行烘干处理，然后再测绝缘电阻，合格后才可通电使用。

2）检查电动机的机壳温度　用手触及外壳，看电动机是否过热烫手，如果发现过热，可在电动机外壳上滴几滴水，如果水急剧汽化，说明电动机显著过热，此时应立即停止运行，查明原因，排除故障后方能继续使用。

3）检查机械性能　通过转动电动机的转轴，看其转动是否灵活。如果转动不灵活，必须拆开电动机观察转轴是否有积炭、有无变形、是否缺润滑油，如果有积炭，可用小刀轻轻地将积炭刮掉并补充少量凡士林进行润滑。如果缺少润滑油，就应补充适量的润滑油。

4）运行中听声音　用长柄螺钉旋具，触及电动机轴承外的小油盖，耳朵贴紧螺钉旋具柄，细听电动机轴承有无杂音、振动，以判断轴承运行情况。若均匀的"沙沙"声，说明运转正常。如果有"咝咝"的金属碰撞声，说明电动机缺油；如果有"咕噜咕噜"的冲击声，说明轴承有滚珠被轧碎。

5）监视机壳是否漏电　用手摸之前先用验电器试一下外壳是否带电，以免发生触电事故。

6）清洁　对拆开的电动机进行清理，先清理掉各部件上所有灰尘和杂物，尤其定子绕组上的积尘，可先用空气压缩装置或空气压缩泵将灰尘吹掉，然后用干布擦掉油污，必要时可沾少量汽油擦净，以不损伤绕组绝缘漆为原则。擦洗完毕，再吹一次，

试题精选：

（×）运行中听电动机的声音，如果有"咝咝"的金属碰撞声，说明电动机轴承有滚珠被轧碎。

鉴定范围7　低压动力控制电路的维修

鉴定点1　电气原理图的识读方法

问：如何识读电气原理图？

答：电气原理图又称为电路图。识读电路图时应遵循以下原则：

1）电路图一般分电源电路、主电路和辅助电路三部分绘制。

① 电源电路画成水平线，三相交流电源相序 L1、L2、L3 自上而下依次画出，中性线 N 和保护地线 PE 依次画在相线之下。直流电源的"+"端画在上边，"-"端在下边画出。电源开关要水平画出。

② 主电路是指受电的动力装置及控制、保护电器的支路等，由主熔断器、接触器主触头、热继电器的热元件以及电动机等组成。主电路通过的电流是电动机的工作电流，其电流较大。主电路图要画在电路图的左侧并垂直于电源电路。

③ 辅助电路一般包括控制主电路工作状态的控制电路；显示主电路工作状态的指示电

路；提供机床设备局部照明的照明电路等。它由主令电器的触头、接触器线圈及辅助触头、继电器线圈及触头、指示灯和照明灯等组成。辅助电路通过的电流都较小，一般不超过 5A。画辅助电路图时，应画在电路图的右侧，且电路中与下边电源线相连的耗能元件（如接触器和继电器的线圈、指示灯、照明灯等）要画在电路图的下方，而电器的触头要画在耗能元件与上边电源线之间。为读图方便，一般应按照自左至右、自上而下的排列来表示操作顺序。

2）电路图中，各电器的触头位置都按电路未通电或电器未受外力作用时的常态位置画出。分析原理时，应从触头的常态位置出发。

3）电路图中，不画各电器元件实际的外形图，而采用国家统一规定的电气图形符号画出。

4）电路图中，同一电器的各元件不按它们的实际位置画在一起，而是按其在电路中所起的作用分画在不同电路中，但它们的动作却是相互关联的，因此，必须标注相同的文字符号。若图中相同的电器较多，需要在电器文字符号后面加注不同的数字，以示区别，如 KM1、KM2 等。

5）画电路图时，应尽可能减少线条和避免线条交叉。对有直接电联系的交叉导线连接点，要用小黑圆点表示；无直接电联系的交叉导线则不画小黑点。

6）电路图采用电路编号法，即对电路中的各个接点用字母或数字编号。

① 主电路在电源开关的出线端按相序依次编号为 U11、V11、W11。然后按从上至下、从左至右的顺序，每经过一个电器元件后，编号要递增，如 U12、V12、W12，U13、V13、W13 等。单台三相交流电动机（或设备）的三根引出线按相序依次编号为 U、V、W。对于多台电动机引出线的编号，为了不致引起误解和混淆，可在字母前用不同的数字加以区别，如 1U、1V、1W；2U、2V、2W 等。

② 辅助电路编号按"等电位"原则从上至下、从左至右的顺序用数字依次编号，每经过一个电器元件后，编号要依次递增。控制电路编号的起始数字必须是 1，其他辅助电路编号的起始数字依次递增 100，如照明电路编号从 101 开始，指示电路编号从 201 开始等。

7）电力拖动电路图的识读步骤

① 主电路的识读步骤：第一步看用电器，弄清楚电器的数量，它们的类别、用途、接线方式及一些不同要求等；第二步搞清楚用什么元器件控制用电器；第三步看主电路上还接有何种电器；第四步看电源，了解电源等级。

② 辅助电路的识读步骤：第一步看电源，首先弄清电源的种类，其次看清辅助电路的电源来自何处；第二步搞清辅助电路如何控制主电路；第三步寻找电器元件之间的相互关系；第四步看其他电器元件。

试题精选：

识读主电路时，应先看（A）。

A. 用电器　　　　　B. 电源　　　　　C. 控制电器　　　　　D. 主电路的元件

鉴定点 2　三相交流异步电动机正转控制电路的原理

问：简述三相交流异步电动机正转控制电路的原理。

答：常见的正转控制电路有点动控制、自锁控制等。

（1）点动控制电路　所谓点动控制是指按下按钮，电动机就得电运转；松开按钮，电动机就失电停转。

点动控制电路如图 2-32 所示。当电动机 M 需要点动时，先合上组合开关 QS，此时电动机 M 尚未接通电源。按下起动按钮 SB，接触器 KM 的线圈得电，使衔铁吸合，同时带动接触器 KM 的三对主触头闭合，电动机 M 便接通电源起动运转。当电动机 M 需要停止时，只要松开起动按钮 SB，使接触器 KM 的线圈失电，衔铁在复位弹簧的作用下复位，带动接触器 KM 的三对主触头复位分断，电动机 M 失电停转。

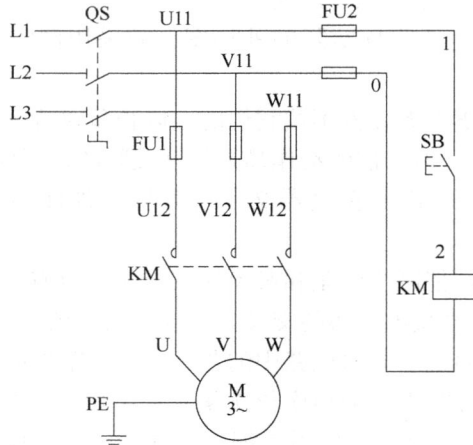

图 2-32　点动控制电路

（2）自锁控制电路　在要求电动机起动后能连续运转时，应采用接触器自锁控制电路，如图 2-33 所示。

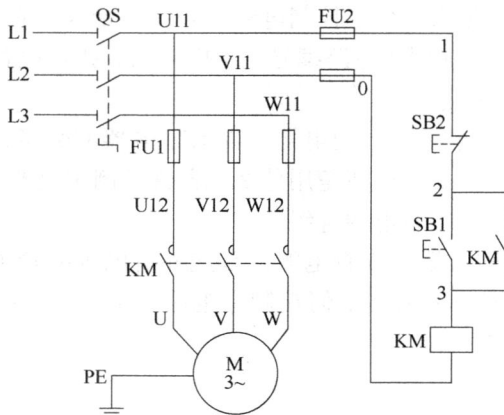

图 2-33　接触器自锁控制电路

这种电路的主电路和点动控制电路的主电路相同，但在控制电路中又串联了一个停止按钮 SB2，在起动按钮 SB1 的两端并联了接触器 KM 的一对常开触头。

接触器自锁控制电路不但能使电动机连续运转，而且还具有欠电压和失电压（或零电压）保护作用。

该电路的起动工作原理如下：

起动：先合上电源开关QS ━► 按下SB1 ━► KM线圈得电 ━┳━► KM主触头闭合 ━━━━━━┓━► 电动机M起动连续运转
　　　　　　　　　　　　　　　　　　　　　　　┗━► KM常开辅助触头闭合 ━┛

（3）具有过载保护的接触器自锁正转控制电路　具有过载保护的接触器自锁正转控制电路如图 2-34 所示。

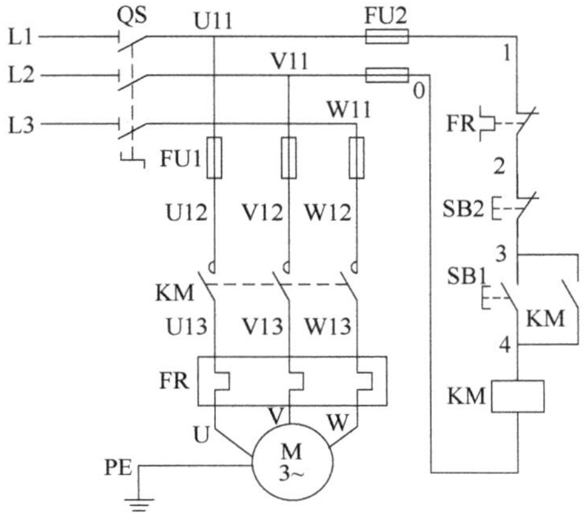

图 2-34　具有过载保护的接触器自锁正转控制电路

该电路的起动工作原理如下：

起动：先合上电源开关QS ━► 按下SB1 ━► KM线圈得电 ━┳━► KM主触头闭合 ━━━━━━┓━► 电动机M起动连续运转
　　　　　　　　　　　　　　　　　　　　　　　┗━► KM常开辅助触头闭合 ━┛

试题精选：
接触器自锁控制电路能使电动机连续运转的原因主要是，在起动按钮 SB1 的两端（A）。
A. 并联了接触器 KM 的一对常开触头
B. 并联了接触器 KM 的一对常闭触头
C. 串联了接触器 KM 的一对常开触头
D. 串联了接触器 KM 的一对常闭触头

鉴定点 3　三相交流异步电动机正反转控制电路的原理

问：如何使三相笼型异步电动机反转？简述双互锁正反转控制电路的特点和工作原理。

答：正转控制电路只能使电动机带动生产机械的运动部件朝一个方向旋转，但许多生产机械往往要求运动部件能向正、反两个方向运动。当改变通入电动机定子绕组的三相电源相序，即把接入电动机三相电源进线中的任意两相对调接线时，就可使三相电动机反转。

常见的正反转控制电路有：接触器联锁、按钮联锁和接触器按钮双重联锁。

接触器联锁的正反转控制电路的优点是安全可靠，缺点是操作不便。按钮联锁的正反转控制电路的优点是操作方便，缺点是不可靠。为克服二者不足，可采用按钮、接触器双重联锁的正反转控制电路。按钮、接触器双重联锁的正反转控制电路，如图 2-35 所示。

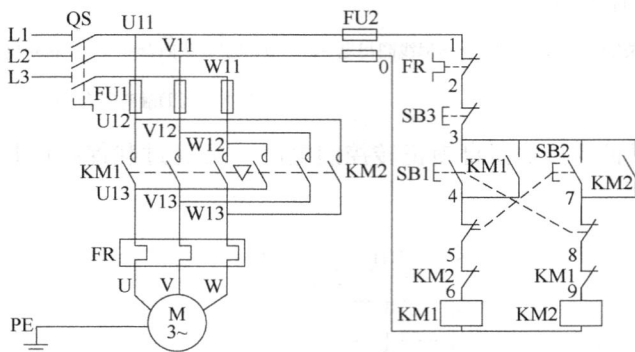

图 2-35　按钮、接触器双重联锁的正反转控制电路

该电路的工作原理（QS 闭合）如下：

1. 正转控制

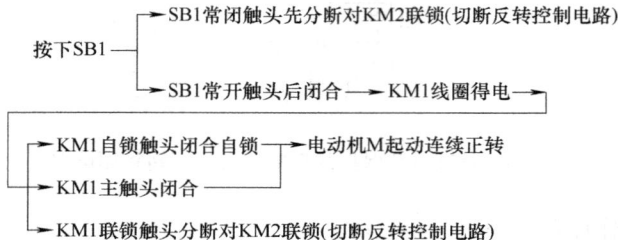

2. 反转控制

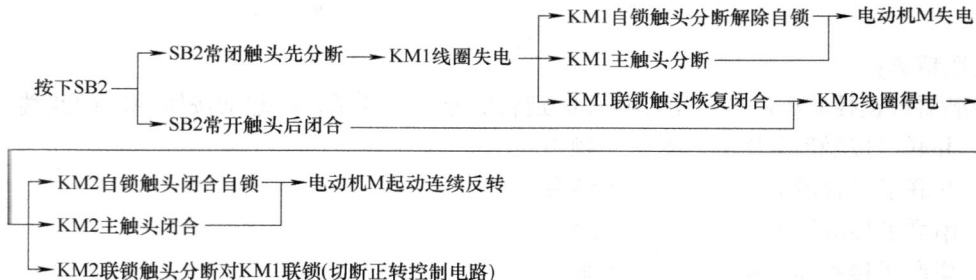

若要停止，按下 SB3，整个控制电路失电，主触头分断，电动机 M 失电停转。

试题精选：

最安全可靠、操作方便的正反转控制电路是（D）。

A. 倒顺开关　　　　　　　　　　　　B. 接触器联锁

C. 按钮联锁　　　　　　　　　　　　D. 按钮、接触器双重联锁

鉴定点 4　三相交流异步电动机丫-△减压起动控制电路的原理

问：何谓三相笼型异步电动机丫-△减压起动？

答：三相笼型异步电动机的丫-△减压起动是指电动机起动时，把定子绕组接成丫联结，以降低起动电压，限制起动电流。待电动机起动后，再把定子绕组改接成△联结，使电动机

全压运行。

　　凡是在正常运行时定子绕组作△联结的异步电动机，均可采用这种减压起动方法。

　　电动机起动时接成丫联结，加在每相定子绕组上的起动电压只有△联结时的 $1/\sqrt{3}$，起动电流为△联结时的 1/3，起动转矩也只有△联结时的 1/3。所以这种减压起动方法，只适用于轻载或空载下起动。

　　时间继电器自动控制丫-△减压起动电路如图 2-36 所示。该电路由三个接触器、一个热继电器、一个时间继电器和两个按钮组成。时间继电器 KT 用于控制丫联结减压起动时间和完成丫-△自动切换。

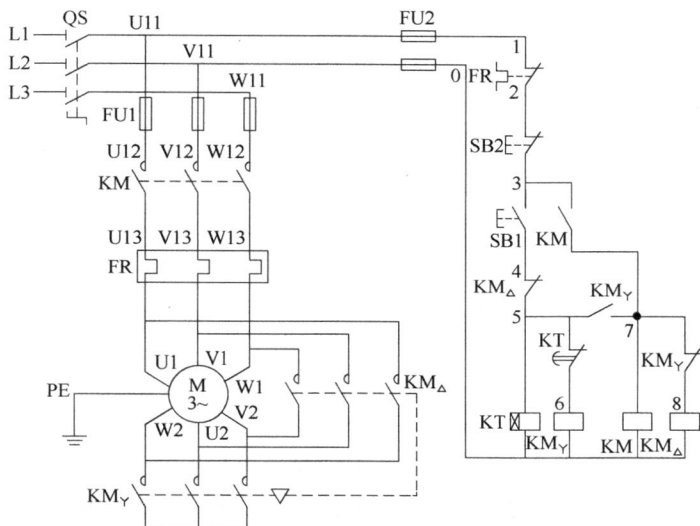

图 2-36　时间继电器自动控制丫-△减压起动电路

该电路的工作原理如下：

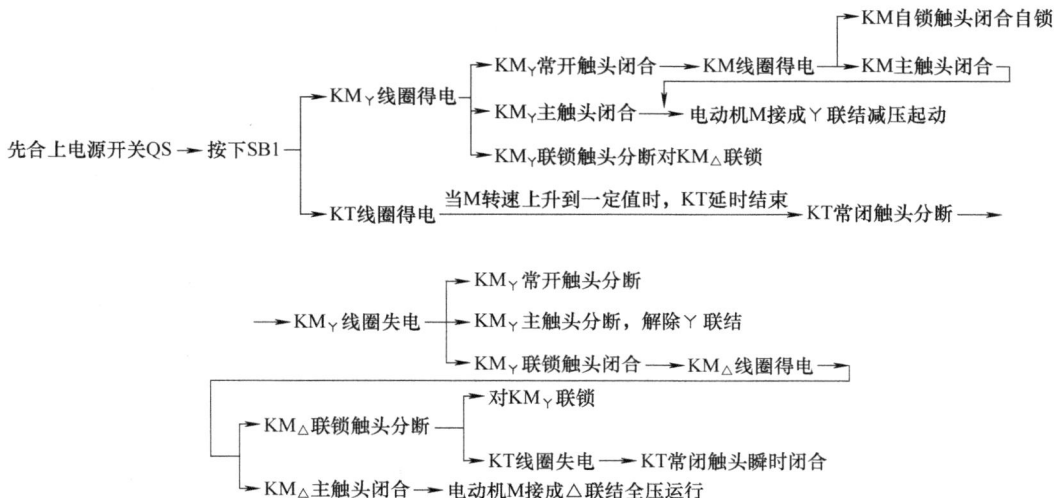

停止时按下 SB2 即可。

该电路中，接触器 KM$_\curlyvee$ 得电以后，通过 KM$_\curlyvee$ 的常开辅助触头使接触器 KM 得电动作，这样 KM$_\curlyvee$ 主触头是在无负载的条件下进行闭合的，故可延长接触器 KM$_\curlyvee$ 主触头的使用寿命。

试题精选：

三相笼型异步电动机，当采用 $\curlyvee$-$\triangle$ 减压起动时，每相绕组的电压（A）。

A. 是全压起动时的 $1/\sqrt{3}$ 倍

B. 等于全压起动时的电压

C. 是全压起动时的 3 倍

D. 是全压起动时的 1/3 倍

鉴定点 5　三相交流异步电动机自耦减压起动控制电路的原理

问：简述三相交流异步电动机自耦减压起动控制电路的原理。

答：自耦减压起动是指电动机起动时利用自耦变压器来降低在电动机定子绕组上的起动电压，待电动机起动后，再使电动机与自耦变压器脱离，从而在全压下全速运行。

自动控制补偿器减压起动控制电路如图 2-37 所示。自动控制补偿器是广泛应用于自耦变压起动的自动控制设备，适用于交流为 50Hz、电压为 380V、功率为 14~75kW 的三相笼型异步电动机的减压起动。

自动控制补偿器由自耦变压器、交流接触器、中间继电器、热继电器、时间继电器和按钮等电器元件组成。自耦变压器备有额定电压 60% 及 80% 两档抽头。补偿器具有过载和失电压保护，最大起动时间为 2min（包括一次或连续数次起动时间的总和），若起动时间超过 2min，则起动后的冷却时间应不少于 4h 才能再次起动。XJ01 型自动控制补偿器减压起动的电路分成主电路、控制电路和指示电路三个部分（图 2-37），虚线框内的按钮是异地控制按钮。

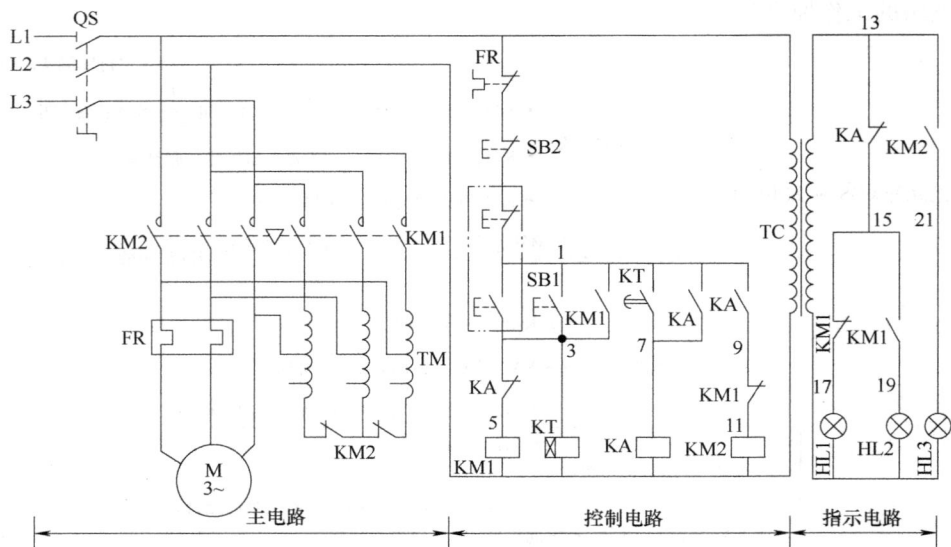

图 2-37　XJ01 型自动控制补偿器减压起动控制电路

电路原理分析：

1. 减压起动

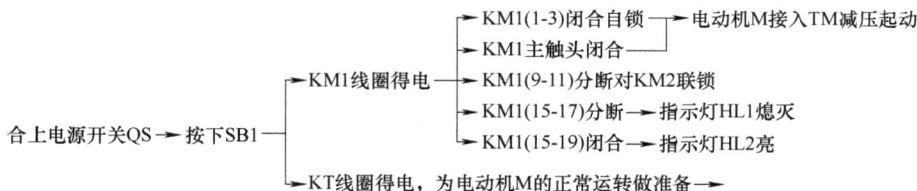

2. 全压运行

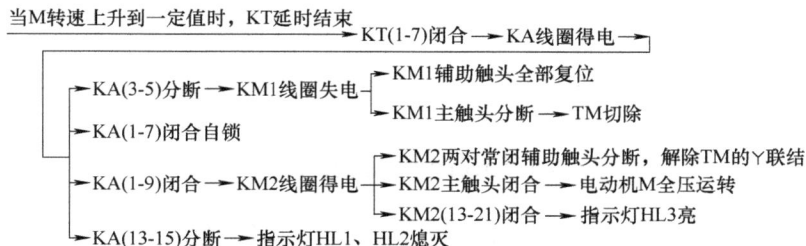

由以上分析可见，指示灯 HL1 亮，表示电源有电，电动机处于停止状态；指示灯 HL2 亮，表示电动机处于减压起动状态；指示灯 HL3 亮，表示电动机处于全压运行状态。停止时，按下停止按钮 SB2，控制电路失电，电动机停转。

自耦变压器减压起动的优点是：起动转矩和起动电流可以调节。其缺点是设备庞大，成本较高。因此，这种减压起动方法适用于额定电压为 220/380V、联结为△/丫、功率较大的三相异步电动机的减压起动。

试题精选：

自耦变压器减压起动缺点是（C）。

A. 起动转矩可以调节

B. 起动电流可以调节的电压

C. 设备庞大，成本较高

D. 不能起动△联结的电动机

鉴定点 6 　三相交流异步电动机多地控制原理

问：何谓多地控制？试分析三相交流异步电动机多地控制的原理。

答：在两处及两处以上同时控制一台电气设备，像这种能在两地或多地控制同一台电动机的控制方式叫作电动机的多地控制。

具有两地控制的过载保护接触器自锁正转控制电路如图 2-38 所示。图中 SB11、SB12 为安装在甲地的起动按钮和停止按钮；SB21、SB22 为安装在乙地的起动按钮和停止按钮。该电路的特点是：两地的起动按钮 SB11、SB21 要并联在一起；停止按钮 SB12、SB22 要串联接在一起。这样就可以分别在甲、乙两地起动和停止同一台电动机，达到操作方便的目的。

综上所述，对三地或多地控制，只要把各地的起动按钮并联、停止按钮串联就可以实现。

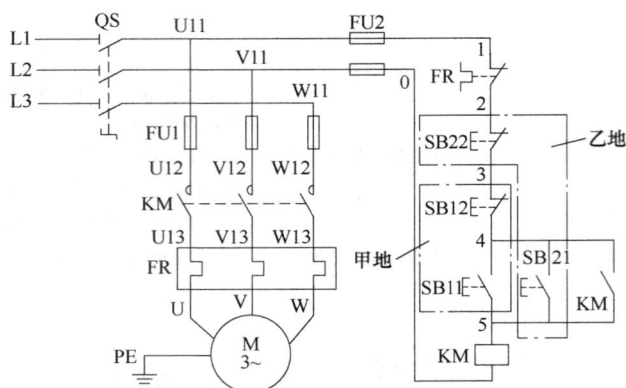

图 2-38　两地控制的过载保护接触器自锁正转控制电路

鉴定点 7　三相交流异步电动机电磁抱闸控制原理

问：何谓异步电动机的制动？简述电磁抱闸控制电路的原理。

答：所谓制动，就是给电动机一个与转动方向相反的转矩使它迅速停转（或限制其转速）。常见的制动方法分为机械制动和电力制动两大类。

机械制动是指利用机械装置使电动机断开电源后迅速停转的方法。机械制动除电磁抱闸制动外，还有电磁离合器制动。

电力制动是指使电动机在切断定子电源停转的过程中，产生一个和电动机实际旋转方向相反的电磁力矩（制动力矩），迫使电动机迅速制动停转的方法。电力制动常用的方法有：反接制动、能耗制动、电容制动和再生发电制动等。

（1）电磁抱闸　电磁抱闸制动器分为断电制动型和通电制动型两种。电磁抱闸制动器的结构和符号如图 2-39 所示。断电制动型的原理如下：当制动电磁铁的线圈得电时，制动器的闸瓦与闸轮分开，无制动作用；当线圈失电时，制动器的闸瓦紧紧抱住闸轮制动。通电制动型的原理如下：当制动电磁铁的线圈得电时，闸瓦紧紧抱住闸轮制动；当线圈失电时，

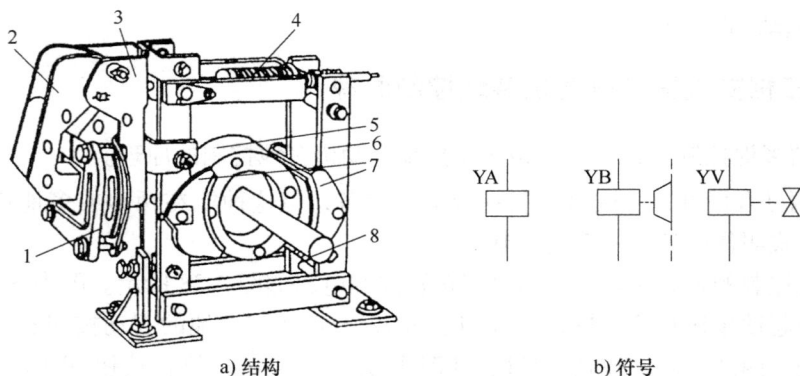

a) 结构　　　　　　　　　　　　　b) 符号

图 2-39　电磁抱闸制动器的结构和符号

1—线圈　2—衔铁　3—铁心　4—弹簧　5—闸轮　6—杠杆　7—闸瓦　8—轴

制动器的闸瓦与闸轮分开，无制动作用。

（2）电路原理分析　电磁抱闸制动器断电制动控制电路如图 2-40 所示。图中 YB 为电磁抱闸制动器。

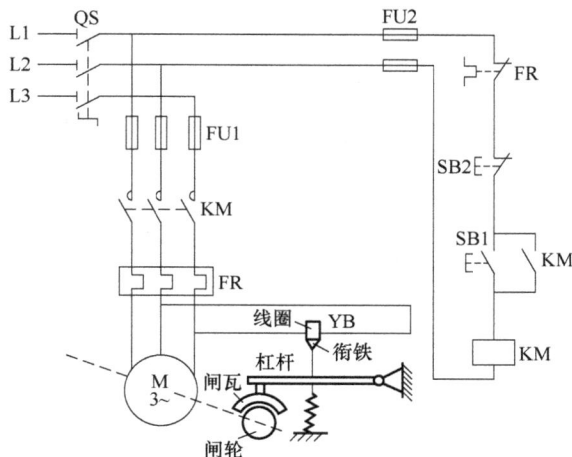

图 2-40　电磁抱闸制动器断电制动控制电路

线路的工作原理如下：

1）起动运转：先合上电源开关 QS，按下起动按钮 SB1，接触器 KM 线圈得电，其自锁触头与主触头闭合，电动机 M 接通电源，同时电磁抱闸制动器 YB 线圈得电，衔铁与铁心吸合，衔铁克服弹簧拉力，迫使制动杠杆向上移动，从而使制动器的闸瓦与闸轮分开，电动机正常运转。

2）制动停转：按下停止按钮 SB2，接触器 KM 线圈失电，其自锁触头与主触头分断，电动机 M 失电，同时电磁抱闸制动器 YB 线圈也失电，衔铁与铁心分开，在弹簧拉力的作用下，闸瓦紧紧抱住闸轮，迫使电动机被迅速制动而停转。

电磁抱闸制动器断电制动在起重机械上被广泛采用。其缺点是能够准确定位，同时可防止电动机突然断电时重物的自行坠落。当重物起吊到一定高度时，按下停止按钮，电动机和电磁抱闸制动器的线圈同时断电，闸瓦立即抱住闸轮，电动机立即制动停转，重物随之被准确定位。如果电动机在工作时，电路发生故障而突然断电时，电磁抱闸制动器同样会使电动机迅速制动停转，从而避免重物自行坠落。

试题精选：

（√）三相异步电动机的机械制动一般常采用电磁抱闸制动。

鉴定点 8　三相交流异步电动机多速控制电路的原理

问：简述异步电动机的调速原理。

答：在电动机负载不变的前提下，改变电动机转速的方法称为调速。由异步电动机的转速公式 $n = \dfrac{60f}{p}(1-s)$ 可知：改变电动机的磁极对数 p、电源频率 f 和转差率 s 中的任何一个参数，都可使电动机的转速改变。改变磁极对数调速的调速方法只适用于笼型电动机，由于电动机的磁极对数是整数，电动机的转速是阶跃式变化的，故变极调速为有级调速。

（1）双速电动机变速原理　双速电动机定子绕组共有 6 个出线端，通过改变 6 个出线端与电源的连接方式，就可得到两种不同的转速。双速电动机定子绕组的△/丫丫接线图如图 2-41 所示。低速时接成△联结，磁极为 4 极，同步转速为 1500r/min；高速时接成丫丫联结，磁极为 2 极，同步转速为 3000r/min。可见双速电动机高速运转时的转速是低速运转时的 2 倍。

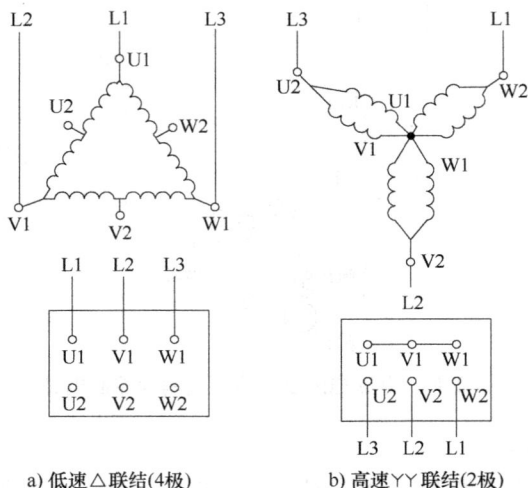

a) 低速△联结(4极)　　b) 高速丫丫联结(2极)

图 2-41　双速电动机定子绕组的△/丫丫接线图

（2）电路原理分析　用按钮和时间继电器控制双速异步电动机的控制电路如图 2-42 所示。

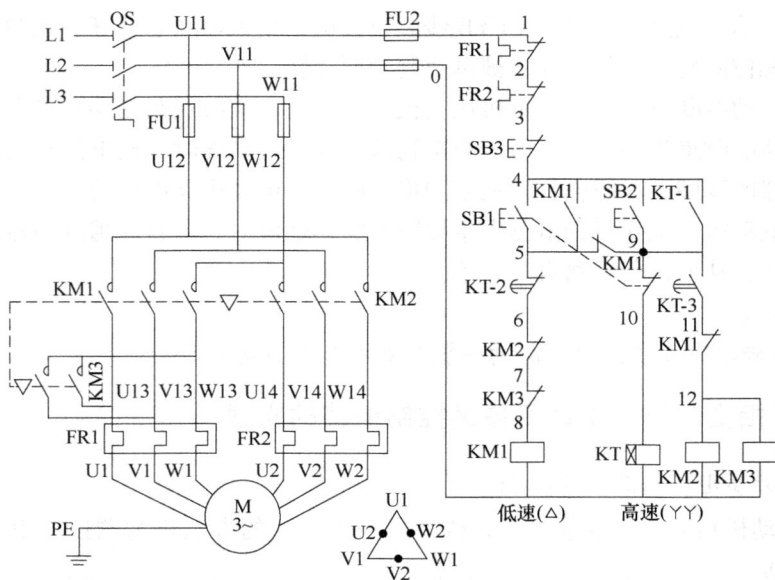

图 2-42　按钮和时间继电器控制双速异步电动机的控制电路

该电路用时间继电器 KT 控制双速异步电动机△联结起动时间和△-YY的自动换接运转。其工作原理如下：

1）△联结低速起动运转：

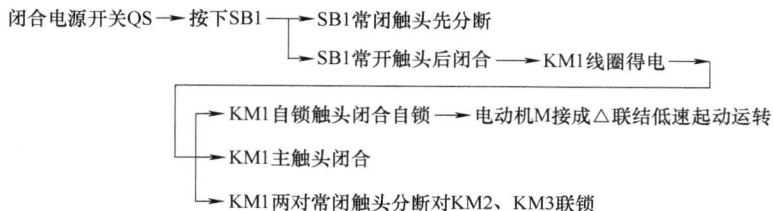

2）YY联结高速运转：

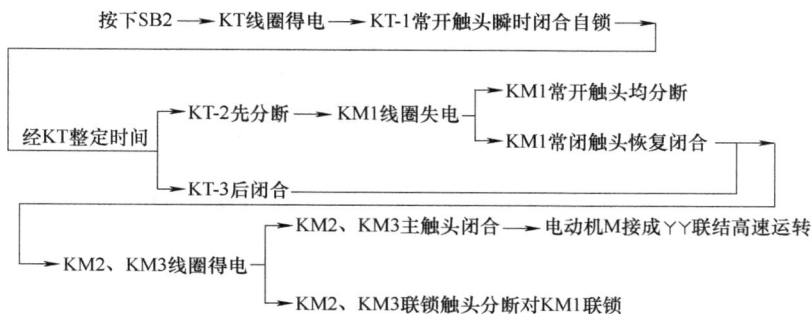

3）停止时，按下 SB3 即可。

若电动机只需高速运转，可直接按下 SB2，则电动机△联结低速起动后，YY联结高速运转。

（3）三速电动机变速原理 三速电动机有两套定子绕组，分两层安放在定子槽内，第一套绕组（双速）有七个出线端 U1、V1、W1、U3、U2、V2、W2，可作△联结和YY联结；第二套绕组（单速）有三个出线端 U4、V4、W4，只做Y联结，如图 2-43a 所示。当分别改变两套定子绕组的连接方式（即改变极对数）时，电动机就可得到三种不同的运转速度。三速异步电动机定子绕组的接线方式如图 2-43b、c、d 所示。图中 W1 和 U3 出线端分开的目的是当电动机定子绕组接成Y联结中速运转时，避免在△联结的定子绕组中产生感生电流。

试题精选：

下列方法中，属于改变转差率调速的是（A）调速。

A. 变电源电压

B. 变频

C. 变磁极对数

D. 变定子绕组电阻

鉴定点 9 异步电动机的常见故障及处理

问：异步电动机的常见故障有哪些？如何进行处理？

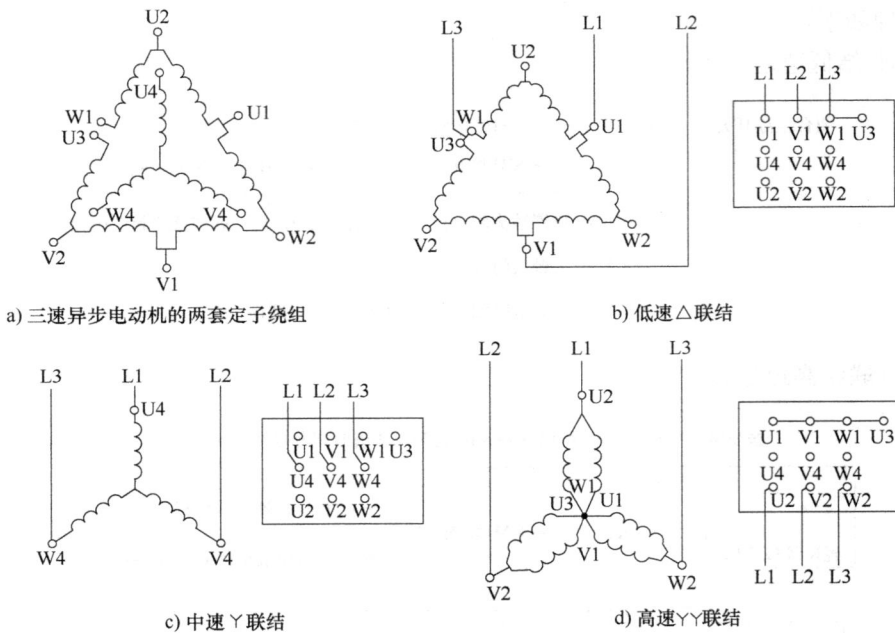

a) 三速异步电动机的两套定子绕组　　　　　　　　　b) 低速△联结

c) 中速丫联结　　　　　　　　　　d) 高速丫丫联结

图 2-43　三速异步电动机定子绕组接线图

答：异步电动机的常见故障及处理方法见表 2-10。

表 2-10　异步电动机的常见故障及处理方法

故障现象	可能原因	处理方法
接通电源后，电动机不能起动或有异常的声音	1）熔丝熔断 2）电源线或绕组断线 3）开关或起动设备接触不良 4）定子和转子相擦 5）轴承损坏或有其他异物卡住 6）定子铁心或其他零件松动 7）负载过重或负载机械卡死 8）电源电压过低 9）破裂机壳 10）绕组连线错误 11）定子绕组断路或短路	1）更换熔丝 2）查处断路处 3）修复开关或起动设备 4）找出相擦的原因，校正转轴 5）清洗、检查或更换轴承 6）将定子铁心或其他零件复位，重新焊牢或紧固 7）减轻拖动负载，检查负载机械和传动装置 8）调整电源电压 9）修补机壳或更换电动机 10）检查首尾端，正确连线 11）检查绕组断路和接地处，重新接好
电动机的转速低，转矩小	1）将△联结错接为丫联结 2）笼型转子端环、笼条断裂或脱焊 3）定子绕组局部短路或断路	1）重新接线 2）焊补修接断处或重新更换绕组 3）找出短路和断路处

(续)

故障现象	可能原因	处理方法
电动机过热或冒烟	1）电源电压过低或三相电压相差过大 2）负载过重 3）电动机断相运行 4）定子铁心硅钢片间绝缘损坏，使定子涡流增加 5）转子和定子发生摩擦 6）绕组受潮 7）绕组有短路或接地	1）查出电源电压不稳定的原因 2）减轻负载或更换功率较大的电动机 3）检查线路或绕组中断路或接触不良处，重新接好 4）对铁心进行绝缘处理或适当增加每槽的匝数 5）校正转子铁心或轴，或更换轴承 6）将绕组进行烘焙 7）修理或更换有故障的绕组
电动机轴承过热	1）装配不当使轴承受外力 2）轴承内有异物或缺油 3）轴承弯曲，使轴承受外应力或轴承损坏 4）传动带过紧或联轴器装配不良 5）轴承标准不合格	1）重新装配 2）清洗轴承并注入新的润滑油 3）矫正轴承或更换轴承 4）适当松传动带，修理联轴器或更换轴承 5）选配标准合适的新轴承

试题精选：

三相异步电动机的常见故障有：电动机不能起动、轴承过热、电动机过热和（C）。

A. 三相电压不平衡　　　　　　　　　B. 振动

C. 转速低　　　　　　　　　　　　　D. 轴承磨损

鉴定范围 8　基本电子电路的操作工艺

鉴定点 1　电子焊接的工艺要求

问：电子焊接的工艺要求有哪些？

答：电子焊接的工艺要求如下：

1）焊点必须焊牢，有一定的机械强度，锡液必须充分渗透，避免出现虚焊、漏焊，防止出现桥焊。接触电阻要小，表面光滑并有光泽，焊点大小应均匀。

2）焊接分立元器件时，清除元器件焊脚处的氧化层，并搪锡；未镀银的电路板，或镀过后发黑的，要清除氧化层，并涂上松香酒精溶液，确认元器件焊脚位置并插入孔内，剪去多余部分后下焊，每次下焊时间不得超过 2s。

3）焊接集成电路时，工作台应覆盖可靠接地的金属薄板，集成电路引脚焊接需要弯曲时不可用力过猛，焊接时要防止落锡过多。

试题精选：

焊接分立元器件时，每次下焊时间不得超过（B）。

A. 1s　　　　　　　B. 2s　　　　　　　C. 3s　　　　　　　D. 5s

鉴定点 2　电烙铁的分类

问：电烙铁是如何分类的？

答：常用的电烙铁按结构分为外热式、内热式、吸锡式和恒温式几种，它们都是利用电流的热效应进行焊接工作的。

1）外热式电烙铁的烙铁头安装在烙铁芯里面，所以称为外热式电烙铁。常用的外热式电烙铁规格有 25W、45W、75W 和 100W 等。

2）内热式电烙铁的烙铁芯安装在烙铁头里面，因而发热快，热利用率高，故称为内热式电烙铁。内热式电烙铁的常用规格有 20W、25W、50W 等几种。

3）吸锡式电烙铁是将活塞式吸锡器与电烙铁融为一体的拆焊工具。它具有使用方便、灵活、适用范围宽等特点，但不足之处是每次只能对一个焊点进行拆焊。

4）恒温式电烙铁是在电烙铁头内装有带磁铁式的温度控制器，通过控制通电时间而实现温控。恒温式电烙铁可以将温度保持稳定在一定范围内不变。

试题精选：

（√）内热式电烙铁相比同功率的外热式电烙铁发热快，热利用率高。

鉴定点 3　电烙铁的结构

问：电烙铁的结构主要由哪几部分组成？

答：电烙铁的组成如下：

1）外热式电烙铁的结构由烙铁头、烙铁芯、外壳、木柄、电源引线和插头等部分组成。

2）内热式电烙铁是由手柄、连接杆、弹簧夹、烙铁芯、烙铁头组成。

注意：烙铁头是用纯铜制成的，它的作用是存储热量和传导热量。电烙铁的温度与烙铁头的体积、形状、长短等都有一定的关系。当烙铁头的体积比较大时，保持温度的时间就长些。另外，为适应不同焊接物的要求，烙铁头的形状有所不同，常见的有锥形、凿形、圆斜面形等。

试题精选：

（√）电烙铁的温度与烙铁头的体积、形状、长短等都有一定的关系。

鉴定点 4　电烙铁种类的选择

问：如何选择电烙铁的种类？

答：选择电烙铁的种类方法：

1）焊接集成电路、晶体管及其他受热易损元器件时，应选用 20W 内热式或 25W 外热式电烙铁。

2）焊接导线及同轴电缆时，应选用 45～75W 外热式电烙铁，或 50W 内热式电烙铁。

3）焊接较大的元器件时，如大电解电容器的引脚、金属底盘接地焊片等，应选用 100W 以上的电烙铁。

试题精选：

焊接集成电路时，应选用（A）内热式电烙铁。

A. 20W　　　　　B. 25W　　　　　C. 30W　　　　　D. 45W

鉴定点 5　电烙铁的使用注意事项

问：电烙铁的使用注意事项有哪些？

答：电烙铁的使用注意事项有：

1）使用前应进行检查。用万用表检查电源线有无短路、断路；电烙铁是否漏电；电源线的装接是否牢固；螺钉是否松动；在手柄上电源线是否被顶紧；电源线套管有无破损。

2）新电烙铁在使用前必须进行处理。首先将烙铁头锉成具体的形状，然后接上电源，当烙铁头温度升至能熔化锡时，将松香涂在烙铁头上，再涂上一层锡焊，直至烙铁头的刃面部挂上一层锡，便可使用。

3）正确使用电烙铁。电烙铁的握法有反握法、正握法和握笔法三种。反握法就是用五个手指把电烙铁的手柄握在掌内。此法适用于大功率电烙铁，焊接散热量较大的被焊件。正握法使用的电烙铁功率也比较大，且多为弯形烙铁头。握笔法适用于小功率的电烙铁。

4）电烙铁不使用时，不要长期通电，以防损坏电烙铁。

5）电烙铁在焊接时，最好使用松香焊剂，以保护烙铁头不被腐蚀。电烙铁应放在烙铁架上，轻拿轻放，不要将电烙铁上的焊锡乱甩。

6）更换熔芯时要注意引线不要接错，以防发生触电事故。

试题精选：

使用电烙铁时，（C）适用于小功率的电烙铁。

A. 反握法　　　　B. 正握法　　　　C. 握笔法　　　　D. 以上都是

鉴定点 6　焊丝的分类

问：焊丝分为哪几类？

答：在电子产品装配中，一般都选用锡铅系列钎料，也称为焊锡。其形状有圆片、带状、球状、焊丝等几种。常用的是焊锡丝，在其内部夹有固体焊剂松香。焊锡丝的直径有5.0mm、4mm、3mm、2.5mm、2mm、1.5mm、1.2mm、1.0mm、0.9mm、0.8mm 和 0.5mm 等规格。焊锡丝的材料有：40Sn、45Sn、50Sn、55Sn、60Sn、63Sn 和 65Sn 等，其液相线温度分别为238℃、227℃、215℃、203℃、190℃、184℃和186℃等。

试题精选：

焊锡丝的直径有很多品种，下列不是焊锡丝直径的是（D）。

A. 0.5mm　　　　B. 0.8mm　　　　C. 1.0mm　　　　D. 1.4mm

鉴定点 7　焊丝种类的选择

问：如何选择焊丝种类？

答：焊丝的种类应根据元器件的需要进行选用。如果采用手工钎焊，要求温度200℃以上时，可采用50Sn 焊丝；如果焊接二极管、晶体管等要求温度200℃以下，应选用60Sn、63Sn 和 65Sn 型焊丝。电子线路焊接一般采用1mm、含锡量为61%的松香焊锡丝。

试题精选：

维修电工钎焊的温度在（B）。

A. 180~200℃   B. 200℃以上   C. 450℃以上   D. 500℃以上

鉴定点8　助焊剂的分类

问：助焊剂分为哪几类？

答：助焊剂又称为焊剂，可分为无机类、有机类和松香类。

1）无机类助焊剂腐蚀性最强，去除氧化膜的能力最强，但容易损伤焊盘及被焊元器件引线。

2）有机类助焊剂有较好的助焊作用，但用其去除氧化膜的能力以及腐蚀性次于无机类助焊剂，而且其焊接过程中产生的挥发气体对人体有害。

3）电子电路中的焊接通常采用松香酒精焊剂。松香酒精焊剂是用无水乙醇溶解纯松香配制成25%~30%的乙醇溶液，其优点是没有腐蚀性，具有高绝缘性能和长期的稳定性及耐湿性。焊接后清洗容易并形成覆盖焊点膜层，使焊点不被氧化腐蚀。

试题精选：

松香酒精焊剂的最主要特点是（A）。

A. 无腐蚀性   B. 腐蚀性最强

C. 去氧化膜的能力强   D. 挥发气体对人体有害

鉴定点9　助焊剂的特点

问：助焊剂有哪些特点？

答：助焊剂有以下特点：

1）助焊剂可用于清除焊件表面的氧化物和杂质。

2）助焊剂同时也能防止焊件在加热过程中被氧化以及把热量从烙铁头快速地传递到被焊物上，使预热的速度加快。

3）减少表面张力。助焊剂有助于焊锡的流动，便于焊锡润湿焊料。

试题精选：

下列不属于无机类助焊剂特点的是（A）。

A. 无腐蚀性   B. 腐蚀性最强

C. 去氧化膜的能力最强   D. 容易损伤焊盘或元器件

鉴定点10　助焊剂的使用注意事项

问：助焊剂的使用注意事项有哪些？

答：助焊剂的使用注意事项有：

1）夏季环境温度高、湿度大，在使用助焊剂时应特别注意使用安全。

2）助焊剂为常温易燃易挥发液体，应密封储存，使用环境应通风良好，远离热源、静电、火源。

3）严禁与其他类助焊剂、稀释剂混用。

试题精选：

（×）不同类别的助焊剂可以混用。

鉴定点 11　虚焊的识别

问：常见焊接缺陷有哪些？其主要原因有哪些？

答：常见焊接质量及缺陷分析如下：

1）虚焊是焊接过程中常见的缺陷之一，由此造成的故障现象是时通时断，排查困难。造成虚焊的原因如下：

① 使用了不良的钎料。钎料内有害杂质过多，浸润性不强，不能与被焊金属形成良好的合金，进而造成虚焊。

② 焊盘及元器件引线氧化。焊盘及元器件引线放置时间过长，极易造成氧化而影响钎料的浸润性，故而造成虚焊。

③ 焊接方法不当。助焊剂选用不当，焊接加热温度未达到要求，焊接时间过短等也是造成虚焊的主要原因。克服的办法就是操作者要具有很强的责任心，严格按照焊接的操作工艺进行操作，避免人为造成的虚焊。

2）焊点过大或过小。焊点过大是在焊接过程中因送锡量控制不当而造成钎料浪费；焊点过小则是因为钎料量过少而降低焊点的机械强度。

3）焊点无光泽。焊点无光泽有两方面原因：一方面是钎料本身含杂质过高，另一方面是焊接过程中加热时间太长，温度太高，造成焊点无光泽。

4）焊盘脱落。焊盘脱落的主要原因是焊接过程中温度过高，印制电路板基板材料质量不好。因此，在焊接过程中对于焊盘面积较小的焊点要尽量缩短焊接时间。同时，在焊接操作时使用的力量不宜过大、过猛，否则也易造成焊盘机械损伤而脱落。

试题精选：

（√）焊点过大是在焊接过程中因送锡量控制不当而造成钎料浪费。

鉴定范围 9　电子电路的调试与维修

鉴定点 1　二极管的判别

问：如何识别与检测二极管？

答：常用的晶体二极管有：2AP、2CP、2CZ 系列。2AP 主要用于检波和小电流整流；2CP 主要用于较小功率的整流；2CZ 主要用于大功率整流。一般在二极管的管壳上注有极性标记；若无标记，可利用二极管的正向电阻小、反向电阻大的特点来判别其极性。同时也可利用这一特点判断二极管的好坏。判断时，常用万用表的电阻档，对于耐压低、电流小的二极管只能用万用表的 $R×100$ 档或 $R×1k$ 档。

（1）性能判别　用万用表的 $R×100$ 档或 $R×1k$ 档判别二极管的极性时，要注意调零。晶体二极管正、反向电阻相差越大越好。两者相差越大，表明二极管的单向导电特性越好；如果二极管的正、反向电阻值很相近，表明管子已坏。若正、反向电阻都很小或为零，则说明管子已被击穿，两电极已短路；若正、反向电阻都很大，则说明管子内部已断路，不能使用。

二极管的主要故障有断路、击穿、单向导电性变差（正向电阻变大或反向电阻变小）及性能变差等。通常二极管的正反向电阻相差越悬殊，说明它的单向导电性越好。

（2）极性判别 在测试正、反向电阻时，当测得的电阻值较小时，与黑表笔相连的那个电极是二极管的正极；当测得的电阻值较大时，与黑表笔相连的电极是二极管的负极。

由于二极管的正、反向电阻和测量电流大小相关，所以一个管子的正、反向电阻用不同的电阻档测量出来的电阻值会有差别。

试题精选：

（×）如果二极管的正、反向电阻值都很大，表明管子已击穿。

鉴定点 2 稳压二极管的特性

问：稳压二极管具有哪些特性？

答：稳压二极管是一种特殊的面接触型半导体硅二极管，它的伏安特性曲线如图 2-44a 所示。通过伏安特性曲线可以看出正向特性与普通二极管相似，而反击穿特性曲线很陡。

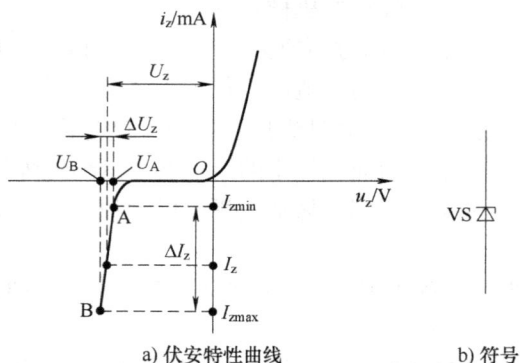

a) 伏安特性曲线　　　　b) 符号

图 2-44　稳压二极管

在正常情况下，稳压二极管工作在反向击穿区，由于曲线很陡，反向电流在很大范围内变化时其两端电压却基本保持不变，因而具有稳压作用。只要控制反向电流不超过一定值，管子就不会过热而损坏。

硅稳压二极管应用时应注意：

1）在电路中需反接（即稳压二极管的负极接电路中的高电位，正极接低电位）才能稳定电压。若接反，相当于电源短路，电流过大会使稳压二极管过热烧毁。

2）稳压二极管必须在电源电压高于它的稳压值时才能稳压。

3）使用时当一个稳压二极管的稳压值不够，可以用多个稳压二极管串联使用，但绝对不能并联使用。

试题精选：

稳压二极管工作在（C）。

A. 正向导通区　　　B. 反向截止区　　　C. 反向击穿区　　　D. 死区

鉴定点 3　稳压二极管的判别

问：如何判别稳压二极管？

答：1）用 $R×1$ 档测出二极管的正、负引脚，稳压二极管在反向击穿前的导电特性与一般二极管相似，因而可以通过检测正反向电阻的方法来判别极性。

2）将万用表拨至 $R×10k$ 档上，黑表笔接二极管的负极，红表笔接二极管的正极，若此时测的反向电阻值变得很小，说明该管为稳压二极管；反之，测的反向电阻仍很大，说明该管为普通二极管。

3）如果是三电极稳压二极管，先假设被测管是三个引脚的稳压二极管，然后将万用表拨至 $R×1k$ 档，用黑表笔任接一个引脚，红表笔分别接另两个引脚，测的第一组两个电阻值；黑表笔再换一个引脚用同样的方法测第二组两个电阻值，再重复此法，获得第三组两个电阻值；在三组数值中若有一组中的两个阻值十分接近且为最小，黑表笔所接引脚为假设稳压二极管的三脚。

试题精选：

（√）判别稳压二极管管脚极性的方法与判断普通二极管相似。

鉴定点 4　晶体管的判别

问：如何识别与检测晶体管？

答：（1）晶体管的管型和电极识别

1）根据管子的外形粗略判别出它们的管型来。目前市场上的小功率金属壳晶体管，NPN 型管比 PNP 型管低得多，且有一突出的标志；对塑封小功率晶体管来说，也多为 NPN 型管。

2）将万用表拨在 $R×100$ 档（或 $R×1k$ 档），先找基极。用黑表笔接触晶体管的一根引脚，红表笔分别接触两个引脚，测得一组（两个）电阻值；黑表笔依次换接晶体管其余两个引脚，重复上述操作，又测得两组电阻值。将所测的电阻值进行比较，当某一组中的两个电阻值基本相同时，黑表笔所接的引脚为晶体管的基极。若该组两个阻值为三组中的最小值，则说明被测管为 NPN 型；若该组两个阻值为三组中的最大值，则说明被测管为 PNP 型。

（2）硅锗管的判别　用万用表 $R×1k$ 档测量晶体管发射结的正反向电阻大小（对 NPN 型管，黑表笔接基极，红表笔接发射极；对 PNP 型管，则黑红表笔对调一下）。若测得阻值为 $3~10k\Omega$，说明是硅管，若为 $500~1000\Omega$，说明是锗管。

（3）晶体管引脚的判别

1）利用晶体管的三个引脚分布规律来识别晶体管管脚。

2）NPN 管的极性判别。在判断出管型和基极的基础上，将万用表拨在 $R×1k$ 档上，用黑、红表笔接基极之外的两个引脚，再用手同时捏住黑表笔接的电极（手相当于一个电阻器），注意不要使两表笔相碰，此时注意观察万用表指针向右摆动的幅度；然后，将红黑表笔对调，重复上述的步骤。比较两次检测中向右摆动的幅度，以摆动幅度大的那次为准，黑表笔接的是集电极，红表笔接的是发射极。注意：用万用表的 $R×1k$ 档先确定基极和管型（是 NPN 型或 PNP 型），再确定集电极和发射极。

3）PNP 型管的极性判别。用万用表拨在 $R×100$ 或 $R×1k$ 档，将黑、红表笔接基极之外的两根引脚，再用手同时捏住黑表笔接的电极（手相当于一个电阻器），注意不要使两表笔相碰，此时注意观察万用表指针向右摆动的幅度；然后，将红黑表笔对调，重复上述的步骤。比较两次检测中向右摆动的幅度，以摆动幅度大的那次为准，黑表笔接的是发射极，红表笔接的是集电极。

试题精选：

晶体管引脚判别时，首先要先判断出（A）。

A. 基极   B. 集电极   C. 发射极   D. 管型

鉴定点 5　直流稳压电路的组成

问：直流稳压电路主要由哪几部分组成？

答：直流稳压电源是各种电子电路常用的直流电源，常用的直流稳压电源由降压变压器、整流电路、滤波电路和稳压电路四部分组成。稳压电路可以保证当电网电压或负载变化时输出电压保持稳定。

（1）整流电路　将交流电变换成脉动直流电的电路称为整流电路。根据相数来分，整流电路可分为：单相整流电路和三相整流电路。单相整流电路又分为最基本的单相半波整流电路和应用最广的单相桥式整流电路。

（2）滤波电路　把脉动直流电的交流成分滤掉。常用的滤波电路有电容滤波电路、电感滤波电路、复式滤波电路等。

（3）稳压电路　交流电经整流、滤波后已经变成比较平滑的直流电，但还不够稳定，如果电源电压波动或负载发生变化时，输出直流电压也随着变化。为了获得稳定性好的直流电源，在整流滤波之后还要接入稳压电路。

目前，中小功率设备中广泛采用的稳压电路有并联型稳压电路、串联型稳压电路、集成稳压电路等。

试题精选：

（D）不是稳压电路的组成部分。

A. 整流   B. 滤波   C. 稳压   D. 反馈

鉴定点 6　稳压二极管稳压电路的工作原理

问：何谓硅稳压二极管稳压电路？其工作原理如何？

答：图 2-45 所示为硅稳压二极管的稳压电路。电阻 R 是用来限制电流的，使稳压二极管电流 I_Z 不超过允许值，另一方面还利用它两端电压升降使输出电压 U_L 趋于稳定。稳压二极管 VS 反并在直流电源两端，使它工作在反向击穿区。经电容滤波后的直流电压通过电阻器 R 和稳压二极管组成的稳压电路接到负载上，负载上得到的就是一个比较稳定的电压。其工作原理如下：

输入电压 U_i 经 R 加到稳压二极管和负载 R_L 上，$U_i=IR+U_L$。稳压二极管中的电流 I_Z 与

负载电流 I_L 的关系为：$I=I_Z+I_L$。

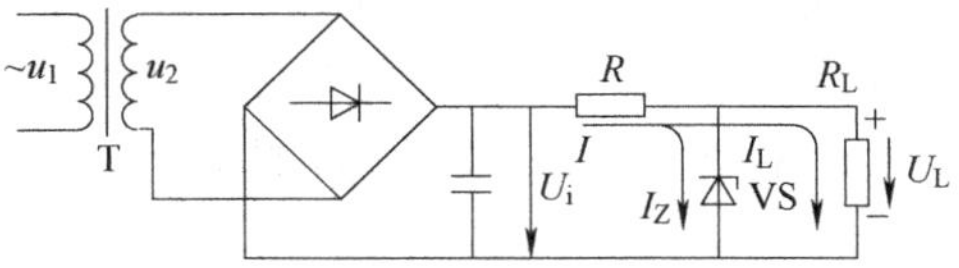

图 2-45　硅稳压二极管稳压电路

设负载电阻 R_L 不变，当电网电压 u_1 波动升高，使稳压电路的输入电压 U_i 上升，引起稳压二极管 VS 两端电压增加，输出电压 U_L 也增加，根据稳压二极管反向击穿特性，只要 U_L 有少许增大，就使 I_Z 显著增加，使流过 R 的电流 I 增大，电阻 R 上压降增大（$U=IR$），使输出电压 U_L 保持近似稳定。上述过程可描述为：

$$u_1\uparrow\rightarrow U_i\uparrow\rightarrow U_L\uparrow\rightarrow I_Z\uparrow\rightarrow IR\uparrow\rightarrow U_L\downarrow$$

反之，如果电源电压 u_1 下降，其工作过程与上述相反，U_L 仍近似稳定。

设稳压电路的输入电压 u_1 保持不变，当负载电阻 R_L 减小，I_L 增大时，电阻 R 上压降增大，输出电压 U_L 下降，稳压二极管两端电压也下降，电流 I_Z 立即减小。如果 I_L 的增加量和 I_Z 的减小量相等，则 I 不变。这样输出电压也不变。上述过程可描述为：

$$R_L\downarrow\rightarrow I_L\uparrow\rightarrow I\uparrow\rightarrow IR\uparrow\rightarrow U_L\downarrow\rightarrow I_Z\downarrow\rightarrow U_L\uparrow$$

如果负载电流 I_L 下降，其工作过程与上述相反，U_L 仍保持不变。

在这种电路中，稳压二极管的稳定电流应按负载电压选取，即

$$U_Z=U_L$$

若一个稳压二极管的稳压值不够，可用多个稳压二极管串联。

稳压二极管的最大稳定电流 I_{ZM} 大致应是负载电流 I_{LM} 的两倍以上，即 $I_{ZM}\geq 2I_{LM}$。

试题精选 1：

硅稳压二极管稳压电路中的稳压二极管工作在（C）。

A. 正向导通区　　　　　　　　　　B. 反向截止区

C. 反向击穿区　　　　　　　　　　D. 正向导通区或反向截止区

试题精选 2：

稳压二极管的最大稳定电流 I_{ZM} 大致应是负载电流 I_{LM} 的（B）倍以上。

A. 1　　　　　　　B. 2　　　　　　　C. 3　　　　　　　D. 4

鉴定点 7　简单串联稳压电路的工作原理

问：简述串联稳压电路的工作原理。

答：由电压调整器件和负载相串联的电路称为串联型稳压电路。简单的晶体管串联型稳压电路如图 2-46 所示。R_1 既是稳压二极管 VS 的限电流电阻，又是调整管 VT 的基极偏置电阻，它和稳电二极管 VS 组成基本稳压电路，向调整管基极提供一个稳定的直流电压 U_Z，称为基准电压。

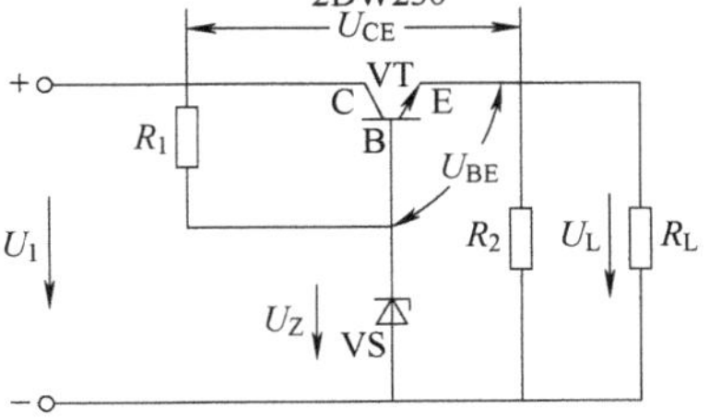

当负载 R_L 开路时，由电阻 R_2 提供给调整管一

图 2-46　简单的晶体管串联型稳压电路

个直流通路。调整晶体管基极电流 I_B 就可以控制 U_{CE} 的变化。由于 $U_{BE} = U_Z - U_L$，$U_L = U_i -$ U_{CE}，当负载电阻不变时，电源电压升高引起输入电压 U_i 增大，导致稳压电路输出电压 U_L 增大。由于稳压二极管 VS 的稳定电压 U_Z 不变，则 U_{BE} 将减小。使晶体管基极电流减小，集电极电流也减小，使 U_{CE} 增大，最终使 U_L 下降，保持输出电压 U_L 基本不变。稳压过程如下：

$$U_i \uparrow \rightarrow U_L \uparrow \rightarrow U_{BE} \downarrow \rightarrow I_B \downarrow \rightarrow I_C \downarrow \rightarrow U_{CE} \uparrow \rightarrow U_L \downarrow$$

当输入电压 U_i 减小时，稳压过程与上述过程相反。

若输入电压 U_i 不变，负载电阻 R_L 减小引起负载电流 I_L 增大，稳压电路输出电压减小，因 U_Z 不变，U_L 减小时，U_{BE} 增大，使 I_B 增大，U_{CE} 减小，从而使 U_L 基本不变，稳压过程如下：

$$R_L \downarrow \rightarrow I_L \uparrow \rightarrow U_L \downarrow \rightarrow U_{BE} \uparrow \rightarrow I_B \uparrow \rightarrow I_C \uparrow \rightarrow U_{CE} \downarrow \rightarrow U_L \uparrow$$

当负载电阻 R_L 增大时，稳压过程与上述过程相反。

串联型稳压电路还可做成三端可调式集成稳压器。

试题精选：

串联型稳压电路的调整管工作在（A）状态。

A. 放大   B. 截止   C. 饱和   D. 开关

鉴定点 8   基本放大电路的组成

问：基本放大电路主要由哪几部分组成？放大电路常见的几种形式有哪些？

答：共发射极放大电路如图 2-47 所示。共发射极放大电路中各元器件的作用如下：

1）晶体管 VT 具有电流放大作用，是放大电路中的核心器件。

2）基极偏置电阻 R_B 的作用是向晶体管的基极提供正向偏置电流，并向发射结提供必需的正向偏置电压。

3）集电极直流电源 U_{CC} 有两个作用，一方面通过 R_B 给晶体管提供发射结正向偏压，同时又给晶体管的集电结提供反偏所需的电压，使晶体管处于放大工作状态；另一方面给放大电路提供能源。

4）集电极电阻 R_C 的作用是把晶体管的电流放大以电压放大的形式表现出来。

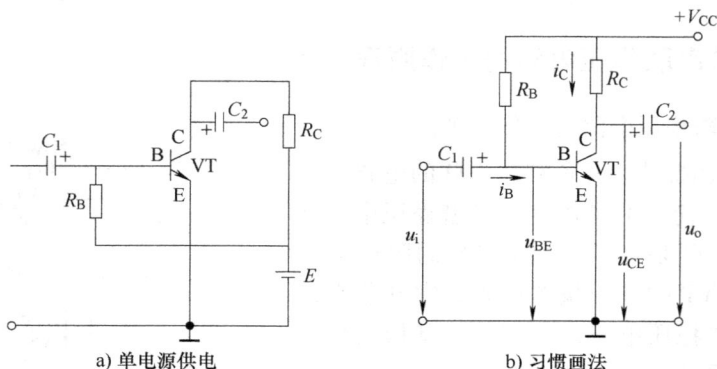

a) 单电源供电   b) 习惯画法

图 2-47   共发射极放大电路

5）耦合电容器 C_1 和 C_2 分别接在放大电路的输入端和输出端，利用电容器隔直流通交流的特点，一方面避免放大电路的输入端与信号源之间，输出端与负载之间直流电的相互影响，使晶体管的静态工作点不致因接入信号源负载而发生变化，另一方面又要保证输入和输出的交流信号畅通地进行传输。C_1 和 C_2 通常要用电解电容器。

放大电路还常常采用共集电极放大电路和共基极放大电路。几种放大电路的作用如下：

（1）共发射极放大电路　既有电压放大作用，又有电流放大作用。共发射极放大电路放大作用的实质是基极电流对集电极电流的控制作用。

（2）共集电极放大电路　没有电压放大作用，只有电流放大作用。

（3）共基极放大电路　只有电压放大作用，没有电流放大作用。

试题精选：

只具有电流放大作用，而没有电压放大作用的放大电路是（B）。

A. 共发射极放大电路 　　　　　　B. 共集电极放大电路

C. 共基极放大电路 　　　　　　　D. 不能确定

鉴定点 9　基本放大电路的原理

问：简述基本放大电路的工作原理。

答：共发射极基本放大电路如图 2-47 所示。共发射极基本放大电路的工作原理如下：

1）输入信号 $u_i=0$ 时，输出信号 $u_o=0$。这时在直流电源电压 V_{CC} 作用下通过 R_B 产生了 I_{BQ}，经晶体管的电流放大，转换为 I_{CQ}，I_{CQ} 通过 R_C 在 C-E 极间产生了 U_{CEQ}。I_{BQ}、I_{CQ}、U_{CEQ} 均为直流量，即静态工作点。

2）若输入信号电压 u_i 不为 0，即 $u_i \neq 0$ 时，称为动态。通过电容 C_1 送到晶体管的基极和发射极之间，与直流电压 U_{BEQ} 叠加，这时基极总电压为

$$u_{BE} = U_{BEQ} + u_i$$

这里所加的 u_i 为低频小信号，工作点在输入特性曲线线性区域移动，电压和电流近似为线性关系。在 u_i 的作用下产生基极电流 i_b，这时基极总电流为

$$i_B = I_{BQ} + i_b$$

i_B 经晶体管的电流放大，这时集电极总电流为

$$i_C = I_{CQ} + i_c$$

i_C 在集电极电阻 R_C 上产生电压降 $i_c R_C$（为了便于分析，假设放大电路为空载），使集电极电压 $u_{CE} = V_{CC} - i_c R_C$

经变换：　　　　　　　　　　$$u_{CE} = U_{CEQ} + (-i_c R_C)$$

即　　　　　　　　　　　　　$$u_{CE} = U_{CEQ} + u_{ce}$$

由于电容 C_2 的隔直作用，在放大器的输出端只有交流分量 u_{ce} 输出，输出的交流电压为

$$u_o = u_{ce} = -i_c R_C$$

式中，"–"号表示输出交流电压 u_o 与 i_c 相位相反。

只要电路参数能使晶体管工作在放大区，且 R_C 足够大，则 u_o 的变化幅度将比 u_i 变化幅度大很多倍，由此说明该放大器对 u_i 进行了放大。

电路中，u_{BE}、i_B、i_C 和 u_{CE} 都是随 u_i 的变化而变化，它的变化作用顺序如下：

$$u_i \rightarrow u_{BE} \rightarrow i_B \rightarrow i_C \rightarrow u_{CE} \rightarrow u_o$$

放大器动态工作时，各电极电压和电流的工作波形，如图 2-48 所示。

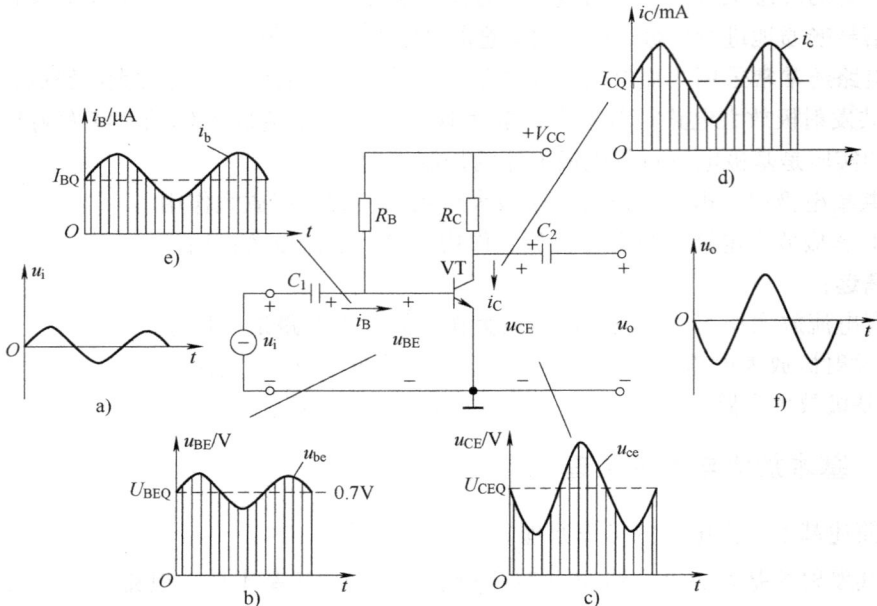

图 2-48　共射极基本放大电路各极电压、电流工作波形

放大电路设置静态工作点的目的是为了避免非线性失真。静态工作点过高将产生饱和失真，静态工作点过低将产生截止失真。通常，要使放大电路有最大的不失真输出信号，静态工作点要设置在交流负载线的中点上。

试题精选：

在共发射极放大电路中，若静态工作点过低，将产生（C）。

A. 饱和失真　　　　B. 交越失真　　　　C. 截止失真　　　　D. 直流失真

鉴定点 10　基本放大电路的简单计算

问：如何计算基本放大电路的静态值和动态值？

答：基本放大电路的静态值和动态值的计算方法如下：

（1）求静态工作点　由直流通路可推导出有关近似估算静态工作点的公式，见表 2-11。

表 2-11　近似估算静态工作点

静态工作点		说　明
基极偏置电流	$I_{BQ} = \dfrac{V_{CC} - U_{BEQ}}{R_B} \approx \dfrac{V_{CC}}{R_B}$	晶体管 U_{BEQ} 很小（硅管为 0.7V，锗管为 0.3V），与 V_{CC} 相比可忽略不计
静态集电极电流	$I_{CQ} \approx \beta I_{BQ}$	根据晶体管的电流放大原理
静态集电极电压	$U_{CEQ} = V_{CC} - I_{CQ} R_C$	根据回路电压定律

（2）放大器的输入电阻、输出电阻和电压放大倍数　所谓交流通路是指交流信号流通的路径。在画交流通路时，因电容通交流，而直流电源的内阻又很小，所以把电容和直流电源都视为交流短路。图 2-49 所示为放大电路的交流通路。

1）输入电阻 R_i：是指从放大器的输入端看进去的交流等效电阻。

晶体管的基极与发射极间可等效为 r_{be}，r_{be} 可按下面的经验公式进行估算，即

$$r_{be} = 300 + (1+\beta)\frac{26}{I_{EQ}}$$

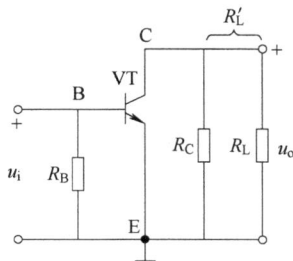

图 2-49　放大电路的交流通路

式中，I_{EQ} 为静态时发射极电流，单位为 mA。一般情况下，r_{be} 为 1kΩ 左右。

放大器的输入电阻 $R_i \approx r_{be}$。

对信号源来说，放大器是其负载，输入电阻 R_i 表示信号源的负载电阻。一般情况下，希望放大器的输入电阻尽可能大些，这样，向信号源（或前一级电路）汲取的电流小，有利于减轻信号源的负担。

2）输出电阻 R_o：对负载来说，放大器又相当于一个具有内阻的信号源，这个内阻就是放大电路的输出电阻。

当负载发生变化时，输出电压发生相应的变化，放大器的带负载能力差。因此，为了提高放大电路的带载能力，应设法降低放大电路的输出电阻。

通过交流通路可推出，输出电阻 $R_o \approx R_C$。

3）电压放大倍数 A_u：所谓电压放大倍数是指输出电压 u_o 与输入信号 u_i 之比，即

$$A_u = \frac{u_o}{u_i}$$

通过交流通路，可推出空载时的电压放大倍数 $A_u = -\dfrac{\beta R_c}{r_{be}}$。

有载时的电压放大倍数 $A_u = -\dfrac{\beta R_L'}{r_{be}}$。

试题精选：

如图 2-48 所示，$V_{CC} = 12\text{V}$，$R_B = 400\text{k}\Omega$，$R_C = 5\text{k}\Omega$，$\beta = 40$，则 $U_{CEQ} = （\text{D}）$。

A. 3V　　　　　　B. 4V　　　　　　C. 5V　　　　　　D. 6V

（二）中级应知

鉴定范围 1　低压电器的选用

鉴定点 1　中间继电器及其选用

问：如何选用中间继电器？

答：中间继电器是用来增加控制电路中的信号数量或将信号放大的继电器。中间继电器主要依据被控制电路的电压等级，所需触头的数量、种类、容量等要求来选择。

试题精选：

用来增加控制电路中的信号数量或将信号放大的继电器是（B）。

A. 热继电器   B. 中间继电器

C. 接触器   D. 压力继电器

鉴定点 2 时间继电器及其选用

问：如何选择时间继电器？

答：时间继电器是作为辅助元件用于各种保护及自动装置中，使被控元件达到所需要的延时动作的继电器。时间继电器的选用原则是：

1）根据系统的延时范围和精度选择时间继电器，对延时精度要求不高的场所应选用空气阻尼式时间继电器；对延时精度要求较高的场合宜采用晶体管式时间继电器。

2）根据控制电路的要求选择时间继电器的延时方式（通电延时或断电延时），同时还要考虑电路对瞬动触头的要求。

3）根据控制电路的电压选择时间继电器的线圈电压。

试题精选：

对于环境温度变化大的场合，不宜选用（A）时间继电器。

A. 晶体管式   B. 电动式   C. 液压式   D. 手动式

鉴定点 3 计数器及其选用

问：何谓计数器？如何选用计数器？

答：计数器是利用光电元件制成的自动计数装置。其工作原理是从光源发出的一束平行光照射在光电元件（如光电管、光敏电阻等）上，每当这束光被遮挡一次时，光电元件的工作状态就改变一次，通过放大器可使计数器记下被遮挡的次数。计数器常用于记录成品数量或展览会参观者人数。

试题精选：

（√）计数器是利用光电元件制成的自动计数装置。

鉴定点 4 断路器的选用

问：如何选用断路器？

答：低压断路器简称断路器。它是低压配电网络和电力拖动系统中常用的一种配电电器，它集控制和多种保护功能于一体，在正常情况下可用于不频繁接通和断开电路以及控制电动机的运行。当电路发生短路、过载和失电压等故障时，能自动切断故障电路、保护电路和电气设备。

1）断路器的工作电压应大于或等于线路或电动机的额定电压。

2）断路器的额定电流应大于或等于线路的实际工作电流。

3）热脱扣器的整定电流应等于所控制的电动机或其他负载的额定电流。

4) 电磁脱扣器的瞬时动作整定电流应大于负载电路正常工作时可能出现的峰值电流。对单台电动机主电路电磁脱扣器额定电流 I_{NL} 可按下式选取：

$$I_{NL} \geq KI_{st}$$

式中，K 为安全系数，对 DZ 型取 $K = 1.7$，对 DW 型取 $K = 1.35$；I_{st} 为电动机起动电流。

5) 断路器欠电压脱扣器的额定电压应等于线路的额定电压。

试题精选：

短路电流很大的电气线路中，宜选用（B）断路器。

A. 塑壳式   B. 限流型

C. 框架式   D. 直流快速断路器

鉴定点 5　热继电器的选用

问：如何选用热继电器？

答：热继电器是利用电流的热效应对电动机或其他用电设备进行过载保护的控制电器，主要用于电动机的过载保护、断相保护、电流不平衡运行的保护及其他电气设备发热状态的控制。

在选用热继电器时应注意两点：一是选择热继电器的额定电流时应根据电动机或其他用电设备的额定电流来确定；二是热继电器的热元件有两相或三相两种形式，在一般工作机械电路中可选用两相的热继电器，但是，当电动机做三角形联结并以熔断器作短路保护时，则选用带断相保护装置的三相热继电器。

试题精选：

对于△联结的异步电动机应选用（B）结构的热继电器。

A. 四相   B. 三相   C. 两相   D. 单相

鉴定点 6　接触器的选用

问：如何选用接触器？

答：接触器是一种自动的电磁式开关，适用于远距离频繁地接通或断开交、直流主电路及大容量控制电路。它不仅能实现远距离自动操作和欠电压释放保护功能，而且还具有控制容量大、工作可靠、操作效率高、使用寿命长等优点，在电力拖动系统中得到了广泛的应用。

1) 接触器主触头的额定电压应大于或等于控制电路的额定电压。

2) 接触器控制电阻性负载时，主触头的额定电流应等于负载的额定电流；控制电动机时，主触头的额定电流应大于或稍大于电动机的额定电流。

3) 当控制电路简单，使用电器较少时，为节省变压器，可直接选用 380V 或 220V 的电压。当控制电路复杂，使用电器超过 5 个时，从人身和设备安全角度考虑，吸引线圈电压要选低一些，可用 36V 或 110V 电压的线圈。

4) 选择接触器的触头数量及类型。接触器的触头数量类型应满足控制电路的要求。

试题精选：

（×）交流接触器与直流接触器可以互相替换。

鉴定范围2　继电器及接触器控制电路的安装与调试

鉴定点1　三相笼型异步电动机顺序控制原理

问：何谓多台电动机的顺序控制？举例分析多台电动机顺序控制电路及工作原理。

答：要求几台电动机的起动或停止必须按一定的先后顺序来完成的控制方式，称为电动机的顺序控制。顺序控制可以通过控制电路实现，也可通过主电路实现，几种顺序控制电路及其特点分别见表2-12和表2-13。

表2-12　顺序控制电路及其特点（1）

在控制电路中实现顺序控制	特　　点
	电动机M2的控制电路先与接触器KM1的线圈并接后再与KM1的自锁触头串接，这样保证了M1起动后，M2才能起动的顺序控制要求
	在电动机M2的控制电路中串接了接触器KM1的常开辅助触头。显然，只要M1不起动，即使按下SB21，由于KM1的常开辅助触头未闭合，KM2线圈也不能得电，从而保证了M1起动后，M2才能起动的控制要求。电路中停止按钮SB12控制两台电动机同时停止，SB22控制M2的单独停止

（续）

在控制电路中实现顺序控制	特　　点
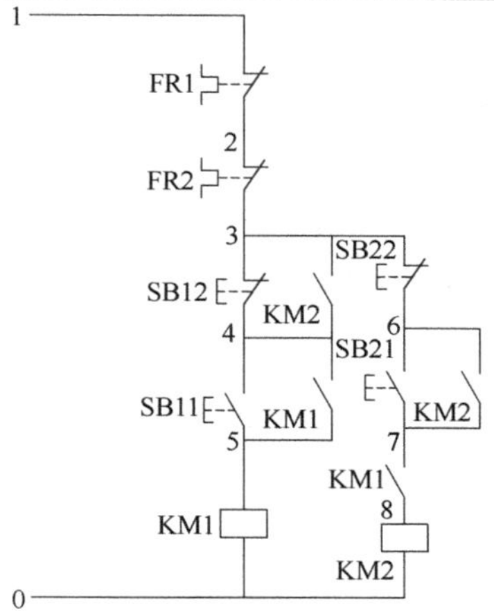	这是两台电动机顺序起动、逆序停转控制电路。该电路是在电动机 M2 的控制电路中串接了接触器 KM1 的常开辅助触头。显然，只要 M1 不起动，即使按下 SB21，由于 KM1 的常开辅助触头未闭合，KM2 线圈也不能得电，从而保证了 M1 起动后，M2 才能起动的控制要求。在 SB12 的两端并接了接触器 KM2 的常开辅助触头，从而实现了 M2 停止后 M1 才能停止的控制要求，即 M1、M2 是顺序起动，逆序停止的

表 2-13　顺序控制电路及其特点（2）

在主电路实现顺序控制	特　　点
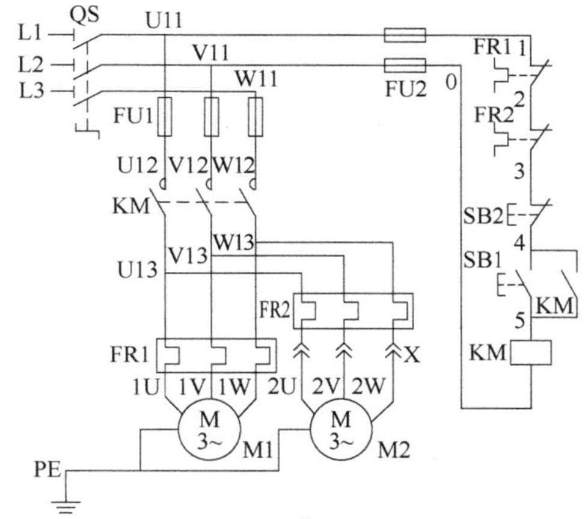 a)	电动机 M2 通过接插器 X 接在接触器 KM 主触头的下面，因此，只有当 KM 主触头闭合，电动机 M1 起动运转后，电动机 M2 才可能接电源运转
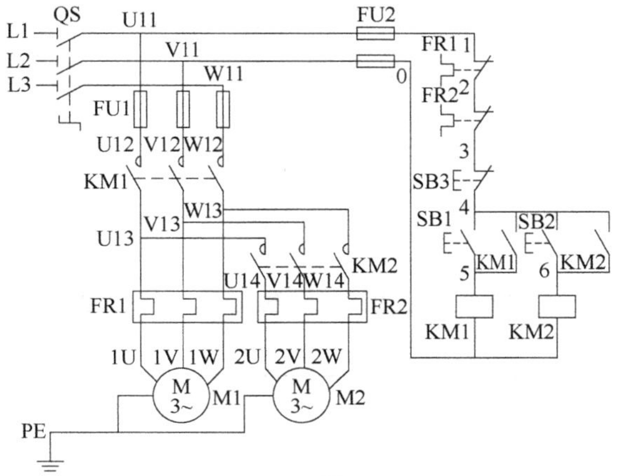 b)	电动机 M1 和 M2 分别通过接触器 KM1 和 KM2 来控制，接触器 KM2 的主触头接在接触器 KM1 触头的下面，这样保证了当前 KM1 主触头闭合、电动机 M1 起动运转后，M2 才可能接通电源运转

表 2-13 中图 b 所示电路的工作原理如下：

1. M1、M2 顺序起动

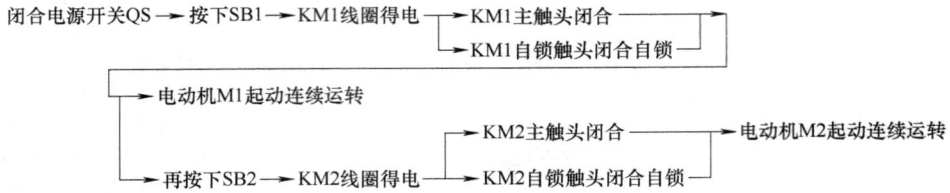

闭合电源开关QS → 按下SB1 → KM1线圈得电 ┌→ KM1主触头闭合 ┐
                                      └→ KM1自锁触头闭合自锁 ┘

┌→ 电动机M1起动连续运转
│   ┌→ KM2主触头闭合 → 电动机M2起动连续运转
└→ 再按下SB2 → KM2线圈得电 ┤
                                     └→ KM2自锁触头闭合自锁

2. M1、M2 同时停转

按下 SB3 → 控制电路失电 → KM1、KM2 主触头分断 → 电动机 M1、M2 同时停转

试题精选：

多台电动机的顺序控制电路（B）。

A. 只能通过主电路实现

B. 既可以通过主电路实现，又可以通过控制电路实现

C. 只能通过控制电路实现

D. 必须要主电路和控制电路同时具备该功能才能实现

鉴定点 2　三相笼型异步电动机位置控制原理

问：何谓位置控制？举例分析异步电动机位置控制电路的工作原理。

答：位置控制是一种利用生产机械的运动部件上的挡铁与位置开关碰撞，使其触头动作，来接通和断开电路，以实现对生产机械运动部件的位置和行程控制。

1. 位置控制电路（见图 2-50）

该电路的工作原理如下：

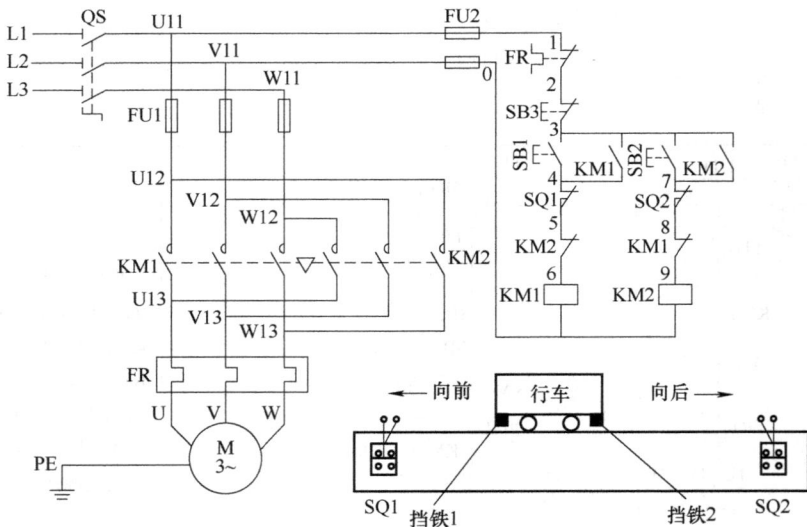

图 2-50　位置控制电路

（1）行车向前运动

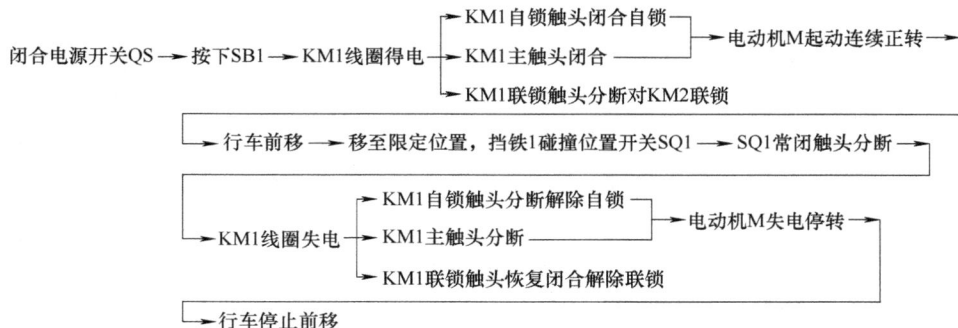

```
                              ┌─→ KM1自锁触头闭合自锁 ─┐
闭合电源开关QS ─→ 按下SB1 ─→ KM1线圈得电 ├─→ KM1主触头闭合 ──────┼─→ 电动机M起动连续正转 ─┐
                              └─→ KM1联锁触头分断对KM2联锁 ┘
```

```
┌─→ 行车前移 ─→ 移至限定位置，挡铁1碰撞位置开关SQ1 ─→ SQ1常闭触头分断 ─┐
```

```
                              ┌─→ KM1自锁触头分断解除自锁 ─┐
└─→ KM1线圈失电 ├─→ KM1主触头分断 ──────────┼─→ 电动机M失电停转 ─┐
                              └─→ KM1联锁触头恢复闭合解除联锁 ┘
```

```
└─→ 行车停止前移
```

此时，即使再按下 SB1，由于 SQ1 常闭触头分断，接触器 KM1 线圈也不会得电，保证了行车不会超过 SQ1 所在位置。

（2）行车向后运动

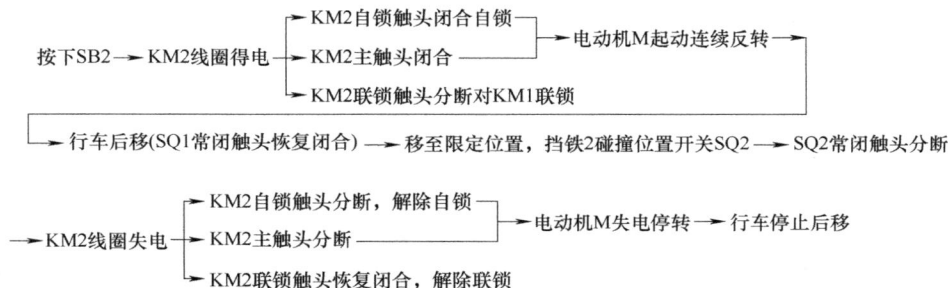

```
                              ┌─→ KM2自锁触头闭合自锁 ─┐
按下SB2 ─→ KM2线圈得电 ├─→ KM2主触头闭合 ──────┼─→ 电动机M起动连续反转 ─┐
                              └─→ KM2联锁触头分断对KM1联锁 ┘
```

```
┌─→ 行车后移(SQ1常闭触头恢复闭合) ─→ 移至限定位置，挡铁2碰撞位置开关SQ2 ─→ SQ2常闭触头分断 ─┐
```

```
                              ┌─→ KM2自锁触头分断，解除自锁 ─┐
└─→ KM2线圈失电 ├─→ KM2主触头分断 ──────────┼─→ 电动机M失电停转 ─→ 行车停止后移
                              └─→ KM2联锁触头恢复闭合，解除联锁 ┘
```

停车时只需按下 SB3 即可。

2. 自动往返控制电路

由位置开关控制工作台往返控制电路如图 2-51 所示。为了使电动机的正反转控制与工作

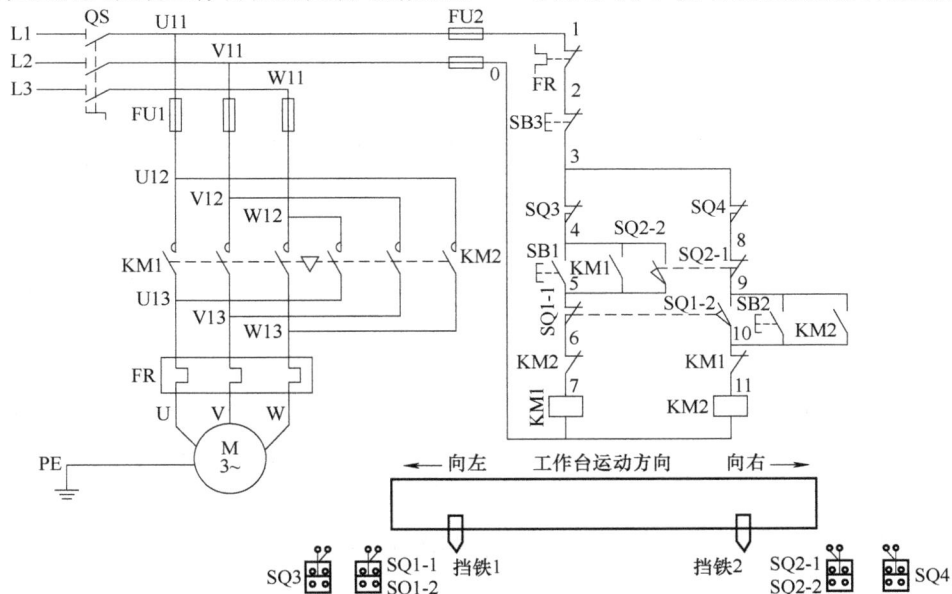

图 2-51　工作台自动往返控制电路

台的左右相配合，在控制电路中设置了四个位置开关 SQ1～SQ4，并把它们安装在工作台需要限位的地方。其中 SQ1、SQ2 用来自动换接正反转控制电路，实现工作台自动往返行程控制；SQ3 和 SQ4 用来作终端保护，以防止 SQ1、SQ2 失灵，工作台越过限定位置而造成事故。在工作台边的 T 形槽中装有两块挡铁，挡铁 1 只能和 SQ1、SQ3 相碰，挡铁 2 只能和 SQ2、SQ4 相碰。当工作台达到限定位置时，挡铁碰撞位置开关，使其触头动作，自动换接电动机正反转控制电路，通过机械机构使工作台自动往返运动。工作台行程可通过移动挡铁位置来调节。

该电路的工作原理如下：

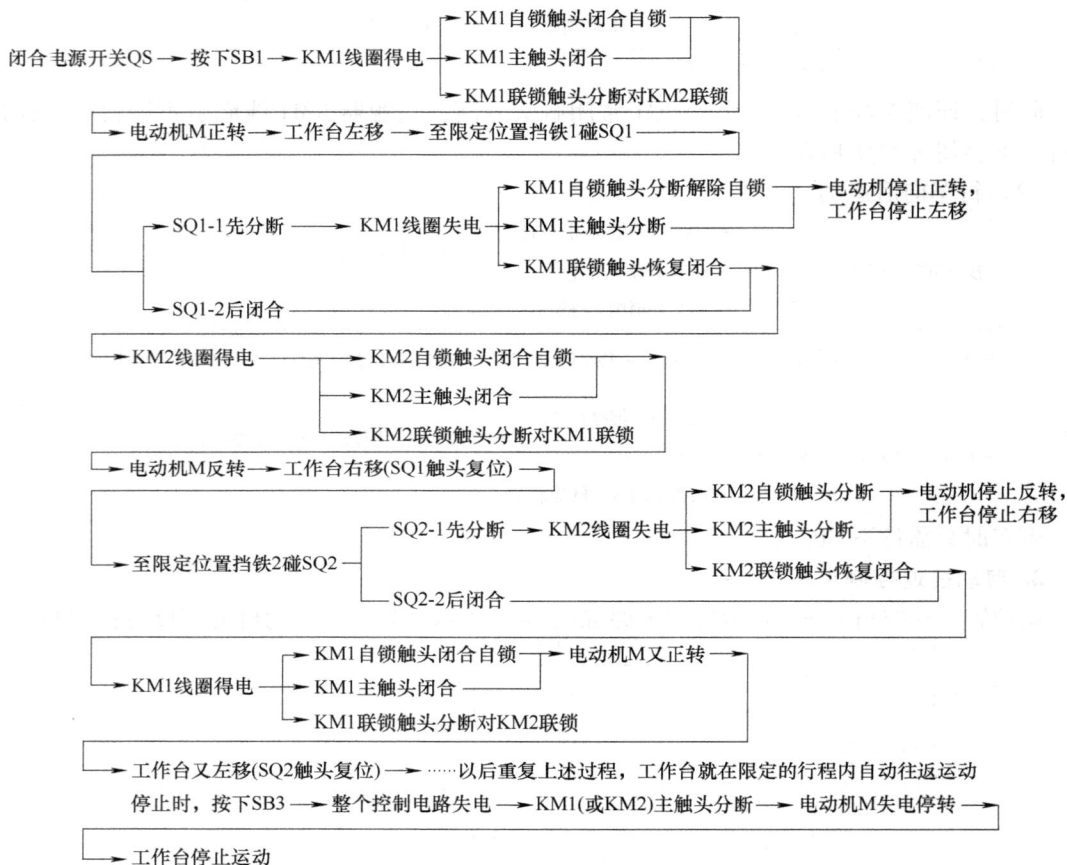

闭合电源开关QS → 按下SB1 → KM1线圈得电 ┬ KM1自锁触头闭合自锁 ─┐
　　　　　　　　　　　　　　　　　　　　　├ KM1主触头闭合 ──────┤
　　　　　　　　　　　　　　　　　　　　　└ KM1联锁触头分断对KM2联锁

┌ 电动机M正转 → 工作台左移 → 至限定位置挡铁1碰SQ1 ─┐
│
│　　　　　　　　　　　　　　　　┬ KM1自锁触头分断解除自锁 → 电动机停止正转，
├ SQ1-1先分断 → KM1线圈失电 ─├ KM1主触头分断 　　　　　　工作台停止左移
│　　　　　　　　　　　　　　　　└ KM1联锁触头恢复闭合 ─┐
└ SQ1-2后闭合 ──────────────────────────┘

┌ KM2线圈得电 ┬ KM2自锁触头闭合自锁 ─┐
│　　　　　　　├ KM2主触头闭合 ──────┤
│　　　　　　　└ KM2联锁触头分断对KM1联锁
│
├ 电动机M反转 → 工作台右移(SQ1触头复位) ─┐
│
│　　　　　　　　　　　　　┬ SQ2-1先分断 → KM2线圈失电 ┬ KM2自锁触头分断 → 电动机停止反转，
└ 至限定位置挡铁2碰SQ2 ─┤　　　　　　　　　　　　　　├ KM2主触头分断 　　　工作台停止右移
　　　　　　　　　　　　　　└ SQ2-2后闭合 ─────────└ KM2联锁触头恢复闭合 ─┐

┌ KM1线圈得电 ┬ KM1自锁触头闭合自锁 → 电动机M又正转 ─┐
│　　　　　　　├ KM1主触头闭合 ──────────────┤
│　　　　　　　└ KM1联锁触头分断对KM2联锁
│
├ 工作台又左移(SQ2触头复位) → ……以后重复上述过程，工作台就在限定的行程内自动往返运动
│ 停止时，按下SB3 → 整个控制电路失电 → KM1(或KM2)主触头分断 → 电动机M失电停转 ─┐
└ 工作台停止运动

注意：这里 SB1、SB2 分别作为正转起动按钮和反转起动按钮，若起动时工作台在左端，则应按下 SB2 起动。

试题精选：

位置控制就是利用生产机械运动部件上的（B）与位置开关碰撞来控制电动机的工作状态。

A. 断路器　　　　　B. 挡铁　　　　　C. 按钮　　　　　D. 接触器

鉴定点 3　三相绕线转子异步电动机起动控制原理

问：举例分析绕线转子电动机的起动控制电路。

答：1）时间继电器自动控制的转子绕组串接电阻起动控制电路如图 2-52 所示。

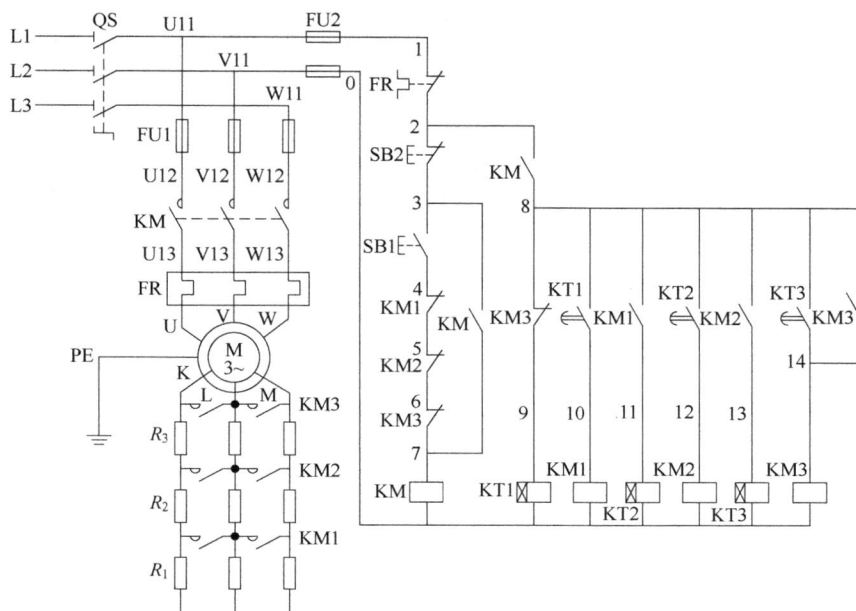

图 2-52 时间继电器自动控制的转子绕组串接电阻起动控制电路

该电路是用三个时间继电器 KT1、KT2、KT3 和三个接触器 KM1、KM2、KM3 的相互配合来依次自动切除转子绕组中三级电阻的。该电路工作原理如下：

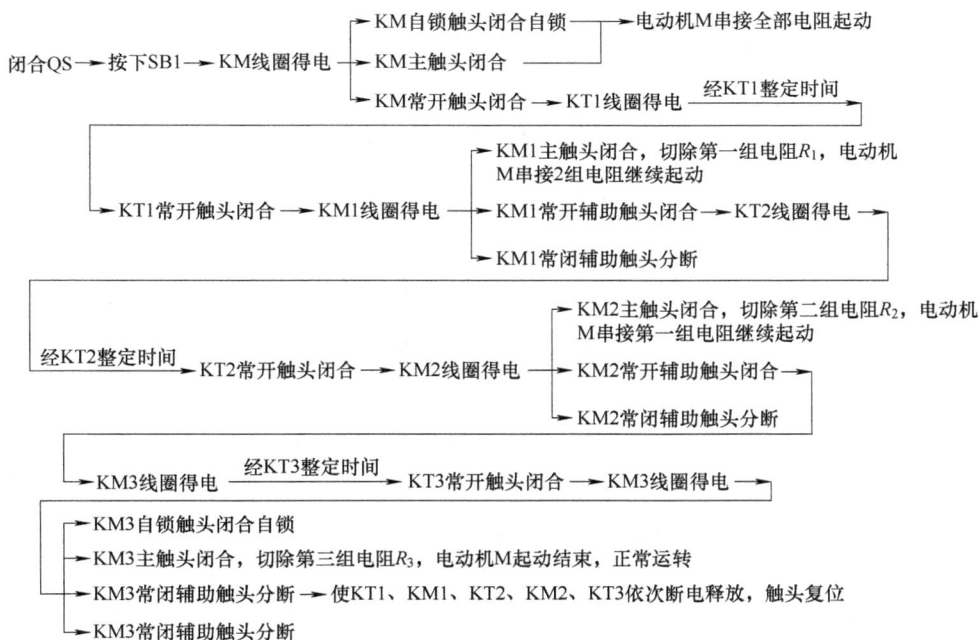

与起动按钮 SB1 串接的接触器 KM1、KM2 和 KM3 常闭辅助触头的作用是保证电动机在

转子绕组中接入全部外加电阻的条件下才能起动。如果接触器 KM1、KM2 和 KM3 中任何一个触头因熔焊或机械故障而没有释放，起动电阻就没有被全部接入转子绕组中，从而使起动电流超过规定值。若把 KM1、KM2 和 KM3 的常闭触头与 SB1 串接在一起，就可避免这种现象的发生，因三个接触器中只要有一个触头没有恢复闭合，电动机就不可能接通电源直接起动。

　　停止时，按下 SB2 即可。

　　2）转子绕组串接频敏变阻器起动控制电路如图 2-53 所示。起动过程可以利用转换开关 SA 实现自动控制和手动控制。

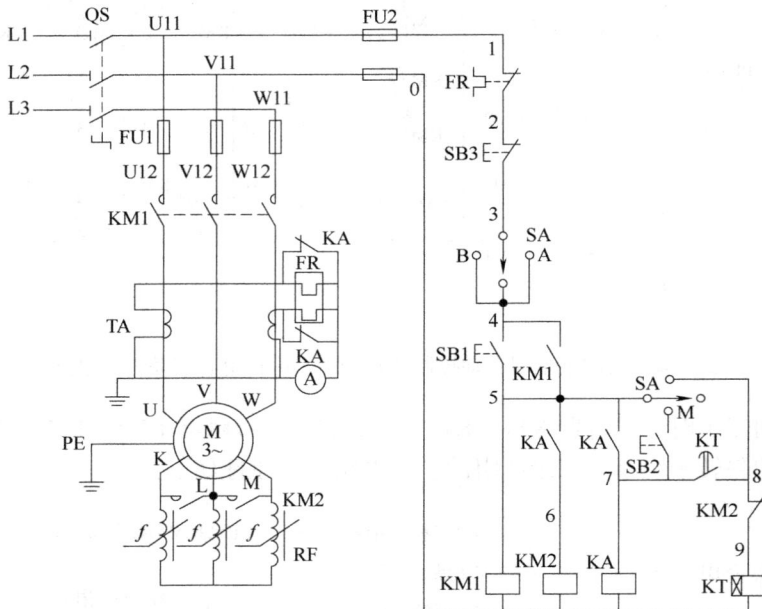

图 2-53　转子绕组串接频敏变阻器起动控制电路

　　采用自动控制时，将转换开关 SA 扳到自动位置（即 A 位置），时间继电器 KT 将起作用。电路工作原理如下：

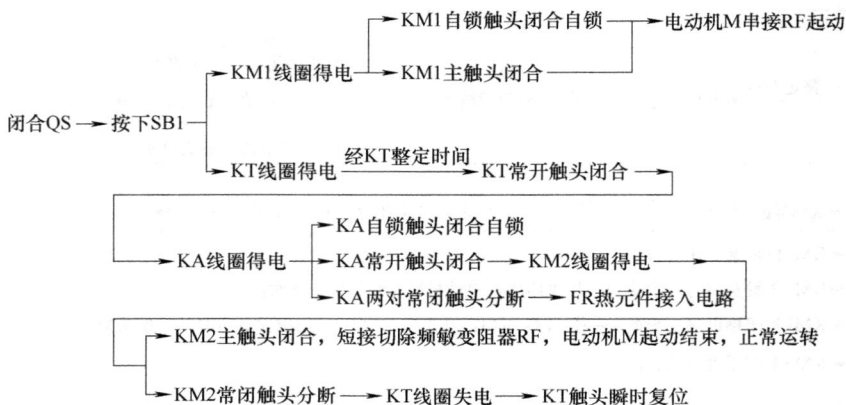

停止时，按下 SB3 就可以了。

起动过程中，中间继电器 KA 未得电，KA 的两对常闭触头将热继电器 FR 的热元件短接，以免因起动过程较长，而使热继电器过热产生误动作。起动结束后，中间继电器 KA 才得电动作，其两对常闭触头分断，FR 的热元件便接入主电路工作。图中 TA 为电流互感器，其作用是将主电路中的大电流变成小电流，串入热继电器的热元件反映过载程度。

采用手动控制时，将转换开关 SA 扳到手动位置（即 B 位置），这样时间继电器 KT 不起作用，用按钮 SB2 手动控制中间继电器 KA 和接触器 KM 的得电动作，以完成短接频敏变阻器 RF 的工作。

用频敏变阻器起动绕线转子异步电动机的优点是：起动性能好，无电流和机械冲击，结构简单，价格低廉，使用维护方便。但功率因数较低，起动转矩较小，不宜用于重载起动。

试题精选：

绕线转子异步电动机转子串电阻分级起动，而不是连续起动的原因是（B）。

A. 起动时转子电流较小

B. 起动时转子电流较大

C. 起动时转子电流很高

D. 起动时转子电压很小

鉴定点 4 异步电动机能耗制动的工作原理

问：何谓异步电动机的能耗制动？举例分析异步电动机能耗制动控制电路的工作原理。

答：当电动机切断交流电源后，立即在定子绕组中通入直流电，迫使电动机停转的方法称为能耗制动。由于这种制动方法是通过在定子绕组中通入直流电以消耗转子惯性运转的动能来进行制动的，所以称为能耗制动。

能耗制动的优点是制动准确平稳，且能量消耗较小；缺点是需要附加直流电源装置，设备费用较高，制动力较弱，在低速时制动力较小。因此，能耗制动一般用于要求制动准确、平稳的场合。

能耗制动时产生制动力矩的大小，与通入定子绕组中直流电流的大小、电动机的转速及转子电路中的电阻有关。电流越大，产生的静止磁场就越强，而转速越高，转子切割磁力线的速度就越大，产生的制动力矩也就越大。对于笼型异步电动机，增大制动力矩只能通过增大通入电动机的直流电流来实现，而通入的直流电流又不能太大，过大会烧坏定子绕组。

无变压器单相半波整流能耗制动自动控制电路如图 2-54 所示。该电路采用单相半波整流器作为直流电源，所用附加设备较少，电路简单，成本低，常用于 10kW 以下小功率电动机，且对制动要求不高的场合。

电路的工作原理如下：

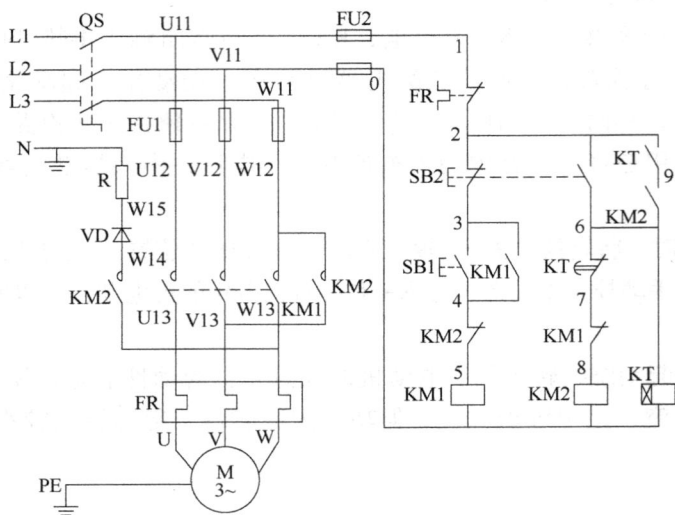

图 2-54　无变压器单相半波整流能耗制动自动控制电路

1. 单向起动运转

闭合QS → 按下SB1 → KM1线圈得电
- → KM1自锁触头闭合自锁 → 电动机M起动运转
- → KM1主触头闭合
- → KM1联锁触头分断对KM2联锁

2. 能耗制动停转

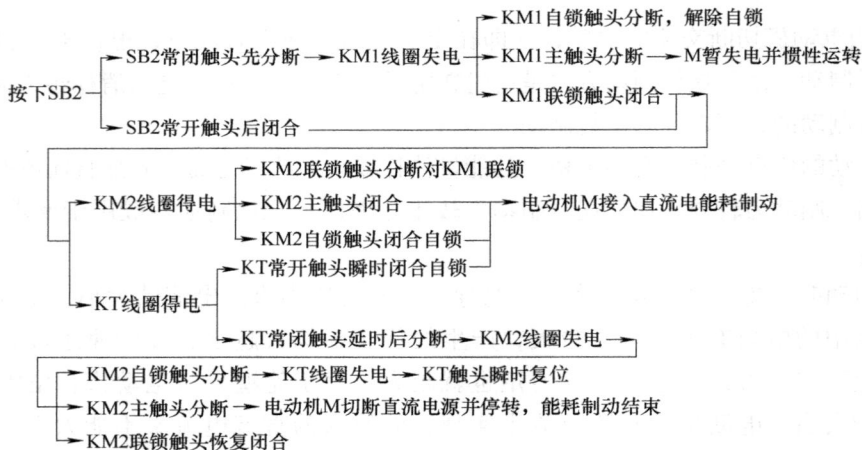

按下SB2
- → SB2常闭触头先分断 → KM1线圈失电
  - → KM1自锁触头分断，解除自锁
  - → KM1主触头分断 → M暂失电并惯性运转
  - → KM1联锁触头闭合
- → SB2常开触头后闭合
  - → KM2线圈得电
    - → KM2联锁触头分断对KM1联锁
    - → KM2主触头闭合 → 电动机M接入直流电能耗制动
    - → KM2自锁触头闭合自锁
  - → KT线圈得电
    - → KT常开触头瞬时闭合自锁
    - → KT常闭触头延时后分断 → KM2线圈失电
      - → KM2自锁触头分断 → KT线圈失电 → KT触头瞬时复位
      - → KM2主触头分断 → 电动机M切断直流电源并停转，能耗制动结束
      - → KM2联锁触头恢复闭合

图中 KT 瞬时闭合常开触头的作用是当 KT 线圈断线或机械卡住等故障时，按下 SB2 后能使电动机制动后脱离直流电源。

试题精选：

（×）三相异步电动机能耗制动时定子绕组中通入三相交流电。

鉴定点 5　异步电动机反接制动的工作原理

问：何谓异步电动机的反接制动？举例分析异步电动机反接制动控制电路的工作原理。

答：依靠改变电动机定子绕组的电源相序来产生制动力矩，迫使电动机迅速停转的方法称为反接制动。当电动机为正常运行时，电动机定子绕组的电源相序为 L1-L2-L3，电动机将沿旋转磁场方向以 $n<n_1$ 的速度正常运转。当电动机需要停转时，可断开正向电源，使电动机先脱离电源（此时转子仍按原方向旋转），当将开关迅速向下闭合时，通以反相序交流电使电动机三相电源的相序发生改变，旋转磁场反转，此时转子将以 n_1+n 的相对速度沿原转动方向切割旋转磁场，在转子绕组中产生感应电流，其方向可由左手定则判断出来，可见此转矩方向与电动机的转动方向相反，使电动机受制动迅速停转。

反接制动时应注意的是：当电动机转速接近零值时，应立即切断电动机的电源，否则电动机将反转。在反接制动设备中，为保证电动机的转速被制动到接近零值时能迅速切断电源，防止反向起动，常利用速度继电器来自动地及时切断电源。

反接制动的优点是制动力强、制动迅速；缺点是制动准确性差，制动过程中冲击强烈，易损坏传动零件，制动能量消耗较大，不宜经常制动。因此，反接制动一般适用于制动要求迅速、系统惯性较大、不经常起动与制动的场合。

单向起动反接制动控制电路如图 2-55 所示。该电路的主电路和正反转控制电路相同，只是在反接制动时增加了三个限流电阻 R，电路中 KM1 为正转运行接触器，KM2 为反接制动接触器，KS 为速度继电器，其轴与电动机轴相连。

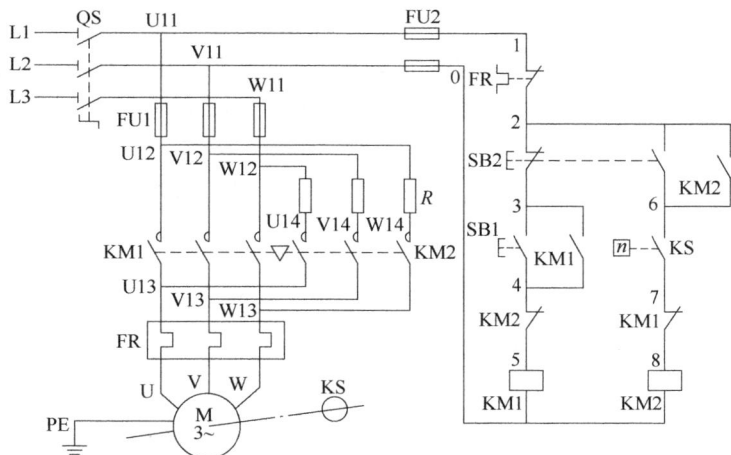

图 2-55　单向起动反接制动控制电路

该电路的工作原理如下：

1. 单向起动

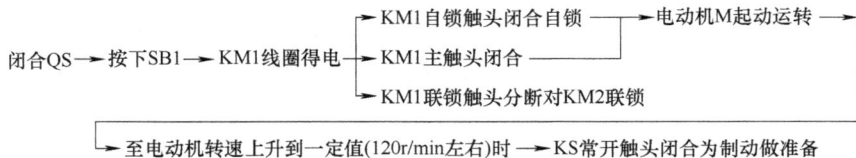

2. 反接制动

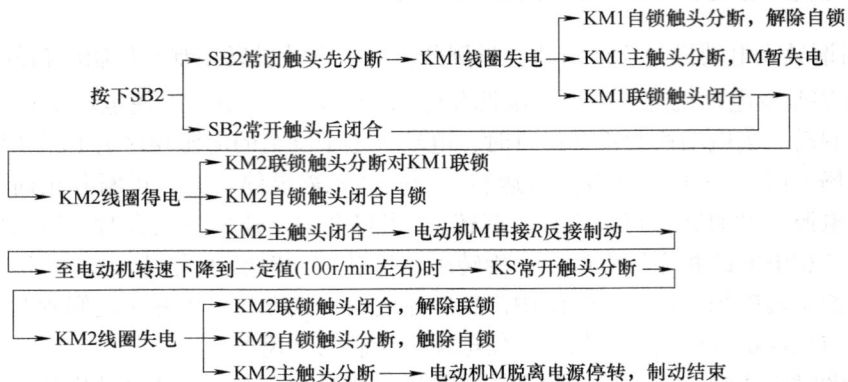

试题精选：

三相异步电动机反接制动时，（C）绕组中通入相序相反的三相交流电。

A. 补偿   B. 励磁   C. 定子   D. 转子

鉴定点6 异步电动机再生制动的工作原理

问：简述异步电动机再生制动的工作原理。

答：当电动机所带负载是位能负载时（如起重机），由于外力的作用（如起重机在下放重物时），电动机的转速 n 超过同步转速 n_1，电动机处于发电状态，定子电流方向反了，电动机转子导体的受力方向也反了，驱动力矩变为制动力矩，即电动机是将机械能转化为电能，向电网反送电，这种制动方法称为再生发电制动。再生发电制动经济性较好，常用于起重机、电力机车和多速电动机中。再生制动的工作原理如图 2-56 所示。

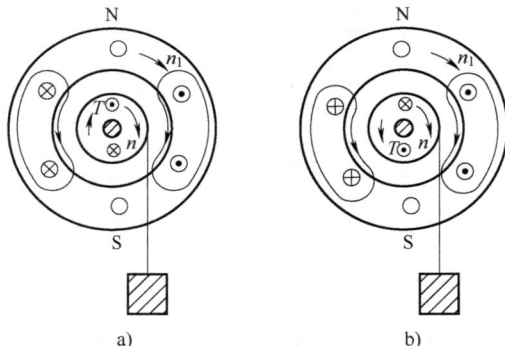

图 2-56 再生制动的工作原理

再生制动是一种比较经济的制动方法。制动时不需要改变电路即可从电动机运行状态自动转入发电制动状态，把机械能转换成电能，再回馈到电网，节能效果显著。它的缺点是应用范围窄，仅当电动机转速大于同步转速时才能实现发电制动，所以常用于在位能负载作用下的起重机械和多速异步电动机由高速转为低速时的情况。

试题精选：

三相异步电动机再生制动时，定子绕组中流过（C）。

A. 高压电　　　　　B. 直流电　　　　　C. 三相交流电　　　　D. 单相交流电

鉴定范围3　临时供电、用电设备设施的安装与维护

鉴定点1　临时用电配电箱、开关箱的安装规范

问：临时用电配电箱、开关箱的安装规范主要内容有哪些？

答：临时用电配电箱、开关箱的安装规范主要内容如下：

1）总配电箱应设在靠近电源的地区。分配电箱应安装在用电设备或负荷相对集中的地区。分配电箱与开关箱距离不得超过30m。开关箱与其控制固定式用电设备的水平距离不宜超过3m。

2）配电箱、开关箱应装设在干燥、通风及常温场所，不得装设在有严重损伤作用的瓦斯、烟气、蒸汽、液体及其他有害介质中，不得装设在易受外来固定物质撞击、强烈振动和液体飞溅及热源烘烤的场所，否则要求做特殊防护处理。

3）配电箱、开关箱周围应有足够2个人同时工作的空间和通道，不得堆放任何妨碍操作、维修的物品，不得有灌木、杂草。配电箱、开关箱应采用铁板或优质绝缘材料制作，铁板厚度应大于1.5mm。配电箱、开关箱应装设端正、牢固。移动式配电箱、开关箱应装设在坚固的支架上。

4）固定式配电箱、开关箱的下底与地面的垂直距离应大于1.3m，小于1.5m；移动式配电箱、开关箱的下底与地面的垂直距离宜大于0.6m，小于1.5m。配电箱内的电器应首先安装在金属或非木质绝缘电器安装板上，然后整体紧固在配电箱箱体内。金属板与配电箱箱体应做电气连接。配电箱、开关箱内的开关电器（含插座）应按其规定的位置紧固在电器安装板上，不得歪斜和松动。

5）配电箱、开关箱内应设置专用的零线端子板，保护零线端子板的工作零线应通过接线端子板连接。配电箱、开关箱的金属箱体、金属电器安装板及箱内电器的不应带电金属底座、外壳等必须做保护接零。保护零线应通过接线端子板连接。配电箱、开关箱内的连接线应采用绝缘导线，接头不得松动，不得有外露带电部分。配电箱、开关箱必须防雨、防尘。

试题精选：

固定式配电箱、开关箱的下底与地面的垂直距离应大于（A）m。

A. 1.3　　　　　B. 1.5　　　　　C. 1.6　　　　　D. 1.8

鉴定点2　临时用电配电箱、开关箱内电器的选择

问：如何选择临时用电配电箱、开关箱内的电器？

答：选择临时用电配电箱、开关箱内的电器时应注意以下几点：

1）配电箱、开关箱内的电器必须可靠完好，不准使用破损、不合格的电器。总配电箱应装设电压表、总电流表、总电能表。总配电箱应装设总隔离开关、总熔断器和分路熔断器以及剩余电流断路器。若剩余电流断路器同时具备过负荷和短路保护功能，则可不设分路熔断器或分路自动断路器。总断路器的额定电流值、动作整定值应与分路断路器的额定值、动

作整定值相适应。

2）配电箱应装设总隔离开关和分路隔离开关以及总熔断器和分路熔断器。总断路器的额定值、动作整定值应与分路断路器的额定值、动作整定值相适应。

3）每台用电设备应有各自专用的开关箱，必须实行一机一闸制度，严禁用同一个断路器直接控制 2 台及以上用电设备（含插座）。开关箱内的断路器必须能在任何情况下都可使用电设备实行电源隔离。开关箱中必须装设剩余电流断路器（36V 及以下的用电设备如果工作环境干燥，可免装剩余电流断路器）。剩余电流断路器应装设在配电箱中隔离开关的负荷侧和开关箱中隔离开关的负荷侧。开关箱内的剩余电流断路器的额定漏电动作电流应不大于 30mA，额定漏电动作时间应小于 0.1s。

4）在潮湿和有腐蚀介质场所使用的剩余电流断路器应采用防溅型产品。其额定漏电动作电流应不大于 15mA，额定漏电动作时间应小于 0.1s。总配电箱和开关箱中两级剩余电流断路器的额定漏电动作电流和额定漏电动作时间应合理配合，使之具有分级分段保护的功能。对放置已久重新使用或连续使用 1 个月的剩余电流断路器，应认真检查其特性，发现问题及时修理或更换。

5）手动开关电器只允许用于直接控制的照明电路和功率不大于 5.5kW 的动力电路。功率大于 5.5kW 的动力电路应采用断路器或减压起动控制。各种断路器的额定值应与其控制的用电设备额定值相适应。

6）配电箱、开关箱中导线的进、出线口应设在箱体下底面，严禁设在箱体其他部位。进、出线应加护套并成束卡固在箱体上，不得与箱体进、出口直接接触。移动式配电箱和开关箱的进、出线必须采用橡胶绝缘电缆。

试题精选：

每台用电设备应有各自专用的开关箱，必须实行（A）制度。

A. 一机一闸　　　　B. 一机二闸　　　　C. 二机一闸　　　　D. 多机一闸

鉴定点 3　临时用电配电箱、开关箱的维护

问：临时用电配电箱、开关箱的维护应注意哪些问题？

答：临时用电配电箱、开关箱的维护应注意以下几点：

1）配电箱均应标明其名称、用途，并做出分路标记。配电箱门均应配锁，配电箱和开关箱应有专人负责。所有配电箱、开关箱应每月检查和维修一次。检查、维修人员必须是专业电工。检查、维修时必须按规定穿戴绝缘服，必须使用电工绝缘工具。

2）对配电箱、开关箱进行检查维修时，必须将其前一级相应电源开关断电，并悬挂停电标志牌，严禁带电作业。所有配电箱、开关箱在使用中必须按照下述操作顺序：

送电顺序：总配电箱→分配电箱→开关箱。

停电顺序：开关箱→分配电箱→总配电箱（出现电气故障的紧急情况例外）。

施工现场停止作业 1h 以上时，应将动力开关箱断电上锁。开关箱操作人员必须依据有关规程或规范进行操作。配电箱、开关箱内不得放置任何杂物，并应经常保持整洁。配电箱、开关箱内不得挂接其他临时用电设备。更换熔断器的熔体时，严禁用不符合原规格的熔体代替。配电箱、开关箱内的进出线不得承受外力，严禁与金属尖锐断口和强腐蚀介质接触。

试题精选：

所有配电箱、开关箱应每（B）检查和维修一次。

A. 周　　　　　　　B. 月　　　　　　　C. 季度　　　　　　　D. 年

鉴定点4　低压电器、电机的防护等级

问：低压电器的防护等级是如何规定的？

答：电机、低压电器外壳防护等级一般用符号 IP 表示。

防护等级是由国际电工委员会（IEC）所起草，将灯具依其防尘、防止外物侵入、防水、防湿气等特性加以分级。这里所指的外物包含工具、人的手指等均不可接触电器内带电部分，以免触电。

IP 防护等级由两个数字组成：第一个数字表示电机、低压电器防尘、防止外物侵入的等级；第二个数字表示电机、低压电器防湿气、防水侵入的密闭程度。数字越大，表示其防护等级越高。防止外物侵入的等级见表 2-14。防湿气、防水侵入的密闭程度见表 2-15。

表 2-14　防止外物侵入的等级

数　字	防护范围	说　明
0	无防护	对外界的人或物无特殊的防护
1	防止大于 50mm 的固体外物侵入	防止人体（如手掌）因意外而接触到电器内部的零件，防止较大尺寸（直径大于 50mm）的外物侵入
2	防止大于 12.5mm 的固体外物侵入	防止人的手指接触到电器内部的零件，防止中等尺寸（直径大于 12.5mm）的外物侵入
3	防止大于 2.5mm 的固体外物侵入	防止直径或厚度大于 2.5mm 的工具、电线及类似的小型外物侵入而接触到电器内部的零件
4	防止大于 1.0mm 的固体外物侵入	防止直径或厚度大于 1.0mm 的工具、电线及类似的小型外物侵入而接触到电器内部的零件
5	防止外物	完全防止外物侵入，虽不能完全防止灰尘侵入，但灰尘的侵入量不会影响电器的正常工作
6	防止外物及灰尘	完全防止外物及灰尘侵入

表 2-15　防湿气、防水侵入的密闭程度

数　字	防护范围	说　明
0	无防护	对外界的人或物无特殊防护作用
1	防止滴水侵入	垂直滴下的水滴（如凝结水）对电机、电器不会造成有害影响
2	倾斜 15°时仍可防止滴水侵入	当电机、电器由垂直倾斜至 15°时，滴水对电机、电器不会造成有害影响
3	防止喷洒的水侵入	防雨或防止与垂直的夹角小于 60°的方向所喷洒的水进入电机、电器造成损坏

（续）

数　字	防护范围	说　明
4	防止飞溅的水侵入	防止各方向飞溅而来的水进入电机、电器造成损坏
5	防止喷射的水侵入	防止来自各方向由喷嘴喷射出的水进入电机、电器造成损坏
6	防止大浪侵入	装设于甲板上的电机、电器，防止因大浪的侵袭而浸水造成损坏
7	防止浸水时的水侵入	电机、电器浸在水中一定的时间或水压在一定的标准以下能确保不因进水而造成损坏
8	防止沉没时的水侵入	在制造商说明的条件下设备可长时间浸入水中，能确保不因进水而造成损坏

试题精选：

三相异步电动机铭牌上 IP44 的第一位数字 4 的含义是防止大于（A）mm 的固体外物侵入。

A. 1.0　　　　　B. 1.5　　　　　C. 2.0　　　　　D. 3.0

鉴定点 5　临时照明装置的安装与选用

问：临时照明装置的选用与安装的要求有哪些？

答：临时照明装置的选用与安装的要求有：

1）照明灯具的金属外壳必须与 PE 线相连接，照明开关箱内必须装设隔离开关、短路与过载保护电器和剩余电流断路器，并应符合规范要求。

2）室外 220V 照明灯具距地面不得低于 3m，室内 220V 照明灯具距地面不得低于 2.5m。普通照明灯具与易燃物的距离不宜小于 300mm；聚光灯、碘钨灯等高热灯具与易燃物的距离不宜小于 500mm，且不得直接照射易燃物。达不到安全距离时，应采取隔热措施。

3）路灯的每个灯具应独立装设熔断器保护，灯头线应做防水弯。

4）荧光灯管应采用管座固定或用吊链安装，其镇流器不得安装在易燃的结构物上。

5）碘钨灯等金属卤化物灯具要安装在 3m 以上，灯线应安装在接线柱上，不得靠近灯具表面。

6）螺口灯头安装应符合相关规定。

7）暂设工程的照明灯具宜采用拉线开关控制，开关安装位置应符合要求。

8）灯具的相线必须经开关控制，不得将相线直接引入灯具。

9）对夜间影响飞机或车辆通行的在建工程及机械设备，必须设置醒目的红色信号灯，其电源应设置在施工现场总电源开关的前侧，并应设置外电线路停止供电时的应急自备电源。

试题精选：

室内 220V 照明灯具距地面不得低于（B）m。

A. 2.0　　　　　B. 2.5　　　　　C. 3.0　　　　　D. 3.5

鉴定点 6　隔离变压器的选用与安装

问：何谓隔离变压器？如何选用与安装隔离变压器？

答：隔离变压器是指输入绕组与输出绕组带电气隔离的变压器。一次绕组与二次绕组间有较高绝缘强度以隔离不同电位抑制共模干扰的专用变压器。隔离变压器的电压比通常是 1：1。隔离变压器的原理和普通变压器是一样的，都是电磁感应。

隔离变压器选用时应注意以下几点：

（1）看外观　品质好的变压器一般看上去比较干净、无污染，金属材料无翘起，绝缘胶带缠绕整齐，引线（引脚）固定良好，粘贴整齐。

（2）看标识和包装　变压器的标识应当包含商标、型号和额定参数，或者会配有包含完整电气参数的说明书，有清楚的电气接线说明。

（3）看零部件清单　品质好的变压器除了工艺好，更离不开好的材料，无论是绕组、绝缘胶带、骨架、铁心和引线（引脚），都很重要。

（4）看认证证书、检测报告　变压器产品认证属于自愿认证，如果有变压器产品认证，可在专用网站查询。

隔离变压器的安装要求：

1）隔离变压器箱靠近钢轨侧最凸出部位轨道中心不小于 2.1m，并保持设备不超界限。

2）施工现场埋设底座时，基础埋设深度不小于 500mm，埋设深度不足时采用砖砌混凝土防护台对路基和设备固定保护。无砟地段基础顶面高出地面 300mm，坑底埋设碎石，并做 100mm 的水泥硬化地面，符合相关标准。

3）隔离变压器引出线应用胶管防护，采用 Ω 形卡具固定在小木枕上。

4）隔离变压器输出线端子朝向线路侧，输入线安装时背向线路侧。

5）由于地段基础顶面应与钢轨底面相平，当现场条件不能满足安装要求时，可适当改变安装位置，但不得侵入限界。

试题精选：

隔离变压器箱靠近钢轨侧最凸出部位轨道中心不小于（B）m，并保持设备不超界限。

A. 1.5　　　　　　　　B. 2.1　　　　　　　　C. 2.5　　　　　　　　D. 3.0

鉴定点 7　临时用电系统工作接地及保护接地的安装规范

问：临时用电系统工作接地及保护接地的安装规范的主要内容有哪些？

答：临时用电系统工作接地及保护接地的安装规范的主要内容有：

1）施工现场专用的中性点直接接地的电力线路中必须采用 TN-S 或 TN-C-S 接零保护系统，电气设备的金属外壳必须与专用的保护零线 PE 连接。专用保护零线应由工作接地线、配电室的零线或第一级剩余电流断路器电源侧的零线引出。

2）城防、人防、隧道等潮湿或条件特别恶劣施工现场的电气设备必须采取保护接零。当施工现场与外电线共用同一供电系统时，电气设备应根据当地的要求做保护接零或保护接地。严禁一部分设备保护接零，另一部分设备只做保护接地。

3）做防雷接地的电气设备，必须同时做重复接地。同一台电气设备的重复接地与防雷接地可使用同一个接地体，接地电阻通常不超过 4Ω。

　　4）只允许做保护接地的系统中，因自然条件限制接地有困难时，应设置操作和维修电气装置的绝缘台，并必须使操作人员不致偶然触及外物。

　　5）一次侧由 50V 以上的接零保护系统供电，二次侧为 50V 及以下的降压变压器，如果采用双重绝缘或有接地金属屏蔽层的变压器，此时二次侧不得接地。如果采用普通变压器，则应将二次侧中性线或一个相线就近直接接地。或者通过专用接地线与附近变电所接地网相连。

　　6）施工现场的电气系统严禁利用大地作相线或零线。保护零线不得装设开关或熔断器。接地装置的设置应考虑土壤干燥或冻结等季节变化的影响。防雷装置的冲击接地电阻值只考虑在雷雨季节中土壤干燥状态的影响。

　　试题精选：

　　同一台电气设备的重复接地与防雷接地可使用同一个接地体，接地电阻通常不超过（A）Ω。

　　A. 4　　　　　　　　B. 10　　　　　　　　C. 30　　　　　　　　D. 100

鉴定点 8　建筑物防雷设计规范

　　问：建筑物防雷等级是如何划分的？

　　答：建筑物应根据建筑物重要性、使用性质、发生雷电事故的可能性和后果，按防雷要求分为三类。

　　1）在可能发生对地闪击的地区，遇下列情况之一时，应划为第一类防雷建筑物：

　　①凡制造、使用或贮存火药、炸药及其制品的危险建筑物，因电火花而引起爆炸、爆轰，会造成巨大破坏和人身伤亡者。

　　②具有 0 区或 20 区爆炸危险场所的建筑物。

　　③具有 1 区或 21 区爆炸危险场所的建筑物，因电火花而引起爆炸，会造成巨大破坏和人身伤亡者。

　　2）在可能发生对地闪击的地区，遇下列情况之一时，应划为第二类防雷建筑物：

　　①国家级重点文物保护的建筑物。

　　②国家级的会堂、办公建筑物、大型展览和博览建筑物、大型火车站和飞机场、国宾馆、国家级档案馆、大型城市的重要给水泵房等特别重要的建筑物。

　　注意：飞机场不含停放飞机的露天场所和跑道。

　　③国家级计算中心、国际通信枢纽等对国民经济有重要意义的建筑物。

　　④国家特级和甲级大型体育馆。

　　⑤制造、使用或贮存火药、炸药及其制品的危险建筑物，且电火花不易引起爆炸或不致造成巨大破坏和人身伤亡者。

　　⑥具有 1 区或 21 区爆炸危险场所的建筑物，且电火花不易引起爆炸或不致造成巨大破坏和人身伤亡者。

　　⑦具有 2 区或 22 区爆炸危险场所的建筑物。

　　⑧有爆炸危险的露天钢质封闭气罐。

　　⑨预计雷击次数大于 0.05 次/a 的部、省级办公建筑物和其他重要或人员密集的公共建筑物以及火灾危险场所。

⑩ 预计雷击次数大于 0.25 次/a 的住宅、办公楼等一般性民用建筑物或一般性工业建筑物。

3）在可能发生对地闪击的地区，遇下列情况之一时，应划为第三类防雷建筑物：

① 省级重点文物保护的建筑物及省级档案馆。

② 预计雷击次数大于或等于 0.01 次/a，且小于或等于 0.05 次/a 的部、省级办公建筑物和其他重要或人员密集的公共建筑物，以及火灾危险场所。

③ 预计雷击次数大于或等于 0.05 次/a，且小于或等于 0.25 次/a 的住宅、办公楼等一般性民用建筑物或一般性工业建筑物。

④ 在平均雷暴日大于 15d/a 的地区，高度在 15m 及以上的烟囱、水塔等孤立的高耸建筑物；在平均雷暴日小于或等于 15d/a 的地区，高度在 20m 及以上的烟囱、水塔等孤立的高耸建筑物。

注意：次/a 指的是一个防雷周期内的雷击次数；d/a 指的是一个防雷周期内的平均雷暴日数。

试题精选：

有爆炸危险的露天钢质封闭气罐，应划为第（B）类防雷建筑物。

A. 一   B. 二   C. 三   D. 四

鉴定点 9　避雷针的安装

问：避雷针的作用有哪些？如何安装独立避雷针？

答：避雷针供各种铁塔、油罐、烟囱、高层建筑物等安装使用，是防雷系统中不可缺少的设备，是保护有关物体或电气设备等避免雷击的重要设施。避雷针的顶端是削尖的直立金属棒（或管），安装时要高出建筑物一定高度。

避雷针的安装方法如下：

1）在选择独立避雷针的装设地点时，应使避雷针及其接地装置与配电装置之间保持规定的距离：在地面上，由独立避雷针到配电装置的导电部分以及到变电所电气设备和构架接地部分之间的空气间距离不应小于 5m；在地下有独立避雷针的接地装置与变电所接地网之间最近的距离一般不小于 3m。

2）独立避雷针的接地电阻一般不应大于 10Ω。

3）从避雷针与接地网连接处起，到变压器与接地网的连接处止，沿接地网地线的距离不得小于 15m，以防避雷针放电时，高压反击穿变压器的低压侧线圈。

4）为了防止雷击避雷针时，雷电波可能沿电线传入室内，照明线或电话线不要架设在独立的避雷针针杆上。

5）独立避雷针及其接地装置不应装设在人、畜经常通行的地方，并应距道路 3m 以上。否则，要采取相应的保护措施，如铺设厚度为 50~80mm 的沥青碎石层，以确保人、畜安全。

试题精选：

独立避雷针的接地电阻一般不应大于（B）Ω。

A. 4   B. 10   C. 30   D. 100

鉴定范围 4　机床控制电路的安装与维修

鉴定点 1　机床电气故障的分析方法

问：检修机床电气故障的步骤有哪些？

答：检修机床电气故障的步骤如下：

（1）根据故障现象，进行故障调查研究　电气线路发生故障后，不要盲目立即动手检修。在检修前，可向操作人员询问故障现象，通过故障前后的操作情况和故障发生后的异常现象，来判断故障发生的可能范围，进而准确地排除故障。

（2）在电路图上分析故障范围　依照基本电气控制电路的工作原理，运用逻辑分析方法对故障现象做出具体分析，划出可疑范围，提高维修的针对性，确定并缩小故障范围。分析电路时，通常先从主电路入手，再了解控制电路的形式。

（3）通过试验观察法对故障进一步分析，缩小故障范围　在不扩大故障范围、不损伤电气设备的前提下，可进行直接通电试验，或除去负载（从控制箱接线端子板上卸下）通电试验，分清故障可能的部位。

一般情况下先检查控制电路。操作某一只按钮时，电路中有关的接触器、继电器将按规定的动作顺序进行工作。若依次动作至某一电器时发现动作不符合要求，即说明该电器或其相关电路有问题。再在此电路中进行逐项分析和检查，一般便可发现故障。

（4）用测量法寻找故障点　经外观检查没有发现故障点时，就根据故障原因，在故障范围内对电器元件、导线逐一进行检查，一般能很快找到故障点。但对复杂的线路而言，往往有上百个元器件，成千条连线，若采取逐一检查的方法，不仅需要耗费大量的时间，而且也容易产生疏漏。在这种情况下，当故障的可疑范围较大时，不必按部就班地逐级进行检查，这时可在故障范围内的中间环节进行检查，来判断故障发生在哪一部分，从而缩小故障范围，提高检修速度。

（5）对故障点进行检修后，并通电试运行，用试验法观察下一个故障现象　找出故障点后，一定要针对不同故障情况和部位相应采取正确的修复方法，应尽量做到复原。不要轻易采用更换电器元件和补线等方法，更不允许轻易改动线路或更换规格不同的电器元件，以防止产生人为故障。

（6）整理现场，做好维修记录。

试题精选：

检修机床电气故障时，首先应（A）。

A．调查研究　　　　B．确认故障范围　　C．测试故障　　　　D．检修故障

鉴定点 2　机床电气故障的排除方法

问：如何排除机床电气故障？

答：电气故障检修的一般方法：

（1）判明故障属于机械还是电气故障　由于机床的电气控制与机械结构的配合十分密

切，因此在出现故障时，应首先判明是机械故障还是电气故障。

（2）熟悉机床的主要结构和运动形式　对机床进行实际操作，了解机床的各种工作状态及操作手柄的作用。熟悉机床电器元件的安装位置、走线情况、位置开关的工作状态及运动部件的工作情况。

（3）故障分析前的调查研究　对于机床电气控制电路中相关设备发生故障后，不要马上动手检修。在检修前，通过问、看、听、摸来了解故障前后的操作情况和故障发生后的异常现象。

1）问：故障发生前有无切削力过大和频繁的起动、停止、制动等情况；有无经过保养检修或改动线路等。

2）看：查看故障发生后是否有明显的外观征兆，如：信号异常；有指示装置的熔断器熔断；保护电器动作；接线脱落；触头烧蚀或熔焊；线圈过热烧毁等。

3）听：在线路还能运行和不扩大故障范围、不损坏设备的前提下，可以通电试运行，细听电动机、接触器和继电器的声音是否正常。

4）摸：在刚切断电源后，尽快触摸电动机、变压器、电磁线圈及熔断器等，是否有过热现象。

（4）采取相应的修复方法　找出故障点后，针对不同故障情况和部位采取相应的修复方法，不要轻易采用更换电器元件和补线等方法，更不允许轻易改动线路或更换规格不同的电器元件，以防止产生人为故障。

（5）采用适当的测量方法　电气线路检修常用的测量方法有：电压分段测量法、电阻分段测量法和短接法。

1）电压分段测量法。首先把万用表的转换开头置于交流电压相应的量程档位上，用万用表测量某个接触器线圈支路两端点间的电压，若为电源电压，则说明电源正常。然后按下常开按钮，若接触器不吸合，则说明电路有故障。这时可用万用表的红、黑两根表笔逐段测量相邻两点之间的电压，根据其测量结果即可找出故障点。

2）电阻分段测量法。检查时，首先切断电源，然后把万用表的转换开关置于倍率适当的电阻档，并逐段测量相邻号点之间的电阻。如果测得某两点间电阻值很大（∞），说明该两点间接触不良或导线断路。

电阻分段测量法的优点是安全，缺点是测量电阻值不准确时，易造成判断错误。为此应注意以下几点：

① 采用电阻分段测量方法检查故障时，一定要先切断电源。

② 所测量电路若与其他电路并联，必须将该电路与其他电路断开，否则所测阻值不准确。

③ 测量高电阻电器元件时，要将万用表的电阻档转换到适当档位。

④ 测量导线是否导通、触头接触是否良好，宜采用 $R×1$ 档，并且注意调零，以免造成误判断。

3）短接法。电气控制电路的常见故障为断路故障，如导线断路、触头接触不良、熔断器熔断等。对这类故障，除用电压法和电阻法检查外，还可采用短接法。即在检查时，用一根绝缘良好的导线，将所怀疑的断路部位短接，若短接到某处电路接通，则说明该处断路。短接法可分为以下几种：

① 局部短接法。检查前，先用万用表测量支路两点间的电压，若电压正常，可按下常开按钮不放，然后用一根绝缘良好的导线，分别短接标号相邻的两点。当短接到某两点时，接触器吸合，即说明断路故障就在该两点之间。

② 长短接法。长短接法是指一次短接两个或多个触头来检查故障的方法。当某一支路同时存在多处故障时，若用局部短接法短接，则可能造成判断错误；而用长短接法将跨接较远的两点短接，就比较容易找出故障区域，然后再用局部短接法逐段找出故障点。长短接法的另一个作用是可把故障点缩小到一个较小的范围。如果长短接法和局部短接法能结合使用，就能很快找出故障点。

用短接法检查故障时必须注意以下几点：

第一，用短接法检测时，是用手拿绝缘导线带电操作的，所以一定要注意安全，避免触电事故发生。

第二，短接法只适用于压降极小的导线及触头之类的断路故障。对于压降较大的电器，如电阻、线圈、绕组等断路故障，不能采用短接法，否则会出现短路故障。

第三，对于工业机械的某些要害部位，必须保证电气设备或机械部件不会出现事故的情况下，才能使用短接法。否则，禁止使用，如：电梯门的联锁开关，就不能采用短接法检测。

以上所述检查分析电气设备故障的方法，应根据故障的性质和具体情况灵活选用，断电检查多采用电阻法，通电检查多采用电压法或短接法。各种方法交叉使用，就能迅速地找出故障点。

试题精选：

（×）对于压降较大的电器，如电阻、线圈、绕组等断路故障，可以采用短接法。

鉴定点 3　CA6140 型卧式车床电气控制电路的组成和原理

问：简述 CA6140 型卧式车床电气控制电路的组成和原理。

答：CA6140 型卧式车床一般由电源电路、主电路、控制电路和辅助电路四部分组成，如图 2-57 所示。

（1）主电路　机床电源采用三相 380V 交流电路——由电源开关 QS（低压断路器）引入，总电源短路保护为 FU。主轴电动机 M1 的短路保护由低压断路器 QS 的电磁脱扣器来实现，而冷却泵电动机 M2、刀架快速移动电动机 M3 的短路保护由 FU1 来实现，M1 和 M2 的过载保护是由各自的热继电器 FR1 和 FR2 来实现的，三台电动机分别采用接触器控制。

（2）控制电路　控制电路由控制变压器 TC 供电，控制电源电压为 110V，熔断器 FU2 作短路保护。

从安全需要考虑，快速进给电动机采用点控制，按下 SB3，就可以快速进给。当电动机 M1 或 M2 过载时，热继电器 FR1 或 FR2 动作，其常闭触头断开控制电路电源，接触器 KM1 或 KM2 断电释放，电动机 M1 或 M2 断电停转，从而起到过载保护作用。

（3）照明、指示电路　当车床主电源接通后，由控制变压器 6V 绕组供电的指示灯 HL 亮，表示车床已接通电源，可以开始工作。若闭合开关 SA2，由控制变压器 24V 绕组供电的车床照明工作灯 EL 点亮。

电源保护	电源开关	主轴电动机	短路保护	冷却泵电动机	刀架快速移动电动机	控制电源变压器及保护	主轴电动机控制	刀架快速移动	冷却泵控制	信号灯	照明灯

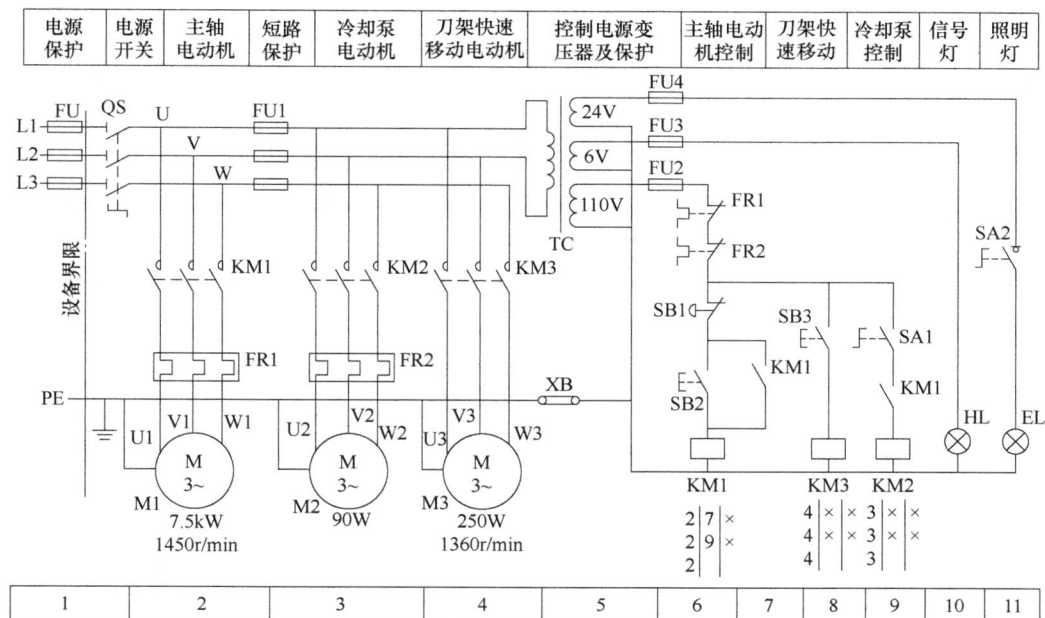

图 2-57 CA6140 型卧式车床电气原理图

试题精选：

C6140 型卧式车床主轴电动机 M1 的短路保护由（C）来实现的。

A. 熔断器

B. 热继电器

C. 低压断路器 QS 的电磁脱扣器

D. 低压断路器 QS 的热继电器

鉴定点 4 CA6140 型卧式车床电气控制电路的常见故障及处理

问：CA6140 型卧式车床电气控制电路的常见故障有哪些？如何处理？

答：CA6140 型卧式车床常见电气故障及处理方法如下：

（1）合上电源开关 QS，电源指示灯 HL 不亮 可合上照明灯开关 SA2，看照明灯 EL 亮不亮。

1）故障分析：

① 如果照明灯 EL 亮，则说明控制变压器 TC 之前的电路没有问题。可检查熔断器 FU3 是否熔断；指示灯泡是否烧坏；灯泡与灯座之前接触是否良好。如果都没有问题，则需要检查有无 6V 电压。可用万用表的交流 10V 档或用 6V 的试灯，从指示灯 HL 的灯座倒着往前测量到控制变压器 TC 的 6V 绕组输出接线端，也可顺着从变压器测量到灯座，通过测量即可确定是边线问题，还是控制变压器的 6V 绕组问题，或是某处有接触不良的问题。

② 如果照明灯 EL 不亮，则故障很可能发生在控制变压器之前。当然，也不能排除电源指示灯和照明灯电路同时出问题的可能性。但发生这种情况的概率毕竟很小，一般应先从控制变压器前查起。

2）故障处理：首先检查熔断器 FU1 是否熔断，如果没有问题，可用万用表的交流

500V 档测量电流开关 QS 输出端 U、V 之间电压是否正常。如果不正常，再检查电源开关输入电源进线端，从而可判断出是电源进线无电压，还是电源开关接触不良或损坏；如果 U、V 之间的电压正常，可再检查控制变压器 TC 输入接线端电压是否正常。如果不正常，应检查电源开关输出到控制变压器输入之间的电路，例如，连线是否有问题、熔断器接触是否良好等。如果变压器输入电压正常，可再测量变压器 6V 绕组输出端的电压是否正常。如果不正常，则说明控制变压器有问题；如果 6V 电压正常，说明电源指示灯和照明灯电路同时出问题，可按前面的步骤进行检查，直到查出故障点。

（2）合上电源开关 QS，电源指示灯 HL 亮，合上照明灯开关 SA2，照明灯不亮　故障分析及处理：首先检查照明灯泡是否烧坏，再检查熔断器 FU4 对公共端有无电压。

1）如果熔断器一端有电压一端无电压，说明熔断器熔丝与熔断器座之间存在接触不良问题。

2）如果熔断器两端都无电压，应检查控制变压器 TC 的 24V 绕组输出端。如果有电压，则是变压器输出到熔断器之间的连线有问题；如果无电压，则是控制变压器 24V 绕组有问题。

3）如果熔断器两端都有电压，再检查照明灯两端有无电压。如果有电压，说明照明灯泡与灯座之间接触不好；如果无电压，可继续检查照明灯开关两端的电压，从而判断出是连线问题还是开关的问题。

（3）起动主轴，电动机 M1 不转　故障分析及处理：

1）在电源指示灯亮的情况下，首先检查接触器 KM1 是否能吸合。

2）如果 KM1 不吸合，可检查热继电器触点 FR1、FR2 是否动作了未复位；熔断器 FU2 是否熔断。如果没有问题，可用万用表交流 250V 档逐级检查接触器 KM1 线圈回路的 110V 电压是否正常，从而判断出是控制变压器 110V 绕组的问题，还是接触器 KM1 线圈烧坏，或者是熔断器插座或某个触头接触不良，又或者是回路中的连线有问题。

3）如果 KM1 吸合，电动机 M1 还不转动，则应用万用表交流 500V 档检查接触器 KM1 主触头的输出端有无电压。如果无电压，可再测量 KM1 主触头的输入端，如果还没有电压，则只能是 U、V、W 到接触器 KM1 输入端的连线有问题；如果 KM1 输入端有电压，则是由于 KM1 的主触头接触不好；如果接触器 KM1 的输出端有电压，则应检查电动机 M1 有无进线电压，如果无电压，说明接触器 KM1 输出端到电动机 M1 进线端之间有问题（包括热继电器 FR1 和相应的边线）；如果电动机 M1 进线电压正常，则只能是电动机本身的问题。

另外，如果电动机 M1 断相，或者因为负载过重，也可引起电动机不转动，应进一步检查判断。

（4）主轴电动机能起动，但不能自锁，或工作中突然停转

1）首先检查接触器 KM1 的自锁触头接触是否良好，自锁回路边线是否接好。如果两者有问题，按主轴起动按钮 SB2 后，接触器 KM1 吸合，主轴电动机转动，但起动按钮 SB2 一松开，由于 KM1 的自锁回路有问题而不能自锁，KM1 马上释放，主轴电动机停转。也可能主轴起动时，KM1 的自锁回路起作用，KM1 能够自锁，但由于自锁回路有接触不良的现象存在，在工作中瞬间断开一下，就会使 KM1 释放而使主轴停转。

2）另外，当接触器 KM1 的控制回路（起动按钮 SB2 除外）的任何地方有接触不良的

现象时，都可能出现主轴电动机工作中突然停转的现象。

（5）按下停止按钮 SB1，主轴不停转　断开电源开关 QS，看接触器 KM1 是否能释放。如果能释放，说明 KM1 的控制回路有短路现象，应进一步排查；如果 KM1 仍然不释放，说明接触器内部有机械卡死现象，或接触器主触点因"熔焊"而粘死，需拆开修理。

（6）合上冷却泵开关，冷却泵电动机 M2 不转

1）冷却泵电动机必须在主轴运转时才能运转，首先起动主轴电动机，在主轴正常运转的情况下，检查接触器 KM2 是否吸合。

2）如果 KM2 不吸合，应进一步检查接触器 KM2 线圈两端有无电压。如果有电压，说明接触器 KM2 的线圈损坏；如果无电压，应检查 KM1 的辅助触头、冷却泵开关 SA1 接触是否良好，相关连线是否接好。

3）如果 KM2 吸合，应检查电动机 M2 的进线电压有无断相，电压是否正常。如果正常，说明冷却泵电动机或冷却泵有问题；如果电压不正常，应进一步检查热继电器 FR2 是否烧坏、接触器 KM2 的主触头是否接触不良、熔断器 FU1 是否熔断，以及相关的连线是否连接好。

4）按下刀架快速移动按钮 SB3，刀架不移动。起动主轴和冷却泵，如果运转都正常，首先检查接触器 KM3 是否吸合。如果 KM3 吸合，应进一步检查 KM3 的主触头是否接触不良、相关连线是否连接好、刀架快移电动机 M3 是否有问题、机械负载是否有卡死现象；如果 KM3 不吸合，则应进一步检查 KM3 的线圈是否烧坏、刀架快移按钮是否接触不上，以及相关连线是否连接好。

试题精选：

CA6140 型卧式车床出现电气故障：合上电源开关 QS，电源指示灯 HL 不亮，而合上照明灯开关 SA2，看照明灯亮，则故障很可能发生在（B）。

A. 控制变压器之前 　　　　　　　　B. 控制变压器之后

C. 总电源处 　　　　　　　　　　　D. FU1 处

鉴定点 5　M7130 型平面磨床电气控制电路的组成

问：M7130 型平面磨床的主电路由哪几部分组成？控制电路由哪几部分组成？

答：M7130 型平面磨床的电气原理图如图 2-58 所示。该控制电路分为主电路、控制电路、电磁吸盘电路和照明电路四部分。

（1）主电路　QS1 为电源开关。主电路中有三台电动机，M1 为砂轮电动机，M2 为冷却泵电动机，M3 为液压泵电动机，它们共用一组熔断器 FU1 作为短路保护。

（2）控制电路　控制电路采用交流 380V 电压供电，由熔断器 FU2 作短路保护。在电动机的控制电路中，串接着转换开关 QS2 的常开触头（6 区）和欠电流继电器 KA 的常开触头（8 区）。因此，三台电动机起动的必要条件是使 QS2 或 KA 的常开触头闭合。

砂轮电动机 M1 和液压泵电动机 M3 都采用了接触器自锁正转控制电路，SB1、SB3 分别是它们的起动按钮，SB2、SB4 分别是它们的停止按钮。

试题精选：

M7130 型平面磨床控制电路中的两个热继电器常闭触头的连接方法是（B）。

A. 并联 　　　　B. 串联 　　　　C. 混联 　　　　D. 独立

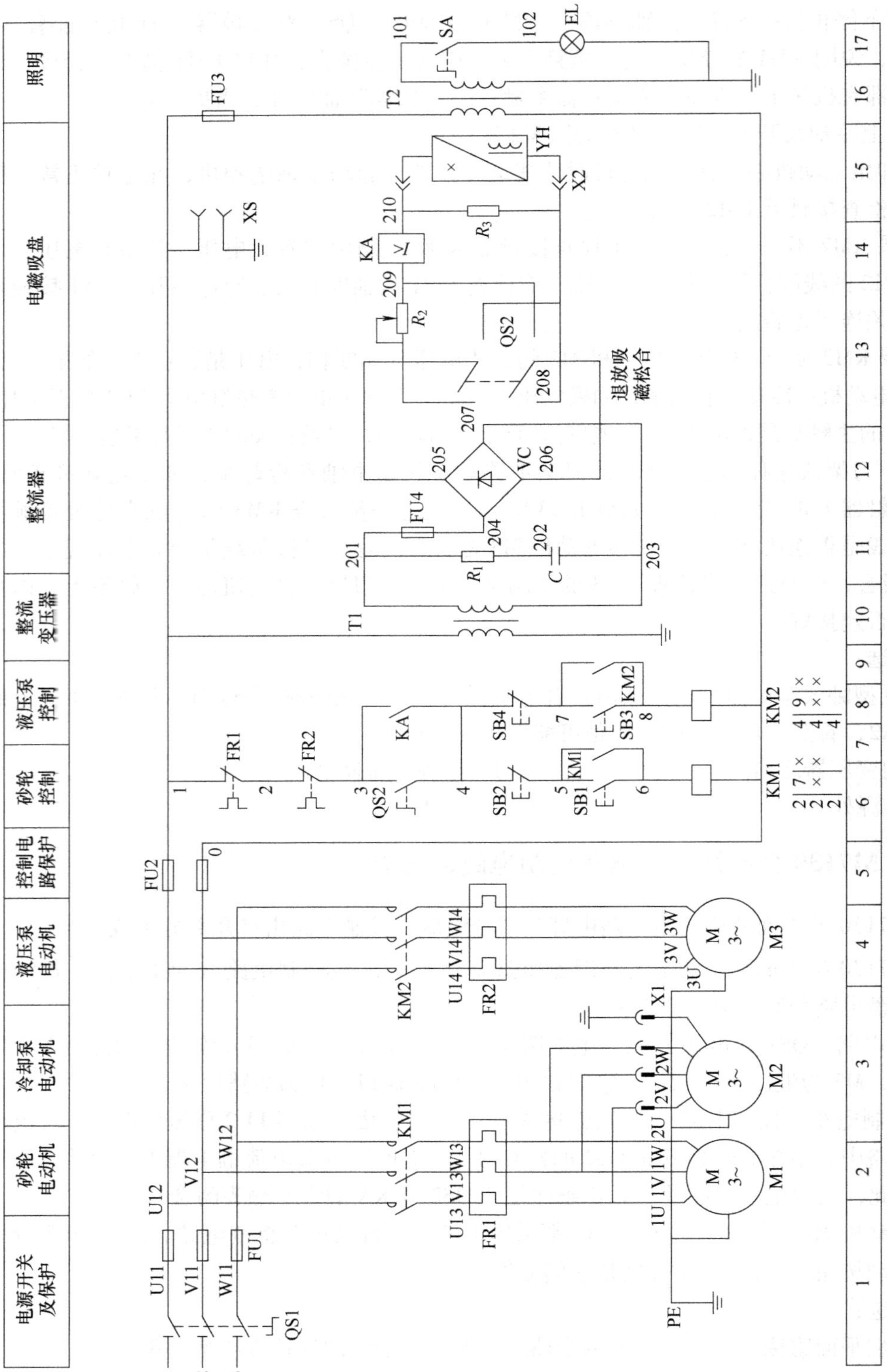

照明　SA　101　102　EL

FU3　T2

电磁吸盘　XS　YH　X2

KA　210　R_3

209　R_2　QS2

207　208　退磁　放松　吸合

整流器　205　VC　206

FU4　204　201　R_1　C　202　203

整流变压器　T1

液压泵控制　FR1　FR2　KA　SB4　SB3　KM2

砂轮控制　1　2　QS2　3　4　SB2　SB1　KM1　5　6　7　8

KM1　KM2

控制电路保护　FU2　0

液压泵电动机　KM2　U14 V14 W14　FR2　3U 3V 3W　M3　3~

冷却泵电动机　X1　2U 2V 2W　M2　3~

砂轮电动机　KM1　W12　U13 V13 W13　FR1　1U 1V 1W　M1　3~

电源开关及保护　U11 V11 W11　FU1　U12 V12 W12　QS1

L1　L2　L3

PE

1　2　3　4　5　6　7　8　9　10　11　12　13　14　15　16　17

图 2-58　M7130 型平面磨床电气原理图

鉴定点 6　M7130 型平面磨床电气控制电路的工作原理

问：分析 M7130 型平面磨床电气控制电路的工作原理。

答：M7130 型平面磨床的电气原理图如图 2-58 所示。

（1）主电路分析　QS1 为电源开关。主电路中有三台电动机，M1 为砂轮电动机，M2 为冷却泵电动机，M3 为液压泵电动机，它们共用一组熔断器 FU1 作为短路保护。砂轮电动机 M1 用接触器 KM1 控制，用热继电器 FR1 进行过载保护；由于冷却泵箱和床身是分装的，所以冷却泵电动机 M2 通过接插器 X1 和砂轮电动机 M1 的电源线相连，并和 M1 在主电路实现顺序控制。冷却泵电动机的功率较小，没有单独设置过载保护；液压泵电动机 M3 由接触器 KM2 控制，由热继电器 FR2 作过载保护。

（2）控制电路分析　控制电路采用交流 380V 电压供电，由熔断器 FU2 作短路保护。在电动机的控制电路中，串接着转换开关 QS2 的常开触头（6 区）和欠电流继电器 KA 的常开触头（8 区）。因此，三台电动机起动的必要条件是使 QS2 或 KA 的常开触头闭合。欠电流继电器 KA 的线圈串接在电磁吸盘 YH 的工作回路中，所以当电磁吸盘得电工作时，欠电流继电器 KA 线圈得电吸合，接通砂轮电动机 M1 和液压泵电动机 M3 的控制电路，这样就保证了加工工件被 YH 吸住的情况下，砂轮和工作台才能进行磨削加工，保证了安全。

砂轮电动机 M1 和液压泵电动机 M3 都采用了接触器自锁正转控制电路，SB1、SB3 分别是它们的起动按钮，SB2、SB4 分别是它们的停止按钮。

（3）电磁吸盘电路分析　电磁吸盘是用来固定加工工件的一种夹具。电磁吸盘电路包括整流电路、控制电路和保护电路三部分。

整流变压器 T1 将 220V 的交流电压降为 145V，然后经桥式整流器 VC 后输出 110V 直流电压。

QS2 是电磁吸盘 YH 的转换控制开关（又叫作退磁开关），有"吸合""放松"和"退磁"三个位置。当 QS2 扳至"吸合"位置时，触头（205—208）和（206—209）闭合，110V 直流电压接入电磁吸盘 YH，工件被牢牢吸住。此时，欠电流继电器 KA 线圈得电吸合，KA 的常开触头闭合，接通砂轮和液压泵电动机的控制电路。待工件加工完毕，先把 QS2 扳到"放松"位置，切断电磁吸盘 YH 的直流电源。此时由于工件具有剩磁而不能取下，因此必须进行退磁。将 QS2 扳到"退磁"位置，这时，触头（205—207）和（206—208）闭合，电磁吸盘 YH 通入较小的（因串入了退磁电阻 R_2）反向电流进行退磁。退磁结束，将 QS2 扳回到"放松"位置，即可将工件取下。

如果有些工件不易退磁，可将附件退磁器的插头插入插座 XS，使工件在交变磁场的作用下进行退磁。

若将工件夹在工作台上，而不需要电磁吸盘，则应将电磁吸盘 YH 的 X2 插头从插座上拔下，同时将转换开关 QS2 扳到"退磁"位置，这时，接在控制电路中 QS2 的常开触头（3—4）闭合，接通电动机的控制电路。

电磁吸盘的保护电路由放电电阻 R_3 和欠电流继电器 KA 组成。电阻 R_3 是电磁吸盘的放电电阻。因为电磁吸盘的电感很大，在电磁吸盘从"吸合"状态转变为"放松"状态的瞬间，线圈两端将产生很大的自感电动势，易使线圈或其他电器由于过电压而损坏。电阻 R_3

的作用是在电磁吸盘断电瞬间给线圈提供放电通路，吸收线圈释放的磁场能量。欠电流继电器 KA 用以防止电磁吸盘断电时工件脱出发生事故。

电阻 R_1 与电容器 C 的作用是防止电磁吸盘回路交流侧的过电压。熔断器 FU4 为电磁吸盘提供短路保护。

欠电流继电器 KA 的线圈串接在电磁吸盘 YH 的工作回路中，所以当电磁吸盘得电工作时，欠电流继电器 KA 线圈得电吸合，接通砂轮电动机 M1 和液压泵电动机 M3 的控制电路，这样就保证了加工工件被 YH 吸住的情况下，砂轮和工作台才能进行磨削加工，保证了安全。

试题精选：

M7130 型平面磨床中，冷却泵电动机 M2 必须在（D）运行后才能起动。

A. 照明变压器　　　　　　　　　　B. 伺服驱动器

C. 液压泵电动机 M3　　　　　　　　D. 砂轮电动机 M1

鉴定点 7　M7130 型平面磨床电气控制电路的常见故障及处理

问：M7130 型平面磨床电气控制电路常见故障有哪些？如何进行处理？

答：M7130 型平面磨床电气控制电路常见故障及处理方法如下：

（1）三台电动机都不能起动　造成电动机都不能起动的原因是欠电流继电器 KA 的常开触头和转换开关 QS2 的触头（3—4）接触不良、接线松脱或有油垢，使电动机的控制电路处于断电状态。检修故障时，应将转换开关 QS2 扳至"吸合"位置，检查欠电流继电器 KA 的常开触头（3—4）的接通情况，不通则修理或更换元件，即可排除故障。否则，将转换开关 QS2 扳到"退磁"位置，拔掉电磁吸盘插头，检查 QS2 的触头（3—4）的通断情况，不通则修理或更换转换开关。

若 KA 和 QS2 的触头（3—4）无故障，电动机仍不能起动，可检查热继电器 FR1、FR2 的常闭触头是否动作或接触不良。

（2）砂轮电动机的热继电器 FR1 经常脱扣　砂轮电动机 M1 为装入式电动机，它的前轴承是铜瓦，易磨损。磨损后易发生堵转现象，使电流增大，导致热继电器脱扣。若是这种情况，应修理或更换轴瓦。另外，砂轮进刀量太大，电动机超负荷运行，造成电动机堵转，使电流急剧上升，热继电器脱扣。因此，工作中应选择合适的进刀量，防止电动机超载运行。除以上原因之外，更换后的热继电器规格选得太小或整定电流没有重新调整，使电动机还未达到额定负载时，热继电器就已脱扣。因此，应注意热继电器必须按其被保护电动机的额定电流进行选择和调整。

（3）冷却泵电动机烧坏　造成这种故障的原因有以下几种：一是切削液进入电动机内部，造成匝间或绕组间短路，使电流增大；二是反复修理冷却泵电动机后，使电动机端盖轴间隙增大，造成转子在定子内不同心，工作时电流增大，电动机长时间过载运行；三是冷却泵被杂物塞住引起电动机堵转，电流急剧上升。由于该磨床的砂轮电动机与冷却泵电动机共用一个热继电器 FR1，而且两者功率相差太大，当发生以上故障时，电流增大不足以使热继电器 FR1 脱扣，从而造成冷却泵电动机烧坏。若给冷却泵电动机加装热继电器，就可以避免发生这种故障。

（4）电磁吸盘无吸力 出现这种故障时，首先用万用表测三相电源电压是否正常。若电源电压正常，再检查熔断器 FU1、FU2、FU4 有无熔断现象。常见的故障是熔断器 FU4 熔断，造成电磁吸盘电路断开，使吸盘无吸力。FU4 熔断是由于整流器 VC 短路，使整流变压器 T1 二次绕组流过很大的短路电流造成的。如果检查整流器输出空载电压正常，而接上吸盘后，输出电压下降不大，欠电流继电器 KA 不动作，吸盘无吸力，这时，可依次检查电磁吸盘 YH 的线圈、接插器 X2、欠电流继电器 KA 的线圈有无断路或接触不良的现象。检修故障时，可使用万用表测量各点电压，查出故障元件，进行修理或更换，即可排除故障。

（5）电磁吸盘吸力不足 引起这种故障的原因是电磁吸盘损坏或整流器输出电压不正常。M7130 型平面磨床电磁吸盘的电源电压由整流器 VC 供给。空载时，整流器直流输出电压应为 130~140V，负载时不应低于 110V。若整流器空载输出电压正常，带负载时电压远低于 110V，则表明电磁吸盘线圈已短路，短路点多发生在线圈各绕组间的引线接头处。这是由于吸盘密封不好，切削液流入，引起绝缘损坏，造成线圈短路。若短路严重，过大的电流会使整流器件和整流变压器烧坏。出现这种故障，必须更换电磁吸盘线圈，并且要处理好线圈绝缘，安装时要完全密封好。

若电磁吸盘电源电压不正常，多是因为整流器件短路或断路造成的。应检查整流器 VC 的交流侧电压及直流侧电压。若交流侧电压正常，直流输出电压不正常，则表明整流器发生元器件短路或断路故障。如某一桥臂的整流二极管发生断路，将使整流输出电压降低到额定电压的 1/2；若两个相邻的二极管都断路，则输出电压为零。整流器器件损坏的原因可能是器件过热或过电压造成的。如由于整流二极管热容量很小，在整流器过载时，器件温度急剧上升，烧坏二极管；当放电电阻 R_3 损坏或接线断路时，由于电磁吸盘线圈电感很大，在断开瞬间产生过电压将整流器件击穿。排除此类故障时，可用万用表测量整流器的输出及输入电压，判断出故障部位，查出故障器件，进行更换或修理即可。

（6）电磁吸盘退磁不好使工件取下困难 电磁吸盘退磁不好的故障原因，一是退磁电路断路，根本没有退磁，应检查转换开关 QS2 接触是否良好，退磁电阻 R_2 是否损坏；二是退磁电压过高，应调整电阻 R_2，使退磁电压调至 5~10V；三是退磁时间太长或太短，对于不同材质的工件，所需的退磁时间不同，注意掌握好退磁时间。

试题精选：

M7130 型平面磨床中电磁吸盘吸力不足的原因之一是（A）。

A. 电磁吸盘的线圈内有匝间短路　　　　B. 电磁吸盘的线圈内有开路点

C. 整流变压器开路　　　　　　　　　　D. 整流变压器短路

鉴定点 8　Z37 型摇臂钻床电气控制电路的组成

问：简述 Z37 型摇臂钻床电气控制电路的组成。

答：电力拖动特点及控制要求：

1）由于摇臂钻床的相对运动部件较多，故采用多台电动机拖动，以简化传动装置。主轴电动机 M2 承担钻削及进给任务，只要求单向旋转。主轴的正反转一般通过正反转摩擦离合器来实现，主轴转速和进给量用变速机构调节。摇臂的升降和立柱的夹紧放松由电动机 M3 和 M4 拖动，要求双向旋转。冷却泵用电动机 M1 拖动。

2）该钻床的各种工作状态都是通过十字开关 SA 操作的，为防止十字开关手柄停在任何工作位置时，因接通电源而产生误动作，本控制电路设有零电压保护环节。

3）摇臂的升降要求有限位保护。

4）摇臂的夹紧与放松是由机械和电气联合控制的。外立柱和主轴箱的夹紧与放松是由电动机配合液压装置来完成的。

5）钻削加工时，需要对刀具及工件进行冷却。由电动机 M1 拖动冷却泵输送切削液。

Z37 型摇臂钻床电气控制电路的组成如图 2-59 所示。

（1）主电路　Z37 型摇臂钻床共有四台三相异步电动机，其中主轴电动机 M2 由接触器 KM1 控制，热继电器 FR 作过载保护，主轴的正、反向控制是由双向片式摩擦离合器来实现的。摇臂升降电动机 M3 由接触器 KM2、KM3 控制，FU2 作短路保护。立柱松紧电动机 M4 由接触器 KM4 和 KM5 控制，FU3 作短路保护。冷却泵电动机 M1 是由组合开关 QS2 控制的，FU1 作短路保护。摇臂上的电气设备电源，通过转换开关 QS1 及汇流环 YG 引入。

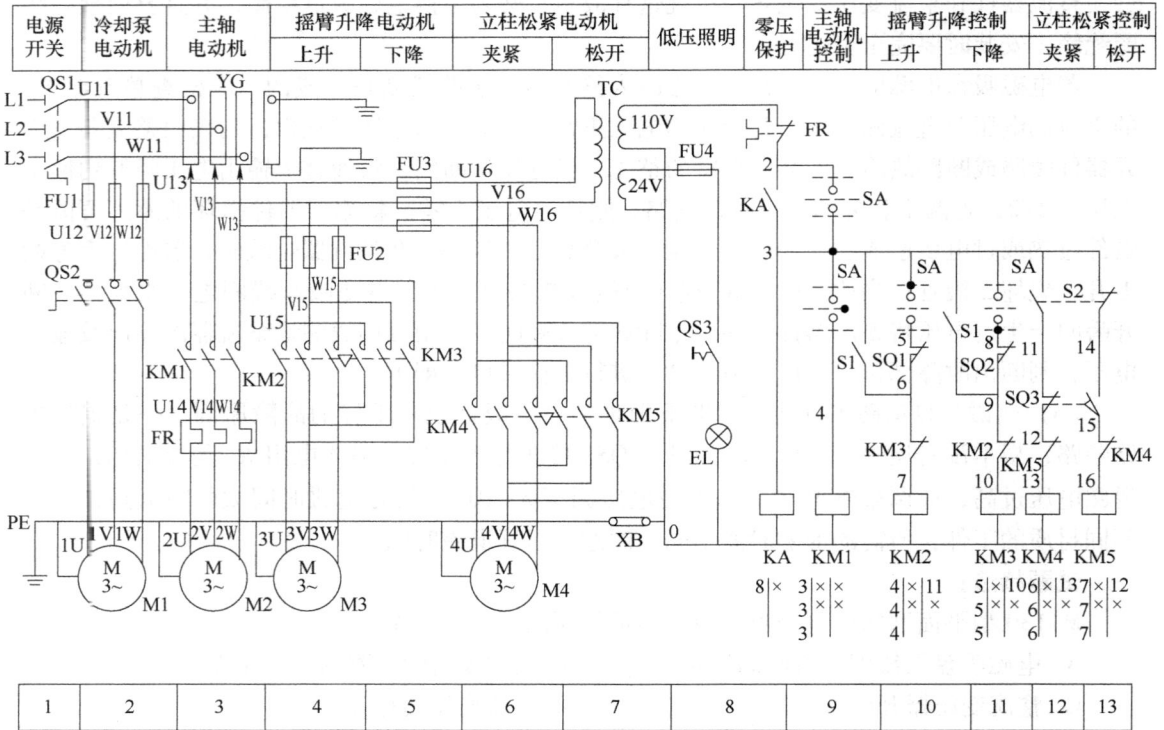

图 2-59　Z37 型摇臂钻床电气原理图

（2）控制电路　合上电源开关 QS1，控制电路的电源由控制变压器 TC 提供 110V 电压。Z37 型摇臂钻床控制电路采用十字开关 SA 操作，它有集中控制和操作方便等优点。十字开关由十字手柄和四个微动开关组成。根据工作需要，可将操作手柄分别扳在孔槽内五个不同位置上，即左、右、上、下和中间位置。为防止突然停电又恢复供电而造成的危险，电路设有零电压保护环节。零电压保护是由中间继电器 KA 和十字开关 SA 来实现的。

试题精选：

Z37 型摇臂钻床电气控制电路的主轴的正反转一般通过（A）来实现。

A. 正反转摩擦离合器　　　　　　　B. 接触器联锁

C. 按钮联锁　　　　　　　　　　　D. 接触器、按钮双重联锁

鉴定点 9　Z37 型摇臂钻床电气控制电路的原理

问：简述 Z37 型摇臂钻床电气控制电路的原理。

答：Z37 型摇臂钻床电气控制电路的原理分析如下：

（1）主轴电动机 M2 的控制　主轴电动机 M2 的旋转是通过接触器 KM1 和十字开关 SA 控制的。首先将十字开关 SA 扳在左边位置，SA 的触头（2—3）闭合，中间继电器 KA 获电吸合并自锁，为其他控制电路接通做好准备。再将十字开关 SA 扳在右边位置，这时触头（2—3）分断后，触头（3—4）闭合，接触器 KM1 线圈获电吸合，主轴电动机 M2 通电旋转。主轴的正反转则由摩擦离合器手柄控制。将十字开关 SA 扳回中间位置，接触器 KM1 线圈断电释放，主轴电动机 M2 停转。

（2）摇臂升降的控制　摇臂的放松、升降及夹紧的半自动工作顺序是通过十字开关 SA、接触器 KM2 和 KM3、位置开关 SQ1 和 SQ2 及鼓形组合开关 S1、控制电动机 M3 来实现的。

当工件与钻头的相对高度不合适时，可通过摇臂升高或降低来调整。要使摇臂上升，将十字开关 SA 的手柄从中间位置扳到向上的位置，SA 的触头（3—5）接通，接触器 KM2 获电吸合，电动机 M3 起动正转。由于摇臂在升降前被夹紧在立柱上，所以 M3 刚刚起动时，摇臂不会上升，而是通过传动装置先把摇臂松开，这时鼓形组合开关 S1 的常开触头（3—9）闭合，为摇臂上升后的夹紧做好准备，随后摇臂才开始上升。当上升到所需位置时，将十字开关 SA 扳到中间位置，接触器 KM2 线圈断电释放，电动机 M3 停转。由于摇臂松开时，鼓形组合开关常开触头 S1（3—9）已闭合，所以当接触器 KM2 线圈断电释放，其联锁触头（9—10）恢复闭合后，接触器 KM3 获电吸合，电动机 M3 起动反转，带动机械夹紧机构将摇臂夹紧，夹紧后鼓形开关 S1 的常开触头（3—9）断开，接触器 KM3 线圈断电释放，电动机 M3 停转。

要使摇臂下降，可将十字开关 SA 扳到向下位置，于是十字开关 SA 的触头（3—8）闭合，接触器 KM3 线圈获电吸合，其余动作情况与上升相似。由以上分析可知摇臂的升降是由机械、电气联合控制实现的，能够自动完成摇臂松开、摇臂上升（或下降）、摇臂夹紧的过程。

为使摇臂上升或下降不致超出允许的极限位置，在摇臂上升和下降的控制电路中分别串入位置开关 SQ1 和 SQ2 作限位保护。

（3）立柱的夹紧与松开的控制　钻床正常工作时，外立柱夹紧在内立柱上。要使摇臂和外立柱绕内立柱转动，应首先扳动手柄放松外立柱。立柱的松开与夹紧是靠电动机 M4 的正反转拖动液压装置来完成的。电动机 M4 的正反转由组合开关 S2 和位置开关 SQ3、接触器 KM4 和 KM5 来实现。位置开关 SQ3 是由主轴箱与摇臂夹紧的机械手柄操作的。拨动手柄使 SQ3 的常开触头（14—15）闭合，接触器 KM5 线圈获电吸合，电动机 M4 拖动液压泵工作，

使立柱夹紧装置放松。当夹紧装置完全放松时，组合开关 S2 的常闭触头（3—14）断开，使接触器 KM5 线圈断电释放，电动机 M4 停转，同时 S2 的常开触头（3—11）闭合，为夹紧做好准备。当摇臂转动到所需位置时，只需扳动手柄使位置开关 SQ3 复位，其常开触头（14—15）断开，而常闭触头（11—12）闭合，使接触器 KM4 线圈获电吸合，电动机 M4 带动液压泵反向运转，就可以完成立柱的夹紧动作。当完全夹紧后，组合开关 S2 复位，其常开触头（3—11）分断，常闭触头（3—14）闭合，使接触器 KM4 的线圈失电，电动机 M4 停转。

Z37 摇臂钻床的主轴箱在摇臂上的松开与夹紧和立柱的松开与夹紧是由同一台电动机 M4 推动液压机构完成的。

（4）照明电路　照明电路的电源也是由变压器 TC 将 380V 的交流电压降为 24V 安全电压来提供。照明灯 EL 由开关 QS3 控制，由熔断器 FU4 作短路保护。

试题精选：

Z37 型摇臂钻床主轴箱在摇臂上的松开与夹紧和立柱的松开与夹紧是由同一台电动机（D）拖动液压机构完成的。

A. M1　　　　　　B. M2　　　　　　C. M3　　　　　　D. M4

鉴定点 10　Z37 型摇臂钻床电气控制电路的常见故障

问：Z37 型摇臂钻床电气控制电路的常见故障有哪些？如何处理？

答：Z37 型摇臂钻床电气控制电路的常见故障及处理方法如下：

（1）主轴电动机 M2 不能起动　首先检查电源开关 QS1、汇流环 YG 是否正常。其次，检查一字开关 SA 的触头、接触器 KM1 和中间继电器 KA 的触头接触是否良好。若中间继电器 KA 的自锁触头接触不良，则将十字开关 SA 扳到左面位置时，中间继电器 KA 吸合，然后再扳到右面位置时，KA 线圈将断电释放；若十字开关 SA 的触头（3—4）接触不良，当将十字开关 SA 手柄扳到左面位置时，中间继电器 KA 吸合，然后再扳到右面位置时，继电器 KA 仍吸合，但接触器 KM1 不动作；若十字开关 SA 触头接触良好，而接触器 KM1 的主触头接触不良时，当扳动十字开关手柄后，接触器 KM1 线圈获电吸合，但主轴电动机 M2 仍然不能起动。此外，连接各电器元件的导线开路或脱落，也会使主轴电动机 M2 不能起动。

（2）主轴电动机 M2 不能停止　当把十字开关 SA 的手柄扳到中间位置时，主轴电动机 M2 仍不能停止运转，其故障原因是接触器 KM1 主触头熔焊或十字开关 SA 的右边位置开关失控。出现这种情况，应立即切断电源开关 QS1，电动机才能停转。若触头熔焊需更换相同规格的触头或接触器时，必须先查明触头熔焊的原因并排除故障后进行；若十字开关 SA 的触头（3—4）失控，应重新调整或更换开关，同时查明失控原因。

（3）摇臂升降、松紧线路的故障　Z37 型摇臂钻床的升降和松紧装置由电气和机械机构相互配合，实现放松—上升（下降）—夹紧的半自动工作顺序控制。在维修时不但要检查电气部分，还必须检查机械部分是否正常。常见电气方面的故障有下列几种：

1）摇臂上升或下降后不能完全夹紧故障原因是鼓形组合开关 S1 未按要求闭合。正常情况下，当摇臂上升到所需位置，将十字开关 SA 扳到中间位置时，S1（3—9）应早已接通，使接触器 KM3 线圈获电吸合，摇臂会自动夹紧。若因触头位置偏移，使 S1（3—9）未按要求闭合，接触器 KM3 不动作，电动机 M3 也就不能起动反转进行夹紧，故摇臂仍处于放松状态。若摇臂上升完毕没有夹紧作用，而下降完毕有夹紧作用，则说明 S1 的触头（3—9）有故障；反之则是 S1 的触头（3—6）有故障。另外鼓形组合开关 S1 的动、静触头弯曲、磨损、接触不良等，也会使摇臂不能夹紧。

2）摇臂升降后不能按需要停止原因是鼓形组合开关 S1 的常开触头（3—6）或（3—9）闭合的顺序颠倒。例如，将十字开关 SA 扳到下面位置时，接触器 KM3 线圈获电吸合，电动机 M3 反转，通过传动装置将摇臂放松，摇臂下降；此时鼓形组合开关 S1（3—6）应该闭合，为摇臂下降后的重新夹紧做好准备。但如果鼓形组合开关调整不当，使鼓形开关 S1 的常开触头（3—9）闭合，结果将十字开关 SA 扳到中间位置时，不能切断接触器 KM3 的线圈电路，下降运行不能停止，甚至到了极限位置也不能使 KM3 断电释放，由此可能引起很危险的机械事故。若出现这种情况，应立即切断电源总开关 QS1，使摇臂停止运动。

（4）主轴箱和立柱的松紧故障　由于主轴箱和立柱的夹紧与放松是通过电动机 M4 配合液压装置来完成的，所以若电动机 M4 不能起动或不能停止时，应检查接触器 KM4 和 KM5、位置开关 SQ3 和组合开关 S2 的接线是否可靠，有无接触不良或脱落等现象，触头接触是否良好，有无移位或熔焊现象。同时还要配合机械液压协调处理。

另外，检修中应注意三相电源相序与电动机转动方向的关系，否则会发生上升和下降方向颠倒，电动机开停失控、位置开关不起作用等故障，造成机械事故。

试题精选：

Z37 型摇臂钻床出现主轴电动机 M2 不能停止故障，即当把十字开关 SA 的手柄扳到中间位置时，主轴电动机 M2 仍不能停止运转，其故障原因是（A）或十字开关 SA 的右边位置开关失控。

A. 接触器 KM1 主触头熔焊　　　　B. 按钮熔焊

C. 接触器 KM2 主触头熔焊　　　　D. 接触器 KM1 自锁触头熔焊

鉴定范围5　可编程序控制器控制电路的安装与调试

鉴定点1　可编程序控制器的结构

问：可编程序控制器主要由哪几部分组成？

答：可编程序控制器（PLC）专为工业现场应用而设计，采用了典型的计算机结构，主要由中央处理器（CPU）、存储器（RAM、ROM）、输入/输出单元（I/O 接口）、电源及编程器等部分组成。

（1）中央处理器（CPU）　中央处理器（CPU）一般由控制器、运算器和寄存器组成，这些电路都集成在一个芯片内。CPU 通过数据总线、地址总线和控制总线与存储单元、输入输出接口电路相连接。

（2）存储器（RAM、ROM）　PLC 的存储器包括系统存储器和用户存储器两部分。

1）系统存储器用来存放由 PLC 生产厂家编写的系统程序，并固化在 ROM（只读存储器）内，用户不能直接更改。它使 PLC 具有基本的功能，能够完成 PLC 设计者规定的各项工作。

2）用户存储器包括用户程序存储器（程序区）和功能存储器（数据区）两部分。用户程序存储器用来存放用户根据控制任务编写的程序。用户程序存储器根据所选用的存储器单元类型的不同，可以是 RAM（随机存储器）、EPROM（紫外线可擦除 ROM）或 EEPROM 存储器，其内容可以由用户任意修改或增删。用户功能存储器是用来存放（记忆）用户程序中使用器件的（ON/OFF）状态/数值数据等。

（3）输入/输出单元（I/O 接口） 输入/输出单元从广义上分包含两部分：一是与被控设备相连接的接口电路；另一部分是输入和输出的映像寄存器。

（4）电源 PLC 一般使用 220V 的交流电源，电源部件将交流电转换成供 PLC 的中央处理器、存储器等电路工作所需的直流电，使 PLC 能正常工作。

（5）扩展接口 扩展接口用于将扩展单元以及功能模块与基本单元相连，使 PLC 的配置更加灵活，以满足不同控制系统的需要。

（6）通信接口 为了实现"人-机"或"机-机"之间的对话，PLC 配有多种通信接口。PLC 通过这些通信接口可以与监视器、打印机及其他的 PLC 或计算机相连。

（7）编程器 编程器的作用是供用户进行程序的编制、编辑、调试和监视。

（8）其他部件 有些 PLC 还可配置其他一些外部设备，如 EPROM 写入器、存储器卡、打印机、高分辨率大屏幕彩色图形监控系统和工业计算机等。

试题精选：

可编程序控制器采用大规模集成电路构成的（B）和存储器来组成逻辑部分。

A. 运算器　　　　B. 微处理器　　　　C. 控制器　　　　D. 累加器

鉴定点 2　可编程序控制器的特点

问：可编程序控制器有哪些特点？

答：可编程序控制器是一种数字运算操作的电子系统，专为在工业环境下应用而设计。它采用了可编程序的存储器，用来在其内部存储执行逻辑运算、顺序控制、定时、计数和算术运算等面向用户的指令，并通过数字式或模拟式的输入和输出接口，控制各种类型的机械或生产过程。可编程序控制器及有关外围设备，都应按照易于与工业系统连成一个整体，易于扩充其功能的原则设计。可编程序控制器的特点：运行稳定、可靠性高、抗干扰能力强；设计、使用和维护方便；编程语言直观易学；与网络技术相结合；易于实现机电一体化。

试题精选：

可编程序控制器是一种专门在（A）环境下应用而设计的数字运算操作的电子装置。

A. 工业　　　　B. 军事　　　　C. 商业　　　　D. 农业

鉴定点 3　可编程序控制器的工作原理

问：简述可编程序控制器的工作原理。

答：可编程序控制器的工作原理是建立在计算机工作原理基础之上，即通过执行反映控制要求的用户程序来实现的。可编程序控制器程序的执行是按程序设定的顺序依次完成相应电器的动作，采用的是一个不断循环的顺序扫描工作方式。

PLC 工作的全过程可用图 2-60 所示的运行框图来表示。从第一条程序开始，在无中断或跳转控制的情况下，按程序存储的地址号递增的顺序逐条执行程序，即按顺序逐条执行程序，直到程序结束，然后再从头开始扫描，并周而复始地重复进行。

可编程序控制器工作时的扫描过程如图 2-61 所示，每一次扫描所用的时间称为扫描周期或工作周期。CPU 从第一条指令执行开始，按顺序逐条地执行用户程序直到用户程序结束，然后返回第一条指令，开始新的一轮扫描，PLC 就是这样周而复始地重复上述循环扫描。扫描周期的长短与用户程序的长度和扫描速度有关。

如图 2-61 所示，当 PLC 正常运行时，它将不断重复扫描过程。分析上述扫描过程，如果对其他通信服务暂不考虑，扫描过程可分为"输入采样""程序执行"和"输出刷新"三个阶段。这三个阶段是 PLC 工作过程的中心内容。

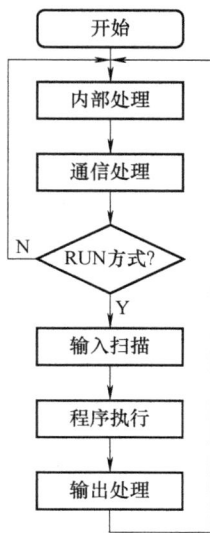

图 2-60 PLC 工作的全过程

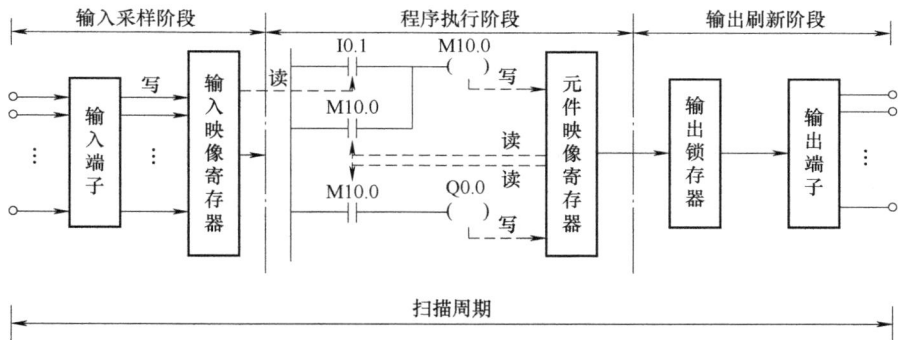

图 2-61 PLC 工作时的扫描过程

试题精选：
可编程序控制器在 RUN 模式下，执行顺序是（A）。
A. 输入采样-执行用户程序-输出刷新　　　B. 执行用户程序-输入采样-输出刷新
C. 输入采样-输出刷新-执行用户程序　　　D. 以上都不对

鉴定点 4　可编程序控制器的主要技术指标

问：可编程序控制器的主要技术指标有哪些？

答：可编程序控制器的种类很多，用户可以根据控制系统的具体要求选择不同技术指标的 PLC。可编程序控制器的技术指标主要有以下几个方面：

（1）I/O 点数　可编程序控制器的 I/O 点数指外部输入、输出端子数量的总和，又称为主机的开关量 I/O 点数。它是描述 PLC 大小的一个重要参数。

（2）存储容量　PLC 的存储器由系统程序存储器、用户程序存储器和数据存储器三部分组成。PLC 存储容量通常指用户程序存储器和数据存储器容量之和，表示系统提供给用户的可用资源，是系统性能的一项重要技术指标。

（3）扫描速度　可编程序控制器采用循环扫描方式工作。完成 1 次扫描所需的时间叫作扫描周期，扫描速度与周期成反比。影响扫描速度的主要因素有用户程序的长度和 PLC 产品的类型。PLC 中 CPU 的类型、机器字长等直接影响 PLC 运算精度和运行速度。

（4）指令系统　指令系统是指 PLC 所有指令的总和。可编程序控制器的编程指令越多，软件功能就越强，但掌握应用也相对较复杂。用户应根据实际控制要求选择合适指令功能的可编程序控制器。

（5）可扩展性　小型 PLC 的基本单元（主机）多为开关量 I/O 接口。各厂家在 PLC 基本单元的基础上大力发展模拟量处理、高速处理、温度控制、通信等智能扩展模块。智能扩展模块的数量及性能也已成为衡量 PLC 产品水平的标志。

（5）通信功能　通信有 PLC 之间的通信和 PLC 与计算机或其他设备之间的通信。通信主要涉及通信模块、通信接口、通信协议和通信指令等内容。PLC 的组网通信能力也是衡量 PLC 产品水平的重要指标之一。

另外，生产厂家还提供 PLC 的外形尺寸、重量、保护等级、适用温度、相对湿度和大气压等性能指标，供用户参考。

试题精选：

PLC 的主要技术指标不包括（D）。

A　I/O 点数　　　　B. 存储容量　　　　C. 指令系统　　　　D. 编程软件

鉴定点 5　可编程序控制器的输入/输出类型

问：PLC 的输入类型有哪几种？PLC 的输出类型有哪几种？

答：PLC 提供了多种操作电平和驱动能力的 I/O 接口，有各种各样功能的 I/O 接口供用户选用。I/O 接口的主要类型有：数字量（开关量）输入、数字量（开关量）输出、模拟量输入、模拟量输出等。

常用的开关量输入接口按其使用的电源不同有三种类型：直流输入接口、交流输入接口和交/直流输入接口。

常用的开关量输出接口按输出开关器件不同有三种类型：继电器输出、晶体管输出和双向晶闸管输出。继电器输出接口可驱动交流或直流负载，但其响应时间长，动作频率低；而晶体管输出和双向晶闸管输出接口的响应速度快，动作频率高，但前者只能用于驱动直流负载，后者只能用于交流负载。

试题精选：

常用的开关量输入接口不包括（D）。

A. 直流输入接口　　　　　　　　　　B. 交流输入接口

C. 交/直流输入接口　　　　　　　　　D. 模拟量输入接口

鉴定点 6　可编程序控制器型号的含义

问：PLC 的型号是如何规定的？

答：FX 系列 PLC 型号的含义如下：

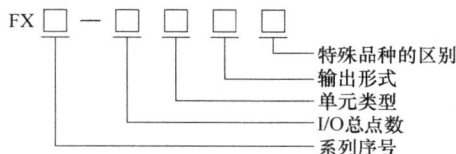

$$FX\ \square\ -\ \square\ \square\ \square\ \square$$

特殊品种的区别
输出形式
单元类型
I/O 总点数
系列序号

1）系列序号：如 0、2、0S、1S、ON、1N、2N、2NC 等。

2）I/O 总点数：10~256 点。

3）单元类型：M—基本单元；E—输入输出混合扩展单元；EX—扩展输入模块；EY—扩展输出模块。

4）输出方式：R—继电器输出；S—晶闸管输出；T—晶体管输出。

5）特殊品种：D—DC 电源，DC 输出；A1—AC 电源，AC（AC 100~120V）输入或 AC 输出模块；H—大电流输出扩展模块；V—立式端子排的扩展模块；C—接插口输入输出方式；F—输入滤波时间常数为 1ms 的扩展模块。

如果特殊品种一项无符号，为 AC 电源、DC 输入、横式端子排、标准输出。

例如，FX2N—32MT—D 表示 FX2N 系列，32 个 I/O 点基本单元，晶体管输出，使用直流电源，24V 直流输出型。

试题精选：

（×）FX2N—40ER 表示 FX2N 系列基本单元，输入和输出总点数为 40，继电器输出方式。

鉴定点 7　可编程序控制器的基本指令

问：PLC 的基本指令有哪些？各有什么作用？

答：FX2 系列 PLC 的指令系统包括 20 条基本指令、2 条步进指令和 87 条功能指令。其常见的基本指令见表 2-16。

表 2-16　FX2 系列 PLC 常见的基本指令

指令	助记符功能	指令	助记符功能
LD	常开触点与左母线连接	MPS	进栈
LDI	常闭触点与左母线连接	MRD	读栈
OUT	输出逻辑运算结果，驱动输出线圈	MPP	出栈
AND	常开触点	MC	主控（公共触点串联连接）
ANI	常闭触点串联连接	MCR	主控复位
OR	常开触点并联连接	SET	置位（使操作保持）
ORI	常闭触点并联连接	RST	复位（使操作复位或当前数据清零）
ORB	电路块与电路块并联连接	PLS	上升沿产生触发脉冲
ANB	电路块与电路块串联连接	PLF	下降沿产生触发脉冲
NOP	空操作	END	结束输入、输出处理，程序回第"0"步

试题精选：

FX2N 系列可编程序控制器中电路块并联连接用（D）指令。

A. AND   B. ANI   C. ANB   D. ORB

鉴定点 8   可编程序控制器的定时器指令

问：何谓定时器？如何使用定时器进行编程？

答：PLC 中的定时器（T）相当于继电器控制系统中的通电型时间继电器。它可以提供无限对常开常闭延时触点。定时器中有一个设定值寄存器（一个字长）、一个当前值寄存器（一个字长）和一个用来存储其输出触点的映像寄存器（一个二进制位）。这三个量使用同一地址编号，定时器采用 T 与十进制数共同组成编号（只有输入输出继电器才用八进制数），如 T0、T198 等。

FX2N 中定时器可分为通用定时器、积算定时器两种。它们是通过对一定周期的时钟脉冲计数实现定时的，时钟脉冲的周期有 1ms、10ms、100ms 三种，当所计脉冲个数达到设定值时触点动作。设定值可用常数 K 或数据寄存器 D 的内容来设置。

（1）通用定时器

1）100ms 通用定时器（T0～T199）：共 200 点，其中 T192～T199 为子程序和中断服务程序专用定时器。这类定时器是对 100ms 时钟累积计数，设定值为 1～32 767，所以其定时范围为 0.1～3276.7s。

2）10ms 通用继电器（T200～T245）：共 46 点，这类定时器是对 10ms 时钟累积计数，设定值为 1～32 767，所以其定时范围为 0.01～327.67s。

（2）积算定时器

1）1ms 积算定时器（T246～T249）：共 4 点，是对 1ms 时钟脉冲进行累积计数，定时的时间范围为 0.001～32.767s。

2）100ms 积算定时器（T250～T255）：共 6 点，是对 100ms 时钟脉冲进行累积计数，定时的时间范围为 0.1～3276.7s。

试题精选：

在 FX2N PLC 中，T200 的定时精度为（B）。

A. 1ms   B. 10ms   C. 100ms   D. 1s

鉴定点 9   可编程序控制器的计数器指令

问：何谓可编程序控制器的计数器？

答：FX2N 系列计数器分为内部计数器和高速计数器两类。

内部计数器在执行扫描操作时对内部信号（如 X、Y、M、S、T 等）进行计数。内部输入信号的接通和断开时间应比 PLC 的扫描周期稍长。

（1）内部计数器

1）16 位加计数器（C0～C199）：共 200 点，其中 C0～C99 共 100 点为通用型，C100～C199 共 100 点为断电保持型。这类计数器为递加计数，应用前先对其设置某一设定值，当输入信号（上升沿）个数累加到设定值时，计数器动作，其常开触点闭合、常闭触点断开。

计数器的设定值为 1~32 766（16 位二进制），设定值除了用常数 K 设定外，还可间接通过指定数据寄存器设定。

通用型 16 位加计数器的工作原理如图 2-62 所示，X10 为复位信号，当 X10 为 ON 时 C0 复位。X11 是计数输入，每当 X11 接通一次计数器时，当前值增加 1（注意：X10 断开，计数器不会复位）。当计数器当前值等于设定值 5 时，计数器 C0 的输出触点动作，Y0 被接通。此后即使输入 X11 再接通，计数器的当前值也保持不变。当复位输入 X10 接通时，执行 RST 复位指令，计数器复位，输出触点也复位，Y0 被断开。

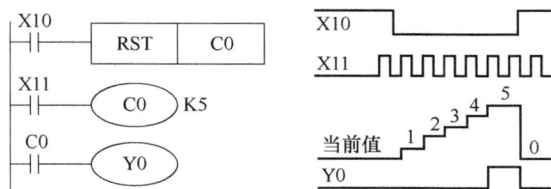

图 2-62　通用型 16 位加计数器的工作原理

2）32 位加减计数器（C200~C234）：共有 35 点，其中 C200~C219（共 20 点）为通用型，C220~C234（共 15 点）为断电保持型。这类计数器与 16 位加计数器除位数不同外，还在于它能通过控制实现加/减双向计数。设定值范围均为 -214783648 ~ + 214783647（32 位）。

C200~C234 是加计数还是减计数，分别由特殊辅助继电器 M8200~M8234 设定。对应的特殊辅助继电器被置为 ON 时为减计数，置为 OFF 时为加计数。

计数器的设定值与 16 位计数器一样，可直接用常数 K 或间接用数据寄存器 D 的内容作为设定值。在间接设定时，要用编号紧连在一起的两个数据计数器。

如图 2-63 所示，X12 用来控制 M8200，X12 闭合时为减计数方式，否则为加计数方式。X13 为复位信号，X13 的常开触点接通时，C200 被复位。X14 为计数输入，C200 的设定值为 5（可正、可负）。设 C200 置为加计数方式（M8200 为 OFF），当 X14 计数输入由 4 累加到 5 时，计数器的输出触点动作，Y1 接着动作。当前值大于 5 时计数器仍为 ON 状态。只有当前值由 5 变为 4 时，计数器才变为 OFF。只要当前值小于 4，则输出保持为 OFF 状态。当复位输入 X13 接通时，计数器的当前值变为 0，输出触点也随之复位。

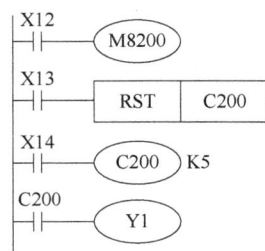

图 2-63　32 位加减计数器

（2）高速计数器　FX2N 系列 PLC 中共有 21 点高速计算器，元件编为 C235~C255，这 21 点高速计数器在 PLC 中共享 6 个高速计数器的输入端 X0~X5。当高速计数器的一个输入端被某个计数器占用时，这个输入端就不能再用于另一个高速计数器，也不能用作其他的输入。也就是说，由于只有 6 个高速计数的输入，因此，最多只能同时用 6 个高速计数器。

试题精选：
内部计数器在执行扫描操作时不能对信号（D）进行计数。
A. X　　　　　　　　B. Y　　　　　　　　C. T　　　　　　　　D. D

鉴定点 10　可编程序控制器编程软件的功能

问：PLC 编程软件的主要功能有哪些？

答：三菱 SWOPC—FXGP/WIN—C 编程软件，是应用于 FX 系列 PLC 的中文编程软件，可在 Windows 操作系统中运行。其主要功能是对 PLC 进行编程和监控。具体功能如下：

1）在 SWOPC—FXGP/WIN—C 中，可通过线路符号、列表语言及 SFC 符号来创建顺序控制指令程序，建立注释数据并设置寄存器数据。

2）创建顺序控制指令程序并将其储存为文件，用打印机打印。

3）该程序可在串行系统中与 PLC 进行通信、文件传送、操作控制以及各种功能测试。

所需要的通信软件有：

1）编程和通信软件采用应用于 FX 系列 PLC 的编程软件 SWOPC-FXG/WIN—C。

2）接口单元采用 FX—232AVC 型 RS—232C/RS—422 转换器（便捷式）或 FX—232AW 型 RS—232C/RS—422 转换器（内置式），以及其他指定的转换器。

3）通信缆线采用 FX—422CAB 型 RS—422 缆线（用于 FX2、FX2C 型 PLC，0.3m）或 FX—422CAB—150 型 RS—422 缆线（用于 FX2、FX2C 型 PLC，1.5m），以及其他指定的电缆。

试题精选：

PLC 编程软件通过计算机，可以对 PLC 实施（D）。

A. 编程　　　　　B. 运行控制　　　　　C. 监控　　　　　D. 以上都是

鉴定点 11　可编程序控制器编程软件的使用

问：如何利用编程软件输入可编程控制程序？

答：可编程控制程序输入的步骤如下：

1）创建新文件或打开已有文件。

2）编辑程序。可采用梯形图编程和指令表编程两种方法，完成后可以相互转换。

3）检查程序。执行"选项"菜单下的"程序检查"命令，选择相应的检查内容。

4）程序的传送。传送功能如下："读入"将 PLC 中的程序传送到计算机中；"写入"将计算机中的程序发送到 PLC 中；"校验"将在计算机和 PLC 中的程序加以校验。

操作方法是执行"PLC"菜单下的"传送"命令完成相应操作。当选择"读入"时，应在 PLC 模式设置对话框中对已连接的 PLC 进行模式设置。

传送程序时，应注意以下问题：

① 计算机的 RS—232C 端口与 PLC 之间必须用指定的电缆线及转换器连接。

② 执行完"读入"后，计算机中的程序将丢失，原有的程序将被读入的程序所替代，PLC 模式改变为被设定的模式。

③ 在"写入"时，PLC 应停止运行，程序必须在 RAM 或 EEPROM 内存保护关断的情况下写出，然后进行校验。

试题精选：

将程序写入可编程序控制器时，首先将（A）清零。

A. 存储器　　　　B. 计数器　　　　C. 计时器　　　　D. 计算器

鉴定点 12　可编程序控制器的输入和输出接线规则

问：可编程序控制器输入输出端的接线规则是怎样规定的？

答：可编程序控制器输入输出端的接线规则如下：

（1）输入回路的接线　PLC 的输入回路采用直流输入，且在 PLC 内部、无源开关类输入不用单独提供电源。接近开关指本身需要电源驱动，输出有一定电压和电流的开关量传感器。

（2）输出回路的接线　PLC 有继电器输出、晶体管输出和晶闸管输出三种形式。晶体管输出只可接直流负载；晶闸管输出只可接交流负载；继电器输出既可以接交流负载又可接直流负载。

（3）保护措施的设置　当输入信号源为感性元件或输出驱动的负载为感性元件时，为了防止在电感性输入电路或输出电路断开时产生很高的感应电动势或浪涌电流对 PLC 输入与输出端点的冲击，可采取以下措施：

① 对于直流电路，应在它们两端并联续流二极管。

② 对于交流电路，应在它们两端并联阻容吸收回路。

试题精选：

对于晶闸管输出型 PLC，要注意负载电源为（B），并且不能超过额定值。

A. AC 600V　　　　B. AC 220V　　　　C. DC 220V　　　　D. DC 24V

鉴定点 13　三相异步电动机正转控制电路的程序编写

问：如何编写三相异步电动机自锁控制电路的程序？

答：三相异步电动机自锁控制电路的程序编写方法如下：

（1）分配输入/输出点数　为了将图 2-64 所示电路用 PLC 实现，PLC 需要三个输入点，一个输出点。三相交流电动机自锁控制电路输入/输出端口分配见表 2-17。

表 2-17　输入/输出端口分配 1

输入			输出	
输入继电器	输入元件	作用	输出继电器	输出元件
X000	SB1	起动按钮	Y000	交流接触器 KM
X001	SB2	停止按钮		
X002	FR	过载保护		

（2）画出接线图　根据输入/输出点数分配画出接线图，该电路的接线图有几种不同的形式，如图 2-65、图 2-66 和图 2-67 所示。

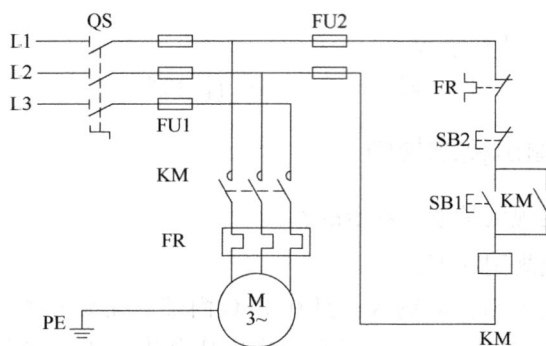

图 2-64 三相异步电动机自锁控制电路

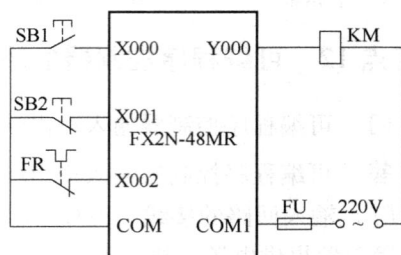

图 2-65 自锁控制电路方案 1

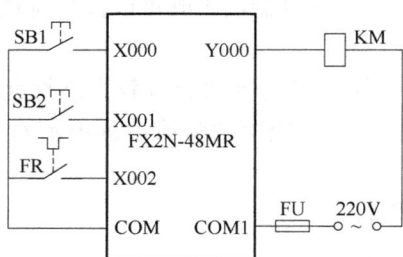

图 2-66 自锁控制电路方案 2

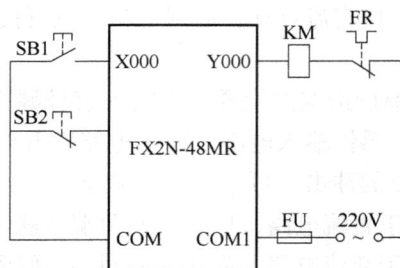

图 2-67 自锁控制电路方案 3

（3）编制梯形图 由不同控制方案的接线图编制的梯形图也是不同的，三种不同控制方案的梯形图分别如图 2-68~图 2-70 所示。

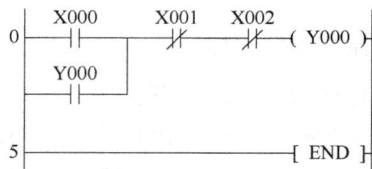

0	LD	X000
1	OR	Y000
2	AND	X001
3	AND	X002
4	OUT	Y000
5	END	

a) 梯形图   b) 指令表

图 2-68 自锁控制电路方案 1 程序

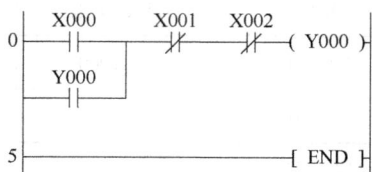

0	LD	X000
1	OR	Y000
2	ANI	X001
3	ANI	X002
4	OUT	Y000
5	END	

a) 梯形图   b) 指令表

图 2-69 自锁控制电路方案 2 程序

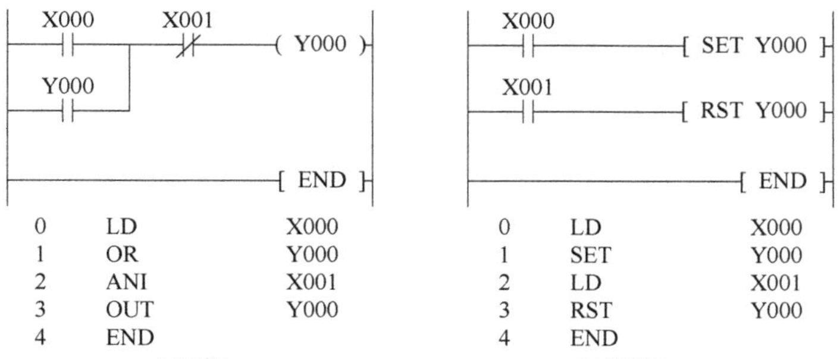

图 2-70　自锁控制电路方案 3 程序

a) 程序1

```
0    LD    X000
1    OR    Y000
2    ANI   X001
3    OUT   Y000
4    END
```

b) 程序2

```
0    LD    X000
1    SET   Y000
2    LD    X001
3    RST   Y000
4    END
```

1）方案 1 的设计思路：沿用继电器控制系统中的触点类型，即起动按钮 SB1 在继电器控制系统中使用常开触点，停止按钮 SB2 和热继电器 FR 的过载保护触点在继电器系统中使用常闭触点，那么在 PLC 控制电路中仍然采用。图 2-68 的动作原理与继电器控制系统中的自锁电路相同。

2）方案 2 的设计思路：所有输出点类型全部采用常开触点。即起动按钮 SB1、停止按钮 SB2 和热继电器 FR 的保护触点全部采用常开触点。其动作过程是：当 SB2、FR 不动作时，X001、X002 不接通，X001、X002 的常开触点断开，常闭触点闭合，主电路接通，电动机 M 运行。梯形图中 Y000 的常开触点接通，使得 Y000 的输出保持，维持电动机的运行，直到按下 SB2，此时 X001 接通，常闭触点断开，使 Y000 断开，Y000 的外接 KM 线圈释放，进而使电动机 M 停转。

3）方案 3 的设计思路：将过载保护的常闭触点接在输出端，此时热继电器 FR 不受 PLC 的控制，保护形式与继电器控制系统相同。输入/输出的分配见表 2-18。

表 2-18　输入/输出端口分配 2

输　　入			输　　出	
输入继电器	输入元件	作用	输出继电器	输出元件
X000	SB1	起动按钮	Y000	交流接触器 KM
X001	SB2	停止按钮		

方案 3 的梯形图有两种，图 2-70a 所示程序与方案 1 和方案 2 相似；图 2-70b 所示程序采用了置位与复位指令。当按下 SB1 时，X000 接通，X000 的常闭触点闭合，使 Y000 置位并保持，Y000 外接的 KM 线圈吸合，KM 的主触点闭合，进而使电动机 M 连续运行；当按下 SB2 时，X001 接通，X001 的常闭触点闭合，使 Y000 复位，Y000 外接的 KM 线圈释放，KM 的主触点断开，进而使电动机 M 停止运行。

试题精选：

（√）热继电器的常闭触点可以作为 PLC 的输入信号，也可以作为 PLC 的输出信号。

鉴定点 14　三相异步电动机正反转控制电路的程序编写

问：如何编写三相异步电动机正反转控制电路的程序？

答：三相异步电动机正反转控制电路的程序编写方法如下：

（1）列出输入/输出（I/O）分配表　输入/输出（I/O）分配表见表 2-19。

表 2-19　电动机正反转 PLC 控制系统输入/输出（I/O）分配表

输入			输出		
元件代号	元件功能	输入继电器	元件代号	元件功能	输出继电器
SB1	正转起动	X001	KM1	正转控制	Y000
SB2	反转起动	X002	KM2	反转控制	Y001
SB3	停止按钮	X000			
FR	过载保护	X003			

（2）根据控制要求编写 PLC 程序　由图 2-71 和表 2-19 可以看出，输入元件分别和输入继电器 X000~X003 相对应，而控制三相交流异步电动机正反转的接触器 KM1、KM2 分别由输出继电器 Y000 和 Y001 控制。输出继电器 Y000 得电，接触器 KM1 得电；输出继电器 Y001 得电，则接触器 KM2 得电。现将图 2-71 所示的继电器控制电路改成 PLC 梯形图程序，如图 2-72 所示。

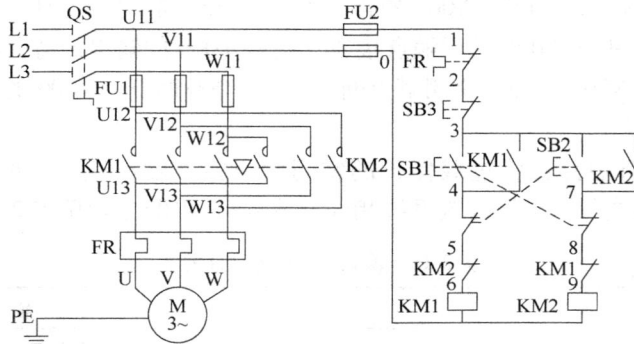

图 2-71　三相异步电动机双重联锁正反转控制电路

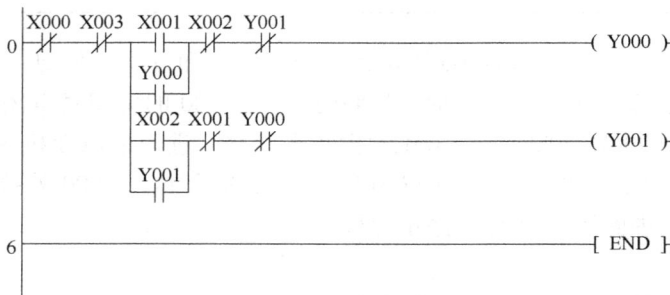

图 2-72　正反转控制梯形图程序

图中将热继电器 FR 常闭触点对应的输入点 X003 常闭触点移至前面，因为 PLC 程序规定输出继电器线圈必须和右母线直接相连，中间不能有任何其他元件。

在梯形图编写时，并联多的支路应尽量靠近母线，以减少程序步数。为此可将三相交流异步电动机正反转控制梯形图程序改成如图 2-73 所示的梯形图。

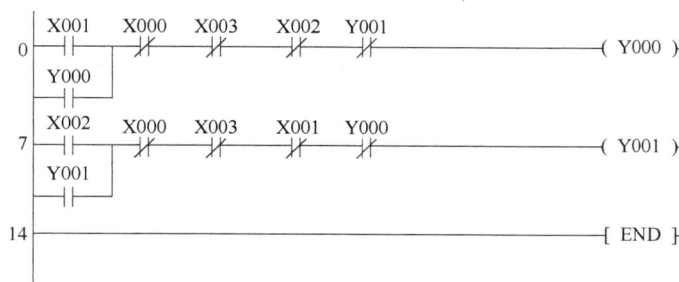

图 2-73 梯形图

试题精选：

（×）FX2N 控制的电动机正反转控制电路，交流接触器线圈电路中不需要使用触点硬件互锁。

鉴定点 15 三相异步电动机Ⅴ-△减压起动控制电路的程序编写

问：如何编写三相异步电动机Ⅴ-△减压起动控制电路的程序？

答：三相异步电动机Ⅴ-△减压起动控制电路如图 2-74 所示，其程序编写如下：

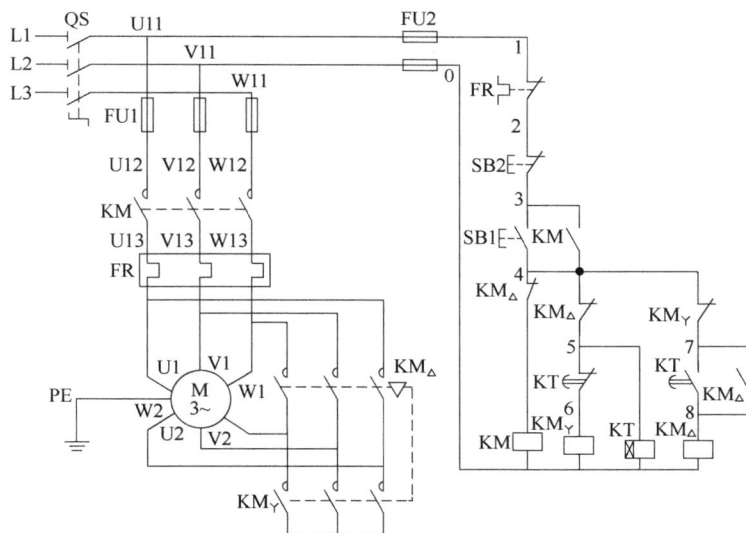

图 2-74 继电器控制的Ⅴ-△减压起动控制电路

该电路由三个接触器、一个热继电器、一个时间继电器和两个按钮组成。时间继电器 KT 用作控制Ⅴ联结减压起动时间和完成Ⅴ-△自动切换。

编程控制要求：按下起动按钮（X000）时，电源控制接触器（Y000）和星形控制接触器（Y001）得电吸合，电动机Ⅴ联结起动，延时 4s 后，星形控制接触器断开，△控制接触器（Y002）得电吸合，电动机转入正常△联结运行。当按下停止按钮（X001）或热继电器触点（X002）动作时，电动机停止运转。要再次起动电动机直接按下起动按钮即可（当过载保护时需等保护触点复位后方可）。

（1）列出输入/输出（I/O）分配表　输入/输出（I/O）分配表见表2-20。

表2-20　丫-△减压起动PLC控制输入/输出（I/O）分配表

输　入			输　出		
元件代号	元件功能	输入继电器	元件代号	元件功能	输出继电器
SB2	停止按钮	X001	KM	电源控制	Y000
SB1	起动按钮	X000	KM丫	丫联结	Y001
FR	过载保护	X002	KM△	△联结	Y002

（2）画出输入/输出（I/O）接线图　用FX2N-48型可编程序控制器实现三相交流异步电动机丫-△减压起动的输入/输出接线，如图2-75所示。

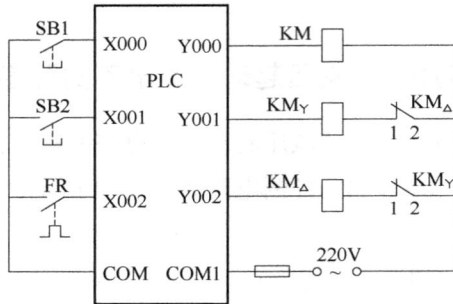

图2-75　接线图

（3）根据控制要求编写PLC程序　按照上述要求编制梯形图如图2-76所示。

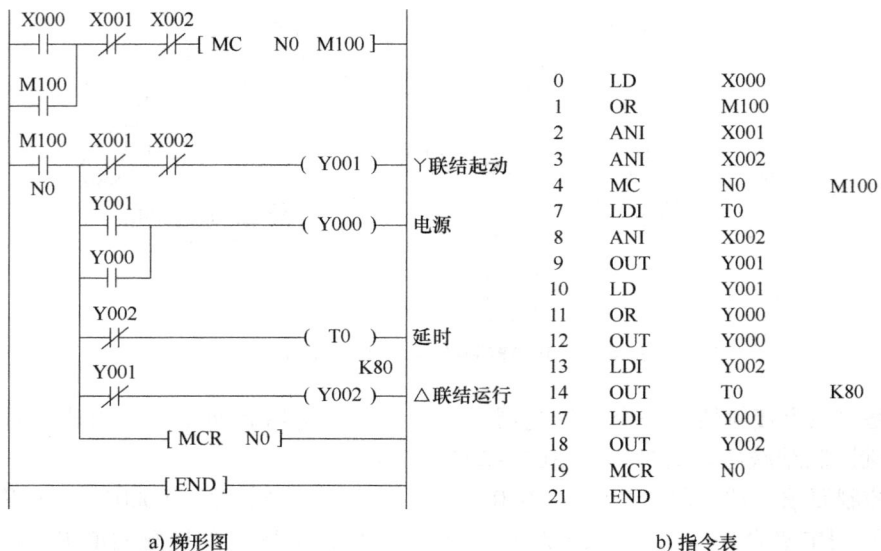

0	LD	X000	
1	OR	M100	
2	ANI	X001	
3	ANI	X002	
4	MC	N0	M100
7	LDI	T0	
8	ANI	X002	
9	OUT	Y001	
10	LD	Y001	
11	OR	Y000	
12	OUT	Y000	
13	LDI	Y002	
14	OUT	T0	K80
17	LDI	Y001	
18	OUT	Y002	
19	MCR	N0	
21	END		

a) 梯形图　　　　　　　　　　　　　　b) 指令表

图2-76　丫-△减压起动PLC梯形图

工作过程分析如下：按下起动按钮 SB2 时，输入继电器 X000 的常开触点闭合，并通过主控触点（M100 常开触点）自锁，输出继电器 Y001 接通，接触器 KM$_Y$ 得电吸合，接着 Y000 接通，接触器 KM 得电吸合，电动机在丫联结方式下起动；同时定时器 T0 开始计时，延时 8s 后 T0 动作，使 Y001 断开，Y001 断开后，KM$_Y$ 失电，互锁解除，使输出继电器 Y002 接通，接触器 KM$_\triangle$ 得电，电动机在△联结方式下运行。

试题精选：

（×）三相交流异步电动机丫-△减压起动的输出接线将 KM$_Y$ 和 KM$_\triangle$ 联锁，就不需要在 PLC 内部进行联锁。

鉴定点 16　三台电动机顺序起动控制电路的程序编写

问：如何编写三台电动机顺序起动控制电路的程序？

答：三台电动机顺序起动控制电路的程序编写如下：

编写要求：某一生产线的末端有一台三级传送带运输机，分别由 M1、M2、M3 三台电动机拖动，起动时要求按 10s 的时间间隔，并按 M1→M2→M3 的顺序起动；停止时按 15s 的时间间隔，并按 M3→M2→M1 的顺序停止。传送带运输机的起动和停止分别由起动按钮和停止按钮来控制。三级传送带运输机工作示意图如图 2-77 所示。工作方式设置：手动时要求按下手动起动按钮，做一次上述过程。自动时要求按下自动按钮，能够重复循环上述过程。

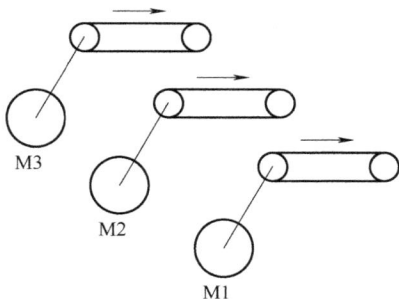

图 2-77　三级传送带运输机工作示意图

（1）列出输入/输出（I/O）分配表　输入/输出（I/O）分配表见表 2-21。

表 2-21　三台电动机顺序起动 PLC 控制（I/O）分配

输　　入			输　　出		
元件名称	元件代号	输入继电器	元件名称	元件代号	输出继电器
起动	SB1	X000	电动机 1	M1	Y000
停止	SB2	X001	电动机 2	M2	Y001
			电动机 3	M3	Y002

（2）画出接线图　接线图如图 2-78 所示。

（3）编制 PLC 程序并设计梯形图　编制好的梯形图如图 2-79 所示。

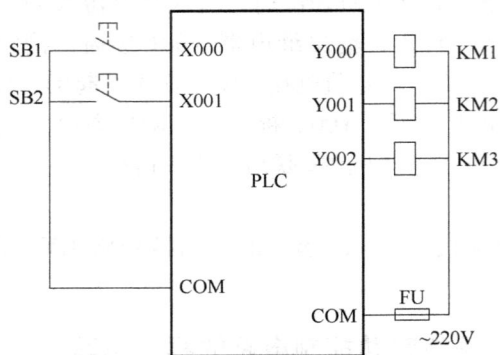

图 2-78　接线图

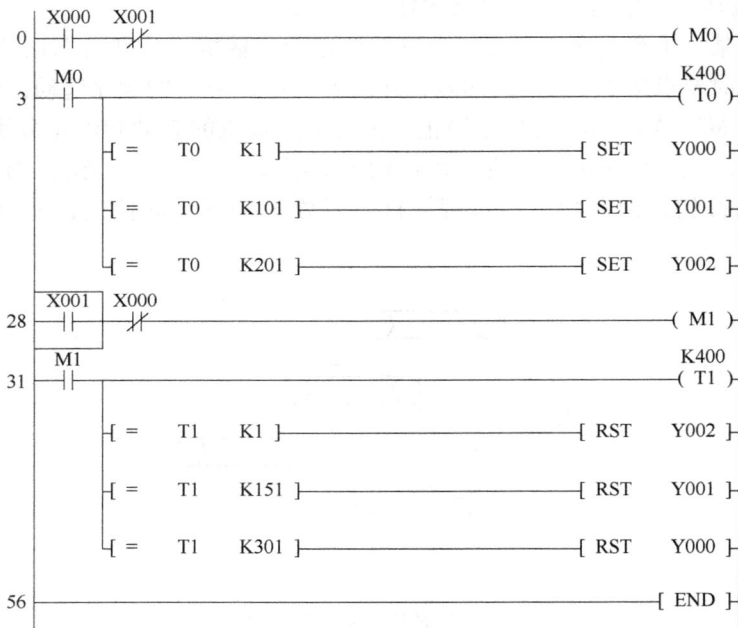

图 2-79　梯形图

试题精选：

根据电动机顺序起动梯形图，如图 2-80 所示，下列指令正确的是（D）。

A．LDI X000　　　　B．AND T20　　　　C．AND X001　　　　D．OUT T20 K30

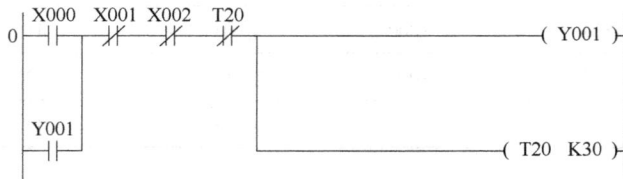

图 2-80　梯形图

鉴定范围6 常见电力电子装置的维护

鉴定点1 软起动器的组成

问：何谓软起动器？软起动器有哪些用途？软起动器主要由哪几部分组成？

答：晶闸管电动机软起动器也被称为固态电子式软起动器，它是一种集电动机软起动、软停机、轻载节能和多种保护功能于一体的新型电动机控制装置，它不仅有效地解决了电动机起动过程中电流冲击和转矩冲击问题，还可以根据应用条件的不同设置其工作状态，有很强的灵活性和适应性。

如图2-81所示，最基本的软起动器系统由三相晶闸管交流调压电路、电源同步检测环节、触发角控制和调节环节、触发脉冲形成和隔离放大环节、反馈量检测环节组成。在此基础上，为了丰富软起动器的操控功能，还需要附加外接信号输入和输出电路、显示和操作环节、通信环节等。

（1）晶闸管交流调压电路 晶闸管交流调压电路在软起动器中作为执行机构，通过控制晶闸管的导通角大小起到最终调节输出到异步电动机定子上的电压和电流的作用。

（2）电源同步检测环节 同步检测环节是晶闸管交流调压电路的基本环节。晶闸管必须在承受正向电压的同时给门极施加触发信号才可以被触发导通。因此，电路中每只晶闸管的触发相位必须以其刚刚承受正向电压时的相位点（即电源电压过零点）作为参照，这就必须对供电电源电压过零点进行检测，称为同步检测，并由此确定触发信号发出的时刻（该时刻决定触发角的大小）和电路中6只晶闸管的触发顺序。

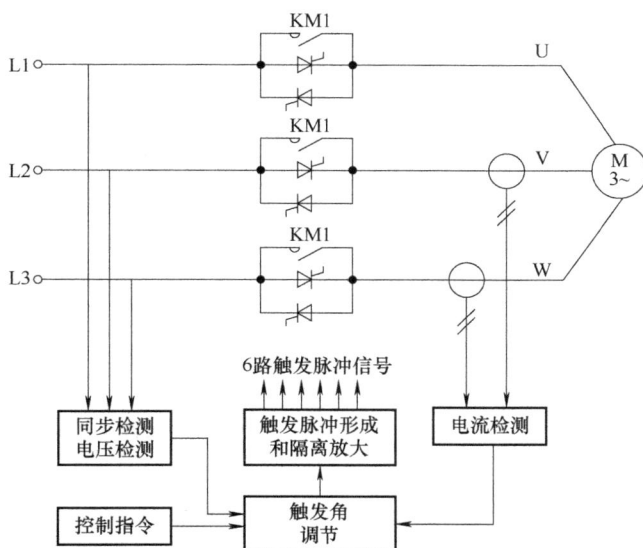

图2-81 软起动器的系统组成

试题精选：

低压软起动器的主电路通常采用（D）形式。

A. 电阻调压　　　　　　　　　　　　B. 自耦调压

C. 开关变压器调压　　　　　　　　　D. 晶闸管调压

鉴定点 2　软起动器的工作原理

问：简述软起动器的工作原理。

答：晶闸管软起动器利用了晶闸管交流调压的原理，它的主电路形式与晶闸管三相调压电路完全一致，它利用晶闸管的可控导通特性，通过控制晶闸管的触发延迟角来改变实际加在电动机定子上的电压有效值，从而减少电动机的起动电流，这就是晶闸管软起动器之所以能够减少电动机起动电流，从而实现软起动的基本原理。

试题精选：

起动器的工作原理是利用（B）交流调压的原理。

A. 整流二极管　　　B. 晶闸管　　　　C. 逆变管　　　　D. 电开关管

鉴定点 3　软起动器的使用

问：如何进行软起动器的接线？软起动器的使用注意事项有哪些？

答：软起动器的接线方法如下：

如图 2-82 所示，基本接线图中各外接端子的符号、名称、说明见表 2-22。

表 2-22　各外接端子的符号、名称、说明

符　号		端子名称	说　明
主电路	R、S、T	交流电源输入端子	通过断路器接三相交流电源
	U、V、W	软起动器输出端子	接三相异步电动机
	U1、V1、W1	外界旁路接触器专用端子	B 系列专用，A 系列无此专用端子
控制电路	数字输入	RUN	外控起动端子	RUN 和 COM 短接即可外接起动
		STOP	外控停止端子	STOP 和 COM 短接即可外接停止
		JOG	外控点动端子	JOG 和 COM 短接即可外接点动
		NC	空端子	扩展功能用
		COM	外部数字信号公共端子	内部电源参考点
	数字输出	+12V	内部电源端子	内部输出电源，12V，50Ma，dc
		OC	起动完成端子	起动完成后 OC 门导通
		COM	外部数字信号公共端子	内部电源参考点
	继电器输出	K14 常开	故障输出端子	故障时 K14-K12 闭合 K11-K12 断开 触点容量 AC：10A/250V DC：10A/30V
		K11 常闭		
		K12 公共		
		K24 常开	外界旁路接触器	起动完成后 K24-K22 闭合 K21-K22 断开 触点容量 AC：10A/250V 或 5A/380V
		K21 常闭		
		K22 公共		

软起动器的使用注意事项有：

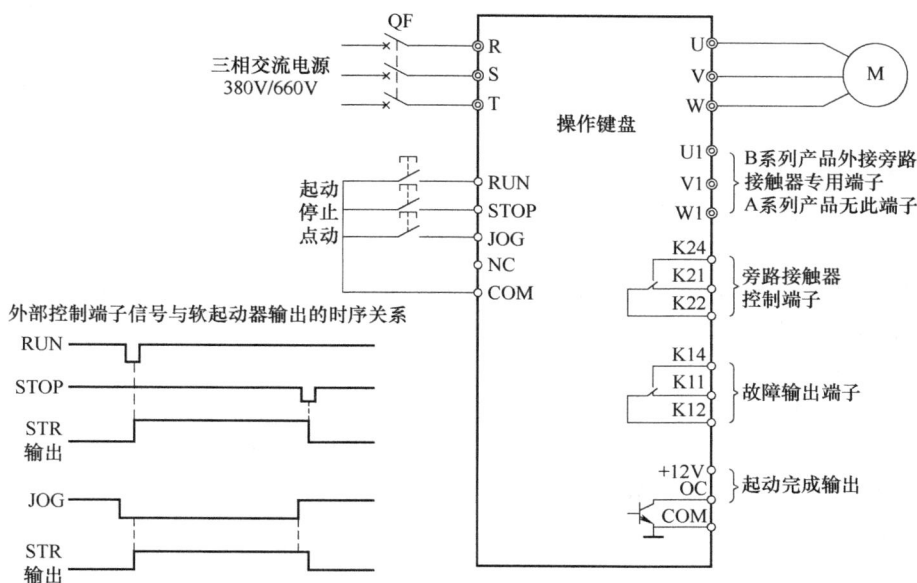

图 2-82 软起动器的接线方法

1）软起动器的输入端接通电源后，禁止接触软起动器的输出端，否则会有触电危险。

2）用于提高功率因数的无功功率补偿电容器必须连接在软起动器的输入端，不得连接在输出端，否则将损坏软起动器中的晶闸管功率器件。

3）不得用绝缘电阻表测量软起动器输入与输出间的绝缘电阻，否则可能因过电压而损坏软起动器的晶闸管和控制板。

可用绝缘电阻表测量软起动器的相间和相地绝缘，但应预先用 3 根短路线分别将三相的输入端与输出端短接，并拔掉控制板上的 4 组触发线。

测量电动机绝缘时也应遵循上述原则。

4）不得将软起动器主电路的输入端与输出端子接反，否则将导致软起动器非预期的动作，可能损坏软起动器和电动机。

5）使用旁路接触器时，起动电路相序应与旁路电路相序一致，否则旁路切换时将发生相间短路，使断路器跳闸甚至损坏设备。

6）低电压等级控制电路 3、4、5 接线端子使用内部工作电压，不得在这些端子上连接其他外部电源，否则将损坏软起动器的内部电路。

试题精选：

软起动器旁路接触器必须与软起动器的输入和输出端一一对应接正确，（C）。

A. 要就近安装接线　　　　　　　　B. 允许变换相序

C. 不允许变换相序　　　　　　　　D. 应做好标识

鉴定点 4　软起动器常见故障的处理

问：软起动器的常见故障有哪些？

答：软起动器的常见故障如下：

1）在调试过程中出现起动报断相故障，如起动器故障灯亮，电动机没有反应，故障原因可能是：

① 起动方式采用带电方式时，操作顺序有误（正确操作顺序应为先送主电源，后送控制电源）。

② 电源断相，软起动器保护动作（检查电源）。

③ 软起动器的输出端未接负载。

2）用户在使用过程中出现起动完毕，旁路接触器不吸合现象，故障原因可能是：

① 起动过程中，保护装置因整定值偏小出现误动作（将保护装置重新整定）。

② 在调试时，软起动器的参数设置不合理。

③ 控制电路接触不良。

3）起动过程中，偶尔有出现断路器跳闸现象，故障原因可能是：

① 空气断路器延时的整定值过小或者是空气断路器与电动机不配套。

② 软起动器的起始电压参数设置过高或者起动时间过长。

③ 在起动过程中，因电网电压波动较大，易引起软起动器发出错误指令，出现提前旁路现象。

④ 起动时满载起动。

4）软起动器出现显示屏无显示或者出现乱码，软起动器不工作，故障原因可能是：

① 软起动器在使用过程中，因外部元件所产生的振动使软起动器内部连线松动。

② 软起动器控制板故障。

5）软起动器起动时报故障，软起动器不工作，电动机没有反应，故障原因可能是：

① 电动机断相。

② 软起动器内主电路晶闸管短路。

③ 滤波板短路。

6）软起动器在起动时，出现起动超时现象，软起动器停止工作，电动机自由停机，故障原因可能是：

① 参数设置不合理。

② 起动时满载起动。

7）起动过程中，出现电流不稳定，电流过大，故障原因可能是：

① 电流表指示不准确或者与互感器不相匹配。

② 电网电压不稳定，波动比较大，引起软起动器误动作。

③ 软起动器参数设置不合理。

8）软起动器出现重复起动，故障原因可能是：在起动过程中，外围保护元件动作，接触器不能吸合，导致软起动器出现重复起动。

9）在软起动时出现过热故障灯亮，软起动器停止工作，故障原因可能是：

① 起动频繁，导致温度过高，引起软起动器过热保护动作。

② 在起动过程中，保护元件动作，使接触器不能旁路，软起动器长时间工作，引起保护动作。

③ 重载起动时间过长，引起过热保护。

④ 软起动器参数设置不合理，时间过长，起始电压过低。

⑤ 软起动器的散热风扇损坏，不能正常工作。

10）晶闸管损坏，故障原因可能是：

① 电动机在起动时，过电流将软起动器击穿。

② 软起动器的散热风扇损坏。

③ 起动频繁，高温将晶闸管损坏。

④ 滤波板损坏。

11）输入断相，故障原因可能是：

① 进线电源与电动机进线松脱。

② 输出接有负载，负载与电动机不匹配。

③ 晶闸管击穿或者门极电阻过高，不符合要求。

④ 内部的接线插座是否松脱。

试题精选：

接通主电源后，软起动器虽处于待机状态，但电动机有"嗡嗡"响。此故障不可能的原因是（C）。

A. 晶闸管短路故障　　　　　　　　B. 旁路接触器有触点粘连

C. 触发电路不动作　　　　　　　　D. 启动线路接线错误

鉴定点5　充电桩的工作原理

问：何谓充电桩？简述充电桩的工作原理。

答：电动汽车充电桩的功能类似于加油站内的加油机，可以固定在某个固定位置，如安装于公共建筑或居民小区建筑内，并且可以根据不同的电压等级为各种型号的电动汽车充电。充电桩通常分为交流充电桩和直流充电桩。

交流充电桩是指为具有车载充电装置的电动汽车提供交流电源的专用供电装置。交流充电桩的输入端连接至输入电源，输出端通过充电接口连接至电动汽车。

原有的直流充电桩需要与非车载充电机配合使用，非车载充电机的输出端连接至直流充电端，直流充电桩的输出端通过直流充电接口连接至电动汽车。

新型的直流充电桩与非车载充电机为一体结构，此时，充电桩的输入端直接连接至输入电源，输出端仍通过直流充电接口连接至电动汽车。

交流充电桩一般由桩体、电气模块、计量模块组成。桩体包括外壳和人机交互界面，电气模块和计量模块安装在桩体内部；电气模块包括充电插座、电缆转接插子排和安全保护装置等。

交流充电桩一般应具有人机交互功能、计量功能、外部通信功能和软件升级功能等。人机交互界面提供人机交互功能，主要包括显示功能和输入功能。显示功能要求充电桩能显示各种状态下的相关信息，输入功能充电桩具有手动设置充电桩参数的功能；计量模块提供输出电能量的计量功能。交流充电桩的控制单元具备与外部通信的相关功能。

直流充电桩主要有充电桩控制器、人机交互界面、IC卡读卡器、功率变换子系统和电量计量等功能。

三相电网输入交流电，经三相桥式不可控整流变为脉动直流电，经滤波电路后送到高频DC-DC功率转换器，功率转换器经过直直变换输出所需要的直流电压，经输出滤波后为电动汽车蓄电池充电，如图 2-83 所示。

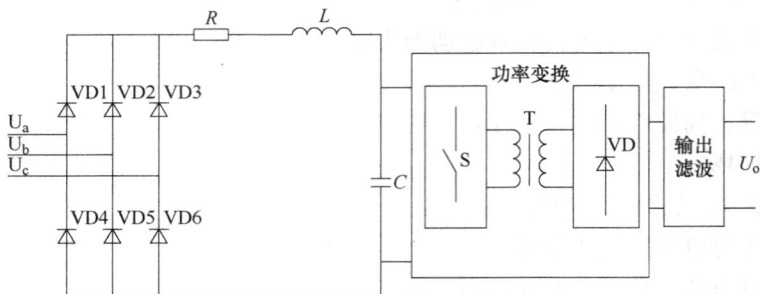

图 2-83　直流充电桩充电示意图

试题精选：

充电桩按充电方式分为交流充电桩和（D）。

A. 一体式充电桩　　　B. 私人充电桩　　　C. 专用充电桩　　　D. 直流充电桩

鉴定点 6　充电桩的使用方法

问：如何使用充电桩？

答：充电桩一般都自带充电大线。首先要找到电动汽车充电端，打开充电端盖，然后将充电端上的插头，插入到电动汽车充电端，一定要插接紧密。插入电卡后进入液晶显示器操作界面，输入密码后，充电可选择定电量、定时间、定金额、自动充满四种模式，选择模式后，即可自行充电，一般是绿色（蓝色指示灯）正常亮，如果黄色（红色）指示灯亮，说明有故障，应进行检查并处理；待充电结束，自动显示结束信息，可以拔卡和收起充电线。

试题精选：

在充电桩上插好充电插头，连接好待充车辆，正常启动充电，（D）色指示灯闪烁。

A. 黄　　　　　B. 红　　　　　C. 蓝　　　　　D. 绿

鉴定点 7　充电桩的参数

问：充电桩的主要技术参数有哪些？

答：充电桩的主要技术参数有：

（一）交流充电桩的主要技术参数

1）电源要求：输入电压，单相 220V；输出电压，单相 220V；输出功率，单相 7kW（32A）、14kW、42kW、84kW；允许电压波动范围是±15%；频率是 50Hz±2Hz。家庭常用的是 7kW 和 147kW。有单枪和双枪之分。

2）电气要求：

① 插头与插座确认成功后，带负载分合电路方可闭合，实现对插座的供电。

② 漏电保护装置应安装在供电电缆进线侧。

③ 对于 IT 系统配电线路，当第一次发生接地故障时，应由绝缘监察装置发出声光报警信号；当第二次发生异相接地故障时，应由过电流保护器或剩余电流断路器切断故障电路。

（2）直流充电桩的主要技术参数

1）电源要求：输入电压，三相四线 380V±57V；输出电压，直流 DC；输出功率有 30kW、60kW、80kW、100kW、120kW 和 150kW 等。

2）充电方式为快速和常规两种：常规充电 5h；快速充电 1h。

试题精选：

交流 7kW 充电桩的额定电流是（D）。

A. 30A   B. 16A   C. 10A   D. 32A

鉴定点 8　充电桩的应用

问：充电桩的使用注意事项？

答：充电桩使用时，应注意下几点：

1）明确充电桩的类型

① 壁挂式充电桩：输出功率 7kW，输出电流 32A。

② 一体式直流机：输出功率 37.5kW，输出电流 75A。

③ 一体化整车直流充电机：输出功率 20kW、30kW、40kW、60kW 等，输出电流 75A。

2）查看周围环境，有无易燃易爆物品；观看充电桩显示是否正常；检查充电枪是否完好无损，充电接口标准是否匹配；确认充电枪已连接到位。

3）按使用说明正确操作充电桩；检查充电桩显示是否正常，有无电压和电流等；充电过程中禁止将充电枪拔出；充电过程中禁止起动汽车。

4）确认充电桩停止工作后，拔出充电枪，将充电枪整理好后放回充电口；将电动车充电口封好。

试题精选：

人们可以使用特定的（B）在充电桩提供的人机交互操作界面上刷卡使用，进行相应的充电方式、充电时间、费用数据打印等操作。

A. 电池   B. 充电卡   C. 导线   D. 线圈

鉴定范围 7　传感器的安装与调试

鉴定点 1　传感器的基本知识

问：何谓传感器？常用的传感器有哪几类？

答：传感器的定义是：能感受规定的被测量并按照一定的规律转换成可用输出信号的器件或装置。

传感器是能感受（或响应）规定的被测量，并按照一定规律转换成可用信号输出的器件或装置。传感器的作用是将被测的非电物理量转换成与其有一定关系的电信号，它获得的信号正确与否，直接关系到整个测量系统的精度。传感器通常由直接响应于被测量的敏感元件和产生可用信号输出的转换元件以及相应的电子电路所组成。通俗地说，使物理量或化学量转变为电量（或电磁量）的器件或元件称为传感器。传感器也称为变换器、换能器或探测器。传感器一般由敏感元件、转换元件和基本转换电路三部分组成，如图 2-84 所示。

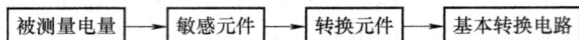

$$\boxed{\text{被测量电量}} \rightarrow \boxed{\text{敏感元件}} \rightarrow \boxed{\text{转换元件}} \rightarrow \boxed{\text{基本转换电路}}$$

图 2-84　传感器组成框图

敏感元件就是能直接感受被测量，并以确定的关系输出某物理量的元件。转换元件可将敏感元件输出的非电物理量转换成电路参数量；而基本转换电路的功能就是将上述电路参数量转换成便于测量的电量。

常用的传感器分为三大类：

（1）按被测物理量分类　传感器被测物理量可分为位移传感器、速度传感器、力（压力）传感器、温度传感器和湿度传感器等。

（2）按传感器的工作原理分类　按传感器的不同工作原理可以将传感器分为电阻式、电感式、磁电式、电压式、电容式、陀螺式、谐振式和光电式等。

（3）按传感器转换能量的方式分类

1）能量转换型：又称为有源传感器，即在不加外电源情况下将非电功率转换为电功率输出，如电磁式、电动式、电压式等传感器。

2）能量控制型：又称为无源传感器，即不能将非电功率转换成电功率的传感器。

试题精选：

传感器一般由敏感元件、转换元件和（D）三部分组成。

A. 继电器　　　　B. 热敏元件　　　　C. 探头　　　　D. 基本转换电路

鉴定点 2　传感器的选用

问：传感器的选用主要考虑哪几个方面？

答：传感器的选用主要考虑以下几点：

（1）根据测量对象与测量环境确定传感器的类型　根据被测量的特点和传感器的使用条件考虑以下问题：量程的大小；被测位置对传感器体积的要求；测量方式是接触式还是非接触式；信号的引出方法是有线或是非接触测量；传感器的来源是国产还是进口，价格能否承受，是否能够自行研制。

在考虑上述问题之后就能确定选用何种类型的传感器，然后再考虑传感器的具体性能指标。

（2）灵敏度的选择要求　传感器本身应具有较高的信噪比，尽量减少从外界引入的干扰信号。传感器的灵敏度是有方向性的。当被测量是单向量，而且对其方向性要求较高，则应选择其他方向灵敏度小的传感器；如果被测量是多维向量，则要求传感器的交叉灵敏度越小越好。

（3）频率响应特性　传感器的频率响应特性决定了被测量的频率范围，必须在允许频率范围内保持不失真的测量条件，实际上传感器的响应总有一定延迟，希望延迟时间越短越好。传感器的频率响应高，可测的信号频率范围就宽，而由于受到结构特性的影响，机械系统的惯性较大，因而频率低的传感器可测信号的频率较低。

（4）线性范围　传感器的线性范围是指输出与输入成正比的范围。在选择传感器时，当传感器的种类确定以后首先要看其量程是否满足要求。

（5）稳定性　传感器使用一段时间后，其性能保持不变的能力称为稳定性。影响传感器长期稳定性的因素除传感器本身结构外，主要是传感器的使用环境。因此，要使传感器具有良好的稳定性，传感器必须要有较强的环境适应能力。

在选择传感器之前，应对其使用环境进行调查，并根据具体的使用环境选择合适的传感器，或采取适当的措施，减小环境的影响。

（6）精度　精度是传感器的一个重要的性能指标，它是关系到整个测量系统测量精度的一个重要环节。传感器的精度只要满足整个测量系统的精度要求就可以，不必选得过高。这样就可以在满足同一测量目的的诸多传感器中选择比较便宜和简单的传感器。

如果测量目的是定性分析的，选用重复精度高的传感器即可，不宜选绝对量值精度高的；如果是为了定量分析，必须获得精确的测量值，就需选用精度等级能满足要求的传感器。

试题精选：

（√）选用传感器时，传感器的精度只要满足整个测量系统的精度要求就可以，不必选得过高。

鉴定点3　光电开关的结构

问：光电开关主要由哪几部分组成？

答：光电开关主要由发射器、接收器和检测电路三部分组成。

发射器对准目标发射光束，发射的光束一般来源于发光二极管（LED）和激光二极管。光束不间断地发射，改变脉冲宽度，受脉冲调制的光束辐射强度在发射中经过多次选择，朝着目标不间断地运行，如图2-85所示。

接收器由光电二极管或光电晶体管组成，如图2-86所示。在接收器的前面，装有光学元件，如透镜和光圈等；其后面是检测电路，它能滤出有效信号和应用该信号。

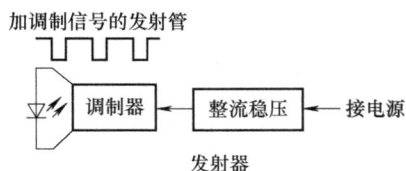

图 2-85　发射器

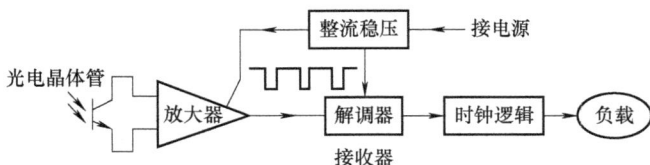

图 2-86　接收器

光电开关按结构可分为放大器分离型、放大器内藏型和电源内藏型三类。光电式接近开关广泛应用于自动计数、安全保护、自动报警和限位控制等方面。

试题精选：

光电开关按结构可分为（B）、放大器内藏型和电源内藏型三类。

A. 放大器组合型　　B. 放大器分离型　　C. 电源分离型　　D. 放大器集成型

鉴定点4　光电开关的工作原理

问：简述光电开关的工作原理。

答：光电开关（光电传感器）是光电接近开关的简称，它是利用被检测物对光束的遮挡或反射，由同步回路选通电路，从而检测物体的有无。物体不限于金属，所有能反射光线的物本均可被检测。光电开关将输入电流在发射器上转换为光信号射出，接收器再根据接收到的光线强弱或有无对目标物体进行探测。安防系统中常见的光电开关如烟雾报警器，工业中经常用它来记数机械臂的运动次数。

试题精选：

光电开关的接收器根据所接收到的光线强弱对目标物体实现探测，产生（A）。

A. 开关信号　　　　B. 压力信号　　　　C. 警示信号　　　　D. 频率信号

鉴定点5　光电开关的选用

问：如何选择光电开关？

答：光电开关的选择方法如下：

常用的光电开关有：对射型、漫反射型、镜面反射型、槽式光电开关和光纤式光电开关。

（1）对射型光电开关　它由发射器和接收器组成，结构上是两者相互分离的，在光束被中断的情况下会产生一个开关信号变化，典型的方式是位于同一轴线上的光电开关可以相互分开达50m。

特征：辨别不透明的反光物体；有效距离大；不易受干扰，可以可靠合适地使用在野外或者有灰尘的环境中；装置的消耗高，两个单元都必须敷设电缆。

（2）漫反射型光电开关　当开关发射光束时，目标产生漫反射，发射器和接收器构成单个的标准部件，当有足够的组合光返回接收器时，开关状态发生变化，作用距离的典型值一直到3m。

特征：有效作用距离是由目标的反射能力决定，由目标表面性质和颜色决定；较小的装配开关，当开关由单个元件组成时，通常可以实现粗定位；采用背景抑制功能调节测量距离；对目标上的灰尘比较敏感和对目标变化了的反射性能也很敏感。

（3）镜面反射型光电开关　它也由发射器和接收器构成，从发射器发出的光束在对面的反射镜被反射，即返回接收器，当光束被中断时会产生一个开关信号的变化。光的通过时间是两倍的信号持续时间，有效作用距离为0.1~20m。

特征：辨别不透明的物体；借助反射镜部件，形成较高的有效距离范围；不易受干扰，可以可靠合适地使用在野外或者有灰尘的环境中。

（4）槽式光电开关　这种光电开关通常是标准的U形结构，其发射器和接收器分别位于U形槽的两边，并形成一光轴，当被检测物体经过U形槽且阻断光轴时，光电开关就产生了检测到的开关量信号。槽式光电开关比较安全可靠，适合检测高速变化、分辨透明与半透明物体。

（5）光纤式光电开关　这种光电开关采用塑料或玻璃光纤传感器来引导光线，以实现被检测物体不在相近区域的检测。通常光纤传感器分为对射式和漫反射式。

试题精选：

当检测远距离的物体时，应优先选用（A）光电开关。

A. 光纤式　　　　　B. 槽式　　　　　C. 对射式　　　　　D. 漫反射式

鉴定点6　光电开关的使用注意事项

问：光电开关的使用注意事项有哪些？

答：在使用光电开关时，应注意环境条件，以使光电开关能够正常可靠地工作。

（1）避免强光源　光电开关在环境照度较高时，一般都能稳定工作。但应回避将传感器光轴正对太阳光、白炽灯等强光源。在不能改变传感器（受光器）光轴与强光源的角度时，可在传感器上方四周加装遮光板或套上遮光长筒。

（2）防止相互干扰　新型光电开关通常都具有自动防止相互干扰的功能，因而不必担心相互干扰。然而，对射式红外光电开关在几组并列靠近安装时，则应防止邻组间的相互干扰。防止这种干扰最有效的办法是投光器和受光器交叉设置，超过2组时还应拉开组距。当然，使用不同频率的机种也是一种比较好的办法。

（3）镜面角度影响　当被测物体有光泽或遇到光滑金属面时，一般反射率都很高，有近似镜面的作用，这时应将投光器与检测物体安装成10°~20°的夹角，以使其光轴不垂直于被检测物体，从而防止误动作。

（4）排除背景物影响　使用反射式扩散型投、受光器时，有时由于检出物离背景物较近，光电开关或者背景是光滑等反射率较高的物体而可能会使光电开关不能稳定检测。

因此可以改用距离限定型投、受光器，或者采用远离背景物、拆除背景物、将背景物涂成无光黑色或设法使背景物粗糙、灰暗等方法加以排除。

（5）消除台面影响　投光器与受光器在贴近台面安装时，可能会出现台面反射的部分光束照到受光器而造成工作不稳定。对此可采取措施，使受光器与投光器离开台面一定距离并加装遮光板。

严禁用稀释剂等化学物品，以免损坏塑料镜。

高压线、动力线和光电传感器的配线不应放在同一配线管或线槽内，否则会由于感应而造成（有时）光电开关的误动作或损坏，所以原则上要分别单独配线。

下列场所，一般有可能造成光电开关的误动作，应尽量避开：

1）灰尘较多的场所。

2）腐蚀性气体较多的场所。

3）水、油、化学品有可能直接飞溅的场所。

4）户外或太阳光等有强光直射而无遮光措施的场所。

5）环境温度变化超出产品规定范围的场所。

6）振动、冲击大，而未采取避振措施的场所。

试题精选：

（×）光电开关的抗光、电、磁干扰能力强，使用时可以不考虑环境条件。

鉴定点7　霍尔开关的原理

问：何谓霍尔开关？简述霍尔开关的原理。

答：霍尔开关是一种利用霍尔效应的磁感应式电子开关，属于有源磁电转换器件。当一块通有电流的金属或半导体薄片垂直地放在磁场中时，薄片的两端就会产生电位差，这种现象就称为霍尔效应。

霍尔开关是在霍尔效应的基础上，利用集成封装和组装工艺制作而成的，其内部集成电路把磁输入信号转换成开关量电信号输出，它同时具备符合实际应用要求的易操作性和高可靠性。

霍尔开关的输入端是以磁感应强度 B 来表征的，当 B 值达到一定的程度（如 $B1$）时，开关内部集成的触发器翻转，其输出电平状态也随之翻转。输出端一般采用晶体管输出，有 NPN 型、PNP 型、常开型、常闭型、锁存型（双极性）、双信号输出之分。

霍尔开关具有无接触、无触点、低功耗、长寿命、高耐候、响应频率高等特点，可应用于磁控开关、接近开关、行程开关、压力开关。无刷电动机和里程表等各种场合。

试题精选：

（√）霍尔开关是一种利用霍尔效应的磁感应式电子开关，属于有源磁电转换器件。

鉴定点 8　霍尔开关的选用方法

问：如何选用霍尔开关？

答：选用霍尔开关的注意要点如下：

（1）材质选择　开关和插座的外壳和内部等，一般都是塑料材质，具有绝缘性，防止漏电的危险。但塑料易燃，容易产生安全隐患，在选择时，应当挑选防火阻燃的材质，现在的开关防火材质一般都是进口的 PC，耐高温，不易燃。

（2）支架结构　开关和插座的底层都有支架结构，增加其抗压性能。市场上的支架一般有钢架和 PC 两种。PC 材质的支架虽然绝缘，但是抗压能力没有钢架的好。所以现在的支架结构有两层的，还有三层的，将钢架和 PC 结合使用。两层的支架结构，钢架直接作为底架，虽然表面有油漆，但时间长了一旦脱落就容易生锈，存在安全隐患。三层结构，将 PC 作为底架，将钢架包裹起来，能有效防止钢架和电线接触，绝缘效果更好。

（3）钢架和铜件　钢架的厚度，能保证开关和插座的坚固。优质的钢架厚度应当在 1mm 以上，并且边角有弯曲的处理，使其更坚固，不易变形。钢架厚度低，边角又没处理，很容易弯曲变形，影响插座的拔插及开关的开合功能。开关插座内部的铜件尤为重要，挑选时要仔细。好的开关插座，加厚的铜片，铜件为高精度的磷青铜一次成形，表面光滑发亮，导电与散热性能都很高，柔韧不易变形。劣质的铜件，铜片轻薄，表面粗糙，颜色暗淡，铜的含量比较低，有的甚至是铁片，容易发生危险。

（4）开关触点　当按下开关时，都能听到声音，这是触点产生的，是两个金属片或者金属球产生的声音。如果触点不够安全，容易产生电弧，引起开关短路，发生危险。

优质的开关一般都采用银镉触点，能起到瞬间过电流的功能，抑制电弧的能力非常强。而劣质的开关，采用的是铜片或者铁皮镀银触点，偷工减料，存在很高的安全隐患。挑选时一定要注意这个细节。

试题精选：

优质的霍尔开关一般都采用（A）触点。

A. 银镉　　　　　B. 铜片　　　　　C. 铁皮镀银　　　　D. 铝片

鉴定点 9   电容式开关的原理

问：何谓电容式开关？简述电容式接近开关的原理。

答：电容式传感器的感应面由两个同心布置的金属电极组成，这两个电极相当于一个非线绕电容器的电极。电极的两个表面分别连接到一个高频振荡器的反馈支路中，对该振荡器的调节要使得它在表面自由时不发生振荡。当物体接近传感器的有效表面时，它就进入了电极表面前面的电场，并引起耦合电容发生改变。振荡器开始发生振荡，振荡幅度由一个评价电路记录下来并被转换为一个开关命令。

电容式接近开关也属于一种具有开关量输出的位置传感器，它的测量头通常是构成电容器的一个极板，而另一个极板是物体的本身，当物体移向接近开关时，物体和接近开关的介电常数发生变化，使得和测量头相连的电路状态也随之发生变化，由此便可控制开关的接通和关断。电容式接近开关对任何介质都可以检测，包括导体、半导体、绝缘体，甚至可以用于检测液体和粉末状物料。对于非金属物体，动作距离决定于材质的介电常数，材料的介电常数越大，可获得的动作距离越大。

电容式接近开关由三大部分组成：振荡器、开关电路及放大输出电路。振荡器产生一个交变磁场。当金属目标接近这一磁场，并达到感应距离时，在金属目标内产生涡流，从而导致振荡衰减，以至停振。振荡器振荡及停振的变化被后级放大电路处理并转换成开关信号，触发驱动控制器件，从而达到非接触式之检测目的。

试题精选：

电容式接近开关也属于一种具有开关量输出的（D）传感器。

A. 温度　　　　　　　B. 流量　　　　　　　C. 压力　　　　　　　D. 位置

鉴定点 10   电容式开关的特点及应用

问：简述电容式开关的特点及应用。

答：电容式开关具有以下特点：

1）不但能检测金属，还能检测绝缘的液体或粉状物体，如塑料、玻璃、水、油等物质。

2）易受干扰，应注意安装位置。

3）感应距离可调整。在检测介电常数 ε 较小的物体时，可以顺时针调节多圈电位器（位于开关后部）来增加感应灵敏度，一般调节电位器使电容式的接近开关在 0.7~0.8Sn（Sn 表示磁感应的有效距离）的位置动作。

4）频率约为 50Hz。

5）非齐平式安装时，若电容式传感器高于安装支架，则容易发生损坏。

电容式开关主要应用于非金属的检测，如食品、化工等行业。

试题精选：

检测非金属物体，应采用（B）传感器。

A. 电感式　　　　　　B. 电容式　　　　　　C. 电阻式　　　　　　D. 磁电式

鉴定点 11　电感式开关的原理

问：何谓电感式开关？简述电感式开关的原理。

答：电感式接近开关又称为电涡流开关，也属于一种开关量输出的位置传感器。电感式接近开关由三大部分组成：振荡器、开关电路及放大输出电路。振荡器产生一个交变磁场。当金属目标接近这一磁场，并达到感应距离时，在金属目标内产生涡流，从而导致振荡衰减，以致停振。振荡器振荡及停振的变化被后级放大电路处理并转换成开关信号，触发驱动控制器件，从而达到非接触检测的目的。这种接近开关所能检测的物体必须是导电性能良好的金属物体。电感式接近开关的原理框图如图 2-87 所示。

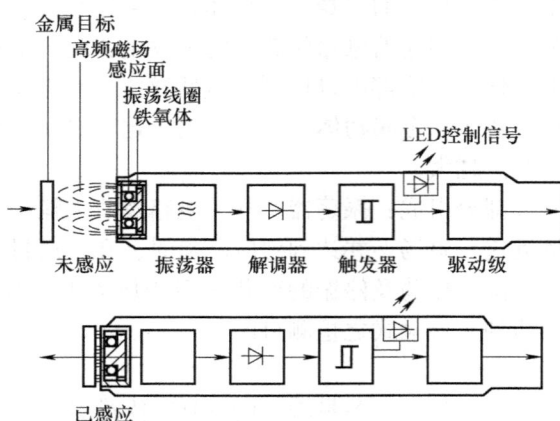

图 2-87　电感式接近开关的原理框图

电感式接近开关具有体积小、重复定位准确、使用寿命长、抗干扰性能好、防尘、防水、放油、耐振动等特点，广泛应用于机电一体化装置中，主要用于计数、感应物体的有无、测量转速、限位控制、距离控制、尺寸控制和检测异常等。

试题精选：

（√）电感式接近开关又称为电涡流开关，也属于非直接接触的位置传感器。

鉴定点 12　接近开关的选用

问：接近开关的选用注意事项有哪些？

答：接近开关的选用注意事项有：

1）根据检测物体选择接近开关的类型。如果检测物体为金属，则首选电感式接近开关；如果检测物体为非金属，如木材、塑料、纸、水等或较小较细的金属，则应选择电容式接近开关。

2）根据安装位置选择接近开关的外形。接近开关通常有圆柱形、正方形、环形接近开关可供选择。如果选择圆柱形，则应考虑好需要直径多大的；如果选择正方形的，也必须选择正方形边长。

3）接近开关的感应距离选择。一般来说接近开关的检测距离都比较短，常见的有 1～

50mm。检测距离越长其检测面也越大，价格也会越高。

4）接近开关感应面的位置，通常有前端感应、上端感应、内孔感应可供选择。

5）接近开关线长的选择。标准配置连接电缆长度为2m。如果需要更长的连接线，则应在订货前向厂家说明，切勿自行加接延长线，这将导致接近开关输出信号不稳定。

6）接近开关输出工作电压的选择。通常有直流型 DC 24V 或交流 AC 250V 可供选择。

7）接近开关输出方式的选择。通常有 NPN-常开、NPN-常闭、PNP-常开、PNP-常闭、2 线常开、2 线常闭、直流 3 线式和直流 4 线式可供选择。

8）接近开关连接方式的选择。接近开关的连接方式有出线式、接插件式、猪尾式可供选择。

试题精选：

选用接近开关时，如果检测物体为金属，则首选（A）接近开关。

A. 电感式　　　　B. 电容式　　　　C. 电阻式　　　　D. 压电式

鉴定点 13　开关类传感器的接线

问：开关类传感器如何进行接线？

答：开关类传感器有两线制、三线制和四线制等接线方式，连接导线多采用 PVC 外皮，PVC 芯线，芯线的颜色多为棕、黑、蓝色、黄色。芯线的颜色也可能不同，使用时，要认真查看说明书，对于接近开关，导线长度一般为 2m，也可根据使用者的要求提供其他长度的导线。

试题精选：

对于接近开关，导线长度一般为（A）m。

A. 2　　　　B. 3　　　　C. 4　　　　D. 5

鉴定范围 8　专用继电器的安装与调试

鉴定点 1　速度继电器的结构

问：何谓速度继电器？速度继电器有哪些作用？常用速度继电器的型号是如何规定的？

答：速度继电器是反映转速和转向的继电器，其主要作用是以旋转速度的快慢为指令信号，与接触器配合实现对电动机的反接制动控制，故又称为反接制动继电器。常用速度继电器的型号及含义如下：

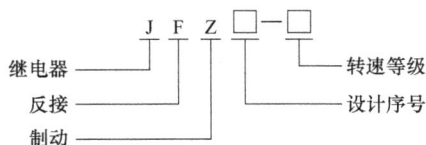

JY1 型速度继电器的外形、结构和工作原理如图 2-88 所示。它主要由定子、转子、可动支架、触头系统及端盖等部分组成。转子由永久磁铁制成，固定在转轴上；定子由硅钢片叠成并装有笼型短路绕组，能作小范围偏转；触头系统由两组转换触头组成，一组在转子正

转时动作，另一组在转子反转时动作。

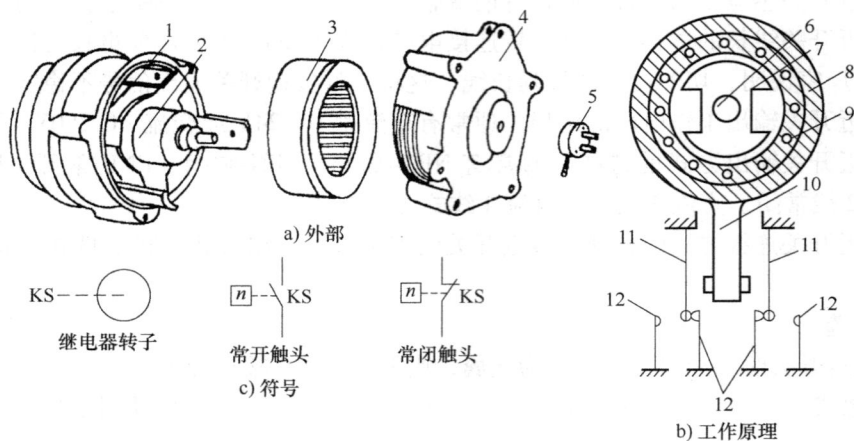

图 2-88 JY1 型速度继电器的外形、结构和工作原理

1—可动支架 2—转子 3—定子 4—端盖 5—连接头 6—电动机轴 7—转子（永久磁铁）
8—定子 9—定子绕组 10—胶木摆杆 11—簧片（动触头） 12—静触头

试题精选：

速度继电器是反映转速和转向的继电器，其主要作用是以旋转速度的快慢为指令信号，与接触器配合实现对电动机的（C）控制。

A. 自锁   B. 正反转   C. 反接制动   D. 调速

鉴定点 2 速度继电器的原理

问：简述速度继电器的工作原理。

答：当电动机旋转时，带动与电动机同轴相连的速度继电器的转子旋转，相当于在空间产生旋转磁场；从而在定子笼型短路绕组中产生感应电流，感应电流与永久磁铁的旋转磁场相互作用产生电磁转矩，使定子随永久磁铁转动的方向偏转，与定子相连的胶木摆杆也随之偏转。当定子偏转到一定角度时，胶木摆杆推动簧片，使继电器的触头动作。

当转子转速减小到零时，由于定子的电磁转矩减小，胶木摆杆恢复原状态，触头随即复位。

速度继电器的动作转速一般不低于 100r/min，复位速度约在 100r/min 以下。常用的速度继电器中，JY1 型能在 3000r/min 以下可靠地工作，JFZ0 型的两组触头改用两个微动开关，使其触头的动作速度不受定子偏转速度的影响。额定工作转速有 300～1000r/min（JFZ0—1 型）和 1000～3600r/min（JFZ0—2 型）两种。

试题精选：

当电动机转速下降至（B）以下时，速度继电器的常开触点恢复断开，接触器断电释放，其主触头断开而迅速切断电源，电动机便停转而不至于反转，使电动机制动状态结束。

A. 50r/min   B. 100r/min   C. 150r/min   D. 20r/min

鉴定点 3 速度继电器的安装与调试

问：如何安装速度继电器？如何调整速度继电器的速度？速度继电器的常见故障及处理方法有哪些？

答：速度继电器的安装方法如下：

1）安装速度继电器前，要弄清其结构，辨明常开触头的接线端。

2）安装速度继电器时，采用速度继电器的连接头与电动机转轴直接连接的方法，并使两轴中心线重合。速度继电器可用联轴器与电动机的轴相连接如图 2-89 所示。

3）速度继电器的金属外壳应可靠接地。

4）通电试运行时，若制动不正常，可检查速度继电器是否符合规定要求。若需调节速度继电器的调整螺钉，必须切断电源，以防止出现相对地短路而引起事故。

5）制动操作不宜过于频繁。

速度继电器动作值和返回值的调整规律为：将调整螺钉向下旋，弹性动触片弹性增大，速度较高时，继电器才动作；将调整螺钉向上旋，弹性动触片弹性减小，速度较低时继电器即动作。调整好以后必须将螺母锁紧，以防止螺钉松动。

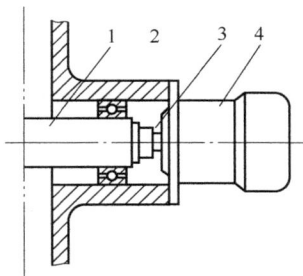

图 2-89　速度继电器与电动机的连接
1—电动机轴　2—电动机轴承
3—联轴器　4—速度继电器

试题精选：

速度继电器动作值和返回值的调整规律为：将调整螺钉向下旋，弹性动触片弹性增大，速度（B）时，继电器才动作。

A. 较低　　　　　　　　　　B. 较高
C. 最低　　　　　　　　　　D. 过低

鉴定点 4 温度继电器的结构

问：何谓温度继电器？

答：利用发热元件间接地反映出绕组温度而动作的继电器叫作温度继电器。温度继电器广泛应用于电动机绕组、大功率晶体管等器件的过热保护。温度继电器不但可以在电动机过载情况下进行检测、保护，而且还可以检测铁心发热、绕组温升过高，或者对由于电动机环境温度过高以及通风不良等引起的绕组温升过高，进行报警和保护。

温度继电器有两种类型，一种是双金属片式温度继电器，另一种是热敏电阻式温度继电器。热敏电阻式温度继电器应用广。它的外形同一般晶体管式时间继电器相似，但温度感测元件的热敏电阻装在电动机定子槽内或绕组的端部，其引线与执行继电器连接，热敏电阻是一种半导体器件。根据材料性质有正温度系数和负温度系数两种。由于正温度系数热敏电阻具有明显的开关特性，电阻温度系数大、体积小、灵敏度高等优点，因而得到广泛应用。

试题精选：

温度继电器广泛应用于电动机绕组、大功率晶体管等器件的（B）保护。

A. 过电压　　　　B. 过热　　　　C. 过电流　　　　D. 过载

鉴定点 5　温度继电器的原理

问：简述热敏电阻式温度继电器的应用。

答：用双金属片作为感温组件的温控开关，电器正常工作时，双金属片处于自由状态，触点处于闭合/断开状态，当温度达到动作温度时，双金属片受热产生内应力而迅速动作，打开/闭合触点，切断/接通电路，从而起到控制温度的作用。当电器冷却到复位温度时，触点自动闭合/打开，恢复正常工作状态。

试题精选：

温度继电器是在设定的（A）进行转换的继电器。

A. 温度　　　　　B. 湿度　　　　　C. 电流　　　　　D. 电压

鉴定点 6　温度继电器的安装与使用方法

问：温度继电器的安装与使用应注意哪些问题？

答：安装与使用温度继电器时应注意以下几点：

1）采用接触感温式安装时，应使金属盖面贴紧被控器具的安装面，为确保感温效果，应在感温表面涂上导热硅脂或其他性能类似的导热介质。

2）安装时不可把盖面顶部压塌、松动或变形，以免影响性能。

3）不能让液体渗入温控器内部，不得使外壳出现裂纹，不得随意改变外接端子的形状。

4）产品在不大于 5A 电流的电路中使用时，应选择铜芯截面积为 $0.5 \sim 1 mm^2$ 的导线进行连接；在不大于 10A 电流的电路中使用时，应选择铜芯截面积为 $0.75 \sim 1.5 mm^2$ 的导线进行连接。

5）产品应在相对湿度小于 90%，环境温度在 40℃ 以下通风、洁净、干燥、无腐蚀性气体的仓库中存放。

试题精选：

温度继电器在不大于 5A 电流的电路中使用，应选择铜芯截面积为（A）mm^2 的导线进行连接。

A. $0.5 \sim 1$　　　　B. $1 \sim 1.5$　　　　C. $1.5 \sim 2.5$　　　　D. $2.5 \sim 4$

鉴定点 7　热敏电阻式温度继电器的保护措施

问：热敏电阻式温度继电器的保护措施有哪些？

答：热敏电阻式温度继电器是由多个埋设在绕组内的热敏电阻串联后形成的总电阻。它同继电器内部电阻构成一个电桥，当温度在 65℃ 以下时，热敏电阻基本为一恒定值，电桥处于平衡状态，执行继电器不动作。当温度上升至动作温度时，热敏电阻的阻值剧增，电桥不平衡，执行继电器动作，可以报警或使电动机断电，从而实现对电动机的过热保护。当电动机温度下降至返回温度时，热敏电阻的阻值锐减，使电桥恢复平衡，热敏继电器线圈断电，电动机控制又恢复到原先的起动位置上。

试题精选：

热敏电阻式温度继电器是由多个埋设在绕组内的热敏电阻串联后形成的总电阻。它同继电器内部电阻构成一个电桥，当温度在（C）℃以下时，热敏电阻基本一恒定值，电桥处于平衡状态，执行继电器不动作。

A. 30   B. 40   C. 65   D. 100

鉴定点 8 压力继电器的结构

问：何谓压力继电器？简述压力继电器的组成。

答：压力继电器是利用液体的压力来启闭电器触点的液压电气转换元件。当系统压力达到压力继电器的调定值时，发出电信号，使电器元件（如电磁铁、电动机、时间继电器、电磁离合器等）动作，使油路卸压、换向，执行元件实现顺序动作，或关闭电动机使系统停止工作，起到安全保护作用等。

压力继电器的结构如图 2-90a 所示，它主要由缓冲器、橡胶膜、顶杆、压缩弹簧、调节螺母和微动开关等组成。微动开关和顶杆的距离一般大于 0.2mm。压力继电器装在油路（或气路、水路）的分支管路中，当管路压力超过整定值时，通过缓冲器和橡胶膜顶起顶杆，推动微动开关动作，使触头动作。当管路中的压力低于整定值时，顶杆脱离微动开关，微动开关的触点复位。

压力继电器的调整非常方便，只要放松或拧紧调节螺母即可改变控制压力。压力继电器的符号如图 2-90b 所示。

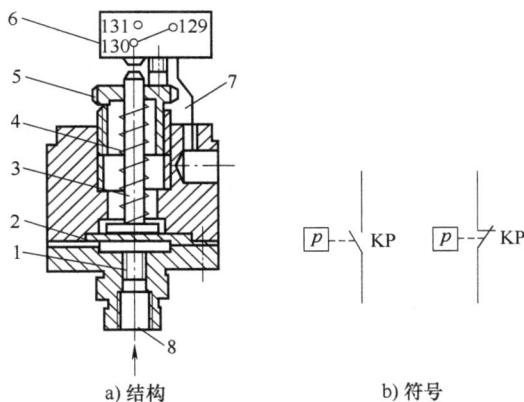

图 2-90 压力继电器
1—缓冲器 2—橡胶膜 3—顶杆 4—压缩弹簧 5—调节螺母 6—微动开关 7—导线 8—压力油入口

试题精选：
压力继电器的微动开关和顶杆的距离一般大于（B）mm。

A. 0.1   B. 0.2   C. 0.5   D. 1.0

鉴定点 9 压力继电器的原理

问：简述压力继电器的原理。压力继电器的触头要求有哪些？

答：当从继电器下端进油口进入的液体压力达到调定压力值时，推动柱塞上移，此位移通过杠杆放大后推动微动开关动作。改变弹簧的压缩量，可以调节继电器的动作压力。

压力继电器经常用于机械设备的油压、水压或气压控制系统中，它能根据压力源压力的变化情况决定触点的断开与闭合，以便对机械设备提供保护或控制。

试题精选：

压力继电器是将（B）转换成电信号。

A. 大气压   B. 液体压力   C. 固体压力   D. 水平压力

鉴定点 10 压力继电器的安装与使用

问：如何选择、安装与使用压力继电器？

答：选择压力继电器的主要依据是它们在系统中的作用、额定压力、最大流量、压力损失数值、工作性能参数和使用寿命等。通常按照液压系统的最大压力和通过继电器的流量，从产品样本中选择压力继电器的规格（压力等级和通径）。

1）压力继电器能够发出电信号的最低工作压力和最高工作压力的差值称为调压范围，压力继电器也应在此调压范围内选择。

2）对于接入控制油路上的各类压力继电器，由于通过的实际流量很小，因此可按该继电器的最小额定流量规格选取，使液压装置结构紧凑。

3）可根据系统性能要求选择继电器的结构形式，如低压系统可选用直动型压力继电器，而中高压系统应选用先导型压力继电器。根据空间位置、管路布置等情况选用板式、管式或叠加式连接的压力阀。

4）压力继电器的各项性能指标对液压系统都有影响，可根据系统的要求按样本上的性能曲线选用压力继电器。

压力继电器安装在蓄能器之后，压力继电器设定一定压力后，压力高时继电器断开，高压停，压力低时，继电器接通，再接通液压油。温度高，用冷却器，压力调低，查看系统中有无泄漏。

使用压力继电器时应注意以下几点：

① 安全保护时，将压力继电器设置在夹紧液压缸的一端，液压泵起动后，首先将工件夹紧，此时夹紧液压缸的右腔压力升高，当升高到压力继电器的调定值时，压力继电器动作，发出电信号使控制电路通电，于是切削液压缸进给切削。在加工期间，压力继电器微动开关的常开触点始终闭合。若工件没有夹紧，压力继电器断开，于是控制电路断电，切削液压缸立即停止进给，从而避免工件未夹紧被切削而出事故。

② 用于执行元件的顺序动作时，液压泵起动后，首先控制电路 2YA 液压缸左腔进油，推动活塞方向右移。当碰到限位器（或死挡铁）后，系统压力升高，压力继电器发出电信号，使 1YA 通电，高压油进入液压缸的左腔，推动活塞右移。这时若 3YA 也通电，液压缸的活塞快速右移；若 3YA 断电，则液压缸的活塞慢速右移，其慢速运动速度由节流阀调节。

再次用于液压泵卸荷时，压力继电器不是控制液压泵停止转动，而是控制二位二通电磁阀，将液压泵输出的液压油流回油箱，使其卸荷。

③ 液压泵启闭时，有两个液压泵，分别是高压小流量泵和低压大流量泵。当活塞快速下降时，两泵同时输出液压油。当液压缸活塞杆抵住工件开始加压时，压力继电器在液压油作用下发出动作，触动微动开关，将常闭触点断开，使液压泵停转。在加工过程中减慢液压

缸的速度，同时减少动力消耗。

鉴定点 11　压力继电器的常见故障

问：压力继电器的常见故障有哪些？

答：压力继电器常见故障是灵敏度降低和微动开关损坏等，由于阀芯、推杆的径向卡紧或微动开关空行程过大等引起。

1）当阀芯或推杆发生径向卡紧时，摩擦力增加。这个阻力与阀芯和推杆的运动方向相反，它的一个作用是帮助调压弹簧力，使油液压力升高，另一个作用是帮助油液压力克服弹簧力，使油液压力降低，因而使压力继电器的灵敏度降低。

2）压力继电器在使用中由于微动开关支架变形或零位可调部分松动，都会使原来调整好或在装配后保证的微动开关最小空行程变大，进而使灵敏度降低。

3）压力继电器的泄油腔如不直接接回油箱，由于泄油口背压过高，也会使灵敏度降低。

4）差动式压力继电器的微动开关部分和泄油腔用橡胶膜隔开，因此当进油腔和泄油腔接反时，液压油即冲破橡胶膜进入微动开关部分，从而损坏微动开关。

5）由于调压弹簧腔和泄油腔相通，调节螺钉处无密封装置，因此当泄油压力过高时，在调节螺钉处出现外泄漏现象，所以泄油腔必须直接接回油箱。

6）在死挡铁定位的节流调速回路中，压力继电器的安装位置应与流量控制阀同侧，且紧靠液压缸。进油节流调速回路的进油腔压力随负载而变化，当工作部件碰到死挡铁停止运动后，其压力升至溢流阀调定压力，取此压力作控制顺序动作的指令信号。而在回油节流调速回路中是回油腔压力随负载而变化，工作部件碰上死挡铁后压力将下降至零，故取此零压发出指令信号。

试题精选：

（√）压力继电器常见故障是灵敏度降低和微动开关损坏等。

鉴定范围 9　仪器仪表的使用

鉴定点 1　惠斯通电桥的工作原理

问：简述惠斯通电桥的工作原理。

答：惠斯通电桥是一种专门用来测量中电阻的精密测量仪器。它的工作原理和外形如图 2-91 所示，R_x、R_2、R_3、R_4 分别组成电桥的四个臂。其中，R_x 称为被测臂，R_2、R_3 构成比例臂，R_4 称为比较臂。

当接通按钮 SB 后，调节标准电阻 R_2、R_3、R_4，使检流计 P 的指示为零，即 $I_P = 0$，这种状态称为电桥的平衡状态。

电桥平衡的特点是检流计 P 的电流等于零，即 $I_P = 0$。

电桥平衡的条件是 $R_2R_4 = R_xR_3$，它说明，电桥相对臂电阻的乘积相等时，电桥就处于平衡状态，检流计中的电流 $I_P = 0$。

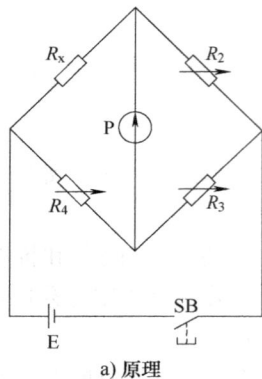

a) 原理　　　　　　　　　　　　b) 外形

图 2-91　惠斯通电桥的原理和外形

将平衡条件的公式变为 $R_x = \dfrac{R_2}{R_3} R_4$。该式还说明，电桥平衡时，被测电阻 R_x = 比例臂倍率 × 比较臂读数。

提高电桥准确度的条件是：标准电阻 R_2、R_3、R_4 的准确度要高；检流计的灵敏度也要高，以确保电桥真正处于平衡状态。

试题精选：

调节电桥平衡时，若检流计指针向标有"−"的方向偏转时，说明（C）。

A. 通过检流计电流大、应增大比较臂的电阻

B. 通过检流计电流小、应增大比较臂的电阻

C. 通过检流计电流小、应减小比较臂的电阻

D. 通过检流计电流大、应减小比较臂的电阻

鉴定点 2　惠斯通电桥的选用方法

问：如何选用惠斯通电桥？

答：惠斯通电桥是用来测量 1Ω 以上直流电阻的较精密的仪器。测量 1Ω 以上直流电阻时应选用惠斯通电桥。使用惠斯通电桥测量直流电阻的操作步骤如下：

1）调整检流计零位。测量前应先将检流计开关拨向"内接"位置，即打开检流计的锁扣，然后调节调零器使指针指在零位。

2）用万用表的欧姆档估测被测电阻值，得出估计值。

3）接入被测电阻时，应采用较粗较短的导线，并将接头拧紧。

4）根据被测电阻的估计值，选择适当的比例臂，使比较臂的四档电阻都能被充分利用，从而提高测量准确度。例如，被测电阻为几十欧时，应选用×0.01 的比例臂。被测电阻为几百欧时，应选用×0.1 的比例臂。

5）当测量电感线圈的直流电阻时，应先按下电源按钮，再按下检流计按钮；测量完毕，应先松开检流计按钮，后松开电源按钮，以免被测线圈产生自感电动势损坏检流计。

6）电桥电路接通后，若检流计指针向"+"方向偏转，应增大比较臂电阻；反之应减小比较臂电阻。

7）电桥检流计平衡时，读取被测电阻值=比例臂倍率×比较臂读数。

8）电桥使用完毕，应先切断电源，然后拆除被测电阻，最后将检流计锁扣锁上。

试题精选：

惠斯通电桥测量十几欧姆电阻时，比率应选为（B）。

A. 0.001　　　　B. 0.01　　　　C. 0.1　　　　D. 1

鉴定点 3　开尔文电桥的工作原理

问：简述开尔文电桥的工作原理。

答：开尔文电桥的原理电路如图 2-92 所示。与惠斯通电桥不同，被测电阻 R_x 与标准电阻 R_4 共同组成一个桥臂，标准电阻 R_n 和 R_3 组成另一个桥臂，R_x 与 R_n 之间用一阻值为 r 的导线连接起来。为了消除接线电阻和接触电阻的影响，R_x 与 R_n 都采用两对端钮，即电流端钮 C1、C2、C_{n1}、C_{n2}，电位端钮 P1、P2、P_{n1}、P_{n2}。桥臂电阻 R_1、R_2、R_3、R_4 都是阻值大于 10Ω 的标准电阻。R 是限流电阻。

使用时调节各桥臂电阻，使检流计指零，即 $I_p=0$，电桥处于平衡状态。此时

$$R_x=\frac{R_2}{R_1}R_n$$

为了使开尔文电桥平衡时求解 R_x 的公式与惠斯通电桥相同，开尔文电桥在结构上采取了以下措施：

① 将 R_1 与 R_3、R_2 与 R_4 采用机械联动的调节装置，使 R_3/R_1 的变化和 R_4/R_2 的变化保持同步，从而满足 $R_3/R_1=R_4/R_2$。

② 连接 R_x 与 R_n 的导线，尽可能采用导电性良好的粗铜母线，使 $r\to0$。

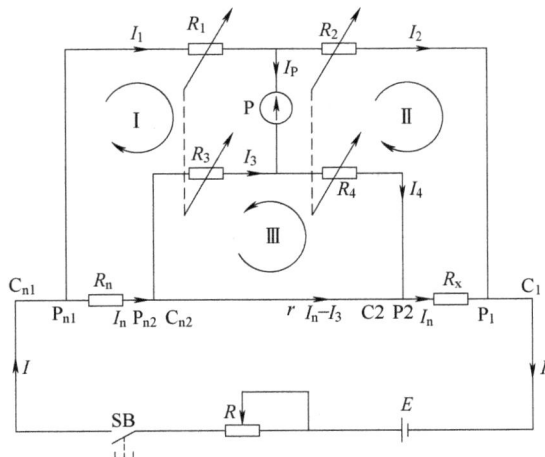

图 2-92　开尔文电桥的工作原理

试题精选：

开尔文电桥的连接端分为（C）接头。

A. 电压、电阻　　B. 电压、电流　　C. 电位、电流　　D. 电位、电阻

鉴定点 4　开尔文电桥的选用方法

问：如何选用开尔文电桥？

答：开尔文电桥是专门用来精密测量 1Ω 以下小电阻的仪器。

开尔文电桥的使用方法与惠斯通电桥基本相同。另外还应注意以下两点：

1）被测电阻有电流端钮和电位端钮时，要与电桥上相应的端钮相连接。要注意电位端钮总是在电流端钮的内侧，且两电位端钮之间的电阻就是被测电阻。如果被测电阻没有电流端钮和电位端钮，则应自行引出电流和电位端钮。接线时注意应尽量用短粗的导线接线，接线间不得绞合，并要接牢。

2）开尔文电桥工作时电流较大，故测量时动作要迅速，以免电池耗电量过大。

注意事项如下：

1）接入被测电阻时，应采用较粗较短的导线连接，接线间不得绞合，并将接头拧紧。

2）用万用表估测被测电阻值应尽量准确，倍率选择务必正确，否则会产生很大的测量误差，从而失去精确测量的意义。

试题精选：

开尔文电桥为了减少接线及接触电阻的影响，在接线时要求（A）。

A. 电流端在电位端外侧　　　　　　B. 电流端在电位端内侧

C. 电流端在电阻端外侧　　　　　　D. 电流端在电阻端内侧

鉴定点 5　信号发生器的组成和工作原理

问：简述信号发生器的组成和工作原理。

答：信号发生器用于产生被测电路所需特定参数的电测试信号。信号源可以根据输出波形的不同，划分为正弦波信号发生器、矩形脉冲信号发生器、函数信号发生器和随机信号发生器四大类。正弦信号是使用最广泛的测试信号。正弦信号源根据工作频率范围的不同可划分为低频信号发生器、高频发生器若干种。

低频信号发生器用来产生 $1Hz\sim1MHz$ 的低频正弦信号。低频信号发生器主要由主振器、电压放大器、功率放大器、输出衰减器、阻抗变换器和监测电压表等组成。

1）主振器：用于产生低频正弦波信号，并实现频率调节。它是低频信号发生器的主要部件，一般采用 RC 振荡器，尤以文氏电桥振荡器为多。

2）电压放大器：用于放大主振器产生的振荡信号，满足信号发生器对输出信号幅度的要求，并将振荡器与后续电路隔离，防止因输出负载变化而影响振荡器频率的稳定。

3）功率放大器：用于提供足够的输出功率，为了保证信号不失真，要求放大器的频率特性好，非线性失真小。

4）输出衰减器：用于调节输出电压使其达到所需要的数值，低频信号发生器一般采用连续衰减器和步级衰减器配合进行衰减，可提供多级衰减倍数。

5）阻抗变换器：用于使输出端连接不同的负载时都能得到最大的输出功率，实际上是一个变压器。

6）监测电压表：用于监测信号源输出电压或输出功率的大小。

信号发生器的工作原理是：主振器产生低频正弦振荡信号，经电压放大器放大，达到电压输出幅度的要求，经输出衰减器可直接输出电压，用主振输出调节电位器调节输出电压的大小。

试题精选：

（√）信号发生器由单片机控制的函数发生器产生信号的频率及幅值，并能测试输入信号的频率。

鉴定点6 信号发生器的选用方法

问：如何选用信号发生器？

答：信号发生器的选用应根据所需的信号频率、信号电压的大小进行选用。

1）低频信号发生器：包括音频（200～20000Hz）和视频（1Hz～10MHz）范围的正弦波发生器。主振级一般用RC式振荡器，也可用差频振荡器。为了便于测试系统的频率特性，要求输出幅频特性平和波形失真小。

2）高频信号发生器：用来产生100kHz～30MHz的正弦波信号。它主要用于测量各种无线电接收机的灵敏度、选择性，另外也常作为检测高频电路的信号源。

一般采用LC调谐式振荡器，频率可由调谐电容器的刻度盘读出。它的主要用途是测量各种接收机的技术指标。输出信号可用内部或外加的低频正弦信号调幅或调频，使输出载频电压能够衰减到1μV以下。仪器还有防止信号泄漏的良好屏蔽作用。

低频信号发生器维护方法如下：

1）仪器通电之前，应先检查电源的进线，再将电源线接入220V交流电源上。

2）开机前，应将"电压调节"旋钮旋至最小，输出信号用电缆从"电压输出"插口或"功率输出"插口引出。如需要平衡输出，可将阻抗衰减旋钮置于600Ω或5kΩ处，再将功率输出接线柱的接地片取下，输出引线接在两个红色接线柱上。此时，连接信号发生器的其他仪器不应有接"地"（仪器外壳）端。

3）接通电源开关，将"波段"旋钮置于所需档位，调节"频率"旋钮至所需输出频率（由频率刻度盘上可以观察输出频率）。

4）按所需信号电压的大小及阻抗值，选择"阻抗衰减"旋钮并调节"电压调节"旋钮，电压表即可指示出衰减前的输出电压值。

试题精选：

需要产生150kHz的正弦波信号，应选用（B）信号发生器。

A. 低频信号发生器　　　　　　　B. 高频信号发生器
C. 超高频信号发生器　　　　　　D. 超低频信号发生器

鉴定点7 示波器的工作原理

问：简述示波器的工作原理。

答：示波器利用狭窄的、由高速电子组成的电子束，打在涂有荧光物质的屏面上，就可产生细小的光点。在被测信号的作用下，电子束就好像一支笔的笔尖，可以在屏幕上描绘出被测信号的瞬时值的变化曲线。利用示波器能观察各种不同信号幅度随时间变化的波形曲线，还可以用它测试各种不同的电量，如电压、电流、频率、相位差和调幅度等。

普通示波器由显示电路、垂直（Y轴）放大电路、水平（X轴）放大电路、扫描与同步电路、电源供给电路五部分组成。

试题精选：

（√）示波管的偏转系统由一个水平及垂直偏转板组成。

鉴定点8 示波器的使用

问：简述通用示波器的使用方法和维护方法。

答：通用示波器的型号种类很多，面板布置和使用方法大同小异。现以SB-10型普通示波器为例来说明示波器的使用方法。

1）使用前要先检查仪器的熔丝是否完好，面板上各旋钮有无损坏，旋钮转动是否灵活。

2）将电源插头接到220V交流电源上。打开电源开关，指示灯应发光，表明仪器进入预备工作状态，预热5min后才能正常使用。

3）调节"辉度"旋钮，使亮度适中。光点不宜太亮，也不宜长时间停留在一点上，以免影响示波管的使用寿命。

4）调节"聚焦"旋钮，使屏幕上呈现的光点直径不大于1mm。

5）调节"X轴位移"和"Y轴位移"旋钮，把光点调到屏幕正中位置。

6）当Y轴输入信号时，应将被测信号接在"Y轴输入"和"接地"端，再根据被测信号幅度，选择适当的"Y轴衰减"档位。

7）在观测Y轴输入信号的波形时，应取机内扫描，将"X轴衰减"置于"扫描"位置，然后将"扫描范围"置于所选择的频率档。扫描频率应根据"Y轴输入电压的频率为扫描频率的整数倍"的原则来选择，该倍数就是能在荧光屏上看到完整被测波形的个数。例如，Y轴输入频率为200Hz，要在屏幕上看到4个完整的波形时，则扫描频率应取200Hz/4=50Hz。此时，应将"扫描范围"置于10～100Hz档，并缓慢调节"扫描微调"旋钮，使扫描频率为50Hz，则屏幕上就会显示出4个完整的波形。

8）为使波形保持稳定，扫描信号必须由输入信号整步。当Y轴输入信号时，"整步选择"旋钮应置于"内+"或"内－"档。先调节"扫描微调"，使波形趋于稳定，再调节"整步增幅"，适当增大整步电压，即可使波形稳定。

9）如需观测220V工频交流电波形时，可将"试验电压"和"Y轴输入"的两个端钮用导线连接起来。此时，试验电压由机内电源变压器上6.3V、50Hz电源提供，整步选择应置于电源档。

通用示波器的维护方法如下：

1）使用过程中暂时不测量波形时，最好将"扫描范围"置于"10～100"档。不要频繁开关电源，防止损伤示波管灯丝。

2）由于人体上有50Hz感应交流电压，其数量级可能远大于被测信号电平。因此在观测波形时，应避免人体触及Y轴输入端。

3）示波器应置于通风干燥处，防止受潮。保管示波器时，要定期（如三个月）通电工

作一段时间 （0.5h）。

4）长期不使用的示波器，由于机内电解电容器的容量改变，漏电会增大。若直接加额定电压易造成击穿短路。如需使用示波器时，应接入自耦变压器，先通以 2/3 额定电压工作 2h，再升至额定电压，以恢复电解电容的容量和绝缘。

试题精选：

对于长期不使用的示波器，至少（A）个月通电一次。

A. 三   B. 五   C. 六   D. 十

鉴定范围 10 　电子元器件的选用

鉴定点 1 　三端稳压集成电路型号的概念

问：何谓三端集成稳压器？三端稳压器的型号是如何规定的？

答：固定式三端稳压器有输入端、输出端和公共端三个引出端。此类稳压器属于串联调整式，除了基准、取样、比较放大和调整等环节外，还有比较完整的保护电路。常用的 CW78×× 系列是正电压输出，CW79×× 系列是负电压输出。根据国家标准，其型号意义如下：

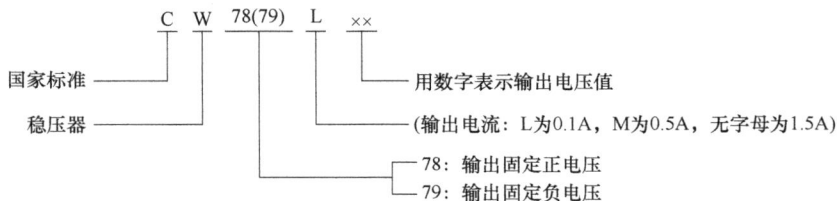

试题精选：

（√）三端集成稳压电路可分正输出电压和负输出电压两大类。

鉴定点 2 　三端稳压集成电路的选用方法

问：如何选用三端集成稳压器？

答：CW78×× 系列和 CW79×× 系列稳压器的引脚功能有较大的差异，使用时必须加以注意。

电子产品中常见的三端稳压集成电路（IC）有正电压输出的 78×× 系列和负电压输出的 79×× 系列。顾名思义，三端稳压 IC 是指这种稳压用的集成电路只有三极引脚输出，分别是输入端、接地端和输出端。它的样子像是普通的晶体管，T0-220 的标准封装，也有 9013 样子的 T0-92 封装。其引脚排列如图 2-93 所示。

用 78/79 系列三端稳压 IC 来组成稳压电源所需的外围元器件极少，电路内部还有过电流、过热及调整管的保护电路，使用起来可靠、方便，而且价格便宜。该系列集成稳压 IC 型号中的 78 或 79 后面的数字代表该三端集成稳压电路的输出电压，如 7806 表示输出电压为 +6V，7909 表示输出电压为 $-9V$。

三端稳压集成电路使用时的注意事项如下：

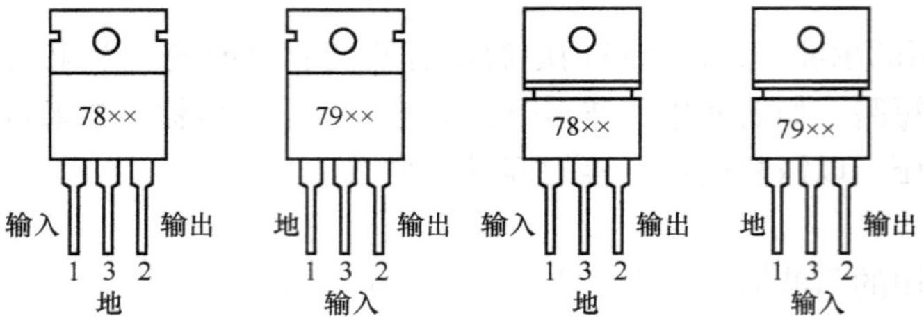

图 2-93 三端稳压集成器的引脚排列

1）三端集成稳压电路的输入、输出和接地端绝对不能接错，不然容易烧坏。一般三端集成稳压电路的最小输入、输出电压差约为 2V，否则不能输出稳定的电压，一般应使电压差保持在 4~5V，即经变压器变压、二极管整流、电容器滤波后的电压应比稳压值高一些。

2）在实际应用中，应在三端集成稳压电路上安装足够大的散热器（当然小功率的条件下不用）。当稳压器温度过高时，稳压性能将变差，甚至损坏。

3）当制作中需要一个能输出 1.5A 以上电流的稳压电源，通常采用几块三端稳压电路并联起来，使其最大输出电流为 N 个 1.5A，但应用时需注意：并联使用的集成稳压电路应采用同一厂家、同一批号的产品，以保证参数的一致。另外在输出电流上留有一定的余量，以避免个别集成稳压电路失效时导致其他电路的联锁烧毁。

试题精选：

（√）三端集成稳压电路选用时既要考虑输出电压，又要考虑输出电流的最大值。

鉴定点 3　晶闸管的结构

问：晶闸管的结构有哪些特点？

答：晶闸管有四层半导体材料、三个 PN 结、三个电极组成的组合器件，可以把晶闸管等效成一个 NPN 型和 PNP 型的晶体管的组合，中间的 PN 结两管共用，如图 2-94 所示。

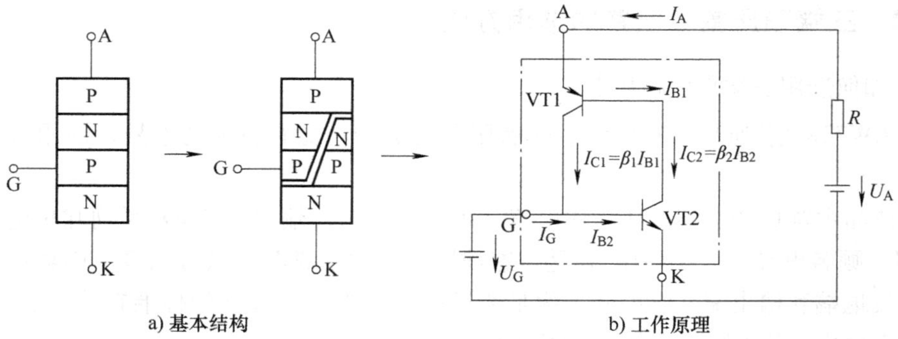

a) 基本结构　　　　　　　　b) 工作原理

图 2-94　晶闸管等效电路

1）晶闸管导通的条件是：在阳极和阴极间加上正向电压的同时，门极至阴极间加上适当的触发电压。

2）晶闸管导通以后，门极即失去控制作用；要重新关断晶闸管，必须让阳极电流减小到低于其维持电流或在阳极至阴极间加上反向电压。

试题精选：

普通晶闸管边上 N 层的引出极是（B）。

A. 漏极　　　　　B. 阴极　　　　　C. 门极　　　　　D. 阳极

鉴定点4　晶闸管型号的含义

问：晶闸管的型号是如何规定的？

答：国产普通型晶闸管的型号有 3CT 系列和 KP 系列。其各部分含义如下：

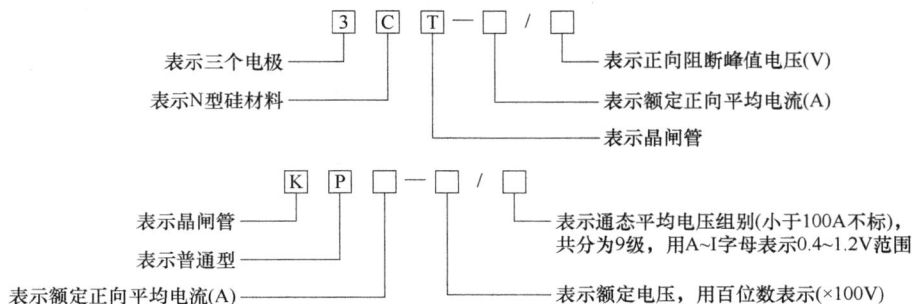

例如，3CT—5/500 表示额定电流为 5A，额定电压为 500V 的普通型晶闸管；KP100—12/G 的晶闸管表示额定电流为 100A，额定电压为 1200V，正向通态平均电压组别为 G 的普通反向阻断型晶闸管。

试题精选：

（×）晶闸管型号 KS20—8 表示三相晶闸管。

鉴定点5　晶闸管的主要参数

问：晶闸管的主要参数有哪些？

答：晶闸管的主要参数有：

1）正向断态重复峰值电压 U_{DRM}：在额定结温下，门极断路和晶闸管正向阻断的情况下，允许重复加在晶闸管上的最大正向峰值电压。一般比 U_{BO} 低 100V。

2）反向断态重复峰值电压 U_{RRM}：在额定结温下和门极断路的情况下，允许重复加在晶闸管上的反向峰值电压，一般取值比转折电压 U_{BO} 低 100V，它反映了阻断状态下晶闸管能承受的反向电压。通常 U_{RRM} 和 U_{DRM} 大致相等，习惯上统称为峰值电压。

3）通态平均电流 $I_{T(AV)}$：在环境温度超过 40℃ 和规定的散热条件下，允许通过的工频正弦半波电流在一个周期内的最大平均值称为通态平均电流，简称正向电流。当晶闸管的导通角变小时，允许的平均电流必须适当降低。

4）通态平均电压 $U_{T(AV)}$：晶闸管正向通过正弦半波额定的平均电流、结温稳定时的阳极和阴极间的电压平均值称为通态平均电压，习惯上称为管压降。通态平均电压的组别共分为 9 级，用 A~I 表示。

5）维持电流 I_H：在规定的环境温度和门极断路的情况下，维持晶闸管继续导通时需要的最小阳极电流称为维持电流。它是晶闸管由通到断的临界电流，要使导通的晶闸管关断，必须使它的正向电流小于 I_H。

试题精选：

反向断态重复峰值电压 U_{RRM} 是指在额定结温下和门极断路的情况下，允许重复加在晶闸管上的反向峰值电压，一般取值比转折电压 U_{BO} 低（D）。

A. 30   B. 50   C. 80   D. 100V

鉴定点6　晶闸管的选用方法

问：如何选用晶闸管？

答：晶闸管有许多参数，但是在选用晶闸管时必须注意的参数有：额定平均电流、正（反）向峰值电压、门极触发电压与触发电流。为了晶闸管能安全工作，正、反向峰值电压应按实际工作电压最大值的 2~3 倍来选用，而额定平均电流则应按实际平均电流有效值的 1.2~2 倍来选用。应指出的是，单向晶闸管给出的值是指允许流过晶闸管的最大平均电流，而双向晶闸管给出的额定电流是指允许流过晶闸管的最大有效值电流。为了使晶闸管在最不利的情况下，仍能可靠地触发导通，所选晶闸管的触发电压与触发电流一定要小于实际应用中的数值。

选用双向晶闸管的参数时，要考虑浪涌电流这个参数，因为双向晶闸管的过载能力比普通晶闸管要低。

在直流电路中，可以选用普通晶闸管或双向晶闸管；当用在以直流电源接通和断开来控制功率的直流削波电路中时，由于要求的判断时间短，需要选用高频晶闸管。在选用高频晶闸管时，要特别注意高温下和室温下的耐压量值，大多数高频晶闸管在额定结温下给定的关断时间为室温下关断时间的 2 倍多。

试题精选：

双向晶闸管的额定电流是用（A）来表示的。

A. 有效值   B. 最大值   C. 平均值   D. 最小值

鉴定点7　晶闸管调光台灯的工作原理

问：简述晶闸管调光台灯的工作原理。

答：晶闸管调光台灯电路的组成如图 2-95 所示。工作原理：

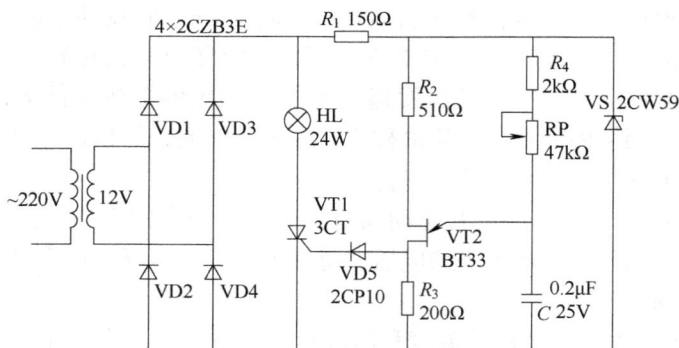

图 2-95　晶闸管调光台灯电路的组成

该电路的结构及原理分析如下：VD1～VD4 是整流电路部分。电容 C、RP、R_2、R_3、R_4、VS、VT2 组成单结晶体管触发电路。220V 交流电源通过变压器得到 12V 交流电压，经过 VD1～VD4 整流电路得到直流电，为 VT2 触发电路、HL 提供电源。直流电源通过 R_2、R_3 加到单结晶体管的两个基极上，同时又通过 R_4、RP 向电容器 C 充电。如果电容器 C 上初始电压为零，则电容器 C 两端的电压 u_C 从零开始按指数规律逐渐上升。在 $u_C(u_C=u_E)<U_p$ 时，单结晶体管处于截止状态，R_1 两端输出电压近似为零。当 u_C 达到峰点电压 U_p 时，单结晶体管的 E、B1 极之间突然导通，内电阻急剧减小，电容上的电压通过单结晶体管内电阻和 R_3 放电，由于单结晶体管内电阻和 R_3（200Ω）都很小，放电很快，放电电流在 R_3 上形成一个脉冲电压，当下降到谷点电压 U_v 以下时，E 极和 B1 极之间恢复阻断状态，单结晶体管从导通跳变到截止，输出电压 U_o 下降到零，完成一次振荡。

当 E、B1 极之间截止后，电源又对 C 充电，并重复上述过程，结果在 R_3 上得到一个周期性尖脉冲输出电压。

该电路的工作过程是利用了单结晶体管的负阻效应和 RC 充放电特性。改变 RP 的大小，便可改变电容充放电的快慢，使输出的脉冲波形移前或移后，从而控制晶闸管的触发导通时刻。显然 $\tau=RC$ 较大时，触发脉冲后移；τ 较小时，触发脉冲前移。

试题精选：
晶闸管调光台灯电路的触发电路主要有（A）控制。
A. 单结晶体管　　　B. 二极管　　　C. 晶体管　　　D. 晶闸管

鉴定点8　单结晶体管的结构特点

问：何谓单结晶体管？单结晶体管的结构有哪些特点？

答：单结晶体管内部有一个 PN 结，所以称为单结晶体管，有三个电极，分别是发射极和两个基极，所以又叫双基极二极管。单结晶体管的内部结构：在一块高电阻率的 N 型硅片两端，制作两个接触电极，分别叫第一基极和第二基极，分别用符号 B1 和 B2 表示。硅片的另一侧在靠近第二基极 B2 处制作了一个 PN 结，并在 P 型硅片上引出发射极 E，如图 2-96a 所示。

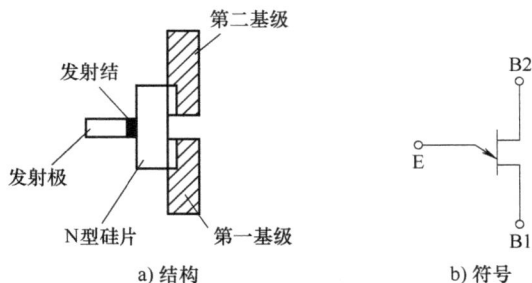

图 2-96　单结晶体管

试题精选：
单结晶体管的结构中有（B）个电极。
A. 4　　　　　B. 3　　　　　C. 2　　　　　D. 1

鉴定点 9 单结晶体管触发电路的工作原理

问：简述单结晶体管触发电路的工作原理。

答：图 2-97 为一个具有触发电路的单相半控桥式整流电路，图的上半部分是单结晶体管触发电路。该触发电路的工作原理：

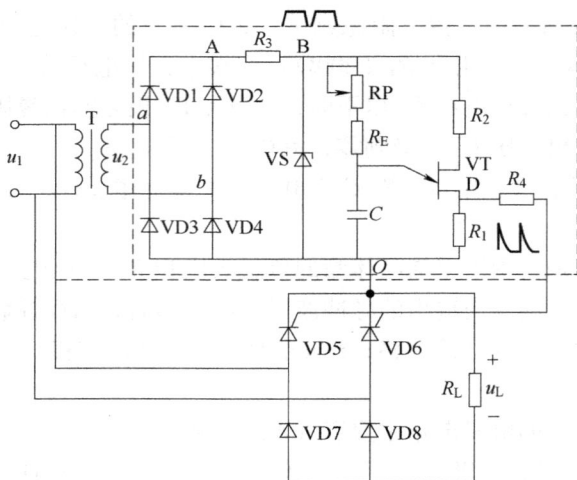

图 2-97 单结晶体管同步触发电路

交流电经桥式整流，得到如图 2-98 所示整流输出波形，再经稳压二极管的稳压，在稳压二极管两端得到如图 2-99 所示梯形波。由于梯形波电压和交流电压同时为零，所以就可保证触发电路的电源电压与交流电源电压的同步。该同步电压作为触发电路的电源通过 RP、R_E 向电容 C 充电，电容的端电压 u_C 按指数规律上升。单结晶体管的发射极电压 u_E 等于电容两端电压 u_C。

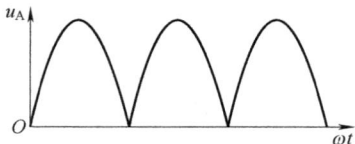

图 2-98 整流输出电压波形

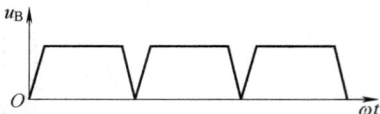

图 2-99 稳压二极管两端的电压波形

当 $u_C < U_P$（单结管峰点电压）时，单结晶体管处于截止状态，触发电路输出电压 $u_g = 0$。

当 u_C 上升到 $u_C = U_P$ 时，单结晶体管由截止变为导通，其内电阻急剧减小，于是电容 C 经 E→31→R_1 迅速放电，放电电流通过 R_1 转变为尖脉冲电压 u_g。

当 u_C 下降到 $u_C < U_V$ 时，单结晶体管截止，输出电压 $u_g = 0$。截止以后电源再次经 RP、R_E 向电容 C 充电，重复上述过程。于是在电阻 R_1 上通过 R_4 得到一个又一个的脉冲电压 u_g 波形，如图 2-100 所示。

由于每半个周期内第一个脉冲将使晶闸管触发后，后面的脉冲均无作用，因此，只要改变每半周内第一个脉冲产生的时间，即改变了触发延迟角的大小。若电容 C 充电较快，第一个脉冲输出的时间就提前；在实际应用中，通过改变 R_p 的大小可改变触发延迟角 α 的大小，从而达到触发脉冲移相的目的。

图 2-100　输出脉冲波形

由单结晶体管组成的触发电路，具有简单、可靠、触发脉冲前沿陡、抗干扰能力强以及温度补偿性能好等优点，所以多用于 50A 以下的中小容量的单相可控整流电路中。

试题精选：

单结晶体管组成的触发电路产生的波形为（A）电压。

A. 尖脉冲　　　　B. 方波　　　　　　C. 三角波　　　　　D. 锯齿波

鉴定范围 11　电子电路的装调与维修

鉴定点 1　78、79 系列稳压器的安装、调试与维修

问：何谓集成三端稳压器？主要应用在哪些方面？

答：集成三端稳压器具有体积小，外围元器件少，调整简单，使用、方便且性能好，稳定性高，价格便宜等优点，因而获得越来越广泛的应用。三端固定式集成稳压器的外形和引脚排列如图 2-101 所示。由于它只有输入、输出和公共地端三个端子，故称为三端稳压器。

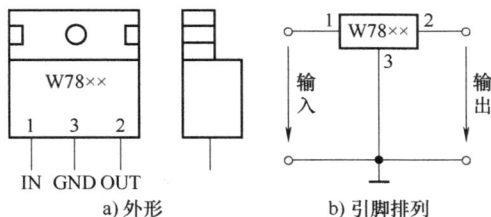
图 2-101　三端固定式集成稳压器的外形和引脚排列

（1）分类　国产的三端固定集成稳压器有 CW78×× 系列（正电压输出）和 CW79×× 系列（负电压输出），CW78×× 系列的外形如图 2-102a 所示。其输出电压有 ±5V、±6V、±8V、±9V、±12V、±15V、±18V、±24V，最大输出电流有 0.1A、0.5A、1A、1.5A、2.0A 等。CW78×× 系列和 CW79×× 系列稳压器的引脚功能有较大的差异，使用时必须加以注意。三端集成稳压器输出电流字母表示法见表 2-23。

表 2-23　三端集成稳压器输出电流字母表示法

L	M	（无字）	S	H	P
0.1A	0.5A	0.5A	2A	5A	10A

（2）型号　根据国家标准，集成稳压器的型号意义如下：

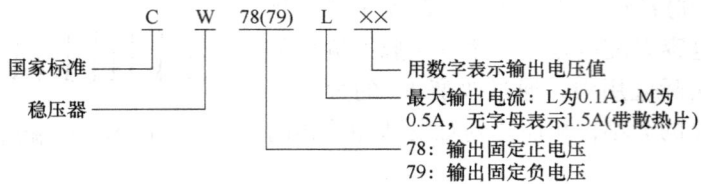

（3）固定式三端稳压器的基本应用电路

1）固定输出连接如图 2-102 所示。

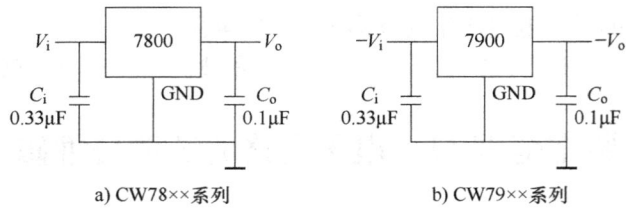

a) CW78××系列　　　　b) CW79××系列

图 2-102　固定输出连接

在使用时必须注意：（V_i）和（V_o）之间的关系，以 CW7805 为例，该三端稳压器的固定输出电压是 5V，而输入电压至少大于 8V，这样输入/输出之间有 3V 的电压差，进而使调整管工作在放大区。但电压差取值较大时，又会增加集成电路的功耗，所以，两者应兼顾，既要保证在最大负载电流时调整管不进入饱和，又不使功耗偏大。

2）固定双组输出连接如图 2-103 所示。

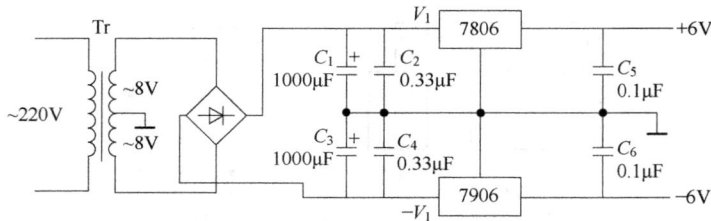

图 2-103　固定双组输出连接

3）扩大输出电流连接如图 2-104 所示。其中二极管 VD 以抵消晶体管 VT 的基极与发射极电压 V_{BE} 而设置，输出的电流可近似扩大 β 倍。

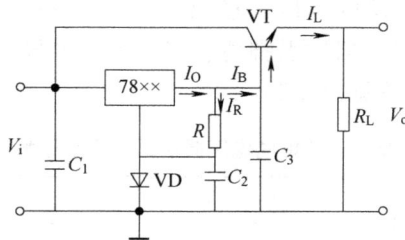

图 2-104　扩大输出电流连接

4）扩大输出电压范围如图 2-105 所示。

$$V_o = V_{xx} + V_{o1} = V_{xx} + \left(1 + \frac{R_4}{R_3}\right)\left(\frac{R_2}{R_1 + R_2}\right)V_o - \frac{R_4}{R_3}V_o$$

$$V_o = V_{xx}\left(\frac{R_3}{R_3 + R_4}\right)\left(1 + \frac{R_2}{R_1}\right)$$

5）连接成恒流源电路如图 2-106 所示。

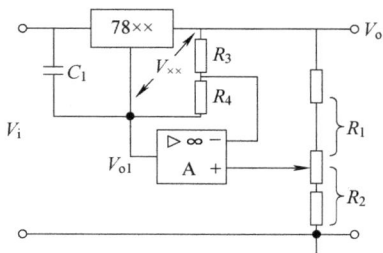

图 2-105 扩大输出电压范围　　　图 2-106 连接成恒流源电路

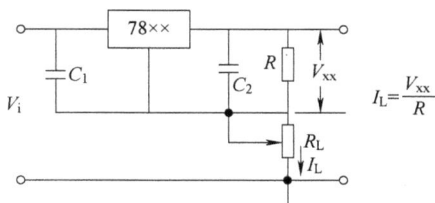

试题精选：

三端稳压器中的调整管工作在（A）。

A. 放大区　　　　B. 截止区　　　　C. 饱和区　　　　D. 非线性区

鉴定点 2 阻容耦合放大电路的工作原理

问：放大电路的耦合方式有哪些？简述阻容耦合放大电路的工作原理。

答：多级放大器的耦合方式有阻容耦合、变压器耦合和直接耦合三种。

1）阻容耦合：就是利用电阻和电容元件将两个单级放大器连接起来，组成多级放大器。这种放大器的作用是放大交流信号，其特点是前后级静态工作点互不影响。它的优点是电路结构简单、紧凑、成本低，缺点是效率较低。其用于低频电压多级放大器。

2）变压器耦合：就是利用变压器将两个单级放大器连接起来，组成多级放大器。这种放大器的作用也是放大交流信号，其特点是前后级静态工作点互不影响。它多用于高频调谐放大器。

3）直接耦合：就是直接将两个单级放大器连接起来，组成多级放大器。这种放大器的作用是放大直流信号和缓慢变化的交流信号，信号可直接传递，其特点是前后级静态工作点相互影响，相互牵制。它多用于直流放大器和集成电路中。

阻容耦合两级放大电路如图 2-107 所示。

多级放大电路的近似估算：

（1）估算多级放大电路的电压放大倍数 A_u　多级放大电路的电压放大倍数 A_u 等于各级电压放大倍数之积，即

$$A_u = A_{u1}A_{u2}\cdots A_{un}$$

其中，A_{u1}、A_{u2} 和 A_{un} 分别为第一级、第二级和第 n 级的电压放大倍数。

（2）估算多级放大器的输入电阻 R_i 和输出电阻 R_o　多级放大器的输入电阻 R_i 等于第一级放大器的输入电阻 R_{i1}，即

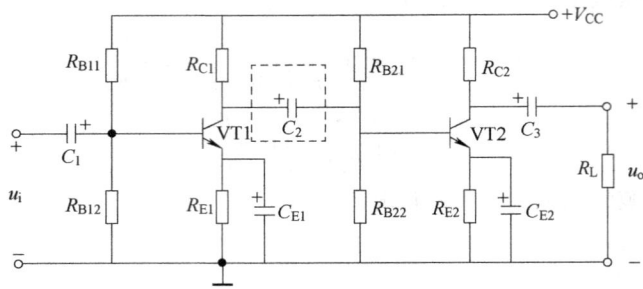

图 2-107　阻容耦合两级放大电路

$$R_i = R_{i1}$$

多级放大器的输出电阻 R_o 等于最后一级放大器的输出电阻 R_{on}，即

$$R_o = R_{on}$$

但计算输入、输出电阻时必须考虑级间的影响。

试题精选：

（√）分立元件的多级放大电路的耦合方式通常采用阻容耦合。

鉴定点 3　单相半波可控整流电路的工作原理

问：简述单相半波可控整流电路的原理。

答：单相半波可控整流电路，如图 2-108 所示。晶闸管从开始承受正向阳极电压起，到触发导通其间的电角度称为触发延迟角，用 α 表示。该电路的工作原理如下：

$u_2 > 0$（即 $0 \sim \pi$）时，晶闸管 VT 承受正向电压，如果 VT 的门极上没有触发脉冲，则 VT 处于正向阻断状态，输出电压 $u_L = 0$。

若在某时刻（触发延迟角 α）时，施加触发脉冲 u_g 使晶闸管 VT 导通。在 $\omega t = \alpha \sim \pi$ 期间，尽管触发脉冲 u_g 已消失，但晶闸管仍保持导通，直到 u_2 过零（$\omega t = \pi$）时，通过晶闸管 VT 的电流小于维持电流，晶闸管自行关断。在此期间 $u_L = u_2$，极性为上正下负。

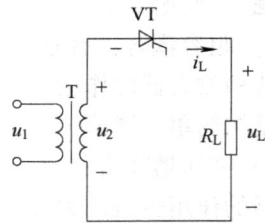

图 2-108　单相半波可控整流电路

$u_2 < 0$（即 $\pi \sim 2\pi$）时，晶闸管 VT 由于承受反向电压而反向阻断，输出电压 $u_L = 0$。直到下一个周期到来时，且触发延迟角为 α 有触发脉冲 u_g 时，晶闸管将再次导通，如此循环往复，在负载上得到单一方向的直流电压。

晶闸管在一个周期内导通的电角度称为导通角，用 θ 表示。$\theta = \pi - \alpha$。触发延迟角 α 越大，导通角 θ 越小。

由输出波形可见，改变触发延迟角 α 的大小，即改变触发脉冲在每周期内触发的时刻，u_L 的波形随之改变，其波形只出现在正半周。当 $\alpha = 0°$ 时，输出波形同单相半波整流电路，这时，输出电压最大；α 增大，输出电压减小；$\alpha = 180°$ 时，输出波形是一条与横轴重合的直线，$u_L = 0$。

把触发延迟角 α 的变化范围称为移相范围。单相半波可控整流电路的移相范围为 $0° \sim$

180°。

单相半波可控整流电路结构简单，只用一只晶闸管，调整很方便，但其缺点是整流输出电压脉动大、设备利用率不高等，只适用于对直流电压要求不高的小功率可控整流设备中。

单相半波可控整流电路参数计算公式，见表 2-24。

表 2-24 单相半波可控整流电路参数计算公式

电路参数	计算公式
输出电压平均值	$U_L = 0.45U_2\dfrac{1+\cos\alpha}{2}$
负载电流平均值	$I_L = \dfrac{U_L}{R_L}$
通过晶闸管的电流平均值	$I_T = I_L$
晶闸管承受的最大电压	$U_{RM} = \sqrt{2}U_2$

试题精选：

（×）单相半波可控整流电路中，触发延迟角 α 越大，输出电压 U_d 越大。

鉴定点 4 单相桥式可控整流电路的工作原理

问：简述单相桥式可控整流电路的工作原理。

答：将单相桥式整流电路中两只整流二极管换成两只晶闸管便组成了单相半控桥式整流电路，如图 2-109 所示。晶闸管 VT1、VT2 的阴极接在一起，组成共阴极的电路形式；二极管 VD1、VD2 组成共阳极的电路形式。

触发脉冲同时送给 VT1、VT2 的门极。VT1 和 VT2 的阳极电位最高，且受到触发才能导通；VD1 和 VD2 阴极电位最低，且当 VT1 或 VT2 导通时才能导通。在任何时刻必须有共阴组的一个晶闸管和共阳极组的一个二极管同时导通，才能使整流电流流通。

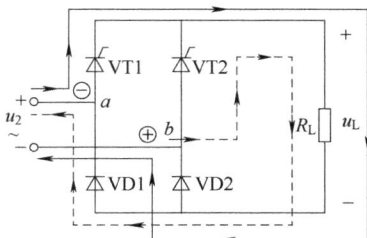

图 2-109 单相半控桥式整流电路

$u_2>0$ 时，晶闸管 VT1 和二极管 VD2 承受正向电压，如果未加触发电压，则晶闸管处于正向阻断状态，输出电压 $u_L = 0$。

在触发延迟角为 α 时，加入触发脉冲 u_g，晶闸管 VT1 被触发导通，导通电流的方向如图 2-109 中实线所示。在 $\omega t = \alpha \sim \pi$ 期间，尽管触发脉冲 u_g 已消失，但晶闸管仍保持导通，直至 u_2 过零（$\omega t = \pi$）时，晶闸管自行关断。在此期间，$u_L = u_2$，极性为上正下负，$i_{v1} = i_{v4} = i_L$。

$u_2<0$ 时，晶闸管 VT2 和二极管 VD3 承受正向电压，只要触发脉冲 u_g 到来，晶闸管就导通。导通电流的方向如图 2-109 中虚线所示。输出电压 $u_L = u_2$，仍为上正下负，$i_{v2} = i_{v3} = i_L$。当 u_2 过零时，VT2 关断，如此循环往复。

改变触发脉冲的时间，即改变触发延迟角 α 的大小，就能改变整流电路输出电压 u_L 的大小：当 $\alpha = 0°$ 时，输出波形同单相桥式整流电路，输出电压最大；α 增大，输出电压减小；

$\alpha = 180°$时，$u_L = 0$。单相半控桥整流电路的移相范围为 $0° \sim 180°$。

与单相半波可控整流电路相比，整流输出电压较大，脉动较小，设备利用率较高等，所以应用较广。

单相半控桥式整流电路参数计算公式，见表2-25。

表2-25 单相半控桥式整流电路参数计算公式

电路参数	计算公式
输出电压平均值	$U_L = 0.9 U_2 \dfrac{1+\cos\alpha}{2}$
负载电流平均值	$I_L = \dfrac{U_L}{R_L}$
通过晶闸管的电流平均值	$I_T = \dfrac{1}{2} I_L$
晶闸管承受的最大电压	$U_{RM} = \sqrt{2} U_2$

试题精选：

单相桥式可控整流电路电阻性负载，晶闸管的导通角为（A）。

A. $180° - \alpha$ B. $90° - \alpha$ C. $90° + \alpha$ D. $180° + \alpha$

第三部分 应会单元

（一）初级应会

鉴定范围1 电气安装与线路敷设

鉴定点1 塑料槽板线路的安装

问：对塑料槽板线路进行简单设计和安装时的方法及步骤有哪些？

答：塑料槽板（阻燃型）布线是把绝缘导线敷设在塑料槽板的线槽内，上面用盖板把导线盖住。这种布线方式适用于办公室、生活间等干燥房屋内的照明，也适用于工程改造更换线路以及弱电线路吊顶内暗敷等场所使用。塑料槽板布线通常在墙体抹灰粉刷后进行。

塑料槽板布线的配线方法和步骤如下：

（1）定位划线 为使线路安装得整齐、美观，塑料槽板应尽量沿房屋的线脚、横梁、墙角等处敷设，并与用电设备的进线口对正、与建筑物的线条平行或垂直。

选好线路敷设路径后，根据每节PVC槽板的长度，测定PVC槽板底槽固定点的位置（先测定每节塑料槽板两端的固定点，然后按间距500mm以下均匀地测定中间固定点）。

（2）槽板固定 PVC槽板安装前，应先将平直的槽板挑选出来，剩下弯曲的槽板（设法利用在不明显的地方）。槽板固定时，应先敷设槽底，可埋好木榫，用木螺钉固定，也可用塑料胀管来固定。固定点一般距离底板起点和终点30mm，两钉之间的距离一般不大于500mm。

（3）导线敷设 敷设导线应以一分路一条PVC槽板为原则。PVC槽板内不允许有导线接头，以减少隐患，当必须有接头时要加装接线盒。导线敷设到灯具、开关、插座等接头处，要留出100mm左右的线头，用于接线。在配电箱和集中控制的开关板等处，按实际需要留足长度，并在线段上做好统一的标记，以便接线时加以识别。

（4）固定盖板 在敷设导线的同时，边敷设导线边将盖板固定在底板上。

操作要点提示：

1）PVC槽板在转角处连接时，应把两根槽板端部各锯成45°斜角。

2）在安装灯泡时，注意灯泡的工作电压与线路电压必须一致。

3）由于双联开关接线错误后易发生短路事故，所以，接好线后应仔细检查后再通电试用。

4）接地的接线桩必须与接地线连接，不可借用地线桩头作为接地线。

5）镇流器的功率必须与灯管的功率相符。

5）各种吊灯距地距离不得小于 2m，潮湿、危险场所和户外不得低于 2.5m。

7）吊灯必须装设吊线盒，吊灯线的绝缘必须良好；超过 1kg 的灯具必须用金属链条或用其他方法支持，使吊灯导线不受力。

3）相线必须进开关。

试题精选：

用塑料槽板装接两地控制一盏节能灯的线路，然后试灯。

（1）操作准备　绝缘电线（根据灯的功率自定）15m，塑料槽板（自定）6m，塑料槽板配套分接盒（自定）2 个，钢钉（塑料槽板固定用钉）30 个，墙壁开关及底座（两地控制用）2 只，节能灯及灯座（AC 220V，40W，螺口）1 套，自动断路器（AC 250V，10A，两极）1 套，配线板 [500mm×（600～2000mm）×25mm] 1 块等。

（2）操作工艺

1）根据实际安装位置条件，设计并绘制安装图，如图 3-1 所示。

2）按照实际的安装位置，确定两地开关及节能灯的安装位置并做好标记。

3）定位划线。按照已确定好的位置进行定位划线，操作时要依据横平竖直的原则。

4）截取塑料槽板。根据实际划线的位置及尺寸，量取并切割塑料槽板，且要做好每段槽板的相对位置标记，以免混乱。

5）打孔并固定。可先在每段槽板上间隔

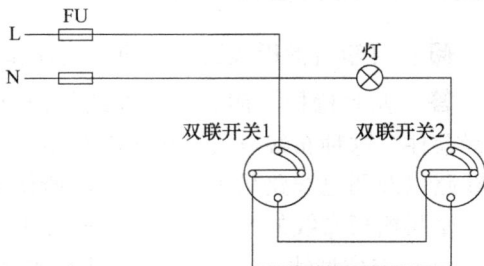

图 3-1　槽板配线电路

50cm 左右的距离钻 4mm 的排孔（两头处均应钻孔），按每段相对放置位置，把槽板置于划线位置，用划针穿过排孔，在定位划线处划一"十"字作为木榫的底孔圆心，然后在每一圆心处均打孔，并镶嵌木榫。

6）固定槽板。把相对应的每段槽板，安放在墙上相对应的位置，用木镙钉把槽板固定在墙和天花板上，在拐弯处应选用合适的接头或弯角。

7）装接低压断路器和开关。

① 低压断路器应垂直于配电板安装，电源引线应接到上端，负载引线接到下端。

② 低压断路器用作电源总开关或电动机控制开关时，在电源进线侧必须加装刀开关或熔断器等，以形成一个明显的断开点。

③ 把两个开关分别接线并固定在事先准备好的底座上，把灯座接线并固定在灯头盒上。

8）连接节能灯并通电调试。用万用表或绝缘电阻表，检测线路绝缘和通断状况无误后，接入电源，合闸测试。

鉴定点 2　PVC 管线路的安装

问：对 PVC 管线路进行简单设计时需要注意什么？

答：PVC 管线路具有耐潮、耐腐、导线不易遭受机械损伤等优点，但安装和维修不便且造价较高，适用于室内外照明和动力线路。PVC管线路的配线有明装式和暗装式两种，明装式是把线管敷设在墙上以及其他明显的位置，要求横平竖直，且要求管路短，弯头少。暗装式是把线管埋设在墙内、楼板或地坪内以及其他看不见的地方，不要求横平竖直，只要求管路短、弯头少。

PVC管配线的方法及步骤如下：

（1）线管选择　选择PVC线管时，通常应根据敷设的场所来选择线管类型；根据穿管导线截面大小和根数来选择线管的直径。选管时应注意以下几点：

1）敷设电线的硬PVC管应选用热PVC管，其优点是在常温下坚硬，有较大的机械强度，受热软化后，又便于加工。对管壁厚度的要求是：明敷时不得小于2mm；暗敷时不得小于3mm。

2）在潮湿和有腐蚀性气体的场所，不管是明敷还是暗装，一般均应采用高强度PVC管。

3）干燥场所内明敷或暗敷时一般采用管壁较薄的PVC管。

4）腐蚀性较大的场所内明敷或暗敷时一般采用硬PVC管。

5）根据穿管导线截面大小和根数来选择线管的直径。一般要求穿管导线的总截面（包括绝缘层）不应超过线管内径截面积的40%。

（2）锯管　锯管前应检查PVC线管的质量，对于存在裂缝、瘪陷及管内有杂物的均不能使用。接着应按两个接线盒之间为一个线段，根据线路弯曲转角情况来决定用几根PVC管接成一个线段和确定弯曲部位，一个线段内应尽可能减少连接接口。

锯削PVC管时，必须根据实际需要，将其切断。切断的方法是用台虎钳将其固定，再用钢锯锯断。锯割时，在锯口上注入少量润滑油可防止锯条过热。锯削后的管口要平齐并锉去毛刺。

（3）弯管　根据线路敷设的需要，在PVC管改变方向时需将其弯曲。PVC管的弯曲通常采用加热弯曲法。加热时要掌握好火候，首先要使管子软化，又不得烤伤、烤变色或使管壁出现凸凹状。为便于导线在PVC管中穿过，PVC管的弯曲角度不应小于90°，对弯曲半径的要求是：明敷不能小于管径的6倍；暗敷不得小于管径的10倍。对PVC管的加热弯曲有直接加热和灌沙加热两种方法。

（4）硬PVC管的连接

1）加热连接法主要有如下两种。

①直接加热连接法。对直径为50mm及以下的PVC管可用直接加热连接法。连接前先将管口倒角，即将连接处的外管倒内角，内管倒外角，如图3-2所示。然后将内、外管各自插接部位的接触面用汽油、苯或二氯乙烯等溶剂洗净，待溶剂挥发完后用喷灯、电炉或其他热源对插接段加热，加热长度为管径的1.2~1.5倍。也可将插接段浸在130℃的热甘油或石蜡中加热至软化状态，将内管涂上黏合剂，趁热插入外管并调到两管轴心一致时，迅速用湿布包缠，使其尽快冷却硬化，如图3-3所示。

②模具胀管法。对直径为65mm及以上的硬PVC管的连接，可用模具胀管法。先按照直接加热连接法对接头部分进行倒角、清除油垢并加热，等PVC管软化后，将已加热的金属模具趁热插入外管接头部，如图3-4a所示。然后用冷水冷却到50℃左右，脱出模具，在接触面涂上黏合剂，再次加热，待塑料管软化后进行插接，到位后用水冷却，使外管收缩，

箍紧内管，完成连接。

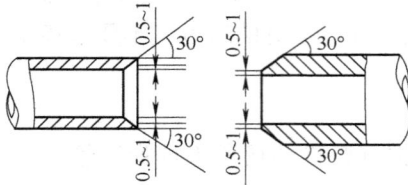

图 3-2　塑料管口倒角　　　　　　图 3-3　塑料管的直接插入

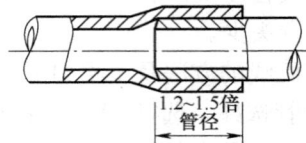

硬 PVC 管在完成上述插接工序后，如果条件具备，用相应的塑料焊条在接口处圆周上焊接一圈，使接头成为一个整体，则机械强度和防潮性能更好。焊接完工的 PVC 管接头如图 3-4b 所示。

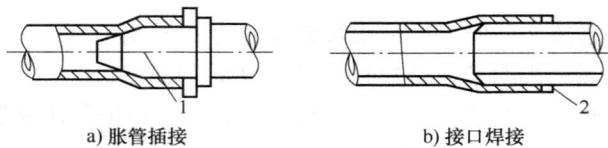

a) 胀管插接　　　　　　　b) 接口焊接

图 3-4　硬 PVC 管模具插接
1—成型模　2—焊缝

2）套管连接法：两根硬塑料管的连接，可在接头部分加套管完成。套管的长度为它自身内径的 2.5~3 倍，其中管径在 50mm 以下者取较大值，在 50mm 以上者取较小值，管内径以待插接的硬 PVC 管在套管加热状态刚能插进为合适。插接前，仍需先将管口在套管中部对齐，并处于同一轴线上，如图 3-5 所示。

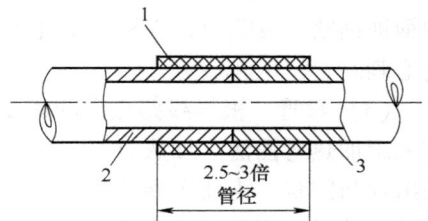

（5）PVC 管的敷设

1）硬 PVC 管明敷时，应采用管卡支持，固定管子的管卡需距离始端、终端、转角中点、接线盒或电气设备边缘 150~500mm；中间直线部分间距均匀，

图 3-5　套管连接法
1—套管　2、3—接管

其最大允许间距可参照：管径在 20mm 及以下时，管卡间距为 1m；管径在 25~40mm 时，管卡间距为 1.2~1.5m；管径为 50mm 及以上时，管卡距离为 2m。管卡均应安装在木结构或木榫上。

2）线管在砖墙内暗线敷设。线管在砖墙内暗线敷设时，一般在土建砌砖时预埋，否则应先在砖墙上留槽或开槽，然后在砖缝里打入木榫并钉上钉子，再用铁丝将线管绑扎在钉子上，并进一步将钉子钉入。

3）线管在混凝土内暗线敷设。线管在混凝土内暗线敷设时，可用铁丝将管子绑扎在钢筋上，将管子用垫块垫高 15mm 以上，使管子与混凝土模板间保持足够距离，并防止浇注混凝土时管子脱开。

（6）穿线　PVC 管路敷设完毕，应将导线穿入线管中。穿线时应尽可能将同一回路的导线穿入同一管内，不同回路或不同电压的导线不得穿入同一根线管内。

操作要点提示：

1）穿管导线的绝缘强度应不低于 500V，导线最小截面积规定为铜芯线 1mm²，铝芯线 2.5mm²。

2）线管内导线不准有接头，也不准穿绝缘破损后经过包缠恢复绝缘的导线。

3）管内导线一般不得超过 10 根，不同电压或不同电能表的导线不得穿在同一根线管内。但一台电动机包括控制和信号回路的所有导线，以及同一台设备的多台电动机的线路，允许穿在同一根线管内。

4）线管转弯时，应采用弯曲线管的方法，不宜采用制成品的月亮弯，以免造成管口的连接处过多。

5）线管线路应尽可能少转角或弯曲，因转角越多，穿线越困难，为便于穿线，规定线管超过下列长度，必须加装接线盒。

① 无弯曲转角时，不超过 45m。

② 有一个弯曲转角时，不超过 30m。

③ 有两个弯曲转角时，不超过 20m。

④ 有三个弯曲转角时，不超过 12m。

6）在混凝土内敷设的线管，必须使用壁厚为 3mm 的电线管，当电线管的外径超过混凝土厚度的 1/3 时，不准将电线管埋在混凝土内，以免影响混凝土的强度。

7）明敷的硬 PVC 管，在易受机械损伤的部位应加钢管保护，当埋地敷设和进设备时，其伸出地面 200mm 段、伸入地下 50mm 段应用钢管保护。硬 PVC 管与热力管间距应大于 50mm。

8）硬 PVC 管热胀系数比钢管大 5~7 倍，敷设时应考虑加装热胀冷缩的补偿装置。在施工中，每敷设 30m 应加装一只塑料补偿盒。将两塑料管的端头伸入补偿盒内，由补偿盒提供热胀冷缩余地。

9）与塑料管配套的接线盒、灯头不能用金属制品，只能用塑料制品。而且塑料管与线盒、灯头盒之间的固定一般也不应用锁紧螺母和管螺母，而多采用胀扎管头绑扎。

试题精选：

剩余电流断路器控制的插座、荧光灯照明电路明装 PVC 管配线的安装与接线。

（1）操作准备　绝缘电线（根据灯管的功率自定）15m，PVC 管（根据穿管导线的粗细及根数自定）5m，PVC 管分接盒（与 PVC 管配套）2 个，PVC 管配套钉、卡（与 PVC 管配套）20 个，荧光灯（220V，40W）1 套，单相插座（AC 220V，5A）1 套，单相交流电源（AC 220V，5A）1 处，电工通用工具 1 套，万用表 1 块，黑胶布（自定）1 卷，透明胶布（自定）1 卷，绝缘鞋、工作服 1 套等。

（2）操作工艺

1）根据现场条件绘制安装接线图，如图 3-6 所示。

2）根据现场电源分布及荧光灯的安装位置，按照电路图确定电器元件的安装位置及 PVC 管的排布路径、高度等，并在实际位置划线定位。

3）测量并计算 PVC 管每段长度，根据实际线管分布位置的走向，选择相应的管件（或分线盒），截取 PVC 管。

4）依照 PVC 管在墙体或天花板上的空间分布位置及顺序，在地上排列每段线管及管件

（或分线盒）。

5）放线并截取导线。参照 PVC 管的实际段数及长度，量取导线长度并放线，留足余量后截取导线。

6）穿引导线。由于是室内明敷，且距离较近，可直接进行导线的穿引，注意一定要按照 PVC 管的排布顺序，认真核对。

7）用管卡及钉固定 PVC 管。在已经定位划线的位置，顺序安装 PVC 管，应从一端开始安装，并且要从相对位置按要求较高的一端开始安装较为合适。注意：在混凝土结构处，要预设木榫，便于 PVC 管的固定。

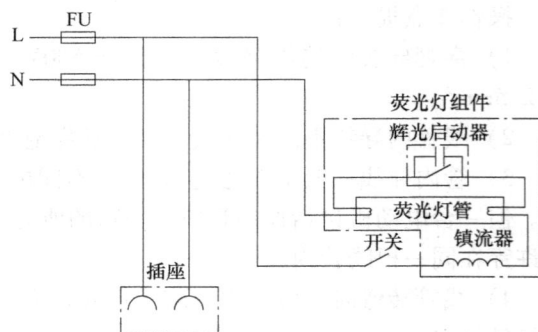

图 3-6　PVC 管配线电路

8）安装固定插座和荧光灯。在事先规划好的位置安装插座，并把导线从过线孔引入并剖削绝缘，牢固连接到接线桩上。在地面上，先把荧光灯安装完毕，并做好引出电线端子的固定工作，然后登高把荧光灯悬挂在已经固定好的挂钩上，并引接导线。

9）安装断路器及剩余电流断路器。

① 剩余电流断路器的保护范围应是独立回路，不能与其他线路有电气上的连接。一台剩余电流断路器容量不够时，不能两台并联使用，应选用容量符合要求的剩余电流断路器。

② 安装剩余电流断路器后，不能撤掉或降低对线路、设备的接地或接零保护要求及措施，安装时应注意区分线路的工作零线和保护零线。工作零线应接入剩余电流断路器，并应穿过剩余电流断路器的零序电流互感器。经过剩余电流断路器的工作零线不得作为保护零线，不得重复接地或接设备的外壳。线路的保护零线不得接入剩余电流断路器。

③ 在潮湿、高温、金属占有系数大的场所及其他导电良好的场所，必须设置独立的剩余电流断路器，不得用一台剩余电流断路器同时保护两台以上的设备（或工具）。

④ 安装不带过电流保护的剩余电流断路器时，应另外安装过电流保护装置。

⑤ 剩余电流断路器经安装检查无误，并操作试验按钮检查动作情况正常，方可投入使用。

10）通电调试。先用万用表或绝缘电阻表确认线路绝缘良好及没有短路现象，接入交流电试运行。

鉴定范围 2　继电控制电路的装调与维修

鉴定点 1　常用低压电器的拆卸与组装

问：拆卸常用低压电器的步骤和方法有哪些？

答：拆卸常用低压电器的基本要求是要满足低压电器的检修质量标准。检修质量标准如下：

1）拆卸常用低压电器时，其型号、规格、容量、线圈电压和技术指标均要符合图样的要求。

2）操作机构和复位机构及各种衔铁的动作应灵活可靠，闭合过程中不能有卡住或滞缓现象，打开或断电后，可动部分应完全恢复原位。在吸合时，动触头与静触头，可动衔铁与铁心闭合位置要正确，不得有歪斜。吸合后不应有杂音和抖动。

3）有灭弧罩的电器，在动作过程中，可动部分不得与灭弧罩相擦、相碰，应有适当间隙，灭弧罩应完整，不得有破损，灭弧线圈的绕向应保证起到灭弧作用。

4）对转换开关、刀开关及按钮的所有接点，要求接触良好、动作灵敏、准确可靠。接触器的触头表面及铁心、衔铁接触面应保证平整、清洁、无油污，相互接触严密。有短路环的电器，其短路环应完整、牢固。

5）各触头的初压力、终压力、开断距离和超额行程均按产品规定调整。触头上不能涂润滑油。

6）线圈固定要牢靠，可动部分不能碰线圈，绝缘电阻应符合规定。

7）各相（或两极）带电部分之间的距离及带电部分对外壳的距离应符合规定。

8）电器的外观清洁、无油、无尘、无损坏、绝缘物无损伤痕迹。

9）各紧固螺钉、连接螺钉、安装引线应拧紧。

以 CJ10—20 型交流接触器为例说明拆卸常用低压电器的步骤和方法。拆卸步骤如下：

（1）拆卸

1）松去灭弧罩紧固螺钉，取下弧罩。

2）拉紧主触头定位的弹簧夹，取下主触头及主触头压力弹簧片。拆卸主触头时必须将主触头横向旋转 45° 后取下。

3）松去辅助常开静触头的线桩螺钉，取下常开静触头。

4）松去接触器底部的盖板螺钉，取下盖板，在松盖板螺钉时，要用手按着盖板，并慢慢放松。

5）取下静铁心缓冲绝缘纸片及静铁心。

6）取下静铁心支架。

7）取下缓冲弹簧。

8）拔出线圈接线端的弹簧夹片，取下线圈。

9）取下反作用弹簧。

10）抽出动铁心和支架。

11）在支架上取下动铁心定位销。

12）取下动铁心及缓冲绝缘纸片。

（2）检查　对接触器进行检查，发现问题应及时处理。

（3）装配　装配顺序与拆卸时相反。

（4）自检　用万用表欧姆档检查线圈及各触头是否良好，并用手按主触头检查运动部分是否灵活，防止产生接触不良和有振动及噪声。

（5）通电校验　通电校验时，必须在不大于 1min 内连续进行 10 次分合试验，如 10 次试验全部成功则为合格。

操作要点提示：

1）拆卸后用干净布蘸少许汽油擦去动、静铁心端面上的油垢。

2）检查动、静铁心吻合后，中间铁心柱间是否留有 0.02 ~ 0.05mm 的气隙，否则应用锉刀修出气隙。

3）检查反作用弹簧是否疲劳变形或弹性不足及运动部分有无被卡住现象，如有，需更换弹簧和进行整修。

4）拆卸时，应备有盛放零件的容器，以免失落零件。

5）拆装过程中，不允许硬撬，以免损坏电器。

5）锉刀修正铁心端面时，应与铁心硅钢片相平行的方向进行锉削，以减小涡流损耗。

7）通电校验时，接触器应固定在校验板上，并有考评员监护，以确保用电安全。

试题精选：

将 JS7—4A 型时间继电器改装成 JS7—2A 型通电延时型时间继电器并试运行。

（1）操作准备　交流电源（AC 3×380/220V、三相四线）1 处，电工通用工具 1 套，万用表 1 块，镊子 1 把，时间继电器（JS7—4A，线圈电压 380V），白炽灯（220V，15W）红、绿、黄各 1 只，双联按钮（LA10—2H）1 个，熔断器及熔芯配套（RL1—15/2）3 套，绝缘电线（根据灯的功率自定）15m，盒子（盛放零件用）1 只，绝缘鞋及工作服 1 套等。

（2）操作工艺

1）松下线圈支架紧固螺钉，取下线圈和铁心总成。

2）将铁心总成沿水平方向旋转 180°，然后重新装上紧固螺钉。

3）观察延时和瞬时触头的动作情况，将其调整到最佳位置上。调整延时触头时，可旋紧线圈和铁心总成的安装螺钉，向上或向下移动后再旋紧。调整瞬时触头时，可旋松安装瞬时微动开关底板上的螺钉，将微动开关向上或向下移动后再旋紧。

4）旋紧各安装螺钉，进行手动检查，若达不到要求，则必须重新调整。

5）将装配好的时间继电器按图 3-7 所示电路接线，进行通电校验。

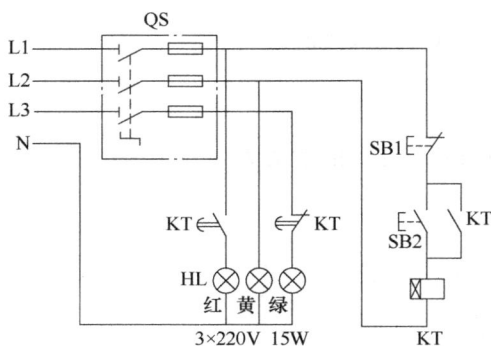

图 3-7　JS4A 改装成 JS2A 时间继电器校验电路

①试验过程。合上组合开关 QS，黄灯和绿灯亮；按下 SB2，黄灯和绿灯亮，延时 4s 后，绿灯熄灭，红灯亮，黄灯不变；按下 SB1 黄灯状态不变，红灯熄灭后，绿灯亮。

②校验结果。经过上述校验，应该达到如下标准：1min 内通电频率不少于 10 次。做到各触头工作良好，吸合时无噪声，铁心释放无延缓，每次动作延时时间一致。

鉴定点 2　用硬线进行继电器-接触器基本控制电路的安装与调试

问：如何用硬线进行继电器-接触器基本控制电路的安装与调试？

答：用硬线进行继电器-接触器基本控制电路的安装与调试时，其操作步骤如下：

（1）认真分析电路图　明确线路的控制要求、工作原理、操作方法、结构特点及所用元器件的规格。

（2）仔细检查元器件　按元器件明细表配齐元器件，并检查各元器件是否合格。重点检查接触器、时间继电器的线圈电压与电源电压是否相符。

（3）确定元器件在配线板上的位置　首先确定交流接触器的位置，然后再逐步确定其他电器的位置。元器件的布置要整齐、匀称、合理，做到安装时便于布线，故障后便于检修。

（4）固定元器件

1）组合开关、熔断器的受电端子应安装在控制板的外侧，并使熔断器的受电端为底座的中心端。

2）各元器件的安装位置要整齐、匀称、间距合理和便于更换。

3）紧固各元器件时应用力均匀，紧固程度适当。在紧固熔断器、接触器等易碎元器件时，应用手按住元器件一边轻轻摇动，一边用螺钉旋具轮流旋紧对角线的螺钉，直到手感摇不动后再适当旋紧一些即可。注意：按钮盒不要固定在配线板上。

（5）板上布线　硬线布线应符合平直、整齐、紧贴敷设面、走线合理及接点不得松动等要求。布线时，一般先布控制电路，后布主电路。

（6）检查线路　对接好的线路进行认真检查。检查的内容包括：元器件是否齐全、安装是否正确可靠、接线端子连接是否牢固、布线是否合理、电动机安装是否符合要求、控制功能能否实现、操作是否简单方便等。

（7）空载试运行　整个线路自检无误后，方可进行空载试运行操作。第一次按下按钮时，应短时运行，以观察线路和电动机运行有无异常现象。在通电试运行过程中，要严格执行安全操作规程中的有关规定，做到一人监护，一人操作。要仔细观察接触器动作是否正常，认真体会所需控制功能是否完全实现。

（8）带负载试运行　空载试运行正常后要进行带负载试运行。当电动机平稳运行时，用转速表检查电动机的转速，用钳形电流表测量三相电流是否平衡。如果三相电流平衡，则带负载试运行成功。

操作要点提示：

（1）硬线布线时的操作要点

1）按照电路图的要求及元器件的布置情况，确定走线的方向。

2）走线通道应尽可能少，同一通道中的沉底导线，应按主电路、控制电路分类集中，单层平行密排，并紧贴敷设面。

3）同一平面的导线应高低一致或前后一致，不能交叉。当必须交叉时，该根导线应在接线端子引出时，水平架空跨越，但必须属于走线合理。

4）接线不能松动，露出铜线不能过长，不能有反圈，不能压绝缘层，从一个接线桩到另一个接线桩的导线必须是连续的，中间不能有接头，不得损伤导线绝缘及线芯。

5）布线应横平竖直，变换走向要垂直，并做到同一元器件、同一回路的不同接点的导线间距离保持一致。

6）一个电器接线端子上的连接导线不得超过两根，每节接线端子板上的连接导线一般只允许连接一根导线。

7）布线时，严禁损伤线芯和导线绝缘。

8）如果线路简单，可不套编码套管。

（2）检查线路时的操作要点　参照电路图或电气接线图，从电源端开始，逐段核对接线及接线端子处的线号。用万用表检查线路的通断，用500V绝缘电阻表检查线路的绝缘电阻，检查主电路、控制电路熔体，检查热继电器、时间继电器整定值。具体方法如下：

1）布线的同时，要不断地检查是否按电路图的要求进行布线。

2）重点检查主电路有无漏接、错接及控制电路中容易接错之处。检查导线压接是否牢固，接触是否良好，以避免带负载运行时产生打弧现象。

3）用万用表检查线路是否短路或断路。可先断开控制电路，用欧姆档检查主电路有无短路现象；然后断开主电路，再检查控制电路有无短路或断路现象。注意：用万用表进行检查时，应选用电阻档的适当倍率，并进行校零，以防错漏短路故障。

4）用500V绝缘电阻表检查线路的绝缘电阻，绝缘电阻应不小于0.5MΩ。

5）检查主电路、控制电路熔体的选择是否正确，热继电器和时间继电器的整定值是否合适。

试题精选：

安装和调试三相异步电动机按钮联锁正反转控制电路。

（1）电路图　电路图如图3-8所示。

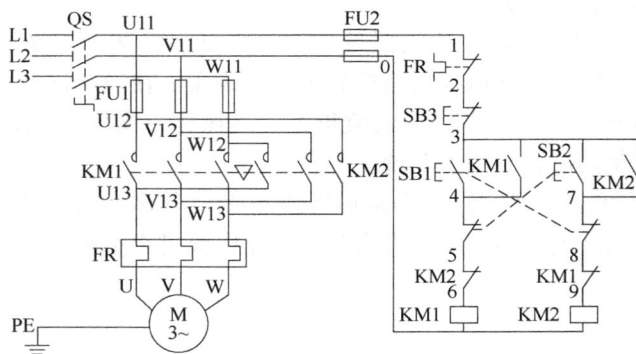

图3-8　双重联锁正反转控制电路

（2）操作准备　三相四线电源（AC 3×380/220V，20A）1处，配线板（500mm×600mm×20mm）1块，三相异步电动机（Y112M—4，4kW，380V，8.8A，△联结，1440r/min）1台，组合开关（HZ10—25/3）1个，交流接触器（CJ10—20，20A，线圈电压380V）2只，热继电器（JR16—20/3D，整定电流8.8A）1只，三联按钮（LA4—3H）1个，熔断器及熔芯配套（RL1—60/25）3套，熔断器及熔芯配套（RL1—15/4）2套，接线端子排（JX2—1015，500V、10A、15节）1条，主电路导线（BV—2.5，2.5mm²，颜色自定）15m，控制电路导线（BV—1.5，1.5mm²，颜色自定）15m，按钮线（BVR—0.75，0.75mm²）5m，木螺钉（φ3×20mm；φ3×15mm）30个，平垫圈（φ4mm）30个，别径压端子（UT2.5—4，UT1.5—4，UT1.0—4）40个，异型编码套管（φ3.5mm）0.2m，电工通用

工具1套，万用表（自定）1块，绝缘电阻表（500V，0~200MΩ或型号自定）1台，钳形电流表（0~50A）1只，绝缘鞋、工作服等1套。

（3）操作工艺

1）认真分析电气原理图。明确三相异步电动机双重联锁正反转起动能耗制动控制电路的控制要求、工作原理、操作方法、结构特点及所用元器件的规格。

2）仔细检查元器件。按元器件明细表配齐元器件，并检查各元器件是否合格。

3）确定元器件在配线板上的位置。首先确定交流接触器的位置，然后再逐步确定其他元器件。元器件的布置要整齐、匀称、合理，做到安装时便于布线，故障后便于检修。

4）固定元器件。元器件要先对角固定，不能一次拧紧，待螺钉上齐后再逐个拧紧。固定时用力不要过猛，不能损坏元器件。注意：按钮盒不要固定在配线板上。

5）板上布线。布线时，可先布控制电路，然后再布主电路。布线要满足平直、整齐、紧贴敷设面、走线合理及接点不得松动等要求。

6）检查线路。对接好的线路进行认真检查。检查的内容包括：元器件是否齐全、安装是否正确可靠、接线端子连接是否牢固、布线是否合理、电动机安装是否符合要求、主电路与控制电路有无短路或断路、控制功能能否实现、操作是否简单方便等。

7）空载试运行。整个线路自检无误后，方可进行空载试运行操作。第一次按下按钮时，应短时运行，以观察线路和电动机运行有无异常现象。在通电试运行过程中，要严格执行安全操作规程中的有关规定，做到一人监护，一人操作。要仔细观察接触器动作是否正常，认真体会所需控制功能是否完全实现。

8）带负载试运行。空载试运行正常后要进行带负载试运行。当电动机平稳运行时，用转速表测量电动机的转速；用钳形电流表测量三相电流是否平衡。如果三相电流平衡，则带负载试运行成功。

9）断开电源，整理考场。带负载试运行正常，经教师同意后要断开电源（待电动机停转后，先拆除三相电源线，再拆除电动机线），整理考场。

鉴定点3　用软线进行继电器-接触器基本控制电路的安装与调试

问：如何用软线进行继电器-接触器基本控制电路的安装与调试？

答：用软线进行继电器-接触器基本控制电路的安装与调试的步骤与硬线安装基本相同，其安装步骤如下：

（1）认真分析电气原理图　明确线路的控制要求、工作原理、操作方法、结构特点及所用电气元器件的规格。

（2）仔细检查元器件　按元器件明细表配齐元器件，并检查各元器件是否合格。

（3）确定元器件在配线板上的位置　首先确定交流接触器的位置，然后再逐步确定其他元器件。元器件的布置要整齐、匀称、合理，做到安装时便于布线，故障后便于检修。

（4）固定元器件和行线槽　元器件要先对角固定，不能一次拧紧，待螺钉上齐后再逐个拧紧。固定时用力不要过猛，不能损坏元器件。注意：按钮盒不要固定在配线板上。要贴上醒目的文字符号。

（5）槽板布线　布线时，可先布主电路，也可先布控制电路。

（6）安装电动机　可靠连接电动机和各元器件金属外壳的保护接地线。

（7）检查线路　对接好的线路进行认真检查。检查的内容包括：元器件是否齐全、安装是否正确可靠、接线端子连接是否牢固、布线是否合理、电动机安装是否符合要求、控制功能能否实现、操作是否简单方便等。

（8）盖上行线槽　整个线路检查无误后，盖上行线槽。

（9）空载试运行　整个线路自检无误后，方可进行空载试运行操作。在通电试运行过程中　要严格执行安全操作规程的有关规定，做到一人监护，一人操作。要仔细观察接触器动作是否正常，认真体会所需控制功能能否完全实现。

（10）带负载试运行　空载试运行正常后要进行带负载试运行。当电动机平稳运行时，用钳形电流表测量三相电流是否平衡。如果三相电流平衡，则带负载试运行成功。

操作要点提示：

1）按照电路图的要求及元器件的布置情况，确定走线的方向。

2）所有导线的最小截面积在大于或等于 $0.5mm^2$ 时，必须采用软线。

3）截取长度合适的导线，选择剥线钳的适当钳口进行剥线。布线时，严禁损伤线芯和导线绝缘。

4）主电路和控制电路的线号套管必须齐全，每一根导线的两端都必须套上编码套管。标号要写清楚不能漏标、误标。

5）接线不能松动，露出铜线不能过长，不能有反圈，不能压绝缘层，从一个接线桩到另一个接线桩的导线必须是连续的，中间不能有接头，不得损伤导线绝缘及线芯。

6）各电器与行线槽之间的导线，应尽可能做到横平竖直，变换走向时要垂直处理。

7）进入行线槽内的导线要完全置于行线槽内，尽可能避免交叉。确定的走线方向应合理。

8）布线时，一般情况下，一个接线端子只能连接一根导线。

9）行线槽内导线容量不能超过槽总容量的 70%，以便于盖上线槽盖后的装配和维修。

试题精选：

安装和调试三相异步电动机丫-△减压起动控制电路。

（1）电路图　电路图如图 3-9 所示。

（2）操作准备　三相四线电源（AC $3×380/220V$，20A）1 处，配线板（500mm×600mm×20mm）1 块，三相异步电动机（Y112M—4，4kW，380V、△联结）2 台，组合开关（HZ10—25/3）1 个，交流接触器（CJ10—20，20A，线圈电压 380V）3 只，热继电器（JF16—20/3D，整定电流 8.8A）2 只，熔断器及熔芯配套（RL1—60/25）3 套，熔断器及熔芯配套（RL1—15/4）2 套，时间继电器 1 只（自定），三联按钮（LA10—3H）2 个，接线端子排（JD0—1020，380V，10A，20 节）1 条，木螺钉（$\phi3×20mm$，$\phi3×15mm$）30 个，平垫圈（$\phi4mm$）30 个，主电路导线（BVR—1.5，$1.5mm^2$，$7×0.52mm$）20m，控制电路导线（BVR—1.0，$1.0mm^2$，$7×0.43mm$）20m，按钮线（BVR—0.75，$0.75mm^2$）5m，接地线（BVR—1.5，$1.5mm^2$）5m，行线槽（TC3025，长 34cm，两边打 $\phi3.5mm$ 孔）5 条，别圣压端子（UT1.5—4，UT1—4）40 个，异型塑料管（$\phi3mm$）0.2m，电工通用工具 1 套　万用表（自定）1 块，绝缘电阻表（500V，0~200MΩ 或型号自定）1 台，钳形电流表（0~50A）1 只，绝缘鞋、工作服等 1 套。

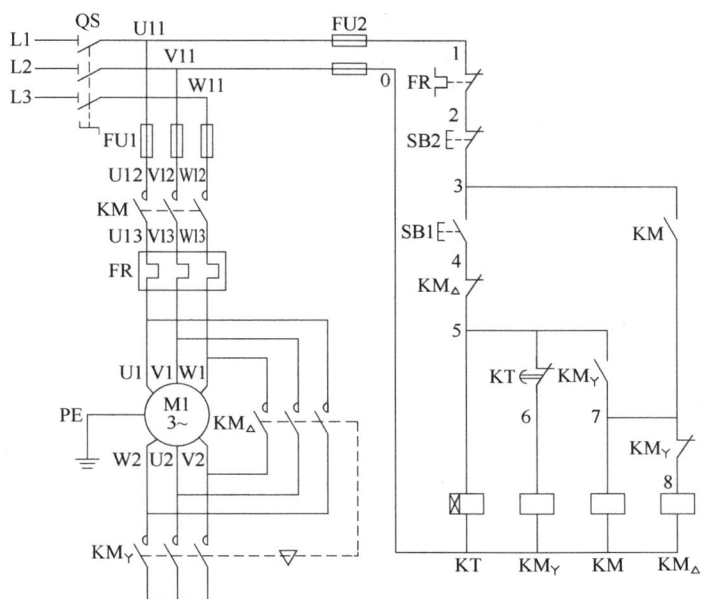

图 3-9 三相异步电动机丫-△减压起动控制电路

（3）操作工艺

1）认真分析电气原理图。明确断电延时双速交流异步电动机自动变速控制电路的控制要求、工作原理、操作方法、结构特点及所用元器件的规格。

2）仔细检查元器件。按元器件明细表配齐所有元器件，并检查它们的质量是否合格。

3）确定元器件在配线板上的位置。首先确定交流接触器的位置，然后再逐步确定其他元器件。元器件的布置要整齐、匀称、合理，做到安装时便于布线，故障后便于检修。

4）固定元器件和行线槽。元器件要先对角固定，不能一次拧紧，待螺钉上齐后再逐个拧紧。固定时用力不要过猛，不能损坏元器件。注意：按钮盒不要固定在配线板上。

5）板上布线。布线时，可先布主电路，也可先布控制电路。

6）盖上行线槽。整个线路检查无误后，盖上行线槽。

7）空载试运行。整个线路自检无误后，方可进行空载试运行操作。在通电试运行过程中，要严格执行安全操作规程中的有关规定，做到一人监护，一人操作。要仔细观察接触器动作是否正常，认真体会所需控制功能是否完全实现。

8）带负载试运行。空载试运行正常后要进行带负载试运行。当电动机平稳运行时，用钳形电流表测量三相电流是否平衡。如果三相电流平衡，则带负载试运行成功。

9）断开电源，整理考场。带负载试运行正常，经教师同意后要断开电源（待电动机停转后，先拆除三相电源线，再拆除电动机线），整理考场。

鉴定点 4 继电器-接触器基本控制电路的检修

问：如何进行继电器-接触器基本控制电路的检修？

答：检修继电器-接触器基本控制电路故障的方法和步骤如下：

1）根据故障现象，进行故障调查研究。电气控制电路发生故障后，不要盲目立即动手检修。在检修前，要认真询问故障现象，通过故障前后的操作情况和故障发生后的异常现象，来判断故障发生的范围，进而准确地排除故障。

2）在电路图上分析故障范围。依照基本电气控制电路的工作原理，运用逻辑分析方法对故障现象做具体分析，划出可疑范围，提高维修的针对性，确定并缩小故障范围。分析电路时，通常先从主电路入手，再了解控制电路的形式。

3）通过试验观察法对故障进一步分析，缩小故障范围。在不扩大故障范围、不损伤电气设备的前提下，可进行直接通电试验，或除去负载（从控制箱接线端子板上卸下）通电试验，分清故障可能的部位。

一般情况下先检查控制电路。操作某一只按钮时，线路中有关的接触器、继电器将按规定的动作顺序进行工作。若依次动作至某一电器时发现动作不符合要求，即说明该电器或其相关电路有问题，再在此电路中进行逐项分析和检查，一般即可发现故障。

4）用测量法寻找故障点。经外观检查没有发现故障点时，就根据故障原因，在故障范围内对元器件、导线逐一进行检查，一般能很快找到故障点。但对复杂的线路而言，往往有上百个元器件，成千条连线，若采取逐一检查的方法，不仅需耗费大量的时间，而且也容易产生疏漏。在这种情况下，当故障的可疑范围较大时，不必按部就班地逐级进行检查，这时可在故障范围内的中间环节进行检查，来判断故障发生在哪一部分，从而缩小故障范围，提高检修速度。

用测量法确定故障点是电工工作中用来准确确定故障点的一种行之有效的检查方法。常用的测试工具和仪表有校验灯、验电器、万用表、钳形电流表、绝缘电阻表等，主要通过对电路进行带电或断电时的有关参数如电压、电阻、电流等的测量，来判断元器件的好坏、线路的通断情况。在用测量法检查故障点时，一定要保证各种测量工具和仪表完好，使用方法正确，还要注意防止感应电的影响，以免产生误判断。

5）对故障点进行检修后，通电试运行，用试验法观察下一个故障现象。找出故障点后，一定要针对不同故障情况和部位相应采取正确的修复方法，应尽量做到复原。不要轻易采用更换元器件和补线等方法，更不允许轻易改动线路或更换规格不同的元器件，以防止产生人为故障。

6）进行故障分析后，确定第二个故障点范围，进行检测、检修。

7）对第三个故障点进行分析、判断、检查、检修后，通电试运行。

8）整理现场，做好维修记录。

操作要点提示：

1）在通电试验时，必须注意人身和设备的安全。要遵守安全操作规定，不得随意触动带电部位，要尽可能在切断电源的情况下进行，以免发生不良后果。

2）用电阻测量方法检查故障时，一定要先切断电源。测量高电阻电器时，要将万用表的电阻档转换到适当档位。所测电路若与其他电路并联，必须将该电路与其他电路断开，否则所量电阻值不准确。用测量法检查故障点时，一定要保证各种测量工具和仪表完好，使用方法正确，还要注意防止感应电、回路电及其他并联支路的影响，以免产生误判断。

3）在找出故障点和修复故障时，应注意不能把找出的故障点作为寻找故障的终点，还必须进一步分析查明产生故障的根本原因。

4）通电试运行操作机床时，要在教师的监护下进行，必须注意人身和设备的安全。严格遵守安全操作规程，不得随意触动带电部分，要尽可能切断电动机主电路电源，只在控制电路带电的情况下进行检查。

5）清理现场时，要先断开线路板总电源开关，拉下总电源开关。整理电气控制电路，将检修过程涉及的各接线点重新紧固一遍；线槽盖板、灭弧罩、熔断器帽等盖好旋紧；各导线整理规范美观。将板面的绝缘皮、废弃的线头等杂物清理干净。最后将电工工具、仪表和材料整齐摆放桌面，清扫地面。

6）每次故障排除后，应及时总结经验并做好维修记录。记录的内容可包括：故障现象、部位、损坏的电器、故障原因、修复措施及修复后的运行情况等。

试题精选：

检修双速交流异步电动机自动变速电气控制电路故障。

故障点位置：将控制电路的 KM1 辅助常闭触头（9-10）断开（见图 3-10）。

故障现象：双速电动机不能高速工作。

（1）操作准备 配线板（双速交流异步电动机自动变速控制电路配线板）1 块，电路图（双速交流异步电动机自动变速控制电路配套电路图）1 套，故障排除所用材料（和相应的配线板配套）1 套，异步电动机（Y112M—4，4kW，380V，△联结或自定）1 台，单相交流电源（AC 220V 和 36V，5A）1 处，三相四线电源（AC 3×380/220V，20A）1 处，电工通用工具 1 套，万用表（自定）1 块，绝缘电阻表（500V，0～200MΩ 或型号自定）1 台，钳形电流表（0～50A）1 块，黑胶布（自定）1 卷，透明胶布（自定）1 卷，圆珠笔（自定）1 支，绝缘鞋、工作服等 1 套。

（2）电路图 电路图如图 3-10 所示。

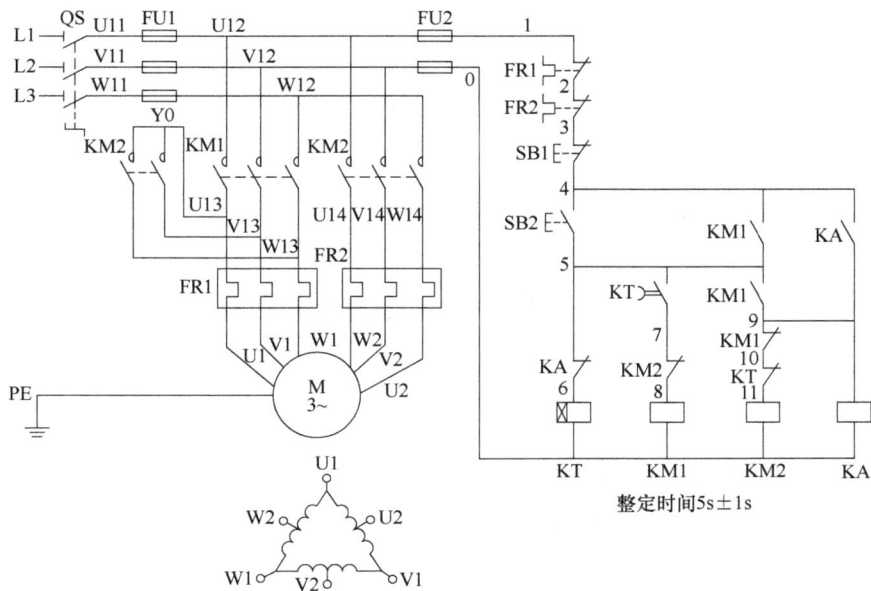

图 3-10 双速交流异步电动机自动变速控制电路

（3）操作工艺

1）询问并了解故障发生后的异常现象：双速电动机只能低速起动，不能高速工作，判断故障的大致范围应在：KM2 主电路；高速控制电路。

2）依照双速电动机电气控制电路的工作原理：在按下 SB2 起动按钮后，断电延时时间继电器 KT 线圈吸合，KT 延时触头（5—7）立即闭合，KM1 线圈得电后自锁，双速电动机能够△联结低速运转；在 KM1 线圈得电后，KM1 两个辅助常开触头闭合，中间继电器 KA 也能吸合。证明主电路：L1、L2、L3→QS 组合开关→FU1→U12、V12、W12→KM1 主触头→FR1 热元件器→双速电动机绕组正常；控制电路从 FU2 起，经 1、2、3、4、5、6、7、8、9 号线及连接 KT、KM1、KA 线圈的 0 号线均正常。

3）通过试验观察法对故障进一步分析，缩小故障范围。为了达到准确且快速的效果，在不扩大故障范围、不损伤电气设备的前提下，直接进行通电试验：接通电源 QS，按下 SB2，可观察到：KT、KM1、KA 线圈能够吸合。KT 在 KA 吸合后，能够断电延时。延时结束后，注意到 KM2 线圈没有吸合的响声，故障点应在 KM2 控制支路中。

4）故障检查范围可缩小到：与 KM1 辅助常开触头、KM1 常闭触头相连的 9 号线→KM1 常闭触头→10 号线→KT 常闭触头→11 号线→KM2 线圈-连接 KM2 线圈的 0 号线。

5）故障检测。用电阻测量法寻找故障点。断开电源开关 QS，验电后，为避免其他并联支路的影响，产生误判断，将与 KA 线圈相连的 9 号线断开。将万用表调至 $R \times 1$ 的量程上，调零→测量与 KM1 辅助常开触头、KM1 常闭触头相连的 9 号线→阻值为 0→正常→测量 KM1 常闭触头→阻值为 ∞→有断点。

修复 KM1 常闭触头。

6）通电试运行。如果还存在其他故障，用试验法继续观察下一个故障现象。重复以上步骤，直到故障全部排除。

7）整理现场。断开模拟线路板电源开关 QS，拉下总电源开关。整理电气控制电路，将检修过程涉及的各接线点重新紧固一遍；线槽盖板、灭弧罩、熔断器帽等盖好旋紧；各导线整理规范美观。将桌面上的绝缘皮、废弃的线头等杂物清理干净。最后将电工工具、仪表和材料整齐摆放桌面，清扫地面。

8）总结经验做好维修记录。记录故障现象、部位、损坏的电器、故障原因、修复措施及修复后的运行情况等。

鉴定范围 3　基本电子电路的装调与维修

鉴定点 1　单面板电子电路的安装

问：如何对简单的电子电路进行安装与调试？

答：对简单的分立元器件模拟电子电路进行安装和调试时，应遵循如下步骤：

1）分析电路的工作原理。

2）按元器件明细表配齐元器件。用相关仪表判别各电子元器件的性能和好坏。

3）清除元器件引脚，连接导线端及印制电路板上的氧化层并搪锡处理。

4）设计元器件在印制电路板上的布局，安装元器件，经确认无误后进行焊接。

5）认真检查焊接安装完毕的电子电路。发现问题要及时加以纠正。

6）接通电源进行调试。

操作要点提示：

（1）分立电子元器件的焊接方法

1）清除元器件焊脚处的氧化层并搪锡处理。

2）安装元器件的电路板，如果表面没有镀过银，或镀过银后已发黑，要在清除表面氧化层后，涂上松香酒精溶液，以防继续氧化。

3）分立元器件直脚插入的焊接方法。在确认元器件各焊脚所对应的位置后，插入孔内，先下焊，然后剪去多余的部分。每次下焊的时间不超过 2s。

4）分立元器件弯脚插入的焊接方法。在确认元器件各焊脚所对应的位置后，先弯曲 90°（略带弧形），再插入孔内，然后下焊，最后剪去多余的部分。每次下焊的时间不超过 2s。

（2）分立电子元器件焊接时的注意事项

1）选用 25W 的电烙铁，焊头要锉得稍尖。焊接时，焊头的含锡量要适当，以满足一个焊点的需要为宜。

2）焊接时，将含有锡液的焊头先沾一些松香，然后对准焊点，迅速下焊。当锡液在焊点四周充分熔开后，迅速向上提起焊点。焊接完毕，用棉纱蘸适量的纯酒精清除干净焊接处残留的焊剂。

（3）焊接安全知识

1）电烙铁的金属外壳必须接地。

2）使用中的电烙铁不可搁置在木板上，要搁置在金属丝制成的搁架上。

3）不可用烧死（焊头因氧化不吃锡）的烙铁头焊接，以免烧坏焊件。

4）不准甩动使用中的电烙铁，以免锡珠溅出伤人。

（4）电子电路的调试

1）静态调试。首先应掌握调试设备的使用要点和注意事项，特别是示波器要事先准备，并经通电检查，调整好稳压电源和信号源电压。

2）动态调试。在静态调试的基础上，给电子电路加上合适的输入信号，在确保输出信号不失真的情况下，用示波器等测试仪器，观察输出信号的波形，并消除非线性失真。

试题精选：

单相桥式整流滤波电路的安装与调试。

（1）电路图　电路图如图 3-11 所示。

（2）操作准备　电烙铁、电工通用工具 1 套，镊子、钢直尺、卷尺、小刀、锥子、针头等；万能印制电路板（2mm×150mm×200mm）1 块，单股镀锌铜线 AV-0.1mm^2（红色）；多股镀锌铜线 AVR-0.1mm^2（白色）；松香和焊锡丝等，其数量按需要而定。直流稳压电源（0～36V）1 台，信号发生器（XD 或自定）1 台，示波器（自定）1 台，单相交流电源（AC 220V，5A）1 处，万用表（自定）1 块，绝缘鞋、工作服等 1 套。电子元器件明细见表 3-1。

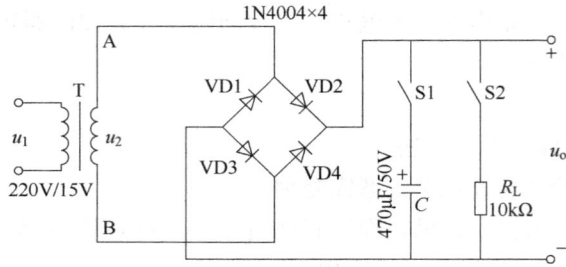

图 3-11　单相桥式整流滤波电路原理图

表 3-1　电子元器件明细

序　号	名　称	型号与规格	数　量
1	电源变压器 T	220V/15V	1
2	整流二极管 VD1、VD2、VD3、VD4	1N4004	4
3	电解电容器 C	470μF/50V	1
4	电阻器 R_L	10kΩ/0.25W	1
5	开关 S1、S2	单刀单掷	2
6	实验板		1
7	胶木板	5mm×50mm×50mm	1

（3）操作工艺

1）安装。

① 根据表 3-1 配齐元器件，并用万用表检查元器件的性能及好坏。

② 清除元器件的氧化层并搪锡处理。

③ 剥去电源连接线及负载连接线的线端绝缘，清除氧化层，均加以搪锡处理。

④ 二极管、电解电容器应正向连接，否则可能会烧毁二极管和电容器。

⑤ 插装元器件，经检查无误后，用硬铜导线根据电路的电气连接关系进行布线并焊接固定。焊接元器件时，可用镊子捏住焊件的引线，这样既方便焊接又有利于散热。

⑥ 不可出现虚假焊接及漏焊现象，一经发现应及时纠正。

2）测试。

① 在胶木板上安装变压器、开关、熔断器等。同时，要求做好电源引线的连接和电路板交流输入端的连接。

② 检查各元器件有无错焊、漏焊和虚焊等情况，并判断接线是否正确。

③ 接通电源，观察有无异常情况，在开关 S1 和 S2 处于各种状态时，将万用表的量程转换开关置于直流 50V 档，用万用表测量输出电压的平均值。测量时，红表笔接输出端正极，黑表笔接输出端负极，空载输出电压应为 18V 左右。

④ 若输出电压不稳定，则应检查电源电压是否波动。输出电压应随电源电压的上升而

上升，随电源电压的下降而下降。

⑤ 若输出电压为 13.5V 左右，则说明滤波电容脱焊或已损坏。

⑥ 若输出电压为 6.7V 左右，则说明除滤波电容脱焊或已损坏外，整流桥某个臂脱焊或有一只二极管断路。

⑦ 若输出电压为 0V，变压器又无异常发热现象，则是电源变压器一次或二次绕组已断开或未接好，或是熔丝已熔断，也可能是电源与整流桥未接好。

⑧ 若接通电源后，熔丝立即熔断，则是电源变压器一次或二次绕组已短路，或是整流桥中一只二极管反接，或是滤波电容短路。此时应立即切断电源，查明原因。

鉴定点 2 基本放大电路的安装与调试

问：如何对基本放大电路进行安装与调试？

答：对基本放大电路进行安装和调试时，应遵循的操作工艺与鉴定点 1 相同。

试题精选：

单级放大电路（印制电路板）的安装与调试。

（1）电路图 电路图如图 3-12 所示。

（2）操作准备 电烙铁、电工通用工具 1 套，镊子、钢直尺、卷尺、小刀、锥子、针头等；万能印制电路板（2mm×150mm×200mm）1 块，单股镀锌铜线 AV-0.1mm^2（红色）；多股镀锌铜线 AVR-0.1mm^2（白色）；松香和焊锡丝等，其数量按需要而定。直流稳压电源（0~36V）1 台，信号发生器（XD 或自定）1 台，示波器（自定）1 台，单相交流电源（AC 220V，5A）1 处，万用表（自定）1 块，绝缘鞋、工作服等 1 套。电子元器件明细见表 3-2。

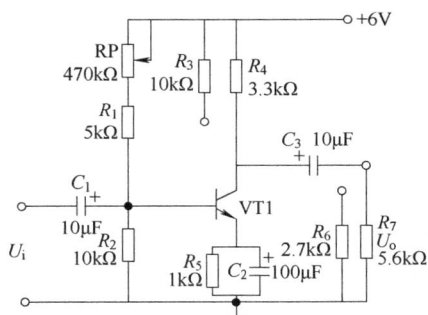

图 3-12 单级放大电路

表 3-2 电子元器件明细

序号	名　　称	型号与规格	单位	数量	备注
1	晶体管 VT1	3DG6	只	1	
2	电解电容 C_1、C_3	10μF/16V	只	2	
3	电解电容 C_2	100μF/16V	只	1	
4	电位器 RP	470kΩ	只	1	
5	电阻 R_2、R_3	10kΩ	只	2	
6	电阻 R_6	2.7kΩ	只	1	
7	电阻 R_4	3.3kΩ	只	1	

（续）

序号	名　称	型号与规格	单位	数量	备注
8	电阻 R_1	5kΩ	只	1	
9	电阻 R_7	5.6kΩ	只	1	
10	电阻 R_5	1kΩ	只	1	

（3）操作工艺

1）按元器件明细表配齐元器件，并检查质量的好坏。

2）清除元器件引脚、连接导线线端的氧化层并搪锡。考虑元器件在印制电路板上的布局，安装元器件，经确认无误后进行焊接。电解电容器应正向连接；晶体管的基极、集电极、发射极不可接错。不可出现虚焊、假焊与漏焊现象。

3）仔细检查安装完毕的电子电路，经确认无误后，接通电源进行调试。

4）静态工作点的调试。首先测量电路的静态工作点，其测量方法如下：

将放大器输入端（即耦合电容 C_1 的左端）接地。用万用表分别测量晶体管 B、E、C 极对地电压 U_{BQ}、U_{EQ}、U_{CQ}。如果出现 $U_{CEQ} = U_{CQ} - U_{EQ} < 0.5V$，说明晶体管已经饱和；如果 $U_C \approx V_{CC} = 6V$，说明晶体管已截止。

遇到上述两种情况都需要调整静态工作点。调整的方法是改变放大器上偏置电阻的大小，因在电路中串联有可调电位器 RP，因此调节 RP 的值即可。同时，用万用表测量 U_{BQ}、U_{EQ}、U_{CQ} 的值。如果 U_{CEQ} 为正几伏，说明该晶体管工作于放大状态，但并不说明放大器的静态工作点设置在合适位置，所以还要进行波形观察。即在放大器的输入端输入规定信号（如 $U_i = 10mV$，$f_i = 1000Hz$ 的正弦波），输出端接示波器，观察输出波形。若输出波形顶部被压缩，称为截止失真，说明工作点偏低，应增大 I_{BQ}，即把 RP 调小；如果输出波形底部被削波，称为饱和失真，说明工作点偏高，应减小 I_{BQ}，即把 RP 调大。

5）动态调试。在确保输出信号不失真的情况下，用示波器等测试仪器测试出输出信号和电路的性能参数，并根据测试结果对电路的静态参数和元器件参数进行必要的修正，使电路的各项性能指标满足或超过设计要求。

注意：测量电压时，必须选择适宜的量程而且注意交流与直流的区别，测直流时正、负极性不能接错。

鉴定点3　简单电子电路的维修

问：如何检修简单电子电路？

答：简单电子电路的检修步骤和方法如下：

（1）电子电路类型识别　电子电路检修前，必须对待检修的电子电路进行性质识别：判断电路是模拟电路、数字电路还是集成运放电路；是处理放大信号的振荡电路，还是产生信号的振荡电路；是电源电路还是开关电路。不同性质的电路，其检修方法、测量手段、分析故障的要点等都不相同。

（2）根据故障现象在电路图上分析故障范围　根据电子电路的功能、信号等进行区域划分，结合故障现象，确定检查的区域范围。

（3）确定电路检测方案　确定电子电路的性质后，针对其特点，确定对电路进行检查选用的仪器仪表、步骤、方法、测量点。

（4）用测量法确定第一个故障点　运用检查工具，对各个测量点进行测量判断。根据仪表、仪器显示的结果，遵循测量步骤，进行测量分析，直至检测到故障点。

（5）检修故障点并通电试运行　对电子电路进行元器件更换后，必须进行调试，使其符合原来电路的要求。

（6）整理现场，考试结束　断开电子电路的电源开关，将桌面杂物清理干净。最后将电烙铁断开电源，工具、仪表和材料摆放整齐。

（7）做好维修记录　记录的内容可包括：电子设备的型号、名称、编号、故障发生日期、故障现象、部位、损坏的电器、故障原因、修复措施及修复后的运行情况等。记录的目的：作为档案以备日后维修时参考，并通过对历次故障的分析，采取相应的有效措施，防止类似事故的再次发生或对电气设备本身的设计提出改进意见等。

操作要点提示：

1）测量在线电子元器件时，通过对换表笔进行测量结果比较，能较好地避免判断失误。

2）在用测量法检查故障点时，一定要保证各种测量工具和仪表完好，使用方法正确，还要注意防止感应电对其他电子元器件、电子电路的影响，以免扩大故障范围。

3）检修完毕，将检修过程涉及的各焊点重新检查一遍，看是否有虚焊、漏焊等现象；各连接导线应整理规范美观。同时将电路板、箱壳内的灰尘、杂物清理干净。

4）每次排除故障后，还应及时总结经验，并做好维修记录。

试题精选：

半波整流稳压放大电路的维修。

故障现象：输出电压为零。

（1）电路图　电路图如图 3-13 所示。

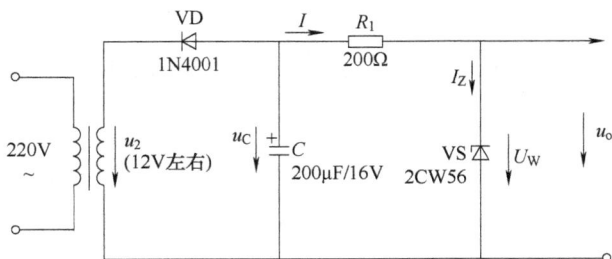

图 3-13　电路图

（2）操作准备　电烙铁、电工通用工具 1 套，镊子、钢直尺、卷尺、小刀、锥子、针头等，单股镀锌铜线 AV-0.1mm² （红色），多股镀锌铜线 AVR-0.1mm² （白色），松香和焊锡丝等（其数量按需要而定），信号发生器（XD 或自定）1 台，示波器（自定）1 台，单相交流电源（AC 220V，5A）1 处，万用表（自定）1 块，绝缘鞋、工作服等 1 套。材料准备见表 3-3。

表 3-3　材料准备

序号	名　称	型号与规格	单位	数量	备注
1	半波整流稳压电路的电路板	万能印制电路板（2mm×150mm×200mm）	块	1	
2	配套电路图		套	1	

（3）操作要求

1）使用工具和仪表，根据故障现象，初步判定故障点并在原理图上标注出来。

2）排除故障，恢复电路功能。

3）试运行。

（4）操作工艺

1）由分析电路可知，这是半波整流、电容滤波、稳压二极管稳压电路。

2）根据故障现象，分析并确认故障范围。若输出电压没有，即电压为 0V，则故障可能在整流电路，也可能在滤波电路，还可能在稳压电路。即整个电路的各个环节都可能出现故障。

3）确定电路检测方案。由于本电路较为简单，用万用表即可满足测量要求。

将万用表转换开关旋至交流电压 50V 的量程上，接通开关，测量变压器两端是否有 12V 左右的电压。如果有 12V 电压，则测量二极管、电容器的输出电压是否正常。如果没有电压，可能是二极管短路或者是电容器击穿，若正常，则故障时稳压二极管短路。

4）检修故障点，并通电试机。检测稳压二极管，更换稳压二极管。将万用表转换开关旋至直流电压 50V 的量程上，测量 u_o 电压正常→电路正常。

5）整理现场，做好维修记录。固定好电路板，整理电路板之间的所有连线，盖上外壳。清理维修工具、仪表和桌面等。

（二）中级应会

鉴定范围 1　继电控制电路的装调与维修

鉴定点 1　三相笼型异步电动机顺序起动控制电路的安装与调试

问：如何安装和调试两台三相异步电动机顺序起动、顺序停转控制电路。

答：安装和调试两台三相异步电动机顺序起动、顺序停转控制电路的工艺和方法与初级利用软线进行继电接触式控制电路相同。

试题精选：

安装和调试两台三相异步电动机顺序起动、顺序停转控制电路。

（1）电路图　电路图如图 3-14 所示。

（2）操作准备　三相四线电源（AC 3×380/220V，20A）1 处，配线板（500mm×600mm×20mm）1 块，三相异步电动机（Y112M—4，4kW，380V、△联结）2 台，组合开关

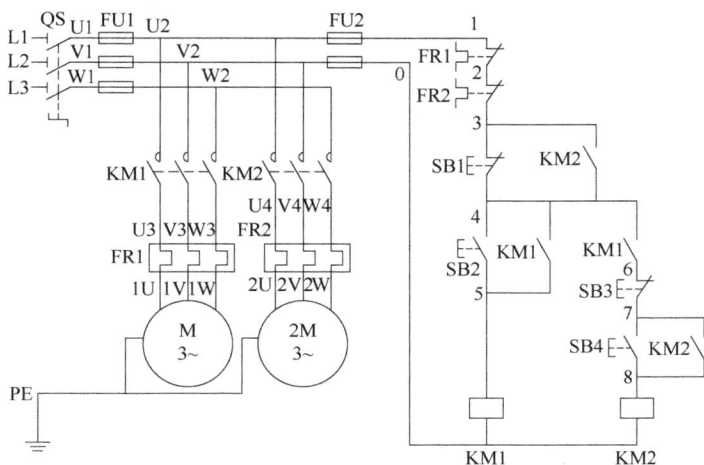

图 3-14　三相异步电动机顺序起动、顺序停转控制电路

（HZ10—25/3）1 个，交流接触器（CJ10—20，20A，线圈电压 380V）2 只，热继电器（JR16—20/3D，整定电流 8.8A）2 只，熔断器及熔芯配套（RL1—60/25）3 套，熔断器及熔芯配套（RL1—15/4）2 套，三联按钮（LA10-3H）2 个，接线端子排（JD0—1020，380V，10A，20 节）1 条，木螺钉（$\phi3\times20$mm，$\phi3\times15$mm）30 个，平垫圈（$\phi4$mm）30 个，主电路导线（BVR—1.5，1.5mm^2，7×0.52mm）20m，控制电路导线（BVR—1.0，1.0mm^2，7×0.43mm）20m，按钮线（BVR—0.75，0.75mm^2）5m，接地线（BVR—1.5，1.5mm^2）5m，行线槽（TC3025，长 34cm，两边打 $\phi3.5$mm 孔）5 条，别径压端子（UT1.5-4，UT1-4）40 个，异型塑料管（$\phi3$mm）0.2m，电工通用工具 1 套，万用表（自定）1 块，绝缘电阻表（500V，0~200MΩ 或型号自定）1 台，钳形电流表（0~50A）1 只，绝缘鞋、工作服等 1 套。

（3）操作工艺

1）认真分析电气原理图。明确三相异步电动机顺序起动、顺序停转控制电路的控制要求、工作原理、操作方法、结构特点及所用元器件的规格。

2）仔细检查元器件。按元器件明细表配齐元器件，并检查各元器件的质量是否合格。

3）确定元器件在配线板上的位置。首先确定交流接触器的位置，然后再逐步确定其他元器件。元器件的布置要整齐、均称、合理，做到安装时便于布线，故障后便于检修。

4）固定元器件和行线槽。元器件要先对角固定，不能一次拧紧，待螺钉上齐后再逐个拧紧。固定时用力不要过猛，不能损坏元器件。注意按钮盒不要固定在配线板上。

5）板上布线。布线时，可先布主电路，也可先布控制电路。

6）盖上行线槽。整个线路检查无误后，盖上行线槽。

7）空载试运行。整个线路自检无误后，方可进行空载试运行操作。在通电试运行过程中，要严格执行安全操作规程中的有关规定，做到一人监护，一人操作。要仔细观察接触器动作是否正常，认真体会所需控制功能是否完全实现。

8）带负载试运行。空载试运行正常后要进行带负载试运行。当电动机平稳运行时，用钳形电流表测量三相电流是否平衡。如果三相电流平衡，则带负载试运行成功。

9）断开电源，整理考场。带负载试运行正常，经教师同意后要断开电源（待电动机停转后，先拆除三相电源线，再拆除电动机线），整理考场。

鉴定点 2　三相笼型异步电动机自动往返控制电路的安装与调试

问：如何安装和调试三相笼型异步电动机自动往返控制电路。

答：安装和调试三相笼型异步电动机自动往返控制电路与初级利用软线进行继电接触式控制电路相同。

试题精选：

安装和调试三相笼型异步电动机自动往返控制电路。

（1）电路图　电路图如图 3-15 所示。

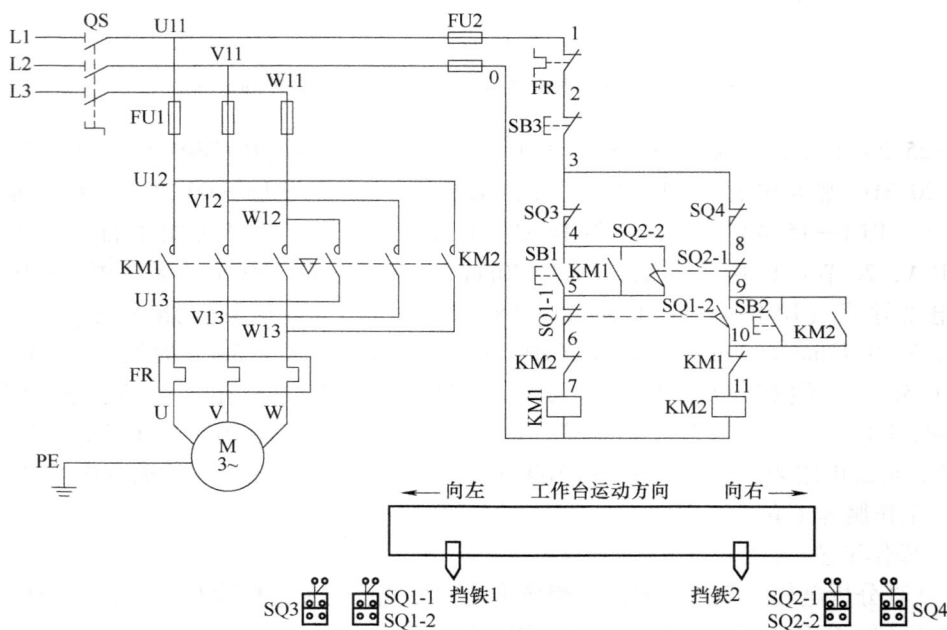

图 3-15　三相笼型异步电动机自动往返控制电路

（2）操作准备　三相四线电源（AC 3×380/220V，20A）1 处，配线板（500mm×600mm×20mm）1 块，三相异步电动机（Y112M—4，4kW，380V，△联结）1 台，组合开关（HZ10-25/3）1 个，交流接触器（CJ10—20，20A，线圈电压380V）2 只，热继电器（JR16-20/3D，整定电流8.8A）1 只，熔断器及熔芯配套（RL1-60/25）3 套，熔断器及熔芯配套（RL1-15/4）2 套，位置开关（JLXK1-111，单轮旋转式）4 个，三联按钮（LA10-3H）2 个，接线端子排（JD0—1020，380V，10A，20 节）1 条，木螺钉（φ3×20mm，φ3×15mm）30 个，平垫圈（φ4mm）30 个，主电路导线（BVR—1.5，1.5mm²，7×0.52mm）20m，控制电路导线（BVR—1.0，1.0mm²，7×0.43mm）20m，按钮线（BVR—0.75，0.75mm²）5m，接地线（BVR—1.5，1.5mm²）5m，行线槽（TC3025，长 34cm，两边打φ3.5mm 孔）5 条，别径压端子（UT1.5-4，UT1-4）40 个，异型塑料管（φ3mm）0.2m，电工通用工具 1 套，万用表（自定）1 块，绝缘电阻表（500V，0~200MΩ 或型号自定）1

台，钳形电流表（0~50A）1只，绝缘鞋、工作服等1套。

（3）操作工艺

1）配齐所用元器件，并进行质量检验。

2）画出布置图，在控制板上按布置图安装走线槽和所有元器件，安装走线槽时，应先做到横平竖直，排列整齐匀称，安装牢固和便于走线等。

3）按电路图进行板前线槽配线，并在导线端部套编码套管和冷压接线头。

4）进行行程开关接线，并根据电路图检验控制板内部布线的正确性。

5）安装电动机。可靠连接电动机和各元器件金属外壳的保护接地线。

6）连接电源、电动机等控制板外部的导线。

7）自检。

8）交验，检查无误后通电试运行。

注意事项：

1）位置开关可以先安装好，不占定额时间。位置开关必须牢固安装在合适的位置上。安装后，必须用手动工作台或受控机械进行试验，合格后才能使用。训练中若无条件进行实际机械安装，可将位置开关装在控制板下方两侧进行手控模拟试验。

2）通电校验时，必须先手动位置开关，试验各行程控制和中断保护是否正常可靠。若在电动机上正转（工作台向左运动），扳动位置开关QS，电动机不反转，且继续正转，则可能是由于KM2的主触头接线不正确引起，需断电进行纠正后再试，以防止发生设备事故。

鉴定点3　三相笼型异步电动机反接制动控制电路的安装与调试

问：如何安装和调试三相笼型异步电动机反接制动控制电路？

答：安装和调试三相笼型异步电动机反接制动控制电路与初级利用软线进行继电接触式控制电路相同。

试题精选：

三相笼型异步电动机反接制动控制电路的安装和调试。

（1）电路图　电路图如图3-16所示。

（2）操作准备　三相四线电源（AC 3×380/220V、20A）1处，配线板（500mm×600mm×20mm）1块，三相异步电动机（Y112M-4，4kW，380V，△联结）1台，组合开关（HZ10-25/3）1个，交流接触器（CJ10-20，20A，线圈电压380V）2只，热继电器（JR16-20/3D，整定电流8.8A）1只，速度继电器（JY1）1只，熔断器及熔芯配套（RL1-60/25）3套，熔断器及熔芯配套（RL1-15/4）2套，三联按钮（LA10-3H）2个，接线端子排（JD0—1020，380V，10A，20节）1条，木螺钉（φ3×20mm；φ3×15mm）30个，平垫圈（φ4mm）30个，主电路导线（BVR—1.5，1.5mm²，7×0.52mm）20m，控制电路导线（BVR—1.0，1.0mm²，7×0.43mm）20m，按钮线（BVR—0.75，0.75mm²）5m，接地线（BVR—1.5，1.5mm²）5m，行线槽（TC3025，长34cm，两边打φ3.5mm孔）5条，别径压端子（UT1.5-4，UT1-4）40个，异型塑料管（φ3mm）0.2m，电工通用工具1套，万用表（自定）1块，绝缘电阻表（500V，0~200MΩ或型号自定）1台，钳形电流表（0~50A）1只，绝缘鞋、工作服等1套。

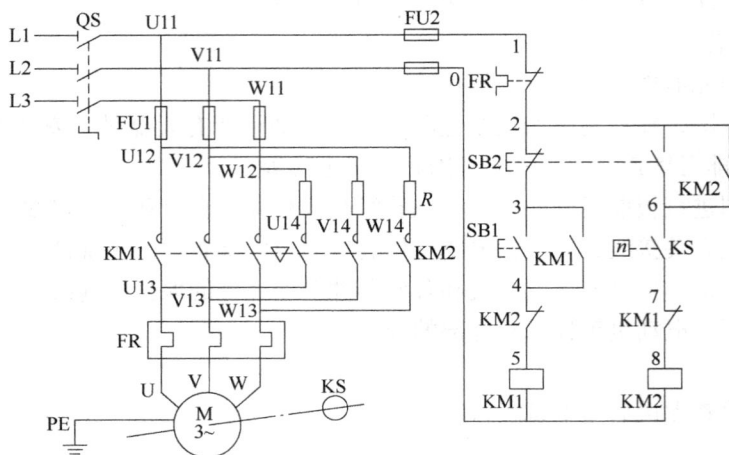

图 3-16　三相笼型异步电动机反接制动控制电路

（3）操作工艺

1）配齐所用元器件，并进行质量检验。

2）按照所描述的基本操作步骤和板前线槽布线工艺进行板前布线安装。

操作要点提示：

1）安装速度继电器前，要弄清其结构，辨明常开触头的接线端。

2）速度继电器可预先安装好，不属于定额时间。安装时，采用速度继电器的连接头与电动机转轴直接连接的方法，并使两轴中心线重合。速度继电器可用联轴器与电动机的轴相连接。

3）速度继电器的金属外壳应可靠接地。

4）通电试运行时，若制动不正常，可检查速度继电器是否符合规定要求。若需调节速度继电器的调整螺钉，必须切断电源，以防止出现相对地短路而引起事故。

5）速度继电器动作值和返回值的调整，应由教师给出具体值后，再自己调整。

6）制动操作不宜过于频繁。

7）通电试运行时，必须有教师在现场监护，同时做到文明生产。

鉴定点 4　检修 CA6140 型卧式车床电气控制电路

问：如何检修机床设备的电气控制电路故障？

答：检修机床设备的电气控制电路故障的步骤、方法及操作要点与检修简单继电器接触器基本控制电路基本相同。但由于是对实际设备的维修，还应注意以下几点：

（1）判断故障类型　由于机床的电气控制与机械结构的配合十分密切，因此在出现故障时，应首先判明是机械故障还是电气故障。

（2）熟悉机床　熟悉机床的主要结构和运动形式，对机床进行实际操作，了解机床的各种工作状态及操作手柄的作用。熟悉机床电器的安装位置、走线情况、位置开关的工作状态及运动部件的工作情况。

（3）故障分析前的调查研究　机床电气控制电路设备发生故障后，不要马上动手检修。

在检修前，通过问、看、听、摸来了解故障前后的操作情况和故障发生后的异常现象。

1）问：故障发生前有无切削力过大和频繁起动、停止、制动等情况；有无经过保养检修或改动线路等。

2）看：查看故障发生后是否有明显的外观征兆。例如：信号异常；有指示装置的熔断器熔断；保护电器动作；接线脱落；触头烧蚀或熔焊；线圈过热烧毁等。

3）听：在线路还能运行和不扩大故障范围、不损坏设备的前提下，可以通电试运行，细听电动机、接触器和继电器的声音是否正常。

4）摸：在刚切断电源后，尽快触摸电动机、变压器、电磁线圈及熔断器等是否有过热现象。

（4）采取相应的修复方法　找出故障点后，针对不同故障情况和部位采取相应的修复方法，不要轻易采用更换元器件和补线等方法，更不允许轻易改动线路或更换规格不同的元器件，以防止产生人为故障。

（5）检修故障的测量方法　电气线路检修常用的测量方法有：电压分段测量法、电阻分段测量法和短接法。

1）电压分段测量法。首先把万用表的转换开关置于交流电压相应的量程档位上，用万用表测量某个接触器线圈支路两端点间的电压，若为电源电压，则说明电源正常。然后按下常开按钮，若接触器不吸合，则说明电路有故障。这时可用万用表的红、黑两根表笔逐段测量相邻两点之间的电压，根据其测量结果即可找出故障点。

2）电阻分段测量法。检查时，首先切断电源，然后把万用表的转换开关置于倍率适当的电阻档，并逐段测量相邻线号之间的电阻。如果测得某两点间的电阻值很大（∞），说明该两点间接触不良或导线断路。

电阻分段测量法的优点是安全，缺点是测量电阻值不准确时，易造成判断错误。为此应注意以下几点：

① 用电阻测量方法检查故障时，一定要先切断电源。

② 所测量电路若与其他电路并联，必须将该电路与其他电路断开，否则所测阻值不准确。

③ 测量高电阻元器件时，要将万用表的电阻档转换到适当档位。

④ 测量导线是否导通、触点接触是否良好，宜采用 $R\times1$ 档，并且注意调零，以免造成误判断。

3）短接法。电气控制电路的常见故障为断路故障，如导线断路、触头接触不良、熔断器熔断等。对这类故障，除用电压法和电阻法检查外，还可采用短接法。即在检查时，用一根绝缘良好的导线，将所怀疑的断路部位短接，若短接到某处时电路接通，则说明该处断路。短接法可分为以下几种：

① 局部短接法。检查前，先用万用表测量支路两点间的电压，若电压正常，可按下常开按钮不放，然后用一根绝缘良好的导线分别短接标号相邻的两点。当短接到某两点时，接触器吸合，即说明断路故障就在该两点之间。

② 长短接法。长短接法是指一次短接两个或多个触头来检查故障的方法。当某一支路同时存在多处故障时，若用局部短接法短接，则可能造成判断错误；而用长短接法将跨接较远的两点短接，就比较容易找出故障区域，然后再用局部短接法逐段找出故障点。长短接法

的另一个作用是可把故障点缩小到一个较小的范围。如果长短接法和局部短接法能结合使用，就能很快找出故障点。

用短接法检查故障时必须注意以下几点：

第一，用短接法检测时，是用手拿着绝缘导线带电进行操作的，所以一定要注意安全，避免触电事故的发生。

第二，短接法只适用于压降极小的导线及触头之类的断路故障。对于压降较大的电器，如电阻、线圈、绕组等断路故障，不能采用短接法，否则会出现短路故障。

第三，对于工业机械的某些要害部位，必须保证电气设备或机械部件不会出现事故的情况下，才能使用短接法，否则，禁止使用。例如：电梯门的联锁开关，就不能采用短接法检测。

以上所述检查及分析电气设备故障的方法，应根据故障的性质和具体情况灵活选用，断电检查多采用电阻法，通电检查多采用电压法或短接法。各种方法交叉使用，就能迅速地找出故障点。

试题精选：

检修 C6140 型卧式车床模拟电气控制电路故障。

故障点位置：将连接 KM3 线圈与 SB3 按钮的 4 号线断开。

故障现象：主轴电动机 M1 能正常运转，刀架快速电动机 M3 不能移动。

（1）操作准备 机床电路模拟电路板（C6140 型卧式车床模拟电路板）1 台，机床配套电路图（C6140 型卧式车床模拟电路板配套电路图）1 套，故障排除所用材料（与相应的机床配套）1 套，单相交流电源（AC 220V 和 36V，5A）1 处，三相四线电源（AC 3×380/220V，20A）1 处，电工通用工具 1 套，万用表（自定）1 块，绝缘电阻表（500V，0～200MΩ 或型号自定）1 台，钳形电流表（0～50A）1 块，黑胶布（自定）1 卷，透明胶布（自定）1 卷，圆珠笔（自定）1 支，绝缘鞋、工作服等 1 套。

（2）电路图 电路图如图 3-17 所示。

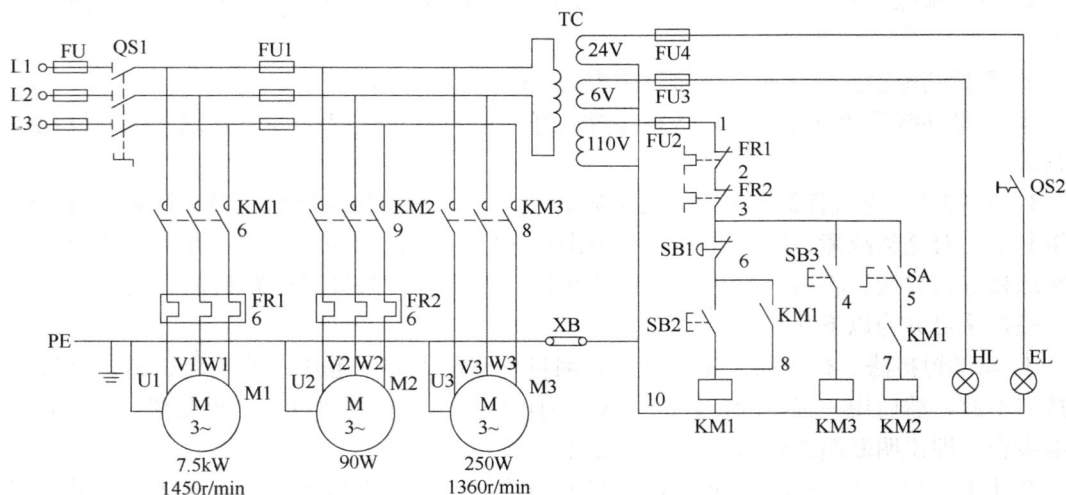

图 3-17 C6140 型卧式车床电气控制电路

（3）操作工艺

1）询问并了解故障发生后的异常现象：合上电源开关 QS1 后，按下按钮 SB2，主轴电动机可以起动运行，刀架快速移动电动机 M3 不能使用。从 C6140 型卧式车床电路的工作原理可以看出：M1 为主轴电动机，带动主轴旋转和刀架作进给运动；M2 为冷却泵电动机，用以输送切削液；主电路由 QS1 将三相电源引入，主轴电动机 M1 由接触器 KM1 控制，热继电器 FR1 作过载保护，熔断器 FU 作短路保护，接触器 KM1 作失电压和欠电压保护。冷却泵电动机 M2 由 KM2 控制，热继电器 FR2 作为它的过载保护。刀架快速移动电动机 M3 由 KM3 控制，由于是点动控制，故未设过载保护。FU1 作为冷却泵电动机 M2、快速移动电动机 M3、控制变压器 TC 的短路保护。控制电路的电源由控制变压器 TC 二次侧输出 110V 电压提供。在正常工作时，主轴电动机 M1 的控制电路采用典型的连续运转电路：按下 SB2→KM1 线圈获电→KM1 辅助常开触头自锁，主触头闭合 M1 工作。需要 M1 停止时：按下 SB1→KM1 线圈失电→KM1 触头复位断开→M1 失电停转。冷却泵电动机 M2 和主轴电动机 M1 在控制电路中采用顺序控制，只有当主轴电动机 M1 起动后，即 KM1 常开触头闭合，旋转开关 SA，冷却泵电动机 M2 才可能起动。当 M1 停止运行时，M2 自行停止。刀架快速移动电动机 M3 的起动由安装在进给操作手柄顶端的按钮 SB3 控制，它与 KM3 组成点动控制电路。照明、信号电路分别由控制变压器 TC 的二次侧输出 24V 和 6V 电压，作为车床低压照明灯和信号灯的电源。EL 作为车床的低压照明灯，由开关 QS2 控制，HL 为电源信号灯。它们分别由 FU4 和 FU3 作为短路保护。

从故障现象结合电路原理可以判断出：故障点应在刀架快速主电路或控制电路。

2）通过试验观察法对故障进一步分析，缩小故障范围。在不扩大故障范围，不损伤电气设备的前提下，直接进行通电试验：接通电源 QS1，按下 SB2 后 KM1 吸合，再按下按钮 SB3，KM3 不吸合。经过试运行分析：刀架快速电动机的故障现象应该先检查控制电路部分（因为 KM3 线圈没有吸合），检查的路线为：连接 SB3 的 3 号线→SB3→4 号线→KM3 线圈→连接 KM3 的 10 号线。

3）故障检测。用测量法寻找故障点。断开 QS1，验电后，将万用表调至 $R \times 1$ 的量程上，调零→测量与连接 SB3 的 3 号线为 0→3 号线电路正常。

仍将万用表调至 $R \times 1$ 的量程上→检测 SB3 按钮的通断状况→SB3 性能正常。

继续用万用表的 $R \times 1$ 的量程，测量与 SB3、KM3 线圈相连的 4 号线→阻值为 ∞→电路有断点→4 号线断开。

4）修复 4 号线断点。

5）通电试运行。接通电源 QS1，将 QS1 转换开关闭合，按下 SB2 后 KM1 吸合，主轴旋转。再按下起动按钮 SB3，KM3 也能够点动工作。在主轴工作的前提下，接通 SA，冷却泵电动机也能正常工作。机床电路恢复正常。

6）整理现场。断开线路板总电源开关，拉下总电源开关。整理电气线路，将检修过程涉及的各接线点重新紧固一遍；线槽盖板、灭弧罩、熔断器帽等盖好旋紧；各导线整理规范美观。最后将电工工具、仪表和材料整齐摆放桌面，清扫地面。

7）总结经验做好维修记录。记录故障现象、部位、损坏的电器、故障原因、修复措施及修复后的运行情况等。

鉴定点 5　检修 Z37 型摇臂钻床电气控制电路故障

问：Z37 型摇臂钻床常见的故障有哪些？如何检修 Z37 型摇臂钻床电气控制电路故障？

答：Z37 型摇臂钻床电气控制电路故障的检修方法与 CA6140 型卧式车床相似。

（1）主电路常见故障分析

1）主轴电动机 M2 不能起动。首先检查电源开关 QS1、汇流环 YG 是否正常（参见图 2-59）。其次，检查十字开关 SA 的触头、接触器 KM1 和中间继电器 KA 的触头接触是否良好。若中间继电器 KA 的自锁触头接触不良，则将十字开关 SA 扳到左面位置时，中间继电器 KA 吸合，然后再扳到右面位置时，KA 线圈将断电释放；若十字开关 SA 的触头（3-4）接触不良，当将十字开关 SA 手柄扳到左面位置时，中间继电器 KA 吸合，然后再扳到右面位置时，继电器 KA 仍吸合，但接触器 KM1 不动作；若十字开关 SA 触头接触良好，而接触器 KM1 的主触头接触不良时，扳动十字开关手柄后，接触器 KM1 线圈获电吸合，但主轴电动机 M2 仍然不能起动。此外，连接各电器的导线开路或脱落，也会使主轴电动机 M2 不能起动。

2）主轴电动机 M2 不能停止。当把十字开关 SA 的手柄扳到中间位置时，主轴电动机 M2 仍不能停止运转，其故障原因是接触器 KM1 主触头熔焊或十字开关 SA 的右边位置开关失控。出现这种情况时，应立即切断电源开关 QS1，电动机才能停转。若触头熔焊需更换同规格的触头或接触器，必须先查明触头熔焊的原因并排除故障后进行；若十字开关 SA 的触头（3—4）失控，应重新调整或更换开关，同时查明失控原因。

（2）控制电路常见故障分析

1）摇臂上升或下降后不能完全夹紧。故障原因是鼓形组合开关 S1 未按要求闭合。正常情况下，当摇臂上升到所需位置时，将十字开关 SA 扳到中间位置时，S1（3—9）应早已接通，使接触器 KM3 线圈获电吸合，摇臂会自动夹紧。若因触头位置偏移，使 S1（3—9）未按要求闭合，接触器 KM3 动作，电动机 M3 也就不能起动反转进行夹紧，故摇臂仍处于放松状态。若摇臂上升完毕没有夹紧作用，而下降完毕有夹紧作用，则说明 S1 的触头（3—9）有故障；反之则是 S1 的触头（3—6）有故障。另外，鼓形组合开关 S1 的动、静触头弯曲、磨损、接触不良等，也会使摇臂不能夹紧。

2）摇臂升降后不能按需要停止。故障原因是鼓形组合开关 S1 的常开触头（3—6）或（3—9）闭合的顺序颠倒。例如，将十字开关 SA 扳到下面位置时，接触器 KM3 线圈获电吸合，电动机 M3 反转，通过传动装置将摇臂放松，摇臂下降；此时鼓形组合开关 S1（3—6）应该闭合，为摇臂下降后的重新夹紧做好准备。但如果鼓形组合开关调整不当，使鼓形开关 S1 的常开触头（3—9）闭合，将十字开关 SA 扳到中间位置时，不能切断接触器 KM3 的线圈电路，下降运行不能停止，甚至到了极限位置也不能使 KM3 断电释放，由此可能引起很危险的机械事故。若出现这种情况，应立即切断电源总开关 QS1，使摇臂停止运动。

3）主轴箱和立柱的松紧故障。由于主轴箱和立柱的夹紧与放松是通过电动机 M4 配合液压装置来完成的，所以若电动机 M4 不能起动或不能停止时，应检查接触器 KM4 和 KM5、位置开关 SQ3 和组合开关的接线是否可靠，有无接触不良或脱落等现象，触头接触是否良好，有无移位或熔焊现象。同时还要配合机械液压协调处理。

试题精选：

Z37 型摇臂钻床电气故障的检修。

故障现象：主轴电动机 M2 不能起动。

故障设置：KM1 主触头接触不良。

（1）操作准备

1）工具：验电器、电工刀、剥线钳、尖嘴钳、斜口钳和螺钉旋具等。

2）仪表：万用表。

3）设备：Z37 型摇臂钻床。

（2）电路图　电路图如图 3-18 所示。

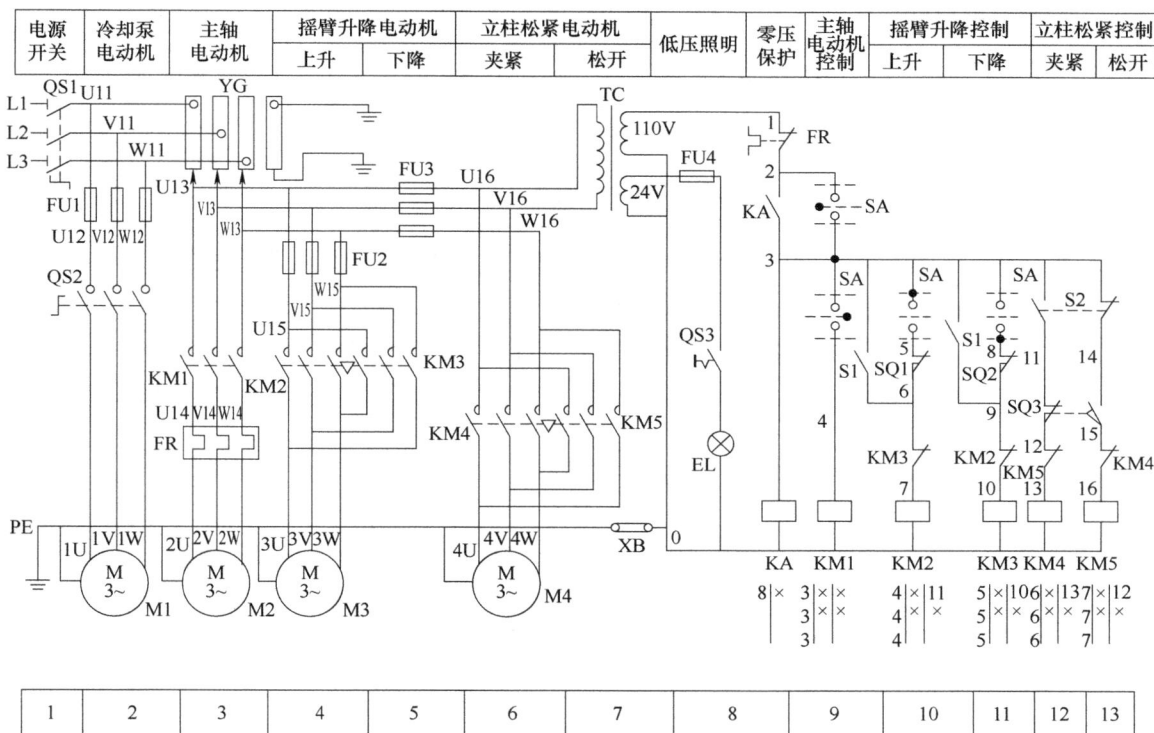

图 3-18　Z37 型摇臂钻床电气控制电路

（3）操作工艺

1）观察故障现象，判断故障范围。主轴电动机 M2 不能起动的原因有：电源开关 QS1 接触不良、汇流环 YG 接触不正常；十字开关 SA 的触头、接触器 KM1 和中间继电器 KA 的触头接触不良、连接各元器件的导线开路或脱落等。

2）用通电试验法观察故障现象，进行故障分析，确定最小故障范围。

① 合上电源开关 QS1，用万用表测量电源电压为 380V，说明电源开关 QS1 正常。

② 扳动十字开关 SA 至左边位置，中间继电器 KA 获电吸合，再将十字开关 SA 扳至右边位置，接触器 KM1 吸合，但电动机 M2 不能起动，说明十字开关 SA 的触头接触良好、接触器 KM1 线圈正常，故障可能在接触器 KM1 的主触头或热继电器的热元件处。

3）查找故障点。用万用表测量接触器 KM1 前 U13、V13 和 W13 之间的电压正常，用万用表测量接触器 KM1 后 U14、V14 和 W14 之间的电压不正常，说明故障在接触器 KM1 的主触头处。断开电源，加外力使接触器 KM1 主触头闭合，万用表电阻档检查其电阻值，发现 W13、W14 电阻为无穷大，确认故障点在接触器 KM1 主触头的 W 相。

4）排除故障。拆下接触器 KM1 主触头，发现有污物，根据故障点情况，排除故障。

5）通电试运行。检查钻床各项操作，直至符合技术要求为止。

操作要点提示：

1）带电操作检修时，必须有指导教师监护，确保人身、设备安全。

2）检修所用工具、仪表等符合使用要求。

3）排除故障时，必须修复故障点，严禁扩大故障范围或产生新故障。

鉴定范围 2　电气设备装调维修

鉴定点 1　PLC 电气控制电路的安装与调试

问：PLC 应用系统设计的基本原则有哪些？如何用 PLC 改造继电器接触器控制电路？

答：在设计 PLC 控制系统时，应遵循以下基本原则：

1）最大限度地满足被控对象的控制要求。设计前，应深入现场进行调查研究，搜集资料，并与相关设计人员和实际操作人员密切配合，共同拟定控制方案，协同解决设计中出现的各种问题。

2）在满足控制要求的前提下，力求使控制系统简单、经济，使用及维修方便。

3）保证控制系统的安全可靠。

4）考虑到生产的发展和工艺的改进，在选择 PLC 容量时，应适当留有余量。

PLC 控制系统设计的基本内容包括：

1）PLC 可构成各种各样的控制系统，如单机控制系统、集中控制系统等系统设计时，要确定系统的构成形式。

2）系统运行方式与控制方式的择定。

3）选择用户输入设备（按钮、操作开关、限位开关、传感器等）、输出设备（继电器、接触器、信号灯等）以及由输出设备驱动的控制对象（电动机、电磁阀等）。

4）PLC 是控制系统的核心部件，正确选择 PLC 对保证整个控制系统的技术经济指标起着重要的作用。选择 PLC 应包括机型选择、容量选择、I/O 模块选择、电源模块选择等。

5）分配 I/O 点数，绘制 I/O 连接图。

6）设计控制程序。控制程序是整个系统工作的软件，是保证系统正常、安全、可靠工作的关键。因此，控制系统的程序应经过反复调试、修改，直到满足要求为止。

7）必要时还需要设计控制柜。

8）编制控制系统的技术文件，包括说明书、电气原理图及元器件明细表、I/O 连接图、I/O 地址分配表和控制软件等。

可编程序控制器应用系统设计的一般步骤如下：

1）根据生产的工艺过程分析控制要求，如需要完成的动作（动作顺序、必须的保护和联锁等）、操作方式（手动、自动、连续、单周期和单步等）。

2）根据控制要求确定系统控制方案。

3）根据系统构成方案和工艺要求确定系统运行方式。

4）根据控制要求确定所需的用户输入、输出设备，据此确定 PLC 的 I/O 点数。

5）选择 PLC。

6）分配 PLC 的 I/O 点数，设计 I/O 连接图。

7）进行 PLC 的程序设计，同时可进行控制台的设计和现场施工。

8）联机调试。如果不满足要求，再返回修改程序或检查接线，直到满足要求为止。

9）编制技术文件。

10）交付使用。

操作要点提示：

1）对那些已成熟的继电器接触器控制电路的生产机械，在改用 PLC 控制时，只要把原有的控制电路做适当的改动，使之符合 PLC 要求即可。

2）原来继电器接触器电路中分开画的交流控制电路和直流执行电路，在 PLC 梯形图中要合二为一。

3）PLC 梯形图中，只有输出继电器可以控制外部电路及负载。

4）每一逻辑行的条件指令（常闭、常开触点的数目不受限制，但是每一个触点都要占用一个指令字，而指令字越多，需要的 PLC 的内存空间越大。

5）每一个相同的条件指令可以使用无数次，而不像继电器控制只有有限的触点可供使用。

6）接通外部元器件的输出指令的地址号（输出继电器），也可以作为条件指令使用。

7）一些简单、独立的控制电路（如机床中冷却泵电动机的控制电路，可以不进入 PLC 程序控制。

8）程序的输入和调试

① 输入程序时，应将编程器放在编程状态。了解便携式编程器的使用，依据设计的语句表指令，逐条输入，完毕后逐条校对。

② 把控制电路各个电器的线圈负载去掉，将编程器放置在运行状态。按照设计流程图的要求，进行模拟调试。模拟调试时，观察输出指示灯的点亮顺序是否与流程图要求的动作一致。如果不一致，可以修改程序，直到输出指示灯的点亮顺序与流程图要求的动作一致。

③ 把全部控制电路各个电器的线圈负载接上，将编程器放置在运行状态。按照操作要求，进行调试，使各种电器的动作符合要求。

总之，一项 PLC 应用系统设计包括硬件设计和应用控制软件设计两大部分。其中硬件设计上要求选型设计和外围电路的常规设计；应用软件设计则是依据控制要求和 PLC 指令系统来进行的。

试题精选：

用 PLC 设计通电延时带直流能耗制动的丫-△联结起动的控制电路，并进行安装与调试。

（1）电路图　电路图如图 3-19 所示。

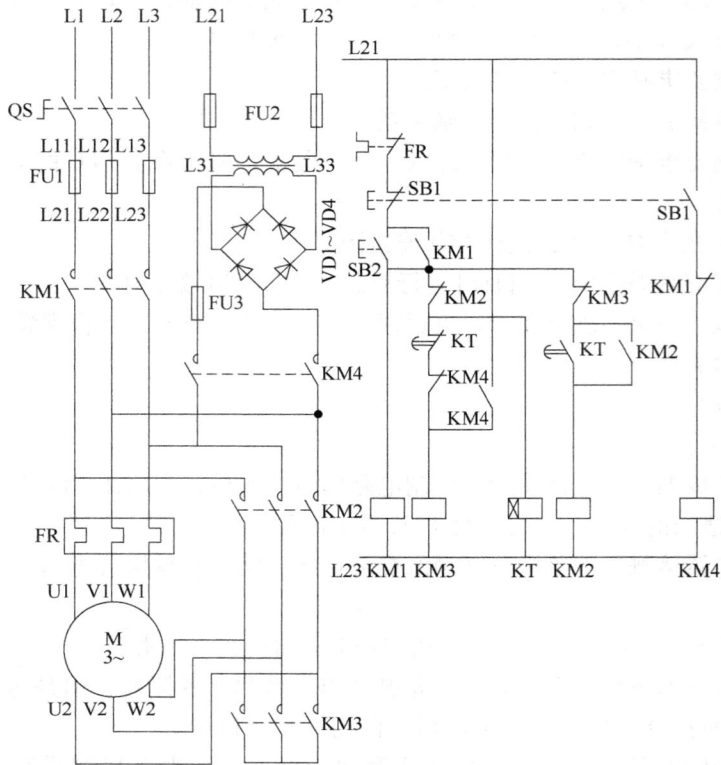

图 3-19　通电延时带直流能耗制动的丫-△联结起动的控制电路

（2）操作准备　常用电工工具 1 套，万用表（MF47 型或自定）1 块，钳形电流表（T301—A 型或自定）、绝缘电阻表（500V，0～200MΩ）各 1 只，三相四线电源（AC 3×380/220V，20A）1 处，单相交流电源（AC 220V，36V，5A）1 处，三相电动机（Y112M-6，2.2kW，380V，Y 联结或自定）1 台，配线板（500mm×450mm×20mm）1 处，可编程序控制器（FX2-48MR 或自定）1 台，便携式编程器（FX2-20P 或自定）1 台，组合开关（HZ10-25/3）1 个，交流接触器（CJ10—20，线圈电压 380V）4 只，热继电器（JR16—20/3D）1 只，熔断器及熔芯配套（RL1—60/20A）3 套，熔断器及熔芯配套（RL1—15/4A）2 套，三联按钮（LA10—3H 或 LA4—3H）2 个，接线端子排（JX2-1015，500V、10A、15 节）1 条，劳保用品（绝缘鞋、工作服等）1 套，演草纸（A4 或 B5 或自定）4 张，圆珠笔 1 支。

（3）操作工艺

1）原理分析：根据系统需要完成控制任务，对被控对象的控制过程、控制规律、功能和特性进行详细分析。

① 起动时，按起动按钮 SB2，接触器 KM1、KM3 相继吸合，三相异步电动机定子绕组接成丫联结减压起动，同时时间继电器 KT 接通后开始计时，经 10s（起动时间整定值）后接触器 KM3 释放，KM2 吸合，此时电动机定子绕组接成△联结正常运行。

② 停机时，按停止按钮 SB1，接触器 KM1 和 KM2 释放，电动机停转。同时 KM4、KM3

吸合，三相异步电动机以丫联结直流能耗制动。

2）根据给定的继电控制电路图，列出 PLC 控制 I/O 口（输入/输出）地址分配表，确定 I/O 点数。要考虑未来扩充和备用（典型 10%~20% 备用）的需要。I/O 地址分配见表 3-4。

表 3-4　I/O 地址分配

输　　入			输　　出		
X001	SB1	停止	Y001	KM1	接触器 1
X002	SB2	起动	Y002	KM2	接触器 2
			Y003	KM3	接触器 3
			Y004	KM4	接触器 4

3）设计梯形图及 PLC 控制 I/O 口（输入/输出）接线图如图 3-20 所示。

4）画出梯形图，如图 3-21 所示。

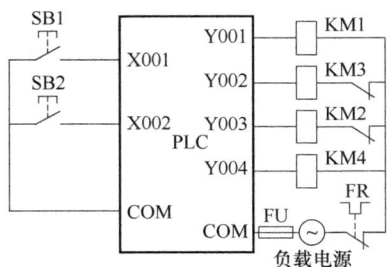

图 3-20　I/O 接线图

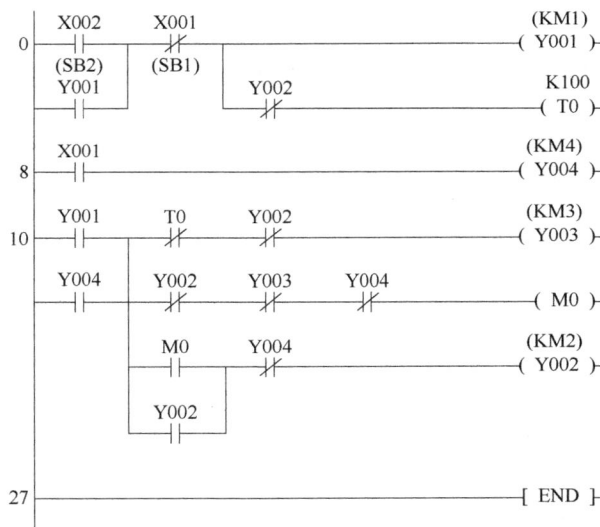

图 3-21　梯形图

5）根据梯形图，列出指令表。

```
0   LD    X002              16  MRD
1   OR    Y001              17  ANI   Y002
2   ANI   X001              18  ANI   Y003
3   OUT   Y001              19  ANI   Y004
4   ANI   Y002              20  OUT   M0
5   OUT   T0    K100        21  MPP
8   LD    X001              22  LD    M0
9   OUT   Y004              23  OR    Y002
10  LD    Y001              24  ANB
11  OR    Y004              25  ANI   Y004
12  MPS                     26  OUT   Y002
13  ANI   T0                27  END
14  ANI   Y002
15  OUT   Y003
```

6）安装接线。按 PLC 控制 I/O 口（输入/输出）接线图在模拟配线板正确安装，元器件在配线板上布置要合理，安装要准确紧固，配线导线要紧固、美观，导线要进行线槽，导线要有端子标号，引出端要有别径压端子。

① 首先按照所设计电路安装主电路，其安装方法及要求与继电接触式电路相同。

② 按照 I/O 接线图安装控制电路。

7）检查安装好的电路。用万用表、绝缘电阻表检查电路的连接是否正确。

8）输入程序。将设计好的程序用编程器输入到 PLC 中，进行编辑和检查。输入程序时，若发现问题，立即修改和调整程序，直到满足控制要求。

9）系统调试。

① 调试好的程序传送到现场使用的 PLC 存储器中，这时可先不带负载，只带上接触器线圈、信号灯等进行调试。

② 合上电源后，按下起动按钮 SB2，观察接触器动作是否正常。丫-△转换接触器动作是否正常。按停止按钮 SB1，观察接触器动作是否正常。

③ 若不符合要求，则可对硬件和程序加以调整，通常只需修改部分程序即可达到调整的目的。

鉴定点 2　软起动器常见故障的判断与处理

问：如何进行判断与处理软起动器的常见故障？

答：判断与处理软起动器的常见故障的步骤如下：

（1）故障分析　当软起动器保护功能动作时，软起动器立即停机，显示屏显示当前故障。维修者根据故障码的内容进行故障分析。

（2）确认故障点　根据故障显示确认是软起动器内部故障还是外部故障，如果是外部故障，利用测量点，确认故障点。

（3）排除故障　故障具有记忆性，故在排除故障后，通过按"STOP"键（长按 4s 以上）进行复位，使软起动器恢复到起动准备状态。

试题精选：

CMC-L 型软起动器故障的排除。

（1）故障现象　显示屏显示"Ett1"故障。

（2）操作准备　常用电工工具 1 套，万用表（MF47 型或自定）1 块，钳形电流表（T-01—A 型或自定）、绝缘电阻表（500V，0~200MΩ）各 1 只，三相四线电源（AC 3×380/220V，20A）1 处，单相交流电源（AC 220V，36V，5A）1 处，三相电动机（Y112M—6，2.2kW，380V，丫联结或自定）1 台，配线板（500mm×450mm×20mm）1 处，软起动器 CMC-L1 台，劳保用品（绝缘鞋、工作服等）1 套，演草纸（A4 或 B5 或自定）4 张，圆珠笔 1 支。

（3）操作工艺

1）调研研究：向操作者询问故障现象，分析故障范围。

2）确认故障范围：根据故障码查阅软起动器手册。

3）查找故障点：检查三相电源电压，查找出故障点，是三相电动机的接线端子接触不良。

4）排除故障，紧固接线处。

5）长按"STOP"键，使软起动器恢复到起动准备状态。

鉴定范围3 基本电子电路装调与维修

鉴定点1 使用惠斯通电桥测量电阻

问：如何使用惠斯通电桥测量直流电阻？

答：惠斯通电桥是用来测量 1Ω 以上直流电阻的较精密的仪器。用其测量直流电阻的操作步骤见中级应知部分相关内容。

试题精选：

用惠斯通电桥测量交流电动机绕组的电阻。

（1）技术要求　用万用表估测电动机每一相绕组的电阻后，用惠斯通电桥准确测量出每相绕组电阻的数值。

（2）操作准备　惠斯通电桥（QJ23 或自定）1 台；万用表（500 型或自定）1 块；三相笼型异步电动机（Y112M—4 或自定）1 台；绝缘电线（BVR-2.5mm²）1m。

（3）操作工艺

1）调整检流计零位。测量前，先将检流计转换开关拨向"内接"位置，即打开检流计锁扣（此时能看到检流计指针摆动），调整检流计零位。

2）估测阻值、选择比例臂。将万用表置于 $R\times 1$ 档，将万用表两表笔短接后，观察指针是否指在欧姆零位；否则应进行欧姆调零。将万用表两表笔与电动机接线盒的绕组端子相接，估计电动机各绕组阻值大约为 6Ω。

3）正确接线。将交流电动机 U 相绕组两端与惠斯通电桥的 R_X 接线端连接，连接导线应用短粗的铜导线，并将接头拧紧。

4）调整比较臂。根据万用表估计的电动机绕组的电阻大小，选择比例臂在 " 10^{-3} " 位置。将比较臂的四档电阻从高到低分别放在 6、0、0、0 位置。将电源开关拨向"内接"位置。

测量时，先按下电源按钮，再按下检流计按钮，观察检流计指针偏转情况。测量完毕，先松开检流计按钮，后松开电源按钮。

若发现检流计指针向"－"方向偏转，应减小比较臂电阻。这时为了提高测量速度，应从比较臂的×1000 档开始，由高到低依次调整。若发现检流计指针向"＋"方向偏转，应增加比较臂电阻，然后依次调整×100 档比较臂、×10 档比较臂和×1 档比较臂，直至检流计指针指零。

5）正确读数。被测电阻＝比例臂读数×比较臂读数。若比较臂的读数为 5705，比例臂读数为 " 10^{-3} "，则 U 相绕组阻值为 $5705\times 10^{-3}\Omega=5.705\Omega$。

6）拆下连接 U 相的连接线，改接到 V 相绕组上，按照从高位到低位的顺序依次调整各比较臂旋钮至检流计指针指零，此时，比较臂的读数为"5713"，比例臂读数仍为" 10^{-3} "，

V 相绕组的阻值为 $5713×10^{-3}\Omega = 5.713\Omega$。

7）拆下连接 V 相的连接线，改按到 W 相绕组上，按照从高位到低位的顺序依次调整各比较臂旋钮至检流计指针指零。此时，比例臂读数仍为"10^{-3}"，比较臂的读数为"5710"，则 W 相绕组的阻值为 $5710×10^{-3}\Omega = 5.710\Omega$。

8）测量完毕，关闭检流计，将电源选择开关拨向"外接"位置，以断开电源。拆下电动机绕组与电桥之间的连线，将检流计转换开关拨向"外接"位置，将检流计锁扣锁上，比较臂复位。盖上电桥盖子，清理现场，操作结束。

鉴定点 2 使用开尔文电桥测量电阻

问：如何使用开尔文电桥测量直流电阻？

答：使用开尔文电桥测量直流电阻的步骤见中级应知部分相关内容。

试题选解：

用开尔文电桥测量并励直流电动机电枢绕组的电阻。

（1）技术要求 用万用表估测电动机电枢绕组的电阻后，用开尔文电桥准确测量出电枢绕组的实际电阻值。

（2）操作准备 开尔文电桥（QJ44 或自定）1 台；万用表（500 型或自定）1 块；直流并励电动机（Z2—52 或自定）1 台；绝缘电线（BVR-4mm²）2m。

（3）操作工艺

1）打开检流计机械锁扣，调节调零器使指针指在零位。

2）接入被测电阻。应首先将电流端钮 C1 和电位端钮 P1 用粗铜线连接好，电流端钮 C2 和电位端钮 P2 也用粗铜线连接好。将直流电动机接线盒中的电枢绕组接头拆开，并将两接头接在 P1 和 P2 之间。

3）估测被测电阻，选择比例臂。用万用表估测电阻值，选择适当的倍率档。参考经验数值：一般 Z2—52 型直流电动机电枢绕组电阻值约为 0.217Ω。因此倍率选择×10 档，以便获得较准确数值。

4）接通电路，调节读数盘使之平衡。先按下电源按钮，再按下检流计按钮，接通电桥电路后，若检流计指针向"+"方向偏转，应增大读数盘读数；反之，则应减小读数盘读数。如此反复调节，直至检流计指针指零。

5）计算电阻值：被测电阻值=倍率数×读数盘读数。

6）关闭电桥。先断开检流计按钮，再断开电源按钮；然后拆除被测电阻，最后锁上检流计机械锁扣。对于没有机械锁扣的检流计，应将按钮"G"断开。

7）电桥保养。每次测量完毕后，将盒盖盖好，存放于干燥、避光、无振动的场合。

鉴定点 3 使用示波器-信号发生器测量波形

问：如何使用双踪示波器？

答：使用双踪示波器测量前的准备工作如下：

1）显示扫描线。将电源插头插入交流电源插座之前，按表 3-5 设置仪器的开关及控制旋钮。

表 3-5　各开关及旋钮的位置

开关名称	位置设置	开关名称	位置设置
电源开关	断开	触发源	CH1
辉度	相当于时钟"3"点位置	耦合选择	AC
Y轴工作方式	CH1	电平	锁定（逆时针旋到底）
垂直位移	中间位置，推进去	释抑	常态（逆时针旋到底）
V/Div	10mV/Div	T/Div	0.5ms/Div
垂直微调	校准（顺时针旋到底），推入	水平微调	校准（顺时针旋到底），推入
AC—⊥—DC	接地⊥	水平位移	中间位置

2）打开电源调节亮度和聚焦旋钮，使扫描基线清晰度较好。

3）一般情况下，将垂直微调和扫描微调旋钮处于"校准"位置，以便读取 V/Div 和 T/Div 的数值。

4）调节 CH1 垂直移位：使扫描基线设定在屏幕的中间，若此光迹在水平方向略微倾斜，调节光迹旋转旋钮使光迹与水平刻度线平行。

5）校准波形：由探头输入方波校准信号到 CH1 输入端，将 $0.5V_{P-P}$ 校准信号加到探头上。将"AC—⊥—DC"开关置于"AC"位置，校准波形将显示在屏幕上。

使用双踪示波器测量信号的步骤如下：

1）将被测信号输入到示波器通道输入端。注意输入电压不可超过 400V（$DC+AC_{P-P}$）。使用探头测量大信号时，必须将探头衰减开关拨到"×10"位置，此时输入信号减小到原值的 1/10，实际的 V/Div 值为显示值的 10 倍。如果 V/Div 置于 0.5V/Div，那么实际值应等于 0.5V/Div×10=5V。测量低频小信号时，可将探头衰减开关拨到"×1"位置。

如果要测量波形的快速上升时间或高频信号，必须将探头的接地线接在被测量点附近，减小波形的失真。

2）按照被测信号参数的测量方法不同，选择各旋钮的位置，使信号正常显示在荧光屏上，记录测量的读数或波形。测量时必须注意将 Y 轴增益微调和 X 轴增益微调旋钮旋至"校准"位置。因为只有在"校准"时才可按照开关"V/Div"及"T/Div"指示值计算所得测量结果。同时还应注意，面板上标定的垂直偏转因数"V/Div"中的"V"是指峰-峰值。

3）根据记下的读数进行分析、运算、处理，得到测量结果。

使用双踪示波器时应注意以下问题：

1）使用前必须检查电网电压是否与示波器要求的电源电压一致。

2）通电后需预热 15min 后再调整各旋钮。必须注意亮度不可开得过大，且亮点不可长期停留在一个位置上，以免缩短示波管的使用寿命。仪器暂时不用时可将亮度关小，不必切断电源。

3）通常信号引入线都要使用屏蔽电缆。示波器探头有的带有衰减器，读数时要加以注意。各种型号示波器的探头要专用。

操作要点提示：

1）所谓直接测量法，就是直接从屏幕上测量出被测电压波形的高度，然后换算成电压值。定量测试电压时，一般把 Y 轴灵敏度开关的微调旋钮转至"校准"位置上，这样，就可以从"V/Div"的指示值和被测信号占取的纵轴坐标值直接计算被测电压值。因此直接测量法又称为标尺法。

直接测量法简单易行，但误差较大，产生误差的因素有读数误差、视觉误差和示波器的系统误差（衰减器、偏转系统及示波管边缘效应）等。

2）用示波器测量交流电压。将 Y 轴输入耦合开关置于"AC"位置，可以显示出输入波形的交流成分。当交流信号的频率很低时，应将 Y 轴输入耦合开关置于"DC"位置。

将被测波形移至屏幕的中心位置，用"V/Div"开关将被测波形控制在屏幕有效工作范围内，按坐标分度尺的分度读取整个波形在 Y 轴方向的度数 H，则被测电压的峰-峰值 V_{p-p} 等于"V/Div"开关指示值与 H 的乘积，如果使用探头测量，应把探头的衰减量计算在内，即把上述计算数值乘以 10。

3）用示波器测量直流电压。将 Y 轴输入耦合开关置于"⊥"位置，触发方式开关置于"自动"位置，使屏幕显示一水平扫描线，此扫描线即为零电平线。

将 Y 轴输入耦合开关置于"DC"位置，加入被测电压，此时，扫描线在 Y 轴方向产生跳变位移 H，被测电压即为"V/Div"开关指示值与 H 的乘积。

4）利用示波器进行时间和周期的测量。示波器中的扫描发生器能产生与时间呈线性关系的扫描线，因而可以用荧光屏的水平刻度来测量波形的时间参数，如周期性信号的重复周期、脉冲信号的宽度、时间间隔、上升时间（前沿）和下降时间（后沿）、两个信号的时间差等。测量时，要先将示波器的扫描时间因数开关"T/Div"的"微调"旋钮转到校准位置，显示的波形在水平方向分度所代表的时间按"T/Div"开关的指示值才能直接计算，从而准确地求出被测信号的时间参数。

测量时间时，设两点间的水平距离为 D（单位是 Div），那么，两点间所表示的时间为
$$t = D(T/Div)$$
测量周期时，设周期间的水平距离为 D（单位是 Div），那么，周期为
$$T = D(T/Div)$$

5）利用示波器测量脉冲的参数。用双踪示波器测量脉冲波形参数时，由于其 Y 轴电路中有延迟电路，使用内触发方式能很方便地测出脉冲波形的上升沿和下降沿的时间。测量上升沿时可调整脉冲幅度，使其占 5Div，并使 10% 和 90% 电平处于网格上，这时很容易读出上升沿的时间。测量脉冲宽度时，可将脉冲幅度调整得占 6Div，这时 50% 电平也合在网格线上。测量脉冲幅度时，适当调整"V/Div"，使显示的波形较大，很容易读出刻度值。

另外还需要指出的是，由示波器读出的上升时间包括示波器本身的上升时间。要求示波器本身的上升时间应小于被测脉冲上升时间的 1/3，否则将会带来很大误差。

6）利用双踪示波器测量相位差。利用双踪示波器可以方便地测量两个同频率正弦交流电的相位，具体方法是：在 CH1、CH2 输入插孔分别输入两个正弦波电压，显示开关置于"交替"位置，调节"Y 移位"，使两个电压波形对称于水平中心轴，波形如图 3-22 所示。波形与中心轴交点 a、b 即为 A 电压的一个周期 T。a、c 之间则是两电压的相位差。相位差

角度为

$$\varphi = \frac{X_{ac}}{X_{ab}} \times 360°$$

图中，$X_{ac} = 2\text{Div}$，$X_{ab} = 8\text{Div}$，则

$$\varphi = \frac{2}{8} \times 360° = 90°$$

即电压 A 超前 B 电压 90°。

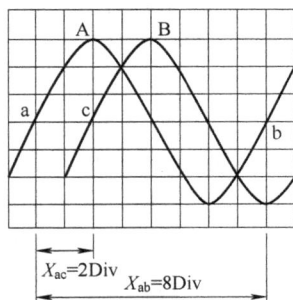

图 3-22　相位差的测量

试题精选：

用双踪示波器测量由脉冲信号发生器发出的矩形波的周期。

（1）操作准备　双踪示波器（XC4320 型或自定）1 台，配专用探头；信号源（J2464 型）1 台；单相交流电源（220V）1 处；绝缘鞋、工作服等 1 套。

（2）操作工艺

1）测量前准备。在仪器的电源线插入电源插座之前，应先将仪器各开关及控制旋钮置于下列相应位置：将电源开关置于断开位置，辉度旋钮置于相当于时钟"3 点"位置，Y 方式置于 CH1 位置。垂直位移置于中间位置，并且推进去。将衰减开关旋钮置于每格 10mA 档，微调旋钮置于校准位置，并且推进去。放大器的输入端置于接地位置。触发源置于 CH1 位置。输入耦合开关置于交流位置。电平旋钮逆时针旋到底。将扫描时间因数选择开关置于每格 0.5ms 档，扫描微调置于校准位置，即顺时针旋到底，推入。水平位移置于中间位置。

将上述准备工作做好以后，才能接通示波器电源。

2）测量。接通电源后，应确认电源指示灯亮。若指示灯不亮，应检查示波器的熔管是否正常。

经 20s 后，示波器屏幕上将出现一条水平扫描线。若经 60s 仍没有扫描线出现，应重新检查各开关及控制旋钮设定的位置是否正确。

调节辉度和聚焦旋钮，使扫描线亮度适当，并且最清晰。调节 CH1 的位移旋钮，使扫描线与水平刻度线平行。若扫描线在水平方向略有倾斜，调节"光迹旋转"旋钮使扫描线与水平刻度线相平行。

3）校准信号。将探极连接到 CH1 输入端，将 0.5V 峰-峰值电压的标准信号加到探头上。将输入耦合开关置于交流位置，这时将有标准信号显示在荧光屏上。调节衰减开关和扫速开关到适当位置，使显示出来的波形幅度和周期适中。此时波形幅度为 5 格，将衰减开关置于 0.1 位置，正好等于标准信号 0.5V 峰-峰值电压。

4）连接信号发生器。先将信号发生器的低频增益旋钮向左旋至最小，低频选择开关置于方波 1.0kHz 位置。

打开信号发生器电源开关，从信号发生器的低频输出与接地之间引出被测信号到双踪示波器的 CH1 输入端。逐渐增大低频输出增益，使示波器荧光屏上显示稳定的矩形波。然后调节示波器衰减开关和扫速开关到适当位置，使显示出来的波形幅度和周期适中。

分别调节垂直位移和水平位移旋钮，使波形中需测量周期的两点位于屏幕中央水平刻度线上。

注意：测量时必须将 Y 轴增益微调和 X 轴增益微调旋钮旋至"校准"位置。

5）读取测量结果：

$$周期 = \frac{两点间水平距离 \times 扫描时间因数}{水平扩展倍数}$$

根据显示波形的宽度，测量两点之间的水平刻度，按上述公式计算出脉冲周期。

测量完成后，关掉信号发生器的电源开关，再关掉示波器的电源开关，去掉两者之间的连接线，拔掉所有的电源插头。

鉴定点 4　78、79 系列集成电路的安装与调试

问：如何进行 78、79 系列集成电路的安装与调试？

答：78、79 系列集成电路安装与调试的工艺和步骤与初级简单电子电路的安装基本相同。78、79 系列集成电路的检测如下：

三端集成稳压器可用万用表测量各引脚之间的电阻值，可以根据测量结果粗略判断被测集成稳压器的好坏。具体方法如下：

（1）78 系列集成稳压器的检测　78 系列集成稳压器的电阻值用万用表 $R \times 1k$ 档测得。正测是指黑表笔接稳压器的接地端，红表笔去依次接触另外两引脚；负测指红表笔接地端，黑表笔依次接触另外两引脚。电阻值用万用表的 $R \times 1k$ 档测得。

由于集成稳压器的品牌及型号众多，其电参数具有一定的离散性。通过测量集成稳压器各引脚之间的电阻值，也只能估测出集成稳压器是否损坏。若测得某两脚之间的正、反向电阻值均很小或接近 0Ω，则可判断该集成稳压器内部已击穿损坏。若测得某两脚之间的正、反向电阻值均为无穷大，则说明该集成稳压器已开路损坏。若测得集成稳压器的阻值不稳定，随温度的变化而改变，则说明该集成稳压器的热稳定性能不良。

即使测量集成稳压器的电阻值正常，也不能确定该稳压器就是完好的，还应进一步测量其稳压值是否正常。测量时，可在被集成稳压器的电压输入端与接地端之间加上一个直流电压（正极接输入端）。此电压应比被测稳压器的标称输出电压高 3V 以上（例如，被测集成稳压器是 7806，加的直流电压就为 +9V），但不能超过其最大输入电压。若测得集成稳压器输出端与接地端之间的电压值输出稳定，且在集成稳压器标称稳压值的 ±5% 范围内，则说明该集成稳压器性能良好。

（2）79 系列三端集成稳压器的检测　79 系列三端集成稳压器的检测与 78 系列集成稳压器的检测方法相似，用万用表 $R \times 1k$ 档测量 79 系列集成稳压器各引脚之间的电阻值，若测得结果与正常值相差较大，则说明该集成稳压器性能不良。测量 79 系列集成稳压器的稳压值，与测量 78 系列集成稳压器稳压值的方法相同，也是在被测集成稳压器的电压输入端与接地端之间加上一个直流电压（负极接输入端），此电压应比被测集成稳压器的标称电压低 3V 以下（例如，被测集成稳压器是 7905，加的直流电压应为 -8V），但不允许超过集成稳压器的最大输入电压。若测得集成稳压器输出端与接地端之间的电压值输出稳定，且在集成稳压器标称稳压值的 ±5% 范围内，则说明该集成稳压器完好。

试题精选：

78、79 系列集成电路的安装与调试。

（1）电路图　电路图如图 3-23 所示。

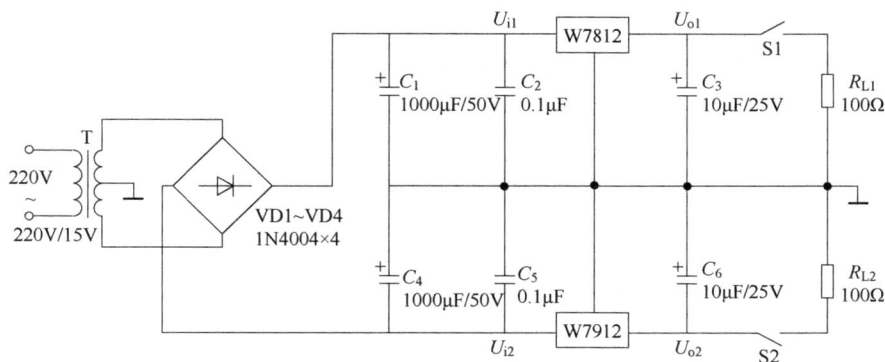

图 3-23 设备说明书中的稳压电源电路

（2）操作工艺

1）电源固定型稳压电源的安装

① 配齐元器件，并用万用表检查元器件的性能及好坏。

② 剥去电源及负载连接线的线端绝缘，清除氧化层并搪锡处理。

③ 将元器件插装后再焊接固定，用硬铜导线根据电路的电气连接关系进行布线并焊接固定。

④ 检查各元器件有无错焊、漏焊和虚焊等情况，并判断接线是否正确。

2）双电源固定型稳压电源的调试

① 元器件安装完毕，一定要认真检查，不要贸然通电！

② 在胶木板上安装变压器、开关、熔断器等，同时做好电源引线的连接和电路板交流输入端的连接。

③ 检查时，先用目测，即仔细查看有无错接、虚焊之处；再用万用表检测，用万用表检测时，先测量变压器一次绕组两端（即电源插头两导体间）的直流电阻，再分别测量各电压输出端与"地"之间的直流电阻。如果电阻为 0，则表明电路有故障，不能通电！

④ 通电后，注意观察有无异常现象发生，如冒烟、有烧焦气味、元器件发热烫手等。如果发现异常现象，立即拉断电源，然后查找故障。若无异常现象，就可用万用表按下列步骤测量电压：

a. 测量变压器的二次电压 U_2。

b. 测量正负输出对"地"的直流电压。

c. 空载时工作电压的测量。将开关 S1 和 S2 断开，用万用表测量电路中集成稳压器输入端和输出端两点的电压。集成稳压电源在断开开关 S2，合上开关 S1 时，只输出正电压 +12V。在断开开关 S1，合上开关 S2 时，只输出负电压 −12V。而当开关 S1 和 S2 都合上时，电路可以同时输出正负电压 ±12V。分别对正电源和负电源进行测量，并且做好记录。

d. 测量稳压电源内阻，将开关 S1 和 S2 都合上，正负电源分别接负载电阻 R_{L1} 和 R_{L2}（都为 100Ω），用万用表测量电源的输出端的电位 U'_{o1} 和 U'_{o2}。

正电源的内阻 $r_1 = \left(\dfrac{U_{o1}}{U'_{o1}} - 1 \right) R_{L1}$，而负电源的内阻 $r_2 = \left(\dfrac{U_{o2}}{U'_{o2}} - 1 \right) R_{L2}$

ϵ. 将开关 S 闭合，用示波器测试输出电压波形。

鉴定点 5　阻容耦合放大电路的安装与调试

问：如何进行阻容耦合放大电路的安装与调试？

答：阻容耦合放大电路的安装与调试工艺与初级电子电路的安装工艺相同，只是电路较为复杂而已。

鉴定点 6　单相晶闸管可控整流电路的维修

问：简述检修较复杂电子电路故障的方法。

答：检修较复杂电子电路故障时应注意以下几点：

（1）比较复杂的电子电路，在电路图中都给出重要参数，在处理及修复故障时，可对照电路图给出的参数进行比较，可以少走许多弯路。

（2）对查找到的故障点，需补焊的焊点按焊接工艺要求补焊，该更换的电子元器件按同型号同参数的要求更换。元器件的拆法和重新焊接应注意以下几点：

1）引脚较少的元器件的拆法：一手拿电烙铁加热待拆元器件的引脚焊点，熔解原焊点焊锡，一手用镊子夹住元器件轻轻往外拉。

2）多焊点元器件且元器件引脚较硬的拆法

① 采用吸锡器或吸锡式电烙铁逐个将焊点上的焊锡吸掉后，再将元器件拉出。

② 用吸锡材料将焊点上的锡吸掉。

③ 采用专用工具，一次将所有焊点加热熔化，取下焊件。

3）重新焊接：重焊电路板上的元器件。首先将元器件孔疏通，再根据孔距用镊子弯好元器件引脚，然后插入元器件进行焊接。

（3）检测故障的方法

1）直流电压检查法。通过对整个电子电路某些关键点在有无信号时的直流电压的测量，并与正常值相比较，经过分析便可确定故障范围，然后，再测量此故障电路中有关点的直流电压，就能较快地找出故障所在点。

2）交流电压检查法。交流电压检查主要用来测量交流电路是否正常。对于音频输出电路或场输出电路，有时也可以用万用表 dB 档或交流电压档串一只高压电容，来检查有无脉冲或音频信号，由于所测量的是脉冲或音频电压，万用表的读数只作为判断电路是否正常的参考，不能代表实际电压值。

3）电阻检查法。电阻检查通常在关机状态下进行，主要检查内容如下：

① 用来测量交流和稳压直流电源的各输出端对地电阻，以检查电源的负载有无短路或漏电。

② 用来测量电源调整管、音频输出管和其他中、大功率管的集电极对地电阻，以防这些晶体管集电极对地短路或漏电。

③ 测量集成电路各脚对地电阻，以判断集成电路是否损坏或漏电。

④ 直接测量其他元器件，以判断这些元器件是否损坏。由于 PN 结的作用，最好进行正、反向电阻的测量；另外，由于万用表的内阻、电池电压等方面的差异，测试结果可能不

一致，应多加注意。

⑤ 电流检查法。直流电流检查，常用来检查电源的输出电流、各单元电路的工作电流，尤其是输出级的工作电流，这种方法更能定量反映电路的静态工作是否正常。用万用表测量电路电流时，电流档的内阻应足够小，以免影响电路正常工作。

⑥ 示波器测量法。检修电子电路时，示波器是被经常用到的，而且是通用性很强的信号特性测试仪，它既能显示波形，又能测量电信号的幅度、周期、频率、时间间隔和相位等，还能测量脉冲信号的波形参数。多踪示波器还能进行信号比较，是检测电子电路的重要仪器。

（4）较复杂电子电路检修后的调试　根据电路图或接线图从电源端开始，逐步、逐段校对电子元器件的技术参数与电路图是否相对应；校对连接导线连接的是否正确，检查焊点是否虚焊。

先进行静态的测量，应从电源开始，测量各关键点的直流电压值是否与电路中的规定值对应，进一步确定电路的正确性；再进行动态的测量，加入动态信号，用电子仪器与仪表进行测量，将测量结果与标准参数、波形对比，进一步调整电路，完善电路的性能。

试题精选：

检修晶闸管调光电路故障。

故障点设置：电阻 R_4 断路。

故障现象：HL 不发光。

（1）操作准备　双踪示波器（SR8 型或自定）1 台，万用表（自定）1 块，电工通用工具 1 套，圆珠笔 1 只，演草纸（自定）2 张，绝缘鞋、工作服等 1 套，电子电路（晶闸管调光）1 套，晶闸管调光电路图（与线路相配套的电路图）1 套，故障排除所用的设备及材料（与晶闸管调光电路相配套）1 套，单相交流电源（220V 和 36V，5A）1 处。

（2）电路图　电路图如图 2-94 所示。

（3）操作工艺

1）电子电路类型识别。VD1～VD4 是整流电路部分。电容 C、RP、R_2、R_3、R_4、VS、VT2 组成单结晶体管触发电路。220V 交流电源通过变压器得到 12V 交流电压，经过 VD1～VD4 整流电路得到直流电，为 VT2 触发电路、HL 提供电源。直流电源通过 R_2、R_3 加到单结晶体管的两个基极上，同时又通过 R_4、RP 向电容器 C 充电。如果电容器 C 上初始电压为零，则电容器 C 两端的电压 u_c 从零开始按指数规律逐渐上升。在 $u_c(u_c=u_E)<U_p$ 时，单结晶体管处于截止状态，R_1 两端输出电压近似为零。当 u_c 达到峰点电压 U_p 时，单结晶体管的 E、B1 极之间突然导通，内电阻急剧减小，电容上的电压通过内电阻和 R_3 放电，由于内电阻和 R_3（200Ω）都很小，放电很快，放电电流在 R_3 上形成一个脉冲电压，当下降到谷点电压 U_v 以下时，E 极和 B1 极之间恢复阻断状态，单结晶体管从导通跳变到截止，输出电压 U_o 下降到零，完成一次振荡。

当 E、B1 极之间截止后，电源又对 C 充电，并重复上述过程，结果在 R_3 上得到一个周期性尖脉冲输出电压。

该电路的工作过程是利用了单结晶体管的负阻效应和 RC 充放电特性。改变 RP 的大小，便可改变电容充放电的快慢，使输出的脉冲波形移前或移后，从而控制晶闸管的触发导通时刻。显然 $\tau=RC$ 较大时，触发脉冲后移；τ 较小时，触发脉冲前移。

2）根据故障现象在电路图上分析故障范围。HL 不发光的故障现象，可以确定晶闸管 VT1 没有导通，造成这种故障现象的原因有三个：一是晶闸管 VT1 电路部分有故障；二是单结晶体管 VT2 组成的触发电路有故障；三是电源部分。因此，结合该电路的工作原理，将整个电路划分为三个检查区域：交直流电源部分；触发电路部分和晶闸管 VT1 电路部分。

3）确定线路检测方案。交直流电源部分的测量、分析方法较为简单，一般用万用表即可满足测量要求。

① 将万用表转换开关旋至交流电压 500V 的量程上，接通电源开关，测量 VD1～VD4 桥式整流的交流输入端有无 12V 电压。若测量有 12V 电压，则交流电源输入端正常。

② 将万用表转换开关旋至直流电压 50V 的量程上，接通电源开关，测量 VD1～VD4 桥式整流的直流输出端有无 12V 左右的直流电压。若有直流电压，则直流电源输出端正常。

晶闸管 VT1 电路部分，也可以用万用表进行测量判断：将万用表转换开关旋至直流电压 50V 的量程上，接通电源开关，测量晶闸管 VT1 阴极、阳极两端的直流电压，若为 12V，则晶闸管 VT1 电路无故障（注意：不排除晶闸管 VT1 本身损坏）。

结论：故障点应在触发电路中。

4）用测量法确定第一个故障点。将万用表转换开关旋至直流电压 50V 的量程上→测量电容 C 两侧的直流电压→0V→VT2 发射极无直流电压→单结晶体管处于截止状态。

断开电源开关→将万用表转换开关旋至 $R×1k$ 的量程上，调零后测量 R_4 电阻、RP 电阻、电容 C 元器件的好坏及线路的通断。测量时，为避免在线其他电子元器件和支路的影响，检测前，可以先用电烙铁断开 R_4 的引脚；也可以在测量电路时，红、黑表笔进行调换，比较测量值结果。用万用表测量出电阻 R_4 断路。

5）检修故障点，并通电试运行。将 R_4 焊好后，接通电源开关，HL 工作正常→RP 调节电路工作正常。

6）整理现场，做好维修记录。固定好电路板，整理线路板之间的所有连线，盖上外壳。清理维修工具、仪表和桌面等。

第四部分　模拟试卷

初级电工理论知识模拟试卷

一、单项选择题（第1~160题。选择一个正确的答案，将相应的字母填入题内的括号中。每题0.5分，满分80分）

1. 下列选项中，关于职业道德与人生事业成功关系的正确论述是（　　）。

A. 职业道德是人生事业成功的重要条件

B. 职业道德水平高的人肯定能够取得事业的成功

C. 缺乏职业道德的人更容易获得事业的成功

D. 人生事业成功与否与职业道德无关

2. 企业生产经营活动中，要求员工遵纪守法是（　　）。

A. 约束人的体现　　　　　　　　　B. 保证经济活动正常进行所决定的

C. 领导者人为的规定　　　　　　　D. 追求利益的体现

3. 对待职业和岗位，（　　）并不是爱岗敬业所要求的。

A. 树立职业理想　　　　　　　　　B. 干一行爱一行专一行

C. 遵守企业的规章制度　　　　　　D. 一职定终身，绝对不改行

4. 严格执行安全操作规程的目的是（　　）。

A. 限制工人的人身自由

B. 企业领导刁难工人

C. 保证人身和设备的安全以及企业的正常生产

D. 增强领导的权威性

5. 作为一名工作认真负责的员工，应该是（　　）。

A. 领导说什么就做什么

B. 领导亲自安排的工作认真做，其他工作可以马虎一点

C. 面上的工作要做仔细一些，看不到的工作可以快一些

D. 工作不分大小，都要认真去做

6. 电路的作用是实现能量的（　　）和转换、信号的传递和处理。

A. 连接　　　　　B. 传输　　　　　C. 控制　　　　　D. 传送

7. 电位是（　　），随参考点的改变而改变，而电压是绝对量，不随参考点的改变而改变。

A. 常量　　　　　B. 变量　　　　　C. 绝对量　　　　　D. 相对量

8. 电功率的常用单位有（　　）。

A 焦耳   B. 伏安   C. 欧姆   D. 瓦、千瓦、毫瓦

9. 如图 4-1 所示，$I_S = 5A$，当 U_S 单独作用时，$I_1 = 3A$，当 I_S 和 U_S 共同作用时 I_1 为（   ）。

A. 2A   B. 1A   C. 0A   D. 3A

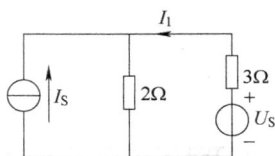

图 4-1   电路图

10. 电容器上标注 104J 的 J 的含义为（   ）。

A. ±2%   B. ±10%   C. ±5%   D. ±15%

11. 磁导率 μ 的单位为（   ）。

A. H/m   B. H·m   C. T/m   D. Wb·m

12. 铁磁性质在反复磁化过程中的 B-H 关系是（   ）。

A. 起始磁化曲线   B. 磁滞回线   C. 基本磁化曲线   D. 局部磁滞回线

13. 穿越线圈回路的磁通发生变化时，线圈两端就产生（   ）。

A. 电磁感应   B. 感应电动势   C. 磁场   D. 电磁感应强度

14. 串联正弦交流电路的视在功率表征了该电路的（   ）。

A. 电路中总电压有效值与电流有效值的乘积

B. 平均功率

C. 瞬时功率最大值

D. 无功功率

15. 三相对称电路的线电压比对应的相电压（   ）。

A. 超前 30°   B. 超前 60°   C. 滞后 30°   D. 滞后 60°

16. 变压器的器身主要由（   ）和绕组两部分所组成。

A. 定子   B. 转子   C. 磁通   D. 铁心

17. 三相异步电动机的优点是（   ）。

A. 调速性能好   B. 交直流两用   C. 功率因数高   D. 结构简单

18. 三相异步电动机的转子由（   ）、转子绕组、风扇和转轴等组成。

A. 转子铁心   B. 机座   C. 端盖   D. 电刷

19. 刀开关的文字符号是（   ）。

A. QS   B. SQ   C. SA   D. KM

20. （   ）以电气原理图、安装接线图和平面布置图最为重要。

A. 电工   B. 操作者   C. 技术人员   D. 维修电工

21. P 型半导体是在本征半导体中加入微量的（   ）元素构成的。

A. 三价   B. 四价   C. 五价   D. 六价

22. 当二极管外加电压时，反向电流很小，且不随（   ）变化。

A. 正向电流 　　　　B. 正向电压 　　　　C. 电压 　　　　D. 反向电压

23. 测得某电路板上晶体管 3 个电极对地的直流电位分别为 $V_E = 3V$，$V_B = 3.7V$，$V_C = 3.3V$，则该管工作在（　　　）。

A. 放大区 　　　　B. 饱和区 　　　　C. 截止区 　　　　D. 击穿区

24. 图 4-2 所示为（　　）晶体管图形符号。

A. 压力 　　　　B. 发光 　　　　C. 光电 　　　　D. 普通

25. 如图 4-3 所示，C_2、R_{F2} 组成的反馈支路的反馈类型是（　　　）。

A. 电压串联负反馈 　　　　　　　　　　B. 电压并联负反馈

C. 电流串联负反馈 　　　　　　　　　　D. 电流并联负反馈

图 4-2　晶体管的图形符号　　　　图 4-3　反馈电路

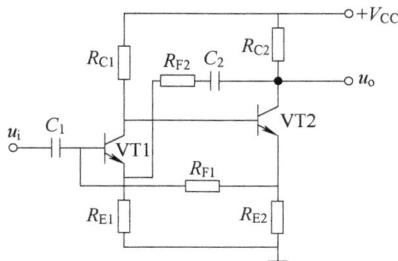

26. 根据仪表测量对象的名称分为（　　）等。

A. 电压表、电流表、功率表、电能表 　　　B. 电压表、欧姆表、示波器

C. 电流表、电压表、信号发生器 　　　　　D. 功率表、电流表、示波器

27. 测量交流电流应选用（　　　）电流表。

A. 磁电系 　　　　B. 电磁系 　　　　C. 感应系 　　　　D. 整流系

28. 使用绝缘电阻表时，下列做法不正确的是（　　　）。

A. 测量电气设备绝缘电阻时，可以带电测量电阻

B. 测量时绝缘电阻表应放在水平位置上，未接线前先转动绝缘电阻表做开路试验，看指针是否在"∞"处，再把 L 和 E 短接，轻摇发电机，看指针是否为"0"，若开路指"∞"，短路指"0"，说明绝缘电阻表是好的

C. 绝缘电阻表测完后应立即使被测物放电

D. 测量时，摇动手柄的速度由慢逐渐加快，并保持 120r/min 左右的转速 1min 左右，这时读数较为准确

29. 千分尺一般用于测量（　　　）的尺寸。

A. 小器件 　　　　B. 大器件 　　　　C. 建筑物 　　　　D. 电动机

30. 常用的裸导线有（　　），铝绞线和钢芯铝绞线。

A. 钨丝 　　　　B. 铜绞线 　　　　C. 钢丝 　　　　D. 焊锡丝

31. 劳动者的基本权利包括（　　）等。

A. 完成劳动任务 　　　　　　　　　　B. 提高职业技能

C. 请假外出 　　　　　　　　　　　　D. 提请劳动争议处理

32. 根据劳动法的有关规定，（　　），劳动者可以随时通知用人单位解除劳动合同。

A. 在试用期间被证明不符合录用条件的

E. 严重违反劳动纪律或用人单位规章制度的

C. 严重失职、营私舞弊，对用人单位利益造成重大损害的

D. 在试用期内

33. 低压验电器是利用电流通过验电器、人体、（　　　）形成回路，其漏电电流使氖泡起辉发光而工作的。

A. 大地　　　　　　B. 氖泡　　　　　　C. 弹簧　　　　　　D. 手柄

34. 验电器在使用时不能用手接触（　　　）。

A. 笔尖金属探头　　B. 氖泡　　　　　　C. 尾部螺钉　　　　D. 笔帽端金属挂钩

35. 电压互感器的二次侧接（　　　）。

A. 频率表　　　　　B. 电流表　　　　　C. 万用表　　　　　D. 电压表

36. 电流互感器的二次侧不许（　　　）。

A. 开路　　　　　　B. 短路　　　　　　C. 接地　　　　　　D. 接零

37. 电能表的电压线圈（　　　）在电路中。

A. 混联　　　　　　B. 串联　　　　　　C. 并联　　　　　　D. 互联

38. 钢直尺的刻线间距为（　　　），比这一值小的数值，只能估计而得。

A. 0.1mm　　　　　B. 0.2mm　　　　　C. 0.5mm　　　　　D. 1mm

39. 钢卷尺性脆易（　　　），使用时要倍加小心。

A. 折断　　　　　　B. 弯曲　　　　　　C. 变形　　　　　　D. 磨损

40. 钳形电流表不能带电（　　　）。

A. 读数　　　　　　B. 换量程　　　　　C. 操作　　　　　　D. 动扳手

41. 游标卡尺测量前应清理干净，并将两量爪（　　　），检查游标卡尺的精度情况。

A. 合并　　　　　　B. 对齐　　　　　　C. 分开　　　　　　D. 错开

42. 选择功率表的量程就是选择功率表中的电流量程和（　　　）量程。

A. 相位　　　　　　B. 频率　　　　　　C. 功率　　　　　　D. 电压

43. 当负载电阻远远小于功率表电流线圈的电阻时，应采用（　　　）后接法。

A. 频率线圈　　　　B. 电压线圈　　　　C. 电流线圈　　　　D. 功率线圈

44. 选择电能表的规格就是选择电能表的额定（　　　）和额定电压。

A. 相位　　　　　　B. 电流　　　　　　C. 功率　　　　　　D. 频率

45. 负载的用电量要在电能表额定值的（　　　）以上，否则会引起电能表计量不准。

A. 30%　　　　　　B. 20%　　　　　　C. 1%　　　　　　D. 10%

46. 电缆一般由导电线芯、（　　　）和保护层所组成。

A. 橡胶　　　　　　B. 薄膜纸　　　　　C. 麻线　　　　　　D. 绝缘层

47. 铝导线一般用于（　　　）。

A. 室外架空线　　　B. 室内照明线　　　C. 车间动力线　　　D. 电源插座线

48. 电气控制一级回路布线的铜导线截面积应大于或等于（　　　）。

A. 0.5mm^2　　　　B. 1.5mm^2　　　　C. 2.5mm^2　　　　D. 4mm^2

49. 下面适合于制造电阻器的材料是（　　　）。

A. 金　　　　　　　B. 银　　　　　　　C. 铝　　　　　　　D. 康铜

50. 电工线管配线时，钢管比塑料管的成本（　　）。

A. 低　　　　　　B. 好　　　　　　C. 一样　　　　　　D. 高

51. 安装电气控制柜时，一般使用（　　）来固定接触器等低压电器。

A. 黑胶布　　　　B. 扎带　　　　　C. 线槽　　　　　　D. 导轨

52. 动力配管、母线支架安装中，一般使用（　　）规格的角钢。

A. ∟70×7　　　　B. ∟60×6　　　　C. ∟50×5　　　　　D. ∟40×4

53. 刀开关必须（　　）安装，合闸时手柄朝上。

A. 水平　　　　　B. 垂直　　　　　C. 悬挂　　　　　　D. 弹性

54. （　　）主要由熔体、熔管和熔座三部分组成。

A. 刀开关　　　　B. 接触器　　　　C. 熔断器　　　　　D. 继电器

55. 对于电动机不经常起动而且起动时间不长的电路，熔体额定电流约等于电动机额定电流的（　　）倍。

A. 0.5　　　　　　B. 1　　　　　　C. 1.5　　　　　　D. 2.5

56. 交流接触器由电磁机构、（　　）、灭弧装置和其他部件所组成。

A. 过电流线圈　　B. 操作手柄　　　C. 压敏电阻　　　　D. 触头系统

57. 控制按钮在结构上有揿钮式、（　　）、钥匙式、旋钮式、带灯式等。

A. 磁动式　　　　B. 电磁式　　　　C. 电动式　　　　　D. 紧急式

58. 电动机的停止按钮选用（　　）按钮。

A. 黄色　　　　　B. 红色　　　　　C. 绿色　　　　　　D. 黑色

59. 安装螺旋式熔断器时，负载引线必须接到瓷底座的（　　）接线端。

A. 左　　　　　　B. 右　　　　　　C. 上　　　　　　　D. 下

60. 交流接触器的安装多为（　　）安装，其倾斜角不得超过5°。

A. 垂直　　　　　B. 水平　　　　　C. 前后　　　　　　D. 左右

61. 按钮一般都安装在（　　）上，且布置要整齐、合理、牢固。

A. 面板　　　　　B. 底座　　　　　C. 端盖　　　　　　D. 工件

62. 为铜导线提供电气连接的组合型接线端子排相邻两片的朝向必须（　　）。

A. 一致　　　　　B. 相反　　　　　C. 相对　　　　　　D. 相背

63. 剩余电流断路器负载侧的中性线（　　）与其他回路共用。

A. 允许　　　　　B. 不得　　　　　C. 必须　　　　　　D. 通常

64. 线路暗管敷设时，管子的曲率半径 $R \geq 6d$，弯曲角度（　　）。

A. $\theta \geq 30°$　　B. $\theta \geq 45°$　　C. $\theta \geq 60°$　　D. $\theta \geq 90°$

65. 线槽直线段组装时，应（　　）。

A. 先布电线，再固定线槽　　　　　B. 先布电线，再装线槽

C. 先做分支线，再做干线　　　　　D. 先做干线，再做分支线

66. PVC线槽应平整，无扭曲变形，内壁（　　），各种附件齐全。

A. 无受潮　　　　B. 无弹性　　　　C. 无毛刺　　　　　D. 无变形

67. 管线配线时，导线绝缘层的绝缘强度不能低于500V，铜芯线导线最小截面积为1（　　）。

A. mm^2　　　　　B. cm^2　　　　　C. μm^2　　　　　D. nm^2

63. 照明灯具使用时要根据安装方式、（　　）和功率等参数合理选择型号。

A. 灯泡颜色　　　B. 灯泡电流　　　C. 灯泡形状　　　D. 灯泡电压

69. 在移动灯具及信号指示中，广泛应用（　　）。

A. 白炽灯　　　　B. 荧光灯　　　　C. 碘钨灯　　　　D. 高压钠灯

70. 导线绝缘层剖削的常用工具是（　　）和剥线钳。

A. 钢丝钳　　　　B. 尖嘴钳　　　　C. 螺钉旋具　　　D. 电工刀

71. 单股粗铜线连接时，可以采用（　　）的方法。

A. 互钩　　　　　B. 打结　　　　　C. 绑扎　　　　　D. 熔化

72. 进行多股铜导线的连接时，将散开的各导线（　　）对插，再把张开的各线端合拢，取任意两股同时绕5~6圈后，采用同样的方法调换两股再卷绕，依此类推绕完为止。

A. 隔根　　　　　B. 隔两根　　　　C. 隔三根　　　　D. 隔四根

73. 导线在接线盒内的接线柱中连接时，每个接线端子上的导线根数不能（　　）。

A. 为2　　　　　B. 为1　　　　　C. 过少　　　　　D. 过多

74. 接地保护适合于电源变压器二次侧（　　）不接地的场合。

A. 中性点　　　　B. 相线　　　　　C. 零线　　　　　D. 外壳

75. 在高土壤电阻率地区，可采用外引接地法、接地体延长法、深埋法等来降低（　　）电阻。

A. 绝缘　　　　　B. 并联　　　　　C. 串联　　　　　D. 接地

76. 接零保护适合于电源变压器二次侧（　　）接地的场合。

A. 中性点　　　　B. 相线　　　　　C. 零线　　　　　D. 外壳

77. 保护接地与保护接零（　　）互换。

A. 适合　　　　　B. 有时　　　　　C. 不能　　　　　D. 可以

78. 动力主电路由电源开关、熔断器、（　　）、热继电器、电动机等组成。

A. 按钮　　　　　B. 时间继电器　　C. 接触器主触头　D. 速度继电器

79. 动力主电路通电测试的最终目的是（　　）。

A. 观察各接触器的动作情况是否符合控制要求

B. 观察各台电动机的工作情况是否符合控制要求

C. 观察各熔断器的工作情况是否符合控制要求

D. 观察各断路器的工作情况是否符合控制要求

80. 动力控制电路由熔断器、热继电器、按钮、行程开关、（　　）等组成。

A. 接触器主触头　B. 汇流排　　　　C. 接触器线圈　　D. 电动机

81. 动力控制电路通电测试的最终目的是（　　）。

A. 观察各按钮的工作情况是否符合控制要求

B. 观察各接触器的动作情况是否符合控制要求

C. 观察各熔断器的工作情况是否符合控制要求

D. 观察各断路器的工作情况是否符合控制要求

82. 室内线槽配线时，应先铺设槽底，再（　　），最后扣紧槽盖。

A. 导线焊接　　　B. 导线接头　　　C. 导线穿管　　　D. 敷设导线

83. 电阻器按结构形式可分为：圆柱形、管形、圆盘形及（　　）。

A. 平面片状　　　　B. 直线型　　　　C. L 型　　　　D. T 型

84. 电阻器 RJ72 中的 J 的含义为 （　　　　）。

A. 碳膜　　　　B. 金属膜　　　　C. 热敏　　　　D. 碳质

85. 在 100MHz 以上时一般不能用 （　　　　） 线圈。

A. 空芯　　　　B. 铁氧体　　　　C. 胶木　　　　D. 塑料

86. 下列电容器中不属于有机介质电容器的是 （　　　　）。

A. 涤纶介质电容器　　　　　　　　　B. 聚苯乙烯介质电容器

C. 漆膜介质电容器　　　　　　　　　D. 独石电容器

87. 在高温下工作时，应采用 （　　　　）。

A. 瓷介电容器　　　　B. 电解电容器　　　　C. 云母电容器　　　　D. 玻璃电容器

88. 二极管是由 （　　　　）、电极引线以及外壳封装构成的。

A. 一个 PN 结　　　　B. P 型半导体　　　　C. N 型半导体　　　　D. 本征半导体

89. 二极管的最高反向电压为击穿电压的 （　　　　）。

A. 1/2　　　　B. 1/3　　　　C. 2/3　　　　D. 1/5

90. 特殊二极管有 （　　　　） 等。

A. 变容二极管、雪崩二极管、发光二极管、光电二极管

B. 整流二极管、变容二极管、雪崩二极管、发光二极管

C. 开关二极管、雪崩二极管、发光二极管、光电二极管

D. 变容二极管、普通二极管、发光二极管、光电二极管

91. 若二极管引线是轴向引出的，则 （　　　　）。

A. 有色环的一端为负极　　　　　　　B. 有色环的一端为正极

C. 长引脚的一端为正极　　　　　　　D. 长引脚的一端为负极

92. 按频率来分，晶体管可分为 （　　　　）。

A. 高频管　　　　B. 低频管　　　　C. 开关管　　　　D. 以上都是

93. 共发射极截止频率为电流放大系数因频率增高而下降至低频放大系数的 （　　　　） 时的频率。

A. 1.414　　　　B. 0.707　　　　C. 0.6　　　　D. 0.5

94. 在图像、伴音等放大电路中晶体管可选用 （　　　　）。

A. 高频晶体管　　　　B. 低频晶体管　　　　C. 中频晶体管　　　　D. 大功率晶体管

95. 晶体管集电极电流在 0.1A 以下的晶体管称为 （　　　　）。

A. 开关管　　　　B. 大功率管　　　　C. 小功率管　　　　D. 中功率管

96. 绝缘栅场效应晶体管可分为 （　　　　）。

A. N 沟道耗尽型、P 沟道耗尽型、N 沟道增强型、P 沟道增强型

B. N 沟道增强型、P 沟道耗尽型

C. N 沟道耗尽型、P 沟道耗尽型

D. N 沟道增强型、P 沟道增强型

97. 电子焊接的焊点要避免出现 （　　　　）。

A. 虚焊　　　　B. 漏焊　　　　C. 桥接　　　　D. 以上都是

98. 相同用电功率的内热式电烙铁比外热式电烙铁的发热功率 （　　　　）。

A 大   B. 小   C. 相等   D. 不好定

99. 存储、传递热能的烙铁头一般都是用（　　）材料制成的。

A. 钢   B. 铸铁   C. 纯铜   D. 青铜

100. 焊接汇流排、金属板等的电烙铁的烙铁头的温度在（　　）℃。

A. 250～350   B. 350～450   C. 400～500   D. 500～600

101. 当采用握笔法时，（　　）的电烙铁使用起来比较灵活，适合在元器件较多的电路中进行焊接。

A. 直烙铁头   B. C 型烙铁头   C. 弯烙铁头   D. D 型烙铁头

102. 焊锡丝的直径种类较多，下列数据（　　）不属于焊锡丝的直径。

A. 1mm   B. 1.2mm   C. 0.8mm   D. 1.5mm

103. 为使焊锡强度增大、熔点降低，可以掺入少量（　　）。

A. 铜   B. 铁   C. 锌   D. 银

104. 下列不属于助焊剂特性的为（　　）。

A. 去除氧化膜并防止氧化   B. 辅助热传导

C. 降低金属表面张力   D. 使焊点失去光泽

105. 下列不属于有机焊剂特点的是（　　）。

A. 活性强   B. 具有一定腐蚀性   C. 有毒   D. 活性不强

106. （　　）的松香不仅不能起到帮助焊接的作用，还会降低焊点的质量。

A. 炭化发黑   B. 固体   C. 液态   D. 溶于酒精

107. 半导体具有（　　）特点。

A. 热敏性   B. 光敏性   C. 可掺杂性   D. 以上都是

108. 二极管加反偏电压的特性是（　　）。

A. 反向电阻小、反向电流小   B. 反向电阻小、反向电流大

C. 反向电阻大、反向电流小   D. 反向电阻大、反向电流大

109. 玻璃封装的二极管引线的弯曲处距离管体不能太小，一般至少为（　　）mm。

A. 5   B. 4   C. 1   D. 2

110. 发光二极管是将电能变为光能，其工作在（　　）状态。

A. 正偏   B. 反偏   C. 饱和   D. 截止

111. 2CC12A 表示的是（　　）二极管。

A. 发光   B. 开关   C. 光敏   D. 变容

112. 晶体管工作在放大状态时，发射结正偏，对于硅管约为 0.7V，锗管约为（　　）。

A. 0V   B. 0.3V   C. 0.5V   D. 0.7V

113. 在单相整流电路中，采用的整流器件为（　　）。

A. 整流二极管   B. 检波二极管   C. 开关二极管   D. 稳压二极管

114. 已知电源变压器的二次电压为 20V，现采用单相桥式整流电路，则负载上可得到（　　）V 电压。

A. 10   B. 9   C. 18   D. 20

115. 电容滤波是利用电容器（　　）进行工作的。

A. 充电   B. 放电   C. 充放电   D. 通交隔直

116. 电容滤波电路中整流元件电流波形与电源电压波形是（　　）的。

A. 不同　　　　　　　B. 相同　　　　　　　C. 近似　　　　　　　D. 不能确定

117. 一单相桥式整流电容滤波电路，该电路输出电压为 36V，则该电路电源变压器的二次电压为（　　）V。

A. 20　　　　　　　　B. 10　　　　　　　　C. 36　　　　　　　　D. 30

118. 一单相半波整流电感滤波电路，已知负载的直流电压为 4.5V，则该电路电源变压器的二次电压值为（　　）V。

A. 10　　　　　　　　B. 20　　　　　　　　C. 5　　　　　　　　D. 15

119. 稳压管稳压电路必须串有一个阻值合适的（　　）电阻。

A. 限流调压　　　　　B. 降压　　　　　　　C. 限流　　　　　　　D. 稳压

120. 如图 4-4 所示，已知稳压管的稳定电压均为 5.3V，稳压管正向导通时的管压降为 0.7V，则输出电压为（　　）V。

A. 5.3　　　　　　　B. 1.4　　　　　　　C. 10.6　　　　　　　D. 6

121. 如图 4-5 所示，已知 $V_{CC}=16V$，$R_C=4k\Omega$，$R_B=400k\Omega$，$\beta=50$，则 I_{CQ} 为（　　）。

A. 4mA　　　　　　　B. 3mA　　　　　　　C. 2mA　　　　　　　D. 5mA

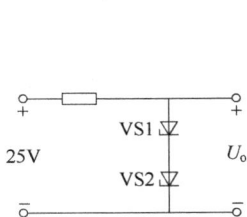

图 4-4　稳压电路

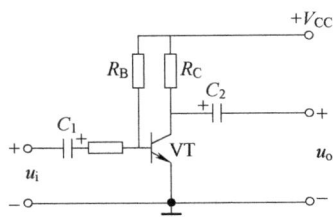

图 4-5　放大电路

122. 若反馈到输入端的是直流量，则称为直流负反馈，它能稳定（　　）。

A. 直流负载线　　　　B. 基极偏置电流　　　C. 集电极电压　　　　D. 静态工作点

123. 若反馈到输入端的交流电压与原输入信号接在不同端，且削弱输入信号，则该电路的反馈类型是（　　）负反馈。

A. 电压串联　　　　　B. 电压并联　　　　　C. 电流并联　　　　　D. 电流串联

124. 交流负反馈可以改善交流指标，若要稳定输出电压，增大输入电阻，则应引入（　　）负反馈。

A. 电压串联　　　　　B. 电压并联　　　　　C. 电流并联　　　　　D. 电流串联

125. 串联型稳压电路，具有电压可调、电流较大特点，常做成（　　）电路应用。

A. 三端集成稳压　　　B. 四端集成稳压　　　C. 三端集成固定　　　D. 三端集成可调

126. 电池充电器电路串联一个电阻的作用是（　　）。

A. 限流调节充电时间　　　　　　　　　　B. 降压

C. 阻值要求大，限流好　　　　　　　　　D. 限流阻值功率小

127. 三端集成稳压 7812 的输出电压为（　　）V。

A. 12　　　　　　　　B. 10　　　　　　　　C. 18　　　　　　　　D. 20

128. 变压器高、低压绕组的出线端分别标记为 A.X 和 A.x，将 X 和 x 导线相连，若

$U_{Aa} = U_{AX} + U_{ax}$，则（　　）两端为同名端。

  A. A 与 X　　　　　B. A 与 x　　　　　C. X 与 x　　　　　D. A 与 a

129. 电力变压器的最高效率发生于所带负载为满载的（　　）时。

  A. 90%～100%　　　B. 80%～90%　　　C. 70%～80%　　　D. 50%～70%

130. 自耦变压器与普通双绕组变压器相比，重量轻、体积小、效率高和（　　）差。

  A. 机械强度　　　B. 电压稳定性　　　C. 功率因数　　　D. 安全性

131. 增大电焊变压器焊接电流的方法是调高空载电压，（　　）。

  A. 减小一、二次绕组距离　　　　　B. 增大一、二次绕组距离

  C. 增大一次绕组距离　　　　　D. 增大二次绕组距离

132. 三相异步电动机中，不能改变旋转磁场转速的方法是（　　）。

  A. 定子绕组由Y改为YY　　　　　B. 改变磁极的对数

  C. 改变电源的频率　　　　　D. 改变电压的高低

133. 三相异步电动机的额定电压是指正常工作时的（　　）。

  A. 相电压　　　B. 线电压　　　C. 感应电压　　　D. 对地电压

134. 中小型异步电动机的额定功率越大，其额定转差率的数值（　　）。

  A. 越大　　　B. 越小　　　C. 不确定　　　D. 为零

135. 异步电动机的常见电气制动方法有反接制动、回馈制动、（　　）。

  A. 能耗制动　　　B. 抱闸制动　　　C. 液压制动　　　D. 自然停机

136. 转子串电阻调速只适合于（　　）异步电动机。

  A. 深槽式　　　B. 无刷式　　　C. 笼型　　　D. 绕线式

137. 装配交流接触器的一般步骤是（　　）。

  A. 动铁心—静铁心—辅助触头—主触头—灭弧罩

  B. 动铁心—静铁心—辅助触头—灭弧罩—主触头

  C. 动铁心—静铁心—主触头—灭弧罩—辅助触头

  D. 静铁心—辅助触头—灭弧罩—主触头—动铁心

138. 装配变压器铁心通常采用（　　）的方法。

  A. 敲击　　　B. 熔化　　　C. 焊接　　　D. 两侧交替对插

139. 三相异步电动机的常见故障有：电动机过热、（　　）、电动机起动后转速低或转矩小。

  A. 三相电压不平衡　　　　　B. 轴承磨损

  C. 电动机振动　　　　　D. 定子铁心装配不紧

140. 电源电压不稳定时，白炽灯会（　　）。

  A. 发红光　　　B. 不亮　　　C. 忽亮忽暗　　　D. 发强光

141. 荧光灯电路由开关、镇流器、灯管和（　　）组成。

  A. 分配器　　　B. 控制器　　　C. 接触器　　　D. 辉光启动器

142. 荧光灯镇流器的功率必须与（　　）、辉光启动器的功率匹配。

  A. 开关　　　B. 灯管　　　C. 熔断器　　　D. 断路器

143. 高压钠灯是一种发光效率高、（　　）的新型电光源。

  A. 点亮时间短　　　B. 电压范围宽　　　C. 透雾能力强　　　D. 透雾能力弱

144. 单相三孔插座的接线规定为：左孔接（　　），右孔接相线，中孔接保护线 PE。

A. 零线　　　　　　　B. 相线　　　　　　　C. 地线　　　　　　　D. 开关

145. 爆炸危险性工业厂房车间照明应选用（　　　）灯具。

A. 开启式　　　　　B. 防水型　　　　　C. 防爆型　　　　　D. 防护式

146. 临时用电架空线应采用（　　　）。

A. 钢丝+裸铜线　　B. 钢丝+裸铝线　　C. 绝缘铝芯线　　　D. 绝缘铜芯线

147. 适合转子串电阻起动的三相异步电动机是（　　　）。

A. 双笼型转子异步电动机　　　　　　　　B. 深槽式异步电动机

C. 笼型异步电动机　　　　　　　　　　　D. 绕线转子异步电动机

148. 三相异步电动机的点动控制电路中（　　　）停止按钮。

A. 需要　　　　　　B. 不需要　　　　　C. 采用　　　　　　D. 安装

149. 三相异步电动机多处控制时，若其中一个停止按钮接触不良，则电动机（　　　）。

A. 会过电流　　　　B. 会断相　　　　　C. 不能停止　　　　D. 不能起动

150. 三相笼型异步电动机采用丫-△起动时，起动转矩是直接起动转矩的（　　　）倍。

A. 2　　　　　　　　B. 1/2　　　　　　　C. 3　　　　　　　　D. 1/3

151. 三相异步电动机延边三角形起动时，起动转矩与直接起动转矩的比值是（　　　）。

A. 大于 1/3，小于 1　　　　　　　　　　B. 大于 1，小于 3

C. 1/3　　　　　　　　　　　　　　　　D. 3

152. 自耦变压器减压起动一般适用于（　　　）、负载较重的三相笼型异步电动机。

A. 功率特小　　　　B. 功率较小　　　　C. 功率较大　　　　D. 功率特大

153. 用接触器控制异步电动机正反转的电路中，需要两只接触器和（　　　）只按钮。

A. 4　　　　　　　　B. 3　　　　　　　　C. 2　　　　　　　　D. 1

154. 工厂车间的行车需要位置控制，行车两头的终点处各安装一个位置开关，两个位置开关要分别（　　　）在正转和反转控制电路中。

A. 短接　　　　　　B. 并联　　　　　　C. 串联　　　　　　D. 混联

155. 自动往返控制电路一般通过（　　　）实现电动机的正反转运行。

A. 速度继电器　　　B. 行程开关　　　　C. 按钮　　　　　　D. 热继电器

156. 双速电动机的调速原理是（　　　）。

A. 改变磁极对数　　B. 改变转差率　　　C. 改变频率　　　　D. 改变电压

157. 下列制动方法中属于机械制动的是（　　　）。

A. 电磁抱闸　　　　B. 回馈制动　　　　C. 能耗制动　　　　D. 反接制动

158. 三相异步电动机采用（　　　）时，能量消耗小，制动平稳。

A. 发电制动　　　　B. 回馈制动　　　　C. 能耗制动　　　　D. 反接制动

159. 三相异步电动机采用延边三角形起动时，适用于（　　　）联结的电动机。

A. 丫　　　　　　　　B. △　　　　　　　C. 丫丫　　　　　　　D. 延边三角形

160. 下列说法中，（　　　）不属于高压汞灯的特点。

A. 光效高　　　　　B. 寿命长　　　　　C. 起动的时间较长　D. 显色性较好

二、判断题（第 161~200 题。将判断结果填入括号中，正确的填"√"，错误的填"×"。每题 0.5 分，满分 20 分）

161.（　　　）职业道德不倡导人们的牟利最大化观念。

162. （　　） 在职业活动中一贯地诚实守信会损害企业的利益。

163. （　　） 办事公道是指从业人员在进行职业活动时要做到助人为乐、有求必应。

164. （　　） 市场经济时代，勤劳是需要的，而节俭则不宜提倡。

165. （　　） 创新是企业进步的灵魂。

166. （　　） 变压器是根据电磁感应原理而工作的，它能改变交流电压和直流电压。

167. （　　） 二极管的图形符号表示正偏导通时的方向。

168. （　　） 分压式偏置共发射极放大电路是一种能够稳定静态工作点的放大器。

169. （　　） 稳压是在电网波动及负载变化时保证负载上电压稳定。

170. （　　） 一般万用表可以测量直流电压、交流电压、直流电流、电阻、功率等物理量。

171. （　　） 喷灯是一种利用燃烧对工件进行加工的工具，常用于锡焊。

172. （　　） 裸导线一般用于室外架空线。

173. （　　） 电伤伤害是造成触电死亡的主要原因，是最严重的触电事故。

174. （　　） 人体触电的方式多种多样，归纳起来可以分为直接接触触电和间接接触触电两种。

175. （　　） 雷击是一种自然灾害，具有很多的破坏性。

176. （　　） 登高作业安全用具应定期做静拉力试验，起重工具应做静荷重试验。

177. （　　） 普通螺纹的牙型角是 60°，寸制螺纹的牙型角是 55°。

178. （　　） 工厂供电要切实保证工厂生产和生活用电的需要，做到安全、可靠、优质、经济。

179. （　　） 将待剥皮的线头置于剥线钳钳头的刀口中，用手将两钳柄一捏，然后一松，绝缘皮便与芯线脱开。

180. （　　） 钳形电流表是通过改变二次绕组的匝数来调节电流量程的。

181. （　　） 使用塞尺时，根据间隙大小，可用一片或数片重叠在一起插入间隙内。

182. （　　） 剩余电流断路器在一般环境下选择的动作电流不超过 80mA，动作时间不超过 0.1s。

183. （　　） 电源进线应该接在刀开关下面的进线座上。

184. （　　） 低压断路器一般要垂直于配电板安装，电源引线接到上端，负载引线接到下端。

185. （　　） 管线配线时，导线绝缘层的绝缘强度不能低于 500V，铝芯线导线最小截面积为 $2.5mm^2$。

186. （　　） 在三相接零保护系统中，保护零线和工作零线必须装设熔断器或断路器。

187. （　　） 照明电路由电能表、总开关、熔断器、开关、灯泡和电动机等组成。

188. （　　） 照明电路接线时可以将零线接入开关。

189. （　　） 电感器是利用电磁感应原理制成的能够存储磁场能的电子元器件。

190. （　　） 场效应晶体管可应用于大规模集成、开关速度高、信号频率高的电路。

191. （　　） 对于功率在 1W 以上的大功率管，可用万用表的 $R×1$ 档或 $R×1k$ 档测量。

192. （　　） 电感滤波电路利用电感产生反电动势阻碍电路电流变化，而使电路输出电流波形更平直。

193. （　　） 单管电压放大电路动态分析时的电压放大过程，放大电路在直流电源和交流信号的作用下，在静态值的基础上叠加一个直流值。

194. （　　） 单相电容式电风扇有一个工作绕组和起动绕组。

195. （　　） 单相吊扇的调速方法主要是串电抗器调速。

196. （　　） 功率小于 7.5kW 的三相异步电动机允许直接起动。

197. （　　） 三相异步电动机采用串电阻减压起动可以节约电能。

198. （　　） 三相异步电动机采用反接制动时，制动迅速，电流冲击较大。

199. （　　） 三相异步电动机的再生制动控制是发生在实际转速高于同步转速的场合。

200. （　　） 三相绕线电动机常采用的起动方法是串频敏电阻器起动。

初级电工理论知识模拟试卷答案

一、单项选择题

1. A	2. B	3. D	4. C	5. D	6. B	7. D	8. D
9. B	10. C	11. A	12. B	13. B	14. A	15. A	16. D
17. D	18. A	19. A	20. D	21. A	22. D	23. A	24. D
25. A	26. A	27. B	28. A	29. A	30. B	31. B	32. D
33. A	34. A	35. D	36. A	37. C	38. D	39. A	40. B
41. B	42. D	43. B	44. B	45. D	46. D	47. A	48. C
49. D	50. D	51. D	52. C	53. B	54. C	55. D	56. D
57. D	58. B	59. D	60. A	61. A	62. A	63. B	64. D
65. B	66. C	67. A	68. B	69. A	70. D	71. B	72. C
73. D	74. A	75. D	76. A	77. C	78. C	79. B	80. C
81. B	82. D	83. A	84. B	85. B	86. D	87. A	88. A
89. A	90. B	91. C	92. D	93. B	94. D	95. D	96. A
97. D	98. A	99. C	100. C	101. A	102. D	103. C	104. D
105. D	106. A	107. D	108. C	109. B	110. A	111. D	112. B
113. A	114. C	115. C	116. A	117. D	118. A	119. C	120. D
121. C	122. D	123. A	124. A	125. D	126. A	127. A	128. B
129. C	130. D	131. A	132. D	133. B	134. C	135. A	136. D
137. A	138. D	139. B	140. C	141. A	142. B	143. D	144. A
145. C	146. D	147. C	148. B	149. D	150. D	151. A	152. C
153. B	154. C	155. B	156. A	157. A	158. C	159. D	160. C

二、判断题

161. √	162. ×	163. ×	164. ×	165. √	166. ×	167. √	168. √
169. √	170. ×	171. ×	172. √	173. ×	174. √	175. √	176. √
177. √	178. √	179. √	180. √	181. √	182. ×	183. ×	184. √
185. √	186. ×	187. ×	188. √	189. √	190. √	191. √	192. √
193. ×	194. √	195. √	196. √	197. ×	198. √	199. √	200. ×

中级电工理论知识模拟试卷

一、**单项选择题**（第 1～160 题。选择一个正确的答案，将相应的字母填入题内的括号中。每题 0.5 分，满分 80 分）

1. 在市场经济条件下，职业道德具有（　　）的社会功能。

A. 鼓励人们自由选择职业　　　　　　B. 遏制牟利最大化

C. 促进人们的行为规范化　　　　　　D. 最大限度地克服人们受利益驱动

2. 在市场经济条件下，促进员工行为的规范化是（　　）社会功能的重要表现。

A. 治安规定　　　B. 奖惩制度　　　C. 法律法规　　　D. 职业道德

3. 职工对企业诚实守信应该做到的是（　　）。

A. 忠诚所属企业，无论何种情况都始终把企业利益放在第一位

B. 维护企业信誉，树立质量意识和服务意识

C. 扩大企业影响，多对外谈论企业之事

D. 完成本职工作即可，谋划企业发展由有见识的人来做

4. 要做到办事公道，在处理公私关系时，要（　　）。

A. 公私不分　　　B. 假公济私　　　C. 公平公正　　　D. 先公后私

5. 对待职业和岗位，（　　）并不是爱岗敬业所要求的。

A. 树立职业理想　　　　　　　　　　B. 干一行爱一行专一行

C. 遵守企业的规章制度　　　　　　　D. 一职定终身，绝对不改行

6. 不符合文明生产要求的做法是（　　）。

A. 爱惜企业的设备、工具和材料　　　B. 下班前搞好工作现场的环境卫生

C. 工具使用后按规定放置到工具箱中　　D. 冒险带电作业

7. 并联电路中加在每个电阻两端的电压都（　　）。

A. 不等　　　　　　　　　　　　　　B. 相等

C. 等于各电阻上电压之和　　　　　　D. 分配的电流与各电阻成正比

8. 电功常用的单位有（　　）。

A. 焦耳　　　B. 伏安　　　C. 度　　　D. 瓦

9. 基尔霍夫定律的（　　）是绕回路一周电路元件电压变化为零。

A. 回路电压定律　　B. 电路功率平衡　　C. 电路电流定律　　D. 回路电位平衡

10. 把垂直穿过磁场中某一截面的磁力线条数叫作（　　）。

A. 磁通或磁通量　　B. 磁感应强度　　C. 磁导率　　　D. 磁场强度

11. 在 RL 串联电路中，$U_R = 16V$，$U_L = 12V$，则总电压为（　　）。

A. 28V　　　B. 20V　　　C. 2V　　　D. 4V

12. 将变压器的一次绕组接交流电源，二次绕组的电流大于额定值，这种运行方式称为（　　）运行。

A. 空载　　　B. 过载　　　C. 满载　　　D. 轻载

13. 三相异步电动机的优点是（　　）。

A. 调速性能好　　B. 交直流两用　　C. 功率因数高　　D. 结构简单

14. 三相异步电动机的转子由转子铁心、（   ）、风扇和转轴等组成。

A. 电刷　　　　　　B. 转子绕组　　　　　C. 端盖　　　　　　D. 机座

15. 三相异步电动机工作时，其电磁转矩是由旋转磁场与（   ）共同作用产生的。

A. 定子电流　　　　B. 转子电流　　　　　C. 转子电压　　　　D. 电源电压

16. 交流接触器的作用是可以（   ）接通和断开负载。

A. 频繁地　　　　　B. 偶尔　　　　　　　C. 手动　　　　　　D. 不需

17. 面接触型二极管应用于（   ）。

A. 整流　　　　　　B. 稳压　　　　　　　C. 开关　　　　　　D. 光敏

18. 图 4-6 所示为（   ）符号。

A. 光电二极管　　　B. 整流二极管　　　　C. 稳压二极管　　　D. 普通二极管

19. 如图 4-7 所示，该电路的反馈类型为（   ）。

A. 电压串联负反馈　　　　　　　　　　　B. 电压并联负反馈

C. 电流串联负反馈　　　　　　　　　　　D. 电流并联负反馈

图 4-6　图形符号

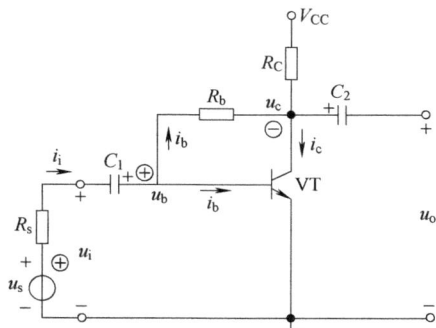

图 4-7　反馈电路

20. 扳手的手柄越短，使用起来越（   ）。

A. 麻烦　　　　　　B. 轻松　　　　　　　C. 省力　　　　　　D. 费力

21. 常用的裸导线有（   ）、铝绞线和钢芯铝绞线。

A. 钨丝　　　　　　B. 铜绞线　　　　　　C. 钢丝　　　　　　D. 焊锡丝

22. 导线截面的选择通常是由（   ）、机械强度、电流密度、电压损失和安全载流量等因素决定的。

A. 磁通密度　　　　B. 绝缘强度　　　　　C. 发热条件　　　　D. 电压高低

23. 根据劳动法的有关规定，（   ），劳动者可以随时通知用人单位解除劳动合同。

A. 在试用期间被证明不符合录用条件的

B. 严重违反劳动纪律或用人单位规章制度的

C. 严重失职、营私舞弊，对用人单位利益造成重大损害的

D. 在试用期内

24. 劳动安全卫生管理制度对未成年工给予了特殊的劳动保护，规定严禁一切企业招收未满（   ）的童工。

A. 14 周岁　　　　　B. 15 周岁　　　　　C. 16 周岁　　　　　D. 18 周岁

25. 调节电桥平衡时，若检流计指针向标有 "-" 的方向偏转，说明（ ）。

A. 通过检流计电流大，应增大比较臂的电阻

B. 通过检流计电流小，应增大比较臂的电阻

C. 通过检流计电流小，应减小比较臂的电阻

D. 通过检流计电流大，应减小比较臂的电阻

26. 惠斯通电桥测量十几欧姆电阻时，比率应选为（ ）。

A. 0.001　　　B. 0.01　　　C. 0.1　　　D. 1

27. 开尔文电桥的连接端分为（ ）接头。

A. 电压、电阻　　B. 电压、电流　　C. 电位、电流　　D. 电位、电阻

28. 开尔文电桥为了减少接线及接触电阻的影响，在接线时要求（ ）。

A. 电流端在电位端外侧　　　　　B. 电流端在电位端内侧

C. 电流端在电阻端外侧　　　　　D. 电流端在电阻端内侧

29. 惠斯通电桥用于测量中值电阻，开尔文电桥的测量电阻在（ ）Ω 以下。

A. 10　　　B. 1　　　C. 20　　　D. 30

30. 数字式万用表按量程转换方式可分为（ ）类。

A. 5　　　B. 3　　　C. 4　　　D. 2

31. 晶体管毫伏表专用输入电缆线，其屏蔽层、线芯分别是（ ）。

A. 信号线、接地线　　　　　B. 接地线、信号线

C. 保护线、信号线　　　　　D. 保护线、接地线

32. 符合有 "0" 得 "1"，全 "1" 得 "0" 的逻辑关系的逻辑门是（ ）。

A. 或门　　　B. 与门　　　C. 非门　　　D. 与非门

33. TTL 与非门电路低电平的产品典型值通常不高于（ ）V。

A. 1　　　B. 0.4　　　C. 0.8　　　D. 1.5

34. 双向晶闸管的额定电流是用（ ）来表示的。

A. 有效值　　B. 最大值　　C. 平均值　　D. 最小值

35. 单结晶体管的结构中有（ ）个电极。

A. 4　　　B. 3　　　C. 2　　　D. 1

36. 单结晶体管在电路图中的文字符号是（ ）。

A. SCR　　　B. VT　　　C. VD　　　D. VC

37. 集成运放的中间级通常实现（ ）功能。

A. 电流放大　　B. 电压放大　　C. 功率放大　　D. 信号传递

38. 理想集成运放输出电阻为（ ）。

A. 10Ω　　　B. 100Ω　　　C. 0　　　D. 1kΩ

39. 固定偏置共射极放大电路，已知 $R_B=300k\Omega$，$R_c=4k\Omega$，$V_{CC}=12V$，$\beta=50$，则 I_{BQ} 为（ ）。

A. 40μA　　　B. 30μA　　　C. 40mA　　　D. 10μA

40. 分压式偏置共射放大电路，当温度升高时，其静态值 I_{BQ} 会（ ）。

A. 增大　　　B. 变小　　　C. 不变　　　D. 无法确定

41. 放大电路的静态工作点的偏高易导致信号波形出现（ ）失真。

A. 截止　　　　　B. 饱和　　　　　C. 交越　　　　　D. 非线性

42. 为了减小信号源的输出电流，降低信号源负担，常用共集电极放大电路的（　　）特性。

A. 输入电阻大　　B. 输入电阻小　　C. 输出电阻大　　D. 输出电阻小

43. 输入电阻最小的放大电路是（　　）。

A. 共射极放大电路　　　　　　　　B. 共集电极放大电路

C. 共基极放大电路　　　　　　　　D. 差动放大电路

44. 要稳定输出电流，增大电路输入电阻应选用（　　）负反馈。

A. 电压串联　　　B. 电压并联　　　C. 电流串联　　　D. 电流并联

45. 差动放大电路能放大（　　）。

A. 直流信号　　　B. 交流信号　　　C. 共模信号　　　D. 差模信号

46. 音频集成功率放大器的电源电压一般为（　　）V。

A. 5　　　　　　B. 10　　　　　　C. 5~8　　　　　D. 6

47. RC 选频振荡电路，能产生电路振荡的放大电路的放大倍数至少为（　　）。

A. 10　　　　　　B. 3　　　　　　C. 5　　　　　　D. 20

48. LC 选频振荡电路，当电路频率小于谐振频率时，电路性质为（　　）。

A. 电阻性　　　　B. 感性　　　　　C. 容性　　　　　D. 纯电容性

49. 串联型稳压电路的调整管工作在（　　）状态。

A. 放大　　　　　B. 饱和　　　　　C. 截止　　　　　D. 导通

50. CW7806 的输出电压、最大输出电流为（　　）。

A. 6V、1.5A　　B. 6V、1A　　　C. 6V、0.5A　　D. 6V、0.1A

51. 下列不属于组合逻辑门电路的是（　　）。

A. 与门　　　　　B. 或非门　　　　C. 与非门　　　　D. 与或非门

52. 单相半波可控整流电路的电源电压为220V，晶闸管的额定电压要留2倍裕量，则需选购（　　）的晶闸管。

A. 250V　　　　B. 300V　　　　C. 500V　　　　D. 700V

53. 单相桥式可控整流电路电感性负载带续流二极管时，晶闸管的导通角为（　　）。

A. 180°-α　　B. 90°-α　　C. 90°+α　　D. 180°+α

54. 单相桥式可控整流电路电阻性负载，晶闸管中的电流平均值是负载的（　　）倍。

A. 0.5　　　　　B. 1　　　　　　C. 2　　　　　　D. 0.25

55. 晶闸管两端（　　）的目的是防止电压尖峰。

A. 串联小电容　　B. 并联小电容　　C. 并联小电感　　D. 串联小电感

56. 对于电阻性负载，熔断器熔体的额定电流（　　）线路的工作电流。

A. 远大于　　　　B. 不等于　　　　C. 等于或略大于　　D. 等于或略小于

57. 短路电流很大的电气线路中，宜选用（　　）断路器。

A. 塑壳式　　　　B. 限流型　　　　C. 框架式　　　　D. 直流快速断路器

58. △联结的异步电动机应选用（　　）结构的热继电器。

A. 四相　　　　　B. 三相　　　　　C. 两相　　　　　D. 单相

59. 时间继电器一般用于（　　）中。

...

A. 网络电路　　　B. 无线电路　　　C. 主电路　　　D. 控制电路

60. 行程开关根据安装环境选择防护方式，如开启式或（　　）。

A. 防火式　　　B. 塑壳式　　　C. 防护式　　　D. 铁壳式

61. 选用 LED 指示灯的优点之一是（　　）。

A. 寿命长　　　B. 发光强　　　C. 价格低　　　D. 颜色多

62. JBK 系列控制变压器适用于机械设备一般电器的控制、工作照明、（　　）的电源之用。

A. 电动机　　　B. 信号灯　　　C. 油泵　　　D. 压缩机

63. 对于环境温度变化大的场合，不宜选用（　　）时间继电器。

A. 晶体管式　　　B. 电动式　　　C. 液压式　　　D. 手动式

64. 压力继电器选用时首先要考虑所测对象的压力范围，还要符合电路中的额定电压，所测管路（　　）。

A. 绝缘等级　　　B. 电阻率　　　C. 接口管径的大小　　D. 材料

65. 直流电动机结构复杂、价格贵、制造麻烦、维护困难，但是起动性能好、（　　）。

A. 调速范围大　　　B. 调速范围小　　　C. 调速力矩大　　　D. 调速力矩小

66. 直流电动机的转子由电枢铁心、电枢绕组、（　　）、转轴等组成。

A. 接线盒　　　B. 换向极　　　C. 主磁极　　　D. 换向器

67. 并励直流电动机的励磁绕组与（　　）并联。

A. 电枢绕组　　　B. 换向绕组　　　C. 补偿绕组　　　D. 稳定绕组

68. 直流电动机常用的起动方法有：电枢串电阻起动、（　　）等。

A. 弱磁起动　　　B. 减压起动　　　C. Y-△起动　　　D. 变频起动

69. 直流电动机弱磁调速时，转速只能从额定转速（　　）。

A. 降低 1/2　　　B. 开始反转　　　C. 往上升　　　D. 往下降

70. 直流电动机的各种制动方法中，最节能的方法是（　　）。

A. 反接制动　　　B. 回馈制动　　　C. 能耗制动　　　D. 机械制动

71. 直流串励电动机需要反转时，一般将（　　）两头反接。

A. 励磁绕组　　　B. 电枢绕组　　　C. 补偿绕组　　　D. 换向绕组

72. 直流电动机滚动轴承发热的主要原因有（　　）等。

A. 轴承磨损过大　　B. 轴承变形　　C. 电动机受潮　　D. 电刷架位置不对

73. 绕线转子异步电动机转子串联频敏变阻器起动时，随着转速的升高，（　　）自动减小。

A. 频敏变阻器的等效电压　　　　　B. 频敏变阻器的等效电流
C. 频敏变阻器的等效功率　　　　　D. 频敏变阻器的等效阻抗

74. 绕线转子异步电动机转子串联电阻分级起动，而不是连续起动的原因是（　　）。

A. 起动时转子电流较小　　　　　B. 起动时转子电流较大
C. 起动时转子电流很高　　　　　D. 起动时转子电压很小

75. 以下属于多台电动机顺序控制电路是（　　）。

A. 一台电动机正转时不能立即反转的控制电路

B. Y-△起动控制电路

C. 电梯先上升后下降的控制电路

D. 电动机 2 可以单独停止，电动机 1 停止时电动机 2 也停止的控制电路

76. 多台电动机的顺序控制电路（　　）。

A. 只能通过主电路实现

B. 既可以通过主电路实现，又可以通过控制电路实现

C. 只能通过控制电路实现

D. 必须要主电路和控制电路同时具备该功能才能实现

77. 位置控制就是利用生产机械运动部件上的挡铁与（　　）碰撞来控制电动机的工作状态。

A. 断路器　　　　　B. 位置开关　　　　　C. 按钮　　　　　D. 接触器

78. 下列不属于位置控制电路的是（　　）。

A. 走廊照明灯的两处控制电路　　　　　B. 龙门刨床的自动往返控制电路

C. 电梯的开关门电路　　　　　D. 工厂车间里行车的终点保护电路

79. 三相异步电动机能耗制动的控制电路至少需要（　　）个接触器。

A. 1　　　　　B. 2　　　　　C. 3　　　　　D. 4

80. 三相异步电动机反接制动时，（　　）绕组中通入相序相反的三相交流电。

A. 补偿　　　　　B. 励磁　　　　　C. 定子　　　　　D. 转子

81. 三相异步电动机电源反接制动的过程可用（　　）来控制。

A. 电压继电器　　　B. 电流继电器　　　C. 时间继电器　　　D. 速度继电器

82. 三相异步电动机再生制动时，定子绕组中流过（　　）。

A. 高压电　　　　　B. 直流电　　　　　C. 三相交流电　　　　　D. 单相交流电

83. 同步电动机采用变频起动法起动时，转子励磁绕组应该（　　）。

A. 接到规定的直流电源　　　　　B. 串入一定的电阻后短接

C. 开路　　　　　D. 短路

84. M7130 型平面磨床控制电路中的两个热继电器常闭触头的连接方法是（　　）。

A. 并联　　　　　B. 串联　　　　　C. 混联　　　　　D. 独立

85. M7130 型平面磨床控制电路中导线最细的是（　　）。

A. 连接砂轮电动机 M1 的导线　　　　　B. 连接电源开关 QS1 的导线

C. 连接电磁吸盘 YH 的导线　　　　　D. 连接冷却泵电动机 M2 的导线

86. M7130 型平面磨床中，冷却泵电动机 M2 必须在（　　）运行后才能起动。

A. 照明变压器　　　　　B. 伺服驱动器

C. 液压泵电动机 M3　　　　　D. 砂轮电动机 M1

87. M7130 型平面磨床中电磁吸盘吸力不足的原因之一是（　　）。

A. 电磁吸盘的线圈内有匝间短路　　　　　B. 电磁吸盘的线圈内有开路点

C. 整流变压器开路　　　　　D. 整流变压器短路

88. M7130 型平面磨床中，电磁吸盘退磁不好使工件取下困难，但退磁电路正常，退磁电压也正常，则需要检查和调整（　　）。

A. 退磁功率　　　　　B. 退磁频率　　　　　C. 退磁电流　　　　　D. 退磁时间

89. C6150 型车床主轴电动机通过（　　）控制正反转。

A. 手柄　　　　　　　B. 接触器　　　　　　C. 断路器　　　　　　D. 热继电器

90. C6150 型车床控制电路中照明灯的额定电压是（　　　）。

A 交流 10V　　　　B. 交流 24V　　　　　C. 交流 30V　　　　　D. 交流 6V

91. C6150 型车床的照明灯为了保证人身安全，配线时要（　　　）。

A. 保护接地　　　　B. 不接地　　　　　　C. 保护接零　　　　　D. 装剩余电流断路器

92. C6150 型车床主轴电动机反转、电磁离合器 YC1 通电时，主轴的转向为（　　　）。

A. 正转　　　　　　B. 反转　　　　　　　C. 高速　　　　　　　D. 低速

93. C6150 型车床（　　　）的正反转控制电路具有三位置门动复位开关的互锁功能。

A. 冷却液电动机　　　　　　　　　　　　B. F 轴电动机

C. 快速移动电动机　　　　　　　　　　　D. 润滑油泵电动机

94. C6150 型车床控制电路中的中间继电器 KA1 和 KA2 常闭触头故障时会造成（　　　）。

A. 主轴无制动　　　　　　　　　　　　　B. 主轴电动机不能起动

C. 润滑油泵电动机不能起动　　　　　　　D. 冷却液电动机不能起动

95. Z3040 型摇臂钻床主电路中有四台电动机，用了（　　　）个接触器。

A. 6　　　　　　　　B. 5　　　　　　　　C. 4　　　　　　　　D. 3

96. Z3040 型摇臂钻床的摇臂升降电动机由按钮和接触器构成的（　　　）控制电路来控制。

A. 单向起动停止　　B. 正反转点动　　　　C. Y-△起动　　　　　D. 减压起动

97. Z3040 型摇臂钻床的主轴箱与立柱的夹紧和放松控制按钮安装在（　　　）。

A. 摇臂上　　　　　　　　　　　　　　　B. 主轴箱移动手轮上

C. 主轴箱外壳　　　　　　　　　　　　　D. 底座上

98. Z3040 型摇臂钻床中液压泵电动机的正反转具有（　　　）功能。

A. 接触器互锁　　　B. 双重互锁　　　　　C. 按钮互锁　　　　　D. 电磁阀互锁

99. Z3040 型摇臂钻床的摇臂不能升降的原因是摇臂松开后 KM2 回路不通，应（　　　）。

A. 调整行程开关 SQ2 位置　　　　　　　B. 重接电源相序

C. 更换液压泵　　　　　　　　　　　　　D. 调整速度继电器位置

100. 光电开关按结构可分为（　　　）、放大器内藏型和电源内藏型三类。

A. 放大器组合型　　B. 放大器分离型　　　C. 电源分离型　　　　D. 放大器集成型

101. 光电开关的接收器根据所接收到的光线强弱对目标物体实现探测，产生（　　　）。

A. 开关信号　　　　B. 压力信号　　　　　C. 警示信号　　　　　D. 频率信号

102. 光电开关可以非接触、（　　　）地迅速检测和控制各种固体、液体、透明体、黑体、柔软体、烟雾等物质的状态。

A. 高亮度　　　　　B. 小电流　　　　　　C. 大力矩　　　　　　D. 无损伤

103. 当检测远距离的物体时，应优先选用（　　　）光电开关。

A. 光纤式　　　　　B. 槽式　　　　　　　C. 对射式　　　　　　D. 漫反射式

104. 高频振荡电感型接近开关的感应头附近有金属物体接近时，接近开关（　　　）。

A. 涡流损耗减少　　B. 无信号输出　　　　C. 振荡电路工作　　　D. 振荡减弱或停止

105. 接近开关的图形符号中，其菱形部分与常开触点部分用（　　　）相连。

A. 虚线　　　　　　B. 实线　　　　　　　C. 双虚线　　　　　　D. 双实线

106. 当检测体为（　　）时，应选用高频振荡型接近开关。

A. 透明材料　　　　B. 不透明材料　　　　C. 金属材料　　　　D. 非金属材料

107. 选用接近开关时应注意对工作电压、负载电流、响应频率、（　　）等各项指标的要求。

A. 检测距离　　　　B. 检测功率　　　　C. 检测电流　　　　D. 工作速度

108. 磁性开关中的干簧管是利用（　　）来控制的一种开关元件。

A. 磁场信号　　　　B. 压力信号　　　　C. 温度信号　　　　D. 电流信号

109. 磁性开关的图形符号中，其菱形部分与常开触点部分用（　　）相连。

A. 虚线　　　　B. 实线　　　　C. 双虚线　　　　D. 双实线

110. 磁性开关用于（　　）场所时应选金属材质的器件。

A. 化工企业　　　　B. 真空低压　　　　C. 强酸强碱　　　　D. 高温高压

111. 磁性开关在使用时要注意磁铁与（　　）之间的有效距离在 10mm 左右。

A. 干簧管　　　　B. 磁铁　　　　C. 触点　　　　D. 外壳

112. 增量式光电编码器主要由（　　）、码盘、检测光栅、光电检测器件和转换电路组成。

A. 光电晶体管　　　　B. 运算放大器　　　　C. 脉冲发生器　　　　D. 光源

113. 可以根据增量式光电编码器单位时间内的脉冲数量测出（　　）。

A. 相对位置　　　　B. 绝对位置　　　　C. 轴加速度　　　　D. 旋转速度

114. 增量式光电编码器根据信号传输距离选型时要考虑（　　）。

A. 输出信号类型　　　　B. 电源频率　　　　C. 环境温度　　　　D. 空间高度

115. 增量式光电编码器配线时，应避开（　　）。

A. 电话线、信号线　　　　　　　　B. 网络线、电话线

C. 高压线、动力线　　　　　　　　D. 电灯线、电话线

116. 可编程序控制器是一种专门在（　　）环境下应用而设计的数字运算操作的电子装置。

A. 工业　　　　B. 军事　　　　C. 商业　　　　D. 农业

117. 可编程序控制器采用大规模集成电路构成的（　　）和存储器来组成逻辑部分。

A. 运算器　　　　B. 微处理器　　　　C. 控制器　　　　D. 累加器

118. 可编程序控制器系统由基本单元、（　　）、编程器、用户程序、程序存储器等组成。

A. 键盘　　　　B. 鼠标　　　　C. 扩展单元　　　　D. 外围设备

119. FX2N 系列可编程序控制器的定时器用（　　）表示。

A. X　　　　B. Y　　　　C. T　　　　D. C

120. 可编程序控制器采用大规模集成电路构成的微处理器和（　　）来组成逻辑部分。

A. 运算器　　　　B. 控制器　　　　C. 存储器　　　　D. 累加器

121. FX2N 系列可编程序控制器梯形图规定串联和并联的触点数是（　　）。

A. 有限的　　　　B. 无限的　　　　C. 最多4个　　　　D. 最多7个

122. FX2N 系列可编程序控制器的光电耦合器有效输入电平形式是（　　）。

A. 高电平　　　　B. 低电平　　　　C. 高电平或低电平　　　　D. 以上都是

123. 可编程序控制器的（　　）中存放的随机数据掉电即丢失。

A. RAM   B. ROM   C. EEPROM   D. 以上都是

124. 可编程序控制器在 RUN 模式下，执行顺序是（　　）。

A. 输入采样→执行用户程序→输出刷新

B. 执行用户程序→输入采样→输出刷新

C. 输入采样→输出刷新→执行用户程序

D. 以上都不对

125. PLC 在程序执行阶段，输入信号的改变会在（　　）扫描周期读入。

A. 下一个   B. 当前   C. 下两个   D. 下三个

126. FX2N 可编程序控制器（　　）输出反应速度比较快。

A. 继电器型   B. 晶体管和晶闸管型

C. 晶体管和继电器型   D. 继电器和晶闸管型

127. 下列选项中（　　）不是可编程序控制器的抗干扰措施。

A. 可靠接地   B. 电源滤波   C. 晶体管输出   D. 光电耦合器

128. FX2N 系列可编程序控制器中回路并联连接用（　　）指令。

A. AND   B. ANI   C. ANB   D. ORB

129. 在 FX2N 系列 PLC 中，M8000 线圈用户可以使用（　　）次。

A. 3   B. 2   C. 1   D. 0

130. PLC 编程时，主程序可以有（　　）个。

A. 一   B. 二   C. 三   D. 无限

131. 在 FX2N 系列 PLC 中，T200 的定时精度为（　　）。

A. 1ms   B. 10ms   C. 100ms   D. 1s

132. 对于小型开关量 PLC 梯形图程序，一般只有（　　）。

A. 初始化程序   B. 子程序   C. 中断程序   D. 主程序

133. FX2N 系列 PLC 的通信口是（　　）模式。

A. RS232   B. RS485   C. RS422   D. USB

134. PLC 编程软件通过计算机，可以对 PLC 实施（　　）。

A. 编程   B. 运行控制   C. 监控   D. 以上都是

135. 将程序写入可编程序控制器时，首先将（　　）清零。

A. 存储器   B. 计数器   C. 计时器   D. 计算器

136. 对于晶体管输出型可编程序控制器，其所带负载只能是额定（　　）电源供电。

A. 交流   B. 直流   C. 交流或直流   D. 高压直流

137. 可编程序控制器的接地线截面积一般大于（　　）。

A. $1mm^2$ B. $1.5mm^2$ C. $2mm^2$ D. $2.5mm^2$

138. PLC 外部环境检查时，当湿度过大时应考虑装（　　）。

A. 风扇   B. 加热器   C. 空调   D. 除尘器

139. 根据电动机顺序起动梯形图，如图 4-8 所示，下列指令正确的是（　　）。

A. LDI X000   B. AND T20   C. AND X001   D. OUT T20 K30

140. 根据电动机自动往返梯形图，如图 4-9 所示，下列指令正确的是（　　）。

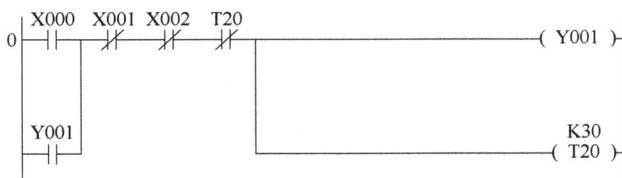

图 4-8　梯形图

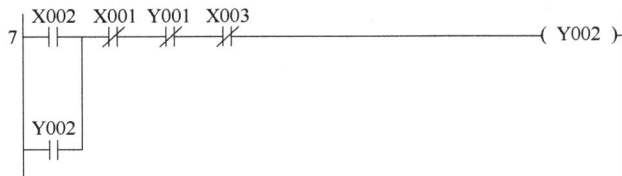

图 4-9　梯形图

A. LDl X002　　　　B. ORI Y002　　　　C. AND Y001　　　　D. ANDI X003

141. FX 编程器的显示内容包括（　　　）、数据、工作方式、指令执行情况和系统工作状态等。

A. 地址　　　　　　B. 参数　　　　　　C. 程序　　　　　　D. 位移寄存器

142. 对于晶闸管输出型 PLC，要注意负载电源为（　　　），并且不能超过额定值。

A. AC 600V　　　　B. AC 220V　　　　C. DC 220V　　　　D. DC 24V

143. 变频器是通过改变交流电动机定子电压、频率等参数来（　　　）的装置。

A. 调节电动机转速　　　　　　　　B. 调节电动机转矩

C. 调节电动机功率　　　　　　　　D. 调节电动机性能

144. 通用变频器主电路中的电源整流器件较多采用（　　　）。

A. 快恢复二极管　　　　　　　　　B. 普通整流二极管

C. 肖特基二极管　　　　　　　　　D. 普通晶闸管

145. FR-A700 系列是三菱（　　　）变频器。

A. 多功能高性能　　　　　　　　　B. 经济型高性能

C. 水泵和风机专用型　　　　　　　D. 节能型轻负载

146. 变频器输出侧技术数据中（　　　）是用户选择变频器容量时的主要依据。

A. 额定输出电流　　B. 额定输出电压　　C. 输出频率范围　　D. 配用电动机功率

147. 变频器常见的各种频率给定方式中，最易受干扰的方式是（　　　）方式。

A. 键盘给定　　　　　　　　　　　B. 模拟电压信号给定

C. 模拟电流信号给定　　　　　　　D. 通信给定

148. 在变频器的几种控制方式中，其动态性能比较的结论是：（　　　）。

A. 转差率矢量控制系统优于无速度检测器的矢量控制系统

B. U/f 控制优于转差频率控制

C. 转差频率控制优于矢量控制

D. 无速度检测器的矢量控制系统优于转差型矢量控制系统

149. 变频器中的直流制动是为克服低速爬行现象而设计的，拖动负载惯性越大，（ ）设定位越高。

A. 直流制动电压　　B. 直流制动时间　　C. 直流制动电流　　D. 制动起始频率

150. 西门子 MM420 型变频器的主电路电源端子（ ）需经交流接触器和保护用断路器与三相电源连接，仍不宜采用主电路的通、断进行变频器的运行与停止操作。

A. X、Y、Z　　　　B. U、V、W　　　　C. L1、L2、L3　　　　D. A、B、C

151. 一台使用多年的 250kW 电动机拖动鼓风机，经变频改造运行两个月后常出现过电流跳闸现象，故障的原因可能是（ ）。

A. 变频器选配不当

B. 变频器参数设置不当

C. 变频供电的高频谐波使电动机绝缘加速老化

D. 负载有时过重

152. 异步电动机的起动电流与起动电压成正比，起动转矩与起动（ ）。

A. 电压的二次方成正比　　　　　　　　B. 电压成反比

C. 电压成正比　　　　　　　　　　　　D. 电压的二次方成反比

153. 低压软起动器的主电路通常采用（ ）形式。

A. 电阻调压　　B. 自耦调压　　C. 开关变压器调压　　D. 晶闸管调压

154. 西普 STR 系列（ ）软起动器，是外加旁路、智能型。

A. A 型　　　　B. B 型　　　　C. C 型　　　　D. L 型

155. 就交流电动机各种起动方式的主要技术指标来看，性能最佳的是（ ）。

A. 串电感起动　　B. 串电阻起动　　C. 软起动　　　　D. 变频起动

156. 软起动器的功能调节参数有：运行参数、（ ）、停机参数。

A. 电阻参数　　B. 起动参数　　C. 电子参数　　D. 电源参数

157. 内三角接法软起动器只需承担（ ）的电动机线电流。

A. $1/\sqrt{3}$　　　　B. 1/3　　　　C. 3　　　　D. $\sqrt{3}$

158. 软起动器（ ）常用于短时重复工作的电动机。

A. 跨越运行模式　　　　　　　　　　　B. 接触器旁路运行模式

C. 节能运行模式　　　　　　　　　　　D. 调压调速运行模式

159. 接通主电源后，软起动器虽处于待机状态，但电动机有"嗡嗡"响。此故障不可能的原因是（ ）。

A. 晶闸管短路故障　　　　　　　　　　B. 旁路接触器有触点粘连

C. 触发电路不动作　　　　　　　　　　D. 起动线路接线错误

160. 软起动器旁路接触器必须与软起动器的输入和输出端一一对应接正确，（ ）。

A. 要就近安装接线　　　　　　　　　　B. 允许变换相序

C. 不允许变换相序　　　　　　　　　　D. 应做好标识

二、判断题（第 161～200 题。将判断结果填入括号中。正确的填"√"，错误的填"×"。每题 0.5 分，满分 20 分）

161. （　　）企业文化对企业具有整合的功能。

162. （　　）职业道德对企业起到增强竞争力的作用。

163. （　　）职业活动中，每位员工都必须严格执行安全操作规程。

164. （　　）领导亲自安排的工作，一定要认真负责，其他工作可以马虎一点。

165. （　　）正弦量可以用相量表示，因此可以说，相量等于正弦量。

166. （　　）变压器既能改变交流电压，又能改变直流电压。

167. （　　）二极管两端加上正向电压就一定会导通。

168. （　　）晶体管有两个 PN 结、三个引脚、三个区域。

169. （　　）分压式偏置共发射极放大电路是一种能够稳定静态工作点的放大器。

170. （　　）在不能估计被测电路电流大小时，最好先选择量程足够大的电流表，粗测一下，然后根据测量结果，正确选用量程适当的电流表。

171. （　　）测量电压时，电压表的内阻越小，测量精度越高。

172. （　　）喷灯是一种利用燃烧对工件进行加工的工具，常用于锡焊。

173. （　　）雷击是一种自然灾害，具有很多的破坏性。

174. （　　）登高作业安全用具，应定期做静拉力试验，起重工具应做静荷重试验。

175. （　　）锉刀很脆，可以当撬棒或锤子使用。

176. （　　）生态破坏是指由于环境污染和破坏，对多数人的健康、生命、财产造成的公共性危害。

177. （　　）信号发生器由单片机控制的函数发生器产生信号的频率及幅值，并能测试输入信号的频率。

178. （　　）示波管的偏转系统由一个水平及垂直偏转板组成。

179. （　　）示波器的带宽是测量交流信号时，示波器所能测试的最大频率。

180. （　　）三端集成稳压电路可分正输出电压和负输出电压两大类。

181. （　　）三端集成稳压电路选用时既要考虑输出电压，又要考虑输出电流的最大值。

182. （　　）晶闸管型号 KS20-8 表示三相晶闸管。

183. （　　）分立元器件的多级放大电路的耦合方式通常采用阻容耦合。

184. （　　）集成运放工作在非线性场合也要加负反馈。

185. （　　）单相半波可控整流电路中，触发延迟角 α 越大，输出电压 U_d 越大。

186. （　　）交流接触器与直流接触器可以互相替换。

187. （　　）三相异步电动机能耗制动时定子绕组中通入三相交流电。

188. （　　）M7130 型平面磨床的主电路中有三台电动机。

189. （　　）M7130 型平面磨床中，砂轮电动机和液压泵电动机都采用了接触器互锁控制电路。

190. （　　）C6150 型车床主轴电动机只能正转不能反转时，应首先检修电源进线开关。

191. （　　）Z3040 型摇臂钻床中行程开关 SQ2 安装位置不当或发生移动时会造成摇臂夹不紧。

192. （　　）光电开关的抗光、电、磁干扰能力强，使用时可以不考虑环境条件。

193. （　　）电磁感应式接近开关由感应头、振荡器、继电器等组成。

194. （　　）磁性开关由电磁铁和继电器构成。

195.（　　）增量式光电编码器可将转轴的角位移、角速度等机械量转换成相应的电脉冲以数字链输出。

196.（　　）FX2N-40ER 表示 FX2N 系列基本单元，输入和输出总点数为 40，继电器输出方式。

197.（　　）PLC 梯形图编程时，多个输出继电器的线圈不能并联放在右端。

198.（　　）FX2N 控制的电动机正反转电路，交流接触器线圈电路中不需要使用触点硬件互锁。

199.（　　）在变频器实际接线时，控制电缆应靠近变频器，以防止电磁干扰。

200.（　　）软起动器的主电路采用晶闸管交流调压器，稳定运行时晶闸管长期工作。

中级电工理论知识模拟试卷答案

一、单项选择题

1. C	2. D	3. B	4. C	5. D	6. D	7. B	8. C
9. A	10. A	11. B	12. B	13. D	14. B	15. B	16. A
17. B	18. A	19. B	20. D	21. B	22. C	23. D	24. C
25. C	26. B	27. C	28. A	29. A	30. B	31. B	32. D
33. B	34. A	35. B	36. B	37. B	38. C	39. A	40. B
41. B	42. A	43. C	44. C	45. D	46. C	47. B	48. B
49. A	50. A	51. A	52. D	53. A	54. A	55. B	56. C
57. B	58. B	59. D	60. C	61. A	62. B	63. A	64. C
65. A	66. D	67. B	68. B	69. C	70. B	71. A	72. A
73. D	74. B	75. B	76. B	77. B	78. A	79. B	80. C
81. D	82. C	83. A	84. B	85. C	86. D	87. B	88. D
89. B	90. B	91. B	92. A	93. B	94. A	95. B	96. B
97. B	98. A	99. A	100. B	101. A	102. D	103. A	104. D
105. A	106. C	107. A	108. A	109. A	110. D	111. A	112. D
113. D	114. A	115. C	116. B	117. B	118. C	119. C	120. C
121. B	122. B	123. A	124. C	125. B	126. B	127. D	128. D
129. D	130. A	131. B	132. D	133. C	134. D	135. A	136. B
137. C	138. C	139. D	140. B	141. A	142. B	143. A	144. B
145. A	146. A	147. B	148. A	149. B	150. C	151. C	152. A
153. D	154. B	155. D	156. B	157. A	158. C	159. C	160. C

二、判断题

161. √	162. √	163. √	164. ×	165. ×	166. ×	167. ×	168. √
169. √	170. √	171. ×	172. ×	173. √	174. √	175. ×	176. ×
177. √	178. ×	179. √	180. √	181. √	182. ×	183. √	184. ×
185. ×	186. ×	187. ×	188. √	189. ×	190. ×	191. ×	192. ×
193. ×	194. ×	195. √	196. ×	197. ×	198. ×	199. ×	200. ×

中级电工操作技能模拟试卷

题1：用软线进行较复杂继电器—接触器基本控制电路的安装与调试。

序号	名　称	型号与规格	单　位	数　量
1	三相四线电源	AC 3×38/220V，20A	处	1
2	单相交流电源	AC 220V 和 36V，5A	处	1
3	三相电动机	Y112M—4，4kW，380V，△联结；或自定	台	1
4	配线板	500mm×600mm×20mm	块	1
5	组合开关	HZ10—10/3	个	1
6	交流接触器	CJ10—10，线圈电压 380V CJ10—20，线圈电压 380V	只	4
7	热继电器	JR16—20/3，整定电流 10～16A	只	1
8	时间继电器	JS7—4A，线圈电压 380V	只	1
9	整流二极管	2CZ30，15A，600V	只	4
10	控制变压器	BK—500，380/36V，500W	只	1
11	熔断器及配套熔芯	RL1—60/20	套	3
12	熔断器及配套熔芯	RL1—15/4	套	2
13	三联按钮	LA10—3H 或 LA4—3H	个	2
14	接线端子排	JX2—1015，500V，10A，15 节或配套自定	条	1
15	木螺钉	$\phi3×20$mm；$\phi3×15$mm	个	30
16	平垫圈	$\phi4$mm	个	30
17	圆珠笔	自定	支	1
18	塑料软铜线	BVR—2.5mm^2，颜色自定	m	20
19	塑料软铜线	BVR—1.5mm^2，颜色自定	m	20
20	塑料软铜线	BVR—0.75mm^2，颜色自定	m	5
21	别径压端子	UT2.5—4，UT1—4	个	20
22	行线槽	TC3025，长 34cm，两边打 $\phi3.5$mm 孔	条	5
23	异型塑料管	$\phi3$mm	m	0.2
24	电工通用工具	验电笔、钢丝钳、螺钉旋具、电工刀、尖嘴钳、活扳手、剥线钳等	套	1
25	万用表	自定	个	1
26	绝缘电阻表	型号自定，或 500V，0～200MΩ	个	1
27	钳形电流表	0～50A	个	1
28	劳保用品	绝缘鞋、工作服等	套	1

注：考试时间 180min。

题 2. PLC 控制电动机自动正反转的设计、安装与调试。

序号	名　称	型号与规格	单　位	数　量
1	可编程序控制器	自定	台	1
2	编程用计算机及下载线	与可编程序控制器配套	台	1
3	便携式编程器	与可编程序控制器配套（可选）	台	1
4	配线板	500mm×450mm×20mm	块	2
5	组合开关	与电动机配套	个	1
6	三相异步电动机	自定	台	1
7	熔断器及熔芯配套	RL1-60/20A	套	3
8	熔断器及熔芯配套	RL1-15/4A	套	2
9	三联按钮	LA10-3H 或 LA4-3H	个	2
10	接线端子排	JX2-1015，500V，10A，15 节	条	4
11	木螺钉	$\phi3×20mm$ 或 $\phi3×15mm$	个	30
12	平垫圈	$\phi4mm$	个	30
13	圆珠笔	自定	支	1
14	塑料软铜线	BVR-2.5mm²，颜色自定	m	20
15	塑料软铜线	BVR-1.5mm²，颜色自定	m	20
16	塑料软铜线	BVR-0.75mm²，颜色自定	m	5
17	别径压端子	UT2.5-4，UT1-4	个	20
18	行线槽	TC3025，长 34cm，两边打 $\phi3.5mm$ 孔	条	5
19	异型塑料管	$\phi3.5mm$	m	0.3
20	电工通用工具	验电笔、钢丝钳、螺钉旋具、电工刀、尖嘴钳、活扳手、剥线钳等	套	1
21	万用表	自定	块	1
22	绝缘电阻表	500V，0~200MΩ	台	1
23	钳形电流表	0~50A	块	1

注：考试时间 180min。

题 3：开尔文电桥的使用与维护。

序号	名　称	型号与规格	单　位	数　量
1	开尔文电桥	QJ103 型或自定	台	1
2	直流并励电动机	Z2-52 或自定	台	1

（续）

序号	名　称	型号与规格	单　位	数　量
3	绝缘电线	BVR-4mm²	米	1
4	万用表	500 型号自定	块	1

注：考试时间 60min。

中级电工操作技能考核评分记录表

题 1：用软线进行较复杂继电器—接触器基本控制电路的安装与调试。

序号	主要内容	考核要求	评分标准	配分	扣分	得分
1	元器件安装	1. 按图样的要求，正确利用工具和仪表，熟练地安装元器件 2. 元器件在配线板上布置要合理，安装要准确、紧固 3. 按钮盒不固定在板上	1. 元器件布置不整齐、不均匀、不合理，每只扣 1 分 2. 元器件安装不牢固、安装元器件时漏装螺钉，每只扣 1 分 3. 损坏元器件，每只扣 2 分	5		
2	布线	1. 接线要求美观、紧固、无毛刺，导线要进行线槽 2. 电源和电动机配线、按钮接线要接到端子排上，进入线槽的导线要有端子标号，引出端要用别径压端子	1. 电动机运行正常，如不按电路图接线，扣 1 分 2. 布线不进线槽，不美观，主电路、控制电路每根扣 0.5 分 3. 接点松动、露铜过长、反圈、压绝缘层，标记线号不清楚、遗漏或误标，引出端无别径压端子，每项各扣 0.5 分 4. 损伤导线绝缘或线芯，每根扣 0.5 分	10		
3	通电试验	在保证人身和设备安全的前提下，通电试验一次成功	1. 时间继电器或热继电器整定值错误，各扣 2 分 2. 主电路、控制电路配错熔体，每个扣 1 分 3. 一次试运行不成功扣 5 分；二次试运行不成功扣 10 分；三次试运行不成功扣 15 分	20		
备注			合计			
		考评员 签字		年　　月　　日		

注：否定项是，若考生发生重大设备和人身事故，则应及时终止其考试，考生该成绩为零分。

题 2：PLC 控制电动机自动正反转的设计、安装与调试。

序号	考核内容	考核要点	评分标准	配分	扣分	得分
1	绘图	1）正确绘图，理解电气控制电路工作原理 2）正确绘制 PLC 接线图，列出 PLC 控制 I/O 口（输入/输出）地址分配表 3）根据控制要求，设计梯形图 4）正确回答笔试问题	1）电器图形文字符号错误或遗漏，每处扣 2 分 2）徒手绘制电路图扣 2 分；电路原理错误扣 5 分；缺少 PLC 接线图扣 5 分 3）梯形图画法不规范扣 2 分 4）笔试部分见参考答案和评分标准	10		
2	工具的使用	1）正确使用工具 2）正确回答笔试问题	1）工具使用不正确每次扣 2 分 2）笔试部分见参考答案和评分标准	5		
3	仪表的使用	1）正确使用仪表 2）正确回答笔试问题	仪表使用不正确每次扣 2 分	10		
4	安装布线	按照电气安装规范，依据电路图正确完成本次考核线路的安装与接线	1）不按图样接线，每处扣 1 分 2）电源线和负载线不经接线端子排接线，每根导线扣 1 分 3）电器安装不牢固、不平整、不符合设计及产品技术文件的要求，每项扣 1 分 4）电动机外壳没有接零或接地，扣 1 分 5）导线裸露部分没有加套绝缘，每处扣 1 分	10		
6	程序输入与调试	1）熟练操作 PLC 2）按照被控设备的动作要求进行模拟操作调试，达到控制要求	1）不会操作 PLC，扣 10 分 2）模拟操作与控制流程不符每处扣 2 分 3）一次试运行不成功扣 5 分；二次试运行不成功扣 10 分；扣完为止	10		
备注			合计			
			考评员 签　字	年　　月　　日		

注：否定项是，若考生发生重大设备和人身事故，则应及时终止其考试，考生该成绩为零分。

题 3：开尔文电桥的使用及维护。

序号	主要内容	考核要求	评分标准	配分	扣分	得分
1	测量准备	选择仪表正确，接线无误	仪表选择错误，扣 2 分	4		
2	测量过程	测量过程准确无误	测量过程中，操作步骤每错 1 处扣 1 分	10		

（续）

序号	主要内容	考核要求	评分标准	配分	扣分	得分
3	测量结果	测量结果在误差范围之内	测量结果有较大误差或错误，扣2分	4		
4	维护保养	对使用的仪器、仪表进行简单的维护保养	维护保养有误扣1分	2		
备注			合计			
			考评员签字		年　　月　　日	